全国监理工程师执业资格考试模拟实战与考点分析

建设工程质量、投资、进度控制

本书编委会　编

中国建筑工业出版社

图书在版编目(CIP)数据

建设工程质量、投资、进度控制/本书编委会编. —北京：
中国建筑工业出版社，2014.1
　(全国监理工程师执业资格考试模拟实战与考点分析)
　ISBN 978-7-112-16122-5

Ⅰ. ①建… Ⅱ. ①本… Ⅲ. ①建筑工程-质量管理-工程
师-资格考试-自学参考资料②基本建设投资-工程师-资格考试-
自学参考资料③建筑工程-施工进度计划-工程师-资格考试-自
学参考资料　Ⅳ. ①TU712②F283

中国版本图书馆 CIP 数据核字(2013)第 273415 号

本书是全国监理工程师执业资格考试的复习参考书，依据最新版考试大纲的要求编写。编者依据考试"点多、面广、题量大、分值小"的特点，精心研究历年考试真题，通过考试命题的规律，预测考试试题可能的命题方向和考查重点，编写了八套模拟试卷，供考生冲刺所用。

责任编辑：岳建光　张　磊　武晓涛
责任设计：李志立
责任校对：李美娜　王雪竹

全国监理工程师执业资格考试模拟实战与考点分析
建设工程质量、投资、进度控制
本书编委会　编
*
中国建筑工业出版社出版、发行（北京海淀三里河路 9 号）
各地新华书店、建筑书店经销
北京红光制版公司制版
廊坊市海涛印刷有限公司印刷
*
开本：787×1092 毫米　1/16　印张：20¼　字数：490 千字
2015 年 1 月第一版　2018 年 11 月第五次印刷
定价：**49.00 元**
ISBN 978-7-112-16122-5
(32451)

编 委 名 单

主　编：杨　伟　陈　烜

参　编：（按笔画顺序排列）

马　军　成长青　吕　岩　朱　峰

刘卫国　刘家兴　齐丽娜　孙丽娜

吴吉林　张　彤　张黎黎　罗　铖

赵　慧　柴新雷　陶红梅

前　言

全国监理工程师执业资格考试具有"点多、面广、题量大、分值小"的特点，单靠押题、扣题式的复习方法难以达到通过考试的目的。而且参加考试的考生大多为在职人员，还面临着"复习时间零散，难以集中精力进行全面、系统的复习"的实际困难和矛盾。因此，考生们迫切需要一本好的辅导书，可以在考试复习中起到事半功倍的作用。为了让更多的考生掌握考试大纲的内容，顺利通过考试，我们编写了本书，以便考生在复习的最后冲刺阶段体验考试的实战情景，从而在考试中取得好成绩。

本书严格按照最新版考试大纲的要求编写，每套试卷的分值、题型等都是按照最新的要求编排的。在习题的编排上，编者经过长期对考试特点的研究，以历年考试真题为引，通过对历年考试真题进行大量的总结、对比、分析和归纳，引出真题所考知识点，再继续由所考知识点编排相关的经典试题，并逐一给出这些题目详细的解析，将所考重点语句采用划波浪线及改变字体的方式进行重点提示，以加深考生记忆，强化、巩固复习重点，让考生对考试的重点内容有较为扎实的理解和把握。本书注重与知识点所关联的考点、题型、方法的再巩固与再提高，并且使题目的综合和难易程度尽量贴近实际、注重实用。书中试题突出重点、考点，针对性强，题型标准，应试导向准确。

本书可帮助考生在最短的时间内以最佳的方式取得最好成绩，是考生考前冲刺复习最实用的参考书。

本书虽经全体编者精心编写、反复修改，也难免有疏漏和不当之处，敬请广大读者不吝赐教，予以指正，以便再版时进行修正，在此谨表谢意。

全国监理工程师执业资格考试
基本情况及题型说明

监理工程师是指经全国统一考试合格，取得《监理工程师资格证书》并经注册登记的工程建设监理人员。

1992年6月，建设部发布了《监理工程师资格考试和注册试行办法》（建设部第18号令），我国开始实施监理工程师资格考试。1996年8月，建设部、人事部下发了《建设部、人事部关于全国监理工程师执业资格考试工作的通知》（建监〔1996〕462号），从1997年起，全国正式举行监理工程师执业资格考试。考试工作由建设部、人事部共同负责，日常工作委托建设部建筑监理协会承担，具体考务工作由人事部人事考试中心负责。

考试每年举行一次，考试时间一般安排在5月中旬。原则上在省会城市设立考点。

一、考试科目设置

考试设4个科目，分别是：《建设工程监理基本理论与相关法规》、《建设工程合同管理》、《建设工程质量、投资、进度控制》、《建设工程监理案例分析》。

其中，《建设工程监理案例分析》科目为主观题，在专用答题卡上作答。其余3科均为客观题，在答题卡上作答。考生在答题前要认真阅读位于答题卡首页的作答须知，使用黑色墨水笔、2B铅笔，在答题卡划定的题号和区域内作答。

二、考试成绩管理

参加全部4个科目考试的人员，必须在连续两个考试年度内通过全部科目考试；符合免试部分科目考试的人员，必须在一个考试年度内通过规定的两个科目的考试，方可取得监理工程师执业资格证书。

三、报考条件

1. 凡中华人民共和国公民，遵纪守法，具有工程技术或工程经济专业大专以上（含大专）学历，并符合下列条件之一者，可申请参加监理工程师执业资格考试。

（1）具有按照国家有关规定评聘的工程技术或工程经济专业中级专业技术职务，并任职满3年。

（2）具有按照国家有关规定评聘的工程技术或工程经济专业高级专业技术职务。

（3）1970年（含1970年）以前工程技术或工程经济专业中专毕业，按照国家有关规定，取得工程技术或工程经济专业中级职务，并任职满3年。

2. 对于从事工程建设监理工作且同时具备下列四项条件的报考人员，可免试《建设工程合同管理》和《建设工程质量、投资、进度控制》两个科目，只参加《建设工程监理基本理论与相关法规》和《建设工程监理案例分析》两个科目的考试：

（1）1970年（含1970年）以前工程技术或工程经济专业中专（含中专）以上毕业；

（2）按照国家有关规定，取得工程技术或工程经济专业高级职务；

（3）从事工程设计或工程施工管理工作满 15 年；

（4）从事监理工作满 1 年。

四、考试教材

监理工程师的考试教材由中国建设监理协会组织编写，分为六册，分别是：《建设工程监理概论》、《建设工程合同管理》、《建设工程质量控制》、《建设工程进度控制》、《建设工程投资控制》、《建设工程监理案例分析》。另外还有《建设工程监理相关法规文件汇编》等参考资料。

五、题型介绍

《建设工程质量、投资、进度控制》全部为选择题，分为单选题和多选题两大类型。应考人员在固定的备选答案中选择正确的、最佳的答案，填写在专门设计的答题纸上，无需作解释和论述。以下就各种题型分别说明并举例。

（一）单项选择题

【例题】项目监理机构在工程质量控制过程中，自始至终把（ ）作为对工程质量控制的基本原则。

A. 质量第一

B. 以人为核心

C. 以预防为主

D. 质量标准

【答案】A

（二）多项选择题

【例题】建设工程质量受到多种因素的影响，下列因素中对工程质量产生影响的有（ ）。

A. 人的身体素质

B. 材料的选用是否合理

C. 施工机械设备的价格

D. 施工工艺是否先进

E. 工程社会环境

【答案】ABD

目　　录

第一套模拟试卷

一、单项选择题（共80题，每题1分。每题的备选项中，只有1个最符合题意）

1. 向厂家订货的设备在制造过程中如需对设备的设计提出修改，应由原设计单位进行设计变更，并由（　　）审核设计变更文件和处理相关事宜。

    A. 原设计负责人　　　　　　　　　　B. 建设单位代表

    C. 总监理工程师　　　　　　　　　　D. 采购方负责人

2. 对总体不进行任何加工，直接进行随机抽样获取样本的方法称为（　　）。

    A. 全数抽样　　　　　　　　　　　　B. 简单随机抽样

    C. 整群抽样　　　　　　　　　　　　D. 多阶段抽样

3. 某人以8%单利借出15000元，借款期为3年；收回后以7%复利将上述借出资金的本利和再借出，借款期为10年。此人在第13年年末可以获得的复本利和是（　　）万元。

    A. 3.3568　　　　　　　　　　　　　B. 3.4209

    C. 3.5687　　　　　　　　　　　　　D. 3.6589

4. 有效决策是建立在（　　）的基础上。

    A. 数据和信息分析　　　　　　　　　B. 理念和经验分析

    C. 预算和过程分析　　　　　　　　　D. 筛选和经验分析

5. 在工程建设过程中，影响实际进度的业主因素是（　　）。

    A. 材料供应时间不能满足需要　　　　B. 提供的场地不能满足工程正常需要

    C. 不明的水文气象条件　　　　　　　D. 计划安排不周密，组织协调不力

6. 下列建设工程进度控制措施中，属于组织措施的是（　　）。

    A. 采用CM承发包模式　　　　　　　B. 审查承包商提交的进度计划

    C. 办理工程进度款支付手续　　　　　D. 建立进度协调会议制度

7. 某混凝土工程计划进度与实际进度如下图所示，以总量的百分比计，该图表明本工程（　　）。

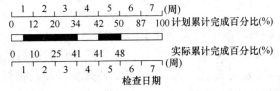

    A. 第1周内实际进度超前5%　　　　　B. 第3周内实际进度超前2%

    C. 第4周内实际进度拖后1%　　　　　D. 第5周内实际进度拖后2%

8. 工程施工过程中，为加快施工进度可采取的技术措施是（　　）。

    A. 增加工作面，组织更多的施工队伍

    B. 对所采取的技术措施给予经济补偿

    C. 采用更先进的施工方法

    D. 改善外部配合条件

9. 工程质量形成过程中，直接影响项目决策和设计质量的是（　　）阶段。

A. 勘察设计
B. 可行性研究
C. 竣工验收
D. 施工安装

10. 工程质量问题经检测鉴定达不到设计要求，但经原设计单位核算，仍能满足结构安全和使用功能的可（　　）。

A. 修补处理
B. 返工处理
C. 补强处理
D. 不做处理

11. 根据 GB/T 19000—2008 族标准的术语定义："由组织的最高管理者正式发布的该组织总的质量宗旨和方向"称为（　　）。

A. 质量目标
B. 质量战略
C. 质量方针
D. 质量经营

12. （　　）应组织专业监理工程师审查施工单位报审的施工方案，符合要求后应予以签认。

A. 监理工程师
B. 总监理工程师
C. 监理人
D. 承包人

13. 某建设项目，第 1～2 年每年年末投入建设资金 100 万元，第 3～5 年每年年末获得利润 80 万元，已知行业基准收益率为 8%，则该项目的净现值为（　　）万元。

A. −45.84
B. −1.57
C. 27.76
D. 42.55

14. 按工程量清单计价模式计价时，工程量清单的编制人应是（　　）。

A. 工程设计单位
B. 工程投标单位
C. 工程招标单位
D. 工程造价管理部门

15. 工程质量检测工作是对工程质量进行监督管理的重要手段之一。法定的国家级工程质量检测机构出具的检测报告，在国内具有（　　）性质。

A. 最高决议
B. 最终裁定
C. 一般裁定
D. 行政决议

16. GB/T 19004—2009 idt ISO 9004：2009《质量管理体系　业绩改进指南》标准充分考虑了提高质量管理体系的（　　），进而考虑开发改进组织绩效的潜能。

A. 科学性和效率
B. 开发性和标准
C. 有效性和标准
D. 有效性和效率

17. 下列建设工程进度影响因素中，属于业主因素的是（　　）。

A. 地下埋藏文物的保护、处理
B. 合同签订时遗漏条款、表达失当
C. 竣工场地条件不能及时提供
D. 特殊材料及新材料的不合理使用

18. 某工程双代号时标网络计划如图所示，其中工作 A 的总时差为（　　）天。

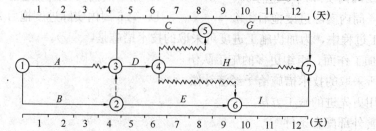

A. 1　　　　　　　　　　　　　B. 2
C. 3　　　　　　　　　　　　　D. 4

19. 通过缩短某些工作的持续时间调整施工进度计划时，正确的做法是(　　)。
　　A. 不改变工作之间的先后顺序关系　　B. 缩短非关键线路上工作的持续时间
　　C. 压缩费用增加最大的关键工作　　　D. 不改变现有计划的关键线路

20. 关于监理工程师审批工程延期应遵循的原则和说法，正确的是(　　)。
　　A. 工程延期必须符合计划进度安排
　　B. 延长的时间超过工作总时差时才可以批准工程延期
　　C. 工程延期必须事先申请和报告
　　D. 工程延期可以脱离实际情况

21. 在生产性建设工程中，(　　)主要表现为其他部门创造的价值向建设工程中的转移，但这部分投资是建设工程项目投资中的积极部分，它占项目投资比重的提高，意味着生产技术的进步和资本有机构成的提高。
　　A. 建筑安装工程投资　　　　　　　B. 设备及工器具投资
　　C. 工程建设其他投资　　　　　　　D. 基本预备投资

22. (　　)的建立为组织的运作提供了具体的要求。
　　A. 质量方针　　　　　　　　　　　B. 质量目标
　　C. 质量计划　　　　　　　　　　　D. 程序目标

23. 可直接用于施工作业技术活动质量控制的专门技术性法规是(　　)。
　　A. 监理规范　　　　　　　　　　　B. 施工管理规程
　　C. 混凝土验收规范　　　　　　　　D. 电焊操作规程

24. 下列财务评价指标中，属分析项目偿债能力的是(　　)。
　　A. 投资回收期　　　　　　　　　　B. 总投资收益率
　　C. 项目资本金净利润率　　　　　　D. 利息备付率

25. 下列各项中，属于设计差错导致工程质量缺陷的有(　　)。
　　A. 边设计、边施工　　　　　　　　B. 无证设计
　　C. 越级设计　　　　　　　　　　　D. 荷载取值过小

26. 下列建设工程进度控制措施中，属于监理工程师采用的组织措施是(　　)。
　　A. 编制进度控制工作细则　　　　　B. 对工期提前给予奖励
　　C. 建立进度计划审核制度　　　　　D. 对建设工程进度实施动态控制

27. 用横道图来表示工程进度计划，其不足是不能明确反映(　　)。
　　A. 整个工程单位时间内的资源需求量　　B. 各项工作的开始时间和完成时间
　　C. 各项工作之间的搭接时间　　　　D. 工程费用与工期之间的关系

28. 建设工程施工组织方式中，平行施工方式具有的特点是(　　)。
　　A. 各工作队实现了专业化施工　　　B. 施工现场的组织、管理比较复杂
　　C. 没有充分利用工作面进行施工　　D. 单位时间内投入的资源量较大

29. 在单代号网络计划中，关键线路是指(　　)的线路。
　　A. 各项工作持续时间之和最小　　　B. 由关键工作组成
　　C. 相邻两项工作之间时间间隔为零　　D. 各项工作自由时差均为零

30. 监理工程师受建设单位委托控制建设工程设计进度时，应主要审核设计单位的（　　）。

    A. 技术经济定额
        B. 技术经济责任制

    C. 设计图纸进度表
        D. 设计质量考核制度

31. 在混凝土结构实体检测中，现浇楼板厚度检测方法为（　　）。

    A. 回弹仪
        B. 超声回弹综合法

    C. 取芯法
        D. 超声波对测法

32. 工程质量事故处理后是否达到了预期的目的，应通过检查鉴定和验收作出确认，检查和鉴定的结论不能包括（　　）。

    A. 事故已排除，可以继续施工
        B. 隐患已消除，结构安全有保证

    C. 经过修补、处理后，工程限期使用
    D. 对耐久性的结论

33. 《建设工程工程量清单计价规范》GB 50500—2013规定，建安工程造价中的利润包含在（　　）中。

    A. 分部分项工程费
        B. 其他项目费

    C. 措施项目费
        D. 规费

34. 建设工程项目投资中的（　　）特点使它关系到国家、行业或地区的重大经济利益，对国计民生也会产生重大的影响。

    A. 建设工程项目投资数额巨大
    B. 建设工程项目投资差异明显

    C. 建设工程项目投资需单独计算
    D. 建设工程项目投资确定依据复杂

35. 为了使工程所需要的资源按时间的分布符合优化目标，网络计划的资源优化是通过改变（　　）来达到目的的。

    A. 关键工作的开始时间
        B. 工作的开始时间

    C. 关键工作的持续时间
        D. 工作的持续时间

36. 下列各项活动中，属于监理工程师控制物资供应进度活动的是（　　）。

    A. 采取有效措施保证急需物资的供应
    B. 确定物资供应分包方式

    C. 办理物资运输手续
        D. 确定物资供应分包合同清单

37. 建设工程质量特性中，"满足使用目的的各种性能"称为工程的（　　）。

    A. 适用性
        B. 可靠性

    C. 耐久性
        D. 目的性

38. 某工程发生质量事故，造成15人死亡，150人重伤，此次质量事故属于（　　）。

    A. 特别重大质量事故
        B. 重大质量事故

    C. 较大质量事故
        D. 一般质量事故

39. 厂家设备制造的质量监控，可采用驻厂监造、巡回监控和（　　）方式。

    A. 委托厂家监控
        B. 设置质量控制点监控

    C. 定期监控
        D. 日常监控

40. 变异系数 CV 表示（　　）。

    A. 数据的分布中心
        B. 数据变动的幅度

    C. 数据分布的离散程度
    D. 数据的相对离散波动程度

41. （　　）又称选址勘察。

A. 可行性研究勘察　　　　　　　B. 初步勘察
C. 初略勘察　　　　　　　　　　D. 详细勘察

42. 下列费用中，属于生产准备费的是( )。
A. 试运转所需的原料费　　　　　B. 生产职工培训费
C. 办公家具购置费　　　　　　　D. 生活家具购置费

43. 当初步设计有详细设备清单时，编制设备安装工程概算精确性较高的方法是( )。
A. 扩大单价法　　　　　　　　　B. 概算指标法
C. 修正概算指标法　　　　　　　D. 预算单价法

44. 某工程在施工图预算审查时，审查人员利用各分部分项工程的单位建筑面积工程量基本指标比较预算中相应分部分项工程的工程量，并据此对部分工程量进行详细审查。这种审查方法称为( )。
A. 标准预算审查法　　　　　　　B. 筛选审查法
C. 分组计算审查法　　　　　　　D. 对比审查法

45. 工程监理单位审查勘察单位提交的勘察方案，提出审查意见，并报( )，变更勘察方案时，应按原程序重新审查。
A. 建设单位　　　　　　　　　　B. 监理单位
C. 设计单位　　　　　　　　　　D. 施工单位

46. 为了实现进度控制目标，监理工程师根据建设工程的具体情况，制定了下列进度控制措施，其中属于组织措施的是( )。
A. 对工程延误收取误期损失赔偿金
B. 建立图纸审查、工程变更和设计变更管理制度
C. 审查承包商提交的进度计划
D. 及时办理工程预付款及工程进度款支付手续

47. 工程网络计划资源优化的目的之一是为了寻求( )。
A. 工程总成本最低条件下的资源均衡安排
B. 资源均衡使用条件下的最短工期安排
C. 资源使用最少条件下的合理工期安排
D. 资源有限条件下的最短工期安排

48. 在工程建设的( )阶段，需要确定工程项目的质量要求，并与投资目标相协调。
A. 项目建议书　　　　　　　　　B. 可行性研究
C. 项目决策　　　　　　　　　　D. 勘察、设计

49. 总包单位依法将建设工程分包时，分包工程发生的质量问题，应( )。
A. 由总承包单位负责
B. 由总承包单位与分包单位承担连带责任
C. 由分包单位负责
D. 由总承包单位、分包单位、监理单位共同负责

50. 工程监理单位受建设单位的委托作为质量控制的监控主体，对工程质量( )。
A. 与分包单位承担连带责任　　　B. 与建设单位承担连带责任
C. 承担监理责任　　　　　　　　D. 与设计单位承担连带责任

51. 根据质量管理体系标准的要求，工程监理单位的质量管理体系文件由（　　）个层次的文件构成。
    A. 二　　　　　　　　　　　　　　B. 三
    C. 四　　　　　　　　　　　　　　D. 五

52. 根据质量管理体系标准的要求，工程监理单位的质量管理体系文件中的第一层次文件是（　　）。
    A. 工作规程　　　　　　　　　　　B. 质量记录
    C. 程序文件　　　　　　　　　　　D. 质量手册

53. 在进口设备的交货方式中，双方承担风险都合理的交货方式是（　　）。
    A. 内陆交货类　　　　　　　　　　B. 目的地交货类
    C. 装运港交货类　　　　　　　　　D. 施工现场交货类

54. 某人现贷款 20 万元，按复利计算，年利率为 10%，分 5 年等额偿还，每年应偿还（　　）万元。
    A. 4.0　　　　　　　　　　　　　　B. 4.4
    C. 4.6　　　　　　　　　　　　　　D. 5.3

55. 某分部工程有 3 个施工过程，各分为 4 个流水节拍相等的施工段，各施工过程的流水节拍分别为 6、6、4 天。如果组织加快的成倍节拍流水施工，则流水步距和流水施工工期分别为（　　）天。
    A. 2 和 22　　　　　　　　　　　　B. 2 和 30
    C. 4 和 28　　　　　　　　　　　　D. 4 和 36

56. 建设工程组织流水施工时，相邻专业工作队之间的流水步距相等，且等于流水节拍的最大公约数的流水施工方式是（　　）。
    A. 固定节拍流水施工　　　　　　　B. 加快的成倍节拍流水施工
    C. 一般的成倍节拍流水施工　　　　D. 非节奏流水施工

57. 在工程网络计划中，工作的最迟完成时间应为其所有紧后工作（　　）。
    A. 最早开始时间的最大值　　　　　B. 最早开始时间的最小值
    C. 最迟开始时间的最大值　　　　　D. 最迟开始时间的最小值

58. 在网络计划工期优化过程中，当出现两条独立的关键线路时，在考虑对质量、安全影响的基础上，优先选择的压缩对象应是这两条关键线路上（　　）的工作组合。
    A. 资源消耗量之和最小　　　　　　B. 直接费用率之和最小
    C. 持续时间之和最长　　　　　　　D. 间接费用率之和最小

59. 关于实际进度监测与调整的系统过程，下列说法有误的是（　　）。
    A. 现场实地检查工程进展情况是为了收集进度报表资料
    B. 进度控制的效果与收集数据资料的时间间隔有关
    C. 实际进度数据的加工处理是为了形成与计划进度具有可比性的数据
    D. 进度调整措施应以后续工作和总工期的限制条件为依据

60. 在施工进度控制目标体系中，用来明确各单位工程的开工和交工动用日期，以确保施工总进度目标实现的子目标是按（　　）分解的。
    A. 项目组成　　　　　　　　　　　B. 计划期

C. 承包单位   D. 施工阶段

61. 工程实施中，通过采用三班制缩短网络计划中关键线路上的工作持续时间属于（   ）措施。

   A. 经济   B. 技术

   C. 组织   D. 其他

62. 影响项目投资最大的阶段，是约占工程项目建设周期（   ）的技术设计结束前的工作阶段。

   A. 二分之一   B. 三分之一

   C. 四分之一   D. 五分之一

63. 在建设工程项目作出投资决策后，控制项目投资的关键就在于（   ）。

   A. 投资   B. 决策

   C. 设计   D. 控制

64. 工程施工质量验收包括工程施工（   ）和竣工验收两个部分。

   A. 事前检验   B. 过程质量验收

   C. 工序验收   D. 单位工程验收

65. 发现偏差，分析产生偏差的原因，采取纠偏措施，体现了项目监理机构在施工阶段投资控制的（   ）措施。

   A. 组织   B. 技术

   C. 经济   D. 合同

66. 单位工程的竣工预验收由（   ）组织。

   A. 施工单位技术负责人   B. 建设单位技术负责人

   C. 总监理工程师   D. 施工项目技术负责人

67. 对设计变更进行技术经济比较，严格控制设计变更，体现了项目监理机构在施工阶段投资控制的（   ）措施。

   A. 组织   B. 技术

   C. 经济   D. 合同

68. 某工程设计有两个方案：甲方案功能评价系数 0.85，成本系数 0.92；乙方案功能评价系数 0.6，成本系数 0.7，则最优方案的价值系数为（   ）。

   A. 0.857   B. 0.911

   C. 0.924   D. 0.950

69. 工料测量师在工程建设的立约前阶段的任务中，其（   ）阶段，工料测量师根据建筑师和工程师提供的建设工程的规模、场址、技术协作条件，对各种拟建方案制定初步估算。

   A. 工程建设开始   B. 可行性研究

   C. 方案建议   D. 初步设计

70. 为了确保工程建设进度总目标的实现，监理工程师最早应在（   ）阶段进行施工现场条件调研和分析。

   A. 设计任务书   B. 设计准备

   C. 初步设计   D. 施工招标

71. 下列关于流水施工时间参数的叙述不正确的是（　　）。

　　A. 流水节拍决定着单位时间的资源供应量，也是区别流水施工组织方式的特征参数

　　B. 流水步距表明流水施工的速度和节奏性

　　C. 流水步距的数目取决于参加流水的施工过程数

　　D. 流水施工工期一般不是整个工程的总工期

72. 某分部工程双代号网络计划如图所示，其关键线路有（　　）条。

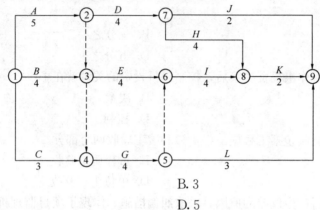

　　A. 2　　　　　　　　　　　　　　　B. 3

　　C. 4　　　　　　　　　　　　　　　D. 5

73. 在双代号网络计划中，下列说法正确的是（　　）。

　　A. 两端为关键节点的工作一定是关键工作

　　B. 关键节点的最早时间与最迟时间有可能相等

　　C. 关键工作两端的节点不一定是关键节点

　　D. 由关键节点组成的线路一定是关键线路

74. 在某工程网络计划中，已知工作 M 没有自由时差，但总时差为 5 天，监理工程师检查实际进度时发现该工作的持续时间延长了 4 天，说明此时工作 M 的实际进度（　　）。

　　A. 既不影响总工期，也不影响其后续工作的正常进行

　　B. 不影响总工期，但将其后续工作的最早开始时间推迟 4 天

　　C. 将使总工期延长 4 天，但不影响其后续工作的正常进行

　　D. 将其后续工作的开始时间推迟 4 天，并使总工期延长 1 天

75. 在某大型建设项目施工过程中，由于处理地下文物造成工期延长后，所延长的工期（　　）。

　　A. 应由施工单位承担责任，采取赶工措施加以弥补

　　B. 施工单位提出延期申请经监理工程师核查证实后审批

　　C. 经监理工程师核查证实后，其中一半时间应纳入合同工期

　　D. 不需监理工程师核查证实，直接纳入合同工期

76. 专业监理工程师审查施工单位提交的竣工结算款支付申请，提出审查意见，体现了施工阶段投资控制中（　　）的主要工作。

　　A. 进行工程计量和付款签证　　　　　B. 对完成工程量进行偏差分析

　　C. 审核竣工结算款　　　　　　　　　D. 处理施工单位提出的工程变更费用

77. 工程保修阶段监理单位应完成的工作不包括下列（　　）。

　　A. 定期回访　　　　　　　　　　　　B. 协调联系

C. 界定责任 D. 实施维修

78. 某项目设备工器具购置费为 2000 万元，建筑安装工程费为 1500 万元，工程建设其他费为 500 万元，基本预备费为 200 万元，涨价预备费为 100 万元，建设期贷款利息为 120 万元，铺底流动资金为 100 万元，则该项目的静态投资为（   ）万元。

A. 4000 B. 4200
C. 4300 D. 4420

79. 用实物法编制施工图预算，有关人工、材料和施工机械台班的单价，采用的是（   ）。

A. 预算定额手册中的价格 B. 当时当地的市场实际价格
C. 调价文件公布的价格 D. 国家计划价格

80. 在进度计划实施的调整中，正确的是（   ）。

A. 网络计划中某项工作进度超前，不需要进行调整

B. 非关键线路上的工作不需进行调整

C. 某项工作实际进度拖延的时间超过其总时差时，只需考虑总工期的限制条件

D. 网络计划中某项工作进度拖延时间超过其总时差，而工程项目必须按原计划工期完成，则只能采取压缩关键线路上后续工作持续时间进行调整

二、多项选择题（共 40 题，每题 2 分。每题的备选项中，有 2 个或 2 个以上符合题意，至少有 1 个错项。错选，本题不得分；少选，所选的每个选项得 0.5 分）

81. "按图施工"是工程质量控制的一项重要原则，施工图必须（   ），才能作为施工的依据。

A. 经过设计单位正式签署 B. 经过工程监理单位核准
C. 获得质量监督机构认可 D. 得到建设单位的同意
E. 进行设计交底和会审

82. 承包单位在施工作业技术活动运行过程中，所实施的质量控制内容有（   ）。

A. 作业技术交底 B. 质量控制点的设置
C. 技术复核 D. 见证取样送检
E. 施工质量记录资料管理

83. 下列编制工程量清单其他项目费报价的说法，正确的有（   ）。
A. 暂列金额按招标人在其他项目清单中列出的金额填写
B. 材料暂估价由投标人根据实际情况自主确定
C. 总承包服务费由投标人根据招标文件中列出的内容和提出的要求自主确定
D. 专业工程暂估价由投标人根据施工组织设计或施工方案自主确定
E. 计日工按招标人在其他项目清单中列出的项目和数量，由投标人自主确定综合单价并计算计日工费用

84. 下列建设项目的财务评价指标中，属于偿债能力分析指标的有（   ）。

A. 偿债备付率 B. 财务内部收益率
C. 利息备付率 D. 财务净现值
E. 资产负债率

85. 建设工程质量受到多种因素的影响，下列因素中对工程质量产生影响的有(　　)。
    A. 人的身体素质
    B. 材料的选用是否合理
    C. 施工机械设备的价格
    D. 施工工艺是否先进
    E. 工程社会环境

86. 建设工程物资储备计划的编制依据有(　　)。
    A. 物资供应计划
    B. 物资供应方式
    C. 物资需求计划
    D. 场地条件
    E. 市场供应信息

87. 进口设备的交货方式有(　　)。
    A. 内陆交货
    B. 目的地交货
    C. 场地交货
    D. 装运港交货
    E. 海上交货

88. 工程量清单是(　　)的依据。
    A. 进行工程索赔
    B. 编制项目投资估算
    C. 建设工程计价
    D. 支付工程进度款
    E. 办理工程结算

89. 质量管理体系内部审核的主要目的有(　　)。
    A. 提高组织声誉，增强竞争能力（针对第三方组织的审核）
    B. 确定受审核方的质量管理体系能否被认证（针对第三方组织的审核）
    C. 确定受审核方质量管理体系或其一部分与审核准则的符合程度
    D. 验证质量管理体系是否持续满足规定目标的要求且保持有效运行
    E. 评价对国家有关法律法规及行业标准要求的符合性

90. 施工图主要审查的内容有(　　)。
    A. 是否符合建设投资要求
    B. 是否符合工程强制性标准
    C. 地基基础的安全性
    D. 主体结构的安全性
    E. 设计企业和注册执业人员是否按规定在施工图上加盖相应印章和签字

91. 保修义务的承担和经济责任的承担应按(　　)原则处理。
    A. 施工单位未按国家有关标准、规范和设计要求施工，造成的质量问题，由施工单位负责返修并承担经济责任
    B. 由于设计方面的原因造成的质量问题，先由施工单位负责维修，其经济责任按有关规定通过建设单位向设计单位索赔
    C. 因建筑材料、构配件和设备质量不合格引起的质量问题，先由施工单位负责维修，属于施工单位采购的或验收同意的，由施工单位承担经济责任
    D. 属于建设单位采购的，由建设单位承担经济责任
    E. 因地震、洪水、台风等不可抗拒原因造成的损坏问题，由施工单位承担经济责任与维修责任

92. 与横道计划相比，网络计划的特点表现为(　　)。
    A. 网络计划能够明确表达各项工作之间的逻辑关系
    B. 通过网络计划时间参数的计算，可以找出关键线路和关键工作

C. 通过网络计划时间参数的计算，可以明确各项工作的机动时间

D. 网络计划可以利用电子计算机进行计算、优化和调整

E. 能直观地反映流水施工的施工工期及各工序最早开始时间及最迟开始时间

93. 建设工程组织固定节拍流水施工的特点有( )。

    A. 相邻施工过程的流水步距相等   B. 流水施工工期与间歇时间成倍数关系

    C. 专业工作队数等于施工过程数   D. 施工段之间没有空闲时间

    E. 所有施工段上的流水节拍相等

94. 监理工程师控制施工进度的工作内容有( )。

    A. 编制施工总进度计划   B. 编制施工进度控制工作细则

    C. 批准工程进度款的支付申请   D. 制定突发事件应急措施

    E. 审批工程延期

95. 建设单位在工程开工前应负责向建设行政管理部门办理( )等手续。

    A. 建设资金审查   B. 施工图文件审查

    C. 工程施工许可证   D. 工程质量监督

    E. 大型施工机械进场许可

96. 项目监理机构审查后的施工组织设计，需报送监理单位技术负责人审查后提出意见的工程项目包括( )。

    A. 一般中小型的工程   B. 规模大、技术复杂的工程

    C. 新型结构工程   D. 特种结构工程

    E. 临时设施工程

97. 分部分项工程材料费的构成包括( )。

    A. 材料在运输装卸过程中不可避免的损耗费

    B. 材料仓储费

    C. 新材料的试验费

    D. 对建筑材料进行一般鉴定、检查所发生的费用

    E. 为验证设计参数，对构件做破坏性试验的费用

98. 内容性审查中，应重点审查施工方案是否具有( )。

    A. 针对性   B. 安全性

    C. 指导性   D. 可操作性

    E. 完备性

99. 在组织流水施工时，确定流水节拍应考虑的因素有( )。

    A. 所采用的施工方法和施工机械

    B. 相邻两个施工过程相继开始施工的最小间隔时间

    C. 施工段数目

    D. 在工作面允许的前提下投入的劳动量和机械台班数量

    E. 专业工作队的工作班次

100. 为确保工程质量，在市政工程及房屋建筑工程项目中，要对( )实行见证取样。

    A. 工程材料   B. 设备的预埋件

    C. 承重结构的混凝土试块   D. 承重墙体的砂浆试块

E. 结构工程的受力钢筋

101. 下列工程质量问题中，可不做处理的有（　　）。
    A. 不影响结构安全和正常使用的质量问题
    B. 经过后续工序可以弥补的质量问题
    C. 存在一定的质量缺陷，若处理则影响工期的质量问题
    D. 质量问题经法定检测单位鉴定为合格
    E. 出现的质量问题，经原设计单位核算，仍能满足结构安全和使用的功能

102. 下列费用中，属于建安工程造价措施费的有（　　）。
    A. 二次搬运费　　　　　　　　　B. 夜间施工增加费
    C. 总承包服务费　　　　　　　　D. 已完工程及设备保护费
    E. 脚手架工程费

103. 下列费用中，属于建安工程造价规费的有（　　）。
    A. 安全文明施工费　　　　　　　B. 工程排污费
    C. 养老保险费　　　　　　　　　D. 大型机械进出场费
    E. 住房公积金

104. 下列评价指标中，反映项目偿债能力的有（　　）。
    A. 资产负债率　　　　　　　　　B. 累计盈余资金
    C. 偿债备付率　　　　　　　　　D. 投资回收期
    E. 项目资本金净利润率

105. 下列工作中，属于建设工程设计准备阶段进度控制任务的有（　　）。
    A. 编制监理进度计划　　　　　　B. 编制工程项目总进度计划
    C. 进行工期目标和进度控制决策　D. 编制详细的出图计划
    E. 进行环境及施工现场条件的调查和分析

106. 某工作的计划进度与实际进度情况如下图所示，从图中可以看出（　　）。

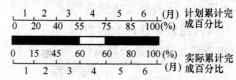

    A. 在第 1 月内，本工作按计划进行　　B. 到第 2 月末，本工作拖欠 5% 的任务量
    C. 在第 4 月内，本工作没有进行　　　D. 到第 5 月末，本工作拖欠 5% 的任务量
    E. 本工作已按计划完成

107. 根据《建设工程工程量清单计价规范》，分部分项工程量清单内容中，应按此《规范》规定并可结合工程实际编制的有（　　）。
    A. 项目编码的前九位　　　　　　B. 项目名称
    C. 工程量计算规则　　　　　　　D. 项目特征
    E. 计量单位

108. 下列施工过程中，作为建造类施工过程而必须列入流水施工进度计划之中的有（　　）。
    A. 混凝土构件预制　　　　　　　B. 基础混凝土浇筑

C. 建筑材料运输　　　　　　　　　D. 砂浆预制

E. 主体结构工程

109. 当工程实际进度偏差影响到后续工作、总工期而需要调整进度计划时，可采用（　　）等方法改变某些工作的逻辑关系。

A. 增加资源投入量　　　　　　　　B. 提高劳动效率

C. 将顺序进行的工作改为平行作业　　D. 将顺序进行的工作改为搭接作业

E. 组织分段流水作业

110. 在施工进度控制过程中，监理工程师的主要工作内容有（　　）。

A. 下达工程开工令　　　　　　　　B. 协助承包商编制进度计划

C. 监督施工进度计划的实施　　　　D. 向承包商提供进度报告

E. 按年、季、月编制工程综合计划

111. 工程建设其他费用中与项目建设有关的费用包括（　　）。

A. 土地征用及迁移补偿费　　　　　B. 土地使用权出让金

C. 建设单位管理费　　　　　　　　D. 勘察设计费

E. 研究试验费

112. 质量数据的特征值中，描述数据集中趋势的特征值有（　　）。

A. 算术平均数　　　　　　　　　　B. 样本中位数

C. 极差　　　　　　　　　　　　　D. 标准偏差

E. 变异系数

113. 下列关于固定节拍流水施工特点的说法中，正确的有（　　）。

A. 所有施工过程在各个施工段上的流水节拍均相等

B. 相邻专业工作队之间的流水步距不尽相等

C. 专业工作队的数量等于施工过程的数量

D. 各施工段之间不能避免空闲时间

E. 各个专业工作队在各施工段上能够连续作业

114. 监理单位在设计阶段的进度控制中，正确的有（　　）。

A. 应落实项目监理班子中专门负责设计进度控制的人员

B. 按合同要求对设计工作进度进行严格的动态控制

C. 监理工程师要对设计单位填写的设计图纸进度表进行核查分析

D. 按设计单位设计总进度计划严格监控

E. 在进度计划实施过程中，监理工程师应定期检查设计工作的实际完成情况

115. 因承包单位原因造成的工程延误的处理措施包括（　　）。

A. 拒绝签署付款凭证　　　　　　　B. 误期损失赔偿

C. 取消承包资格　　　　　　　　　D. 下达停工令

E. 拖延工程支付

116. 建设工程质量特性中的"与环境的协调性"是指工程与（　　）的协调。

A. 所在地区社会环境　　　　　　　B. 周围生态环境

C. 周围已建工程　　　　　　　　　D. 周围生活环境

E. 所在地区经济环境

117. 按照《建筑安装工程费用项目组成》（建标［2003］206号）的规定，规费包括（　　）。

    A. 安全施工费   B. 环境保护费

    C. 社会保险费   D. 工伤保险费

    E. 住房公积金

118. 非节奏流水施工工期的计算公式为：$T=\sum K+\sum t_n+\sum G+\sum Z-\sum C$，其中各字母代表的意义正确的是（　　）。

    A. T——流水施工工期

    B. $\sum Z$——工艺间歇时间之和

    C. $\sum C$——提前插入时间之和

    D. $\sum t_n$——最后一个施工过程（或专业工作队）在各施工段流水节拍之和

    E. $\sum K$——各施工过程（或专业工作队）之间流水步距之和

119. 下述有关虚工作的说法正确的是（　　）。

    A. 有工作内容   B. 不消耗资源

    C. 不消耗时间   D. 用来表示相邻两项工作之间的逻辑关系

    E. 在绘制双代号网络图时可能引用

120. 国际咨询工程师联合会规定中涉及项目投资控制的具体任务包括（　　）。

    A. 项目的投资效益分析   B. 与项目有关的技术转让

    C. 初步设计时的投资估算   D. 施工管理

    E. 工时与投资的预测

第一套模拟试卷参考答案、考点分析

一、单项选择题

1.【试题答案】C

【试题解析】本题考查重点是"设备制造过程的质量监控"。在设备制造过程中，如由于设备订货方、原设计单位、监造单位或设备制造单位需要对设备的设计提出修改时，应由原设计单位进行设计变更，并由总监理工程师审核设计变更，及因变更引起的费用增减和制造工期的变化，尤要注意设计变更不得降低设备质量，设计变更应得到建设单位的同意。因此，本题的正确答案为C。

2.【试题答案】B

【试题解析】本题考查重点是"质量数据的收集方法"。简单随机抽样又称纯随机抽样、完全随机抽样，是对总体不进行任何加工，直接进行随机抽样，获取样本的方法。所以，选项B符合题意。选项A的"全数抽样"是对总体中的全部个体逐一观察、测量、计数、登记，从而获得总体质量水平评价结论的方法。选项C的"整群抽样"一般是将总体按自然存在的状态分为若干群，并从中抽取样品群组成样本，然后在中选群内进行全数检验的方法。选项D的"多阶段抽样"是将各种单阶段抽样方法结合使用，通过多次随机抽样来实现的抽样方法。因此，本题的正确答案为B。

3.【试题答案】D

【试题解析】本题考查重点是"利息的计算"。单利法的计算公式为：$I=P\times n\times i$（式中：P为本金，I为利息，i为利率，n为计息期数）。n个计息周期后的本利和为$F=P+I=P(1+i\times n)$。复利法的计算公式为：$F=P(1+i)^n$（式中：F为本利和，P为本金，i为利率，n为计息期数）。以7%复利计算的本利和$F=P(1+i)^n=(15000\times 8\%\times 3+15000)\times(1+7\%)^{10}=36589$（元）。因此，本题的正确答案为D。

4.【试题答案】A

【试题解析】本题考查重点是"ISO质量管理体系的质量管理原则及特征"。"有效决策是建立在数据和信息分析的基础上。"决策是通过调查研究和分析，确定质量目标并提出实现目标的方案，对可供选择的方案进行优选做出抉择的过程。正确有效的决策依赖于科学的决策方法，更依赖于符合客观事实的数据和信息。因此，本题的正确答案为A。

5.【试题答案】B

【试题解析】本题考查重点是"进度控制与影响进度的因素"。业主因素包括业主使用要求改变而进行设计变更，应提供的施工场地条件不能及时提供或所提供的场地不能满足工程正常需要，不能及时向施工承包单位或材料供应商付款等。所以，选项B符合题意。选项A属于材料因素。选项C属于自然环境因素。选项D属于组织管理因素。因此，本题的正确答案为B。

6.【试题答案】D

【试题解析】本题考查重点是"进度控制的组织措施"。进度控制的组织措施主要包括：①建立进度控制目标体系，明确建设工程现场监理组织机构中进度控制人员及其职责分工；②建立工程进度报告制度及进度信息沟通网络；③建立进度计划审核制度和进度计划实施中的检查分析制度；④建立进度协调会议制度，包括协调会议举行的时间、地点、协调会议的参加人员等；⑤建立图纸审查、工程变更和设计变更管理制度。根据第④点可知，选项 D 符合题意。选项 A 属于进度控制的合同措施。选项 B 属于进度控制的技术措施。选项 C 属于进度控制的经济措施。因此，本题的正确答案为 D。

7.【试题答案】B

【试题解析】本题考查重点是"横道图比较法"。非匀速进展横道图比较法中，通过比较同一时刻实际完成任务量累计百分比和计划完成任务量累计百分比，判断工作实际进度与计划进度之间的关系：①如果同一时刻横道线上方累计百分比大于横道线下方累计百分比，表明实际进度拖后，拖欠的任务量为二者之差；②如果同一时刻横道线上方累计百分比小于横道线下方累计百分比，表明实际进度超前，超前的任务量为二者之差；③如果同一时刻横道线上下方两个累计百分比相等，表明实际进度与计划进度一致。本题中，第 1 周内实际进度拖后 2%；第 3 周内实际进度超前 2%；第 4 周内实际进度拖后 8%；第 5 周内实际进度拖后 1%。因此，本题的正确答案为 B。

8.【试题答案】C

【试题解析】本题考查重点是"施工进度计划的技术措施"。工程施工过程中，缩短某些工作的持续时间的技术措施有：①改进施工工艺和施工技术，缩短工艺技术间歇时间；②采用更先进的施工方法，以减少施工过程的数量（如将现浇框架方案改为预制装配方案）；③采用更先进的施工机械。根据第②点可知，选项 C 符合题意。选项 A 属于组织措施。选项 B 属于经济措施。选项 D 属于其他配套措施。因此，本题的正确答案为 C。

9.【试题答案】B

【试题解析】本题考查重点是"工程建设各阶段对质量形成的作用与影响"。项目可行性研究是在项目建议书和项目策划的基础上，运用经济学原理对投资项目的有关技术、经济、社会、环境及所有方面进行调查研究，对各种可能的拟建方案和建成投产后的经济效益、社会效益和环境效益等进行技术经济分析、预测和论证，确定项目建设的可行性，并在可行的情况下，通过多方案比较从中选择出最佳建设方案，作为项目决策和设计的依据。在此过程中，需要确定工程项目的质量要求，并与投资目标相协调。所以，项目的可行性研究直接影响项目的决策质量和设计质量。因此，本题的正确答案为 B。

10.【试题答案】D

【试题解析】本题考查重点是"工程质量事故处理方案类型——不做处理的情况"。某些工程质量问题虽然不符合规定的要求和标准构成质量事故，但视其严重情况，经过分析、论证、法定检测单位鉴定和设计等有关单位认可，对工程或结构使用及安全影响不大，也可不做专门处理。通常不用专门处理的情况有：①不影响结构安全和正常使用；②有些质量问题经过后续工序可以弥补。例如，混凝土墙表面轻微麻面，可通过后续的抹灰、喷涂或刷白等工序弥补，亦可不做专门处理；③经法定检测单位鉴定合格；④出现的质量问题，经检测鉴定达不到设计要求，但经原设计单位核算，仍能满足结构安全和使用功能。因此，根据第④点可知，本题的正确答案为 D。

11.【试题答案】C

【试题解析】本题考查重点是"质量管理体系标准的主要术语——质量方针"。根据

GB/T 19000—2008 族标准，质量方针是指由组织的最高管理者正式发布的该组织总的质量宗旨和方向。它规定的内容要简洁、精确。管理者必须清楚地解释本组织的质量方针、质量目标的内涵。所以，选项 C 符合题意。选项 A 中，质量目标是指在质量方面所追求的目的。它通常依据组织的质量方针制定，并通常对组织的相关职能和层次分别规定质量目标。因此，本题的正确答案为 C。

12.【试题答案】B

【试题解析】本题考查重点是"施工方案审查"。总监理工程师应组织专业监理工程师审查施工单位报审的施工方案，符合要求后应予以签认。施工方案审查应包括的基本内容：①编审程序应符合相关规定；②工程质量保证措施应符合有关标准。因此，本题的正确答案为 B。

13.【试题答案】B

【试题解析】本题考查重点是"财务净现值的计算分析"。财务净现值是指按行业基准收益率或投资主体设定的折现率，将方案计算期内各年发生的净现金流量折现到建设期初的现值之和。财务净现值（FNPV）的计算公式为：$FNPV = \sum_{t=1}^{n} (CI - CO)_t (1 + i_c)^{-t}$（式中：$i_c$ 为行业基准收益率或投资主体设定的折现率；n 为项目计算期）。根据公式可知：

$$FNPV = \sum_{t=1}^{n} (CI - CO)_t (1 + i_c)^{-t} = -\frac{100}{1.08} - \frac{100}{1.08^2} + \frac{80}{1.08^3} + \frac{80}{1.08^4} + \frac{80}{1.08^5} = -1.57 (万元)$$

。因此，本题的正确答案为 B。

14.【试题答案】C

【试题解析】本题考查重点是"工程量清单的编制"。工程量清单应由具有编制能力的招标人或受其委托，具有相应资质的工程造价咨询人员编制。所以，选项 C 的"工程招标单位"可以是工程量清单的编制人。因此，本题的正确答案为 C。

15.【试题答案】B

【试题解析】本题考查重点是"工程质量管理主要制度"。工程质量检测工作是对工程质量进行监督管理的重要手段之一。工程质量检测机构是对建设工程、建筑构件、制品及现场所用的有关建筑材料、设备质量进行检测的法定单位。在建设行政主管部门领导和标准化管理部门指导下开展检测工作，其出具的检测报告具有法定效力。法定的国家级检测机构出具的检测报告，在国内为最终裁定，在国外具有代表国家的性质。因此，本题的正确答案为 B。

16.【试题答案】D

【试题解析】本题考查重点是"ISO 质量管理体系的内涵和构成"。GB/T 19004—2009 idt ISO 9004：2009《质量管理体系　业绩改进指南》标准提供了超出 GB/T 19001 标准要求的指南，它不是 GB/T 19001 标准的实施指南。标准充分考虑了提高质量管理体系的有效性和效率，进而考虑开发改进组织绩效的潜能。标准对组织改进其质量管理体系总体绩效提供了指导和帮助，是指南性质的标准，标准不能用于认证、审核、法规或合同的目的。因此，本题的正确答案为 D。

17.【试题答案】C

【试题解析】本题考查重点是"影响工程进度的业主因素"。影响工程进度的业主因素有：业主使用要求改变而进行设计变更；应提供的施工场地条件不能及时提供或所提供的场地不能满足工程正常需要；不能及时向施工承包单位或材料供应商付款等。所以，选项 C 符合题意。选项 A 属于施工技术因素。选项 B 属于组织管理因素。选项 D 属于材料、设备因素。因此，本题的正确答案为 C。

18.【试题答案】A

【试题解析】本题考查重点是"双代号时标网络计划中总时差的计算"。工作的总时差等于该工作最迟完成时间与最早完成时间之差，或该工作最迟开始时间与最早开始时间之差。从图中可知，此网络图的工期为 12 天，工作 A 的最迟完成时间为 4 天，最早完成时间为 3 天，故总时差为 1 天。因此，本题的正确答案为 A。

19.【试题答案】A

【试题解析】本题考查重点是"施工进度计划的调整"。缩短某些工作的持续时间这种方法的特点是不改变工作之间的先后顺序关系，通过缩短网络计划中关键线路上工作的持续时间来缩短工期，通常采用的措施有组织措施、技术措施、经济措施及其他配套措施。因此，本题的正确答案为 A。

20.【试题答案】B

【试题解析】本题考查重点是"工程延期的审批原则"。监理工程师在审批工程延期时应遵循下列原则：①合同条件：这是监理工程师审批工程延期的一条根本原则；②影响工期：发生延期事件的工程部位，无论其是否处在施工进度计划的关键线路上，只有当所延长的时间超过其相应的总时差而影响到工期时，才能批准工程延期。如果延期事件发生在非关键线路上，且延长的时间并未超过总时差时，即使符合批准为工程延期的合同条件，也不能批准工程延期；③实际情况：批准的工程延期必须符合实际情况。因此，根据第②点可知，本题的正确答案为 B。

21.【试题答案】B

【试题解析】本题考查重点是"建设工程项目投资的概念"。建设投资，由设备及工器具购置费、建筑安装工程费、工程建设其他费用、预备费（包括基本预备费和涨价预备费）和建设期利息组成。设备及工器具购置费，是指按照建设工程设计文件要求，建设单位（或其委托单位）购置或自制达到固定资产标准的设备和新、扩建项目配置的首套工器具及生产家具所需的费用。设备及工器具购置费由设备原价、工器具原价和运杂费（包括设备成套公司服务费）组成。在生产性建设工程中，设备及工器具投资主要表现为其他部门创造的价值向建设工程中的转移，但这部分投资是建设工程项目投资中的积极部分，它占项目投资比重的提高，意味着生产技术的进步和资本有机构成的提高。因此，本题的正确答案为 B。

22.【试题答案】B

【试题解析】本题考查重点是"质量管理体系的建立"。质量方针是由组织的最高管理者正式发布的该组织总的质量宗旨和方向，质量目标是指组织在质量方面所追求的目的。质量方针的建立为组织确定了未来发展的蓝图，也为质量目标的建立和评审提供了框架。质量方针必须通过质量目标的执行和实现才能得到落实，质量目标的建立为组织的运作提供了具体的要求，质量目标应以质量方针为框架具体展开。目标的内容要在组织当前质量水平的基础上，按照组织自身对更高质量的合理期望来确定，并适时修订和提高，以便与质量管理体系持续改进的承诺相一致。质量目标的实现对产品质量的控制、改进和提高、具体过程运作的有效性以及经济效益都有积极的作用和影响,因此也对组织获得顾客以及相关方的满意和信任产生积极的影响。因此,本题的正确答案为B。

23.【试题答案】D

【试题解析】本题考查重点是"工程施工质量控制的依据"。控制施工作业活动质量的技术规程,例如电焊操作规程、砌体操作规程、混凝土施工操作规程等。它们是为了保证施工作业活动质量在作业过程中应遵照执行的技术规程。凡采用新工艺、新技术、新材料的工程,事先应进行试验,并应有权威性技术部门的技术鉴定书及有关的质量数据、指标,在此基础上制定相应的质量标准和施工工艺规程,以此作为判断与控制质量的依据。如果拟采用的新工艺、新技术、新材料,不符合现行强制性标准规定的,应当由拟采用单位提请建设单位组织专题技术论证,报批准标准的建设行政主管部门或者国务院有关主管部门审定。因此,本题的正确答案为D。

24.【试题答案】D

【试题解析】本题考查重点是"财务评价指标体系"。建设工程财务评价按评价内容不同,还可分为盈利能力分析指标、偿债能力分析指标和财务生存能力分析指标三类。盈利能力分析指标包括:项目投资财务内部收益率;项目投资财务净现值;项目资本金财务内部收益率;投资各方财务内部收益率;投资回收期;项目资本金净利润率;总投资收益率。偿债能力分析指标包括:资产负债率;利息备付率;偿债备付率。财务生存能力分析指标包括:净现金流量;累计盈余资金。所以,选项D符合题意。选项A的"投资回收期"、选项B的"总投资收益率"和选项C的"项目资本金净利润率"均属于盈利能力分析指标。因此,本题的正确答案为D。

25.【试题答案】D

【试题解析】本题考查重点是"工程质量缺陷的成因"。设计差错。例如,盲目套用图纸,采用不正确的结构方案,计算简图与实际受力情况不符,荷载取值过小,内力分析有误,沉降缝或变形缝设置不当,悬挑结构未进行抗倾覆验算,以及计算错误等。因此,本题的正确答案为D。

26.【试题答案】C

【试题解析】本题考查重点是"进度控制的组织措施"。进度控制的组织措施主要包括:①建立进度控制目标体系,明确建设工程现场监理组织机构中进度控制人员及其职责分工;②建立工程进度报告制度及进度信息沟通网络;③建立进度计划审核制度和进度计划实施中的检查分析制度;④建立进度协调会议制度,包括协调会议举行的时间、地点,协调会议的参加人员等;⑤建立图纸审查、工程变更和设计变更管理制度。根据第③点可知,选项C符合题意。选项A和选项D均属于进度控制的技术措施。选项B属于进度控制的经济措施。因此,本题的正确答案为C。

27.【试题答案】D

【试题解析】本题考查重点是"横道图法的缺点"。利用横道图表示工程进度计划,存在下列缺点:①不能明确地反映出各项工作之间错综复杂的相互关系,因而在计划执行过程中,当某些工作的进度由于某种原因提前或拖延时,不便于分析其对其他工作及总工期的影响程度,不利于建设工程进度的动态控制;②不能明确地反映出影响工期的关键工作和关键线路，也就无法反映出整个工程项目的关键所在，因而不便于进度控制人员抓住主要矛盾；③不能反映出工作所具有的机动时间，看不到计划的潜力所在，无法进行最合理的组织和指挥；④不能反映工程费用与工期之间的关系，因而不便于缩短工期和降低工程成本。因此，根据第④点可知，本题的正确答案为 D。

28.【试题答案】B

【试题解析】本题考查重点是"平行施工方式的特点"。平行施工方式具有以下特点：①充分地利用工作面进行施工，工期短；②如果每一个施工对象均按专业成立工作队，则各专业队不能连续作业，劳动力及施工机具等资源无法均衡使用；③如果由一个工作队完成一个施工对象的全部施工任务，则不能实现专业化施工，不利于提高劳动生产率和工程质量；④单位时间内投入的劳动力、施工机具、材料等资源量成倍地增加，不利于资源供应的组织；⑤施工现场的组织、管理比较复杂。因此，根据第⑤点可知，本题的正确答案为 B。

29.【试题答案】C

【试题解析】本题考查重点是"单代号网络计划时间参数的计算"。总时差最小的工作为关键工作。将这些关键工作相连，并保证相邻两项关键工作之间的时间间隔为零而构成的线路就是关键线路。因此，本题的正确答案为 C。

30.【试题答案】C

【试题解析】本题考查重点是"监理单位的进度监控"。监理单位受业主的委托进行工程设计监理时，应落实项目监理班子中专门负责设计进度控制的人员，按合同要求对设计工作进度进行严格监控。在设计进度控制中，监理工程师要对设计单位填写的设计图纸进度表进行核查分析，并提出自己的见解。从而将各设计阶段的每一张图纸（包括其相应的设计文件）的进度都纳入监控之中。因此，本题的正确答案为 C。

31.【试题答案】D

【试题解析】本题考查重点是"混凝土结构工程施工试验与检测"。现浇楼板厚度检测常用超声波对测法。选项 A、B、C 为混凝土实体检测方法。因此，本题的正确答案为 D。

32.【试题答案】C

【试题解析】本题考查重点是"工程质量事故处理的验收结论"。验收结论通常有以下几种：①事故已排除，可以继续施工；②隐患已消除，结构安全有保证；③经修补处理后，完全能够满足使用要求；④基本上满足使用要求，但使用时应有附加限制条件，例如限制荷载等；⑤对耐久性的结论；⑥对建筑物外观影响的结论；⑦对短期内难以作出结论的，可提出进一步观测检验意见。根据第③点可知，选项 C 不属于验收结论。因此，本题的正确答案为 C。

33.【试题答案】A

【试题解析】本题考查重点是"《建设工程工程量清单计价规范》GB 50500—2013 中建安工程造价的构成"。《建设工程工程量清单计价规范》GB 50500—2013 规定，建安费用由分部分项工程费、措施项目费、其他项目费和税金组成；分部分项工程量清单采用综合单价计价，综合单价是指完成一个规定计量单位的分部分项工程量清单项目或措施项目清单所需的人工费、材料费、施工机械使用费和企业管理费与利润，以及一定范围内的风险费用。因此，本题的正确答案为 A。

34.【试题答案】A

【试题解析】本题考查重点是"建设工程项目投资的特点"。建设工程项目投资数额巨大，动辄上千万，数十亿。建设工程项目投资数额巨大的特点使它关系到国家、行业或地区的重大经济利益，对国计民生也会产生重大的影响。从这一点也说明了建设工程投资管理的重要意义。因此，本题的正确答案为A。

35.【试题答案】B

【试题解析】本题考查重点是"网络计划的优化——资源优化"。资源是指为完成一项计划任务所需投入的人力、材料、机械设备和资金等。完成一项工程任务所需要的资源量基本上是不变的，不可能通过资源优化将其减少。资源优化的目的是通过改变工作的开始时间和完成时间，使资源按照时间的分布符合优化目标。因此，本题的正确答案为B。

36.【试题答案】A

【试题解析】本题考查重点是"监理工程师控制物资供应进度的工作内容"。监理工程师受业主的委托，对建设工程投资、进度和质量三大目标进行控制的同时，需要对物资供应进行控制和管理。根据物资供应的方式不同，监理工程师的主要工作内容也有所不同，其基本内容包括：协助业主进行物资供应的决策；组织物资供应招标工作；编制、审核和控制物资供应计划。控制物资供应计划的实施包括：①掌握物资供应全过程的情况；②采取有效措施保证急需物资的供应；③审查和签署物资供应情况分析报告；④协调各有关单位的关系。根据第②点可知，选项A符合题意。选项B、D错不应该是"确定"，应该是提出物资供应分包方式及分包合同清单，并获得业主认可。C应为协助办理。因此，本题的正确答案为A。

37.【试题答案】A

【试题解析】本题考查重点是"建设工程质量的特性"。建设工程质量简称工程质量，是指建设工程满足相关标准规定和合同约定要求的程度，包括其在安全、使用功能及其在耐久性能、节能与环境保护等方面所有明示和隐含的固有特性。建设工程作为一种特殊的产品，除具有一般产品共有的质量特性外，还具有特定的内涵。建设工程质量的特性主要表现在以下七个方面：①适用性，即功能，是指工程满足使用目的的各种性能；②耐久性，即寿命，是指工程在规定的条件下，满足规定功能要求使用的年限，也就是工程竣工后的合理使用寿命期；③安全性，是指工程建成后在使用过程中保证结构安全、保证人身和环境免受危害的程度；④可靠性，是指工程在规定的时间和规定的条件下完成规定功能的能力；⑤经济性，是指工程从规划、勘察、设计、施工到整个产品使用寿命周期内的成本和消耗的费用；⑥节能性，是指工程在设计与建造过程及使用过程中满足节能减排、降低能耗的标准和有关要求的程度；⑦与环境的协调性，是指工程与其周围生态环境协调，与所在地区经济环境协调以及与周围已建工程相协调，以适应可持续发展的要求。所以，选项A符合题意。选项D的"目的性"不属于建设工程质量特性。因此，本题的正确答案为A。

38.【试题答案】A

【试题解析】本题考查重点是"工程质量事故等级划分"。《关于做好房屋建筑和市政基础设施工程质量事故报告和调查处理工作的通知》（建质〔2010〕111号）中指出，工程质量事故是指由于建设、勘察、设计、施工、监理等单位违反工程质量有关法律法规和工程建设标准，使工程产生结构安全、重要使用功能等方面的质量缺陷，造成人身伤亡或者重大经济损失的事故。根据工程质量事故造成的人员伤亡或者直接经济损失，工程质量事故分为4个等级：①特别重大事故，是指造成30人以上死亡，或者100人以上重伤，或者1亿元以上直接经济损失的事故；②重大事故，是指造成10人以上30人以下死亡，或者50人以上100人以下重伤，或者5000万元以上1亿元以下直接经济损失的事故；③较大事故，是指造成3人以上10人以下死亡，或者10人以上50人以下重伤，或者1000万元以上5000万元以下直接经济损失的事故；④一般事故，是指造成3人以下死亡，或者10人以下重伤，或者100万元以上1000万元以下直接经济损失的事故。该等级划分所称的"以上"包括本数，所称的"以下"不包括本数。因此，本题的正确答案为A。

39.【试题答案】B

【试题解析】本题考查重点是"设备制造的质量监控方式"。设备制造的质量监控方式包括：①驻厂监造。采取这种方式实施设备监造，监造人员直接进入设备制造厂的制造现场，成立相应的监造小组，编制监造规划，实施设备制造全过程的质量监控；②巡回监控。对某些设备（如制造周期长的设备），则可采用巡回监控的方式；③设置质量控制点监控。针对影响设备制造质量的诸多因素，设置质量控制点，做好预控及技术复核，实现制造质量的控制。因此，根据第③点可知，本题的正确答案为B。

40.【试题答案】D

【试题解析】本题考查重点是"质量数据的特征值"。变异系数又称离散系数，是用标准差除以算术平均数得到的相对数。它表示数据的相对离散波动程度。因此，本题的正确答案为D。

41.【试题答案】A

【试题解析】本题考查重点是"工程勘察阶段的划分"。工程勘察工作一般分三个阶段，即可行性研究勘察、初步勘察、详细勘察。对工程地质条件复杂或有特殊施工要求的重要工程，应进行施工勘察。各勘察阶段的工作要求如下：①可行性研究勘察，又称选址勘察，其目的是要通过搜集、分析已有资料，进行现场踏勘。必要时，进行工程地质测绘和少量勘探工作，对拟选场址的稳定性和适宜性作出岩土工程评价，进行技术经济论证和方案比较，满足确定场地方案的要求；②初步勘察是指在可行性研究勘察的基础上，对场地内建筑地段的稳定性作出岩土工程评价，并为确定建筑总平面布置、主要建筑物地基基础方案及对不良地质现象的防治工作方案进行论证，满足初步设计或扩大初步设计的要求；③详细勘察应对地基基础处理与加固、不良地质现象的防治工程进行岩土工程计算与评价，满足施工图设计的要求。因此，本题的正确答案为A。

42.【试题答案】B

【试题解析】本题考查重点是"生产准备费"。生产准备费是指新建企业或新增生产能力的企业，为保证竣工交付使用进行必要的生产准备所发生的费用。费用内容包括：①生产职工培训费；②生产单位提前进厂参加施工、设备安装、调试等以及熟悉工艺流程及设备性能等人员的工资、工资性补贴、职工福利费、差旅交通费、劳动保护费等。所以，根据第①点可知，选项B符合题意。选项A的"试运转所需的原料费"属于联合试运转费。选项C的"办公家具购置费"和选项D的"生活家具购置费"均属于办公和生活家具购置费。因此，本题的正确答案为B。

43. 【试题答案】D

【试题解析】本题考查重点是"设备安装工程概算的编制方法"。设备安装工程的编制方法包括预算单价法、扩大单价法和概算指标法。其中，当初步设计有详细设备清单时，可直接按预算单价（预算定额单价）编制设备安装工程概算。根据计算的设备安装工程量，乘以安装工程预算单价，经汇总求得。用预算单价法编制概算，计算比较具体，精确性较高。因此，本题的正确答案为D。

44. 【试题答案】B

【试题解析】本题考查重点是"施工图预算审查的方法——筛选审查法"。"筛选"是能较快发现问题的一种方法。建筑工程虽面积和高度不同，但其各分部分项工程的单位建筑面积指标变化却不大。将这样的分部分项工程加以汇集、优选，找出其单位建筑面积工程量、单价、用工的基本数值，归纳为工程量、价格、用工3个单方基本指标，并注明基本指标的适用范围。这些基本指标用来筛选各分部分项工程，对不符合条件的应进行详细审查，若审查对象的预算标准与基本指标的标准不符，就应对其进行调整。所以，选项B符合题意。选项A的"标准预算审查法"是对利用标准图纸或通用图纸施工的工程，先集中力量编制标准预算，以此为准来审查工程预算的一种方法。选项C的"分组计算审查法"是把预算中有关项目按类别划分若干组，利用同组中的一组数据审查分项工程量的一种方法。选项D的"对比审查法"是当工程条件相同时，用已完工程的预算或未完但已经过审查修正的工程预算对比审查拟建工程的同类工程预算的一种方法。因此，本题的正确答案为B。

45. 【试题答案】A

【试题解析】本题考查重点是"工程监理单位勘察质量管理的主要工作"。工程监理单位勘察质量管理的主要工作包括：①协助建设单位编制工程勘察任务书和选择工程勘察单位，并协助签订工程勘察合同；②审查勘察单位提交的勘察方案，提出审查意见，并报建设单位。变更勘察方案时，应按原程序重新审查；③检查勘察现场及室内试验主要岗位操作人员的资格、所使用设备、仪器计量的检定情况；④检查勘察单位执行勘察方案的情况，对重要点位的勘探与测试应进行现场检查；⑤审查勘察单位提交的勘察成果报告，必要时对于各阶段的勘察成果报告组织专家论证或专家审查，并向建设单位提交勘察成果评估报告，同时应参与勘察成果验收。经验收合格后勘察成果报告才能正式使用。因此，本题的正确答案为A。

46. 【试题答案】B

【试题解析】本题考查重点是"进度控制的组织措施"。进度控制的组织措施主要包括：①建立进度控制目标体系，明确建设工程现场监理组织机构中进度控制人员及其职责分工；②建立工程进度报告制度及进度信息沟通网络；③建立进度计划审核制度和进度计划实施中的检查分析制度；④建立进度协调会议制度，包括协调会议举行的时间、地点，协调会议的参加人员等；⑤建立图纸审查、工程变更和设计变更管理制度。根据第⑤点可知，选项B符合题意。选项A和选项D均属于进度控制的经济措施。选项C属于进度控制的技术措施。因此，本题的正确答案为B。

47. 【试题答案】D

【试题解析】本题考查重点是"网络计划的优化——资源优化"。资源优化的目的是通过改变工作的开始时间和完成时间，使资源按照时间的分布符合优化目标。在通常情况下，网络计划的资源优化分为两种，即"资源有限，工期最短"的优化和"工期固定，资源均衡"的优化。前者是通过调整计划安排，在满足资源限制条件下，使工期延长最少的过程；而后者是通过调整计划安排，在工期保持不变的条件下，使资源需用量尽可能均衡的过程。因此，本题的正确答案为 D。

48.【试题答案】B

【试题解析】本题考查重点是"工程建设各阶段对质量形成的作用与影响"。工程建设的不同阶段，对工程项目质量的形成起着不同的作用和影响：①项目的可行性研究阶段，需要确定工程项目的质量要求，并与投资目标相协调。它直接影响项目的决策质量和设计质量；②项目的决策阶段，对工程质量的影响主要是确定工程项目应达到的质量目标和水平；③工程的勘察和设计阶段，使得质量目标和水平具体化，为施工提供直接依据；④工程施工阶段，是形成实体质量的决定环节；⑤工程的竣工验收阶段，是为了保证最终产品的质量。因此，根据第①点可知，本题的正确答案为 B。

49.【试题答案】B

【试题解析】本题考查重点是"施工单位的质量责任"。根据工程质量责任体系中对施工单位的质量责任的要求，施工单位对所承包的工程项目的施工质量负责。实行总分包的工程，分包单位应按照分包合同约定对其分包工程的质量向总承包单位负责，总承包单位与分包单位对分包工程的质量承担连带责任。因此，本题的正确答案为 B。

50.【试题答案】C

【试题解析】本题考查重点是"工程监理单位的质量控制"。工程监理单位属于监控主体，它主要是受建设单位的委托，代表建设单位对工程实施全过程进行质量监督和控制，包括勘察设计阶段质量控制、施工阶段质量控制，以满足建设单位对工程质量的要求，承担监理责任。因此，本题的正确答案为 C。

51.【试题答案】B

【试题解析】本题考查重点是"质量管理体系的建立"。质量管理体系是文件化的管理体系，应通过文件确定体系各方面的要求。将质量管理体系文件化是质量管理体系标准的基本要求，无论是出于认证需要还是出于管理需要，监理单位要贯彻实施质量管理体系标准，就必须编制质量管理体系文件。根据质量管理体系标准的要求，工程监理单位的质量管理体系文件由三个层次的文件构成。第一层次：质量手册；第二层次：程序文件；第三层次：各种作业指导书、工作规程、质量记录等。因此，本题的正确答案为 B。

52.【试题答案】D

【试题解析】本题考查重点是"质量管理体系的建立"。质量管理体系是文件化的管理体系，应通过文件确定体系各方面的要求。将质量管理体系文件化是质量管理体系标准的基本要求，无论是出于认证需要还是出于管理需要，监理单位要贯彻实施质量管理体系标准，就必须编制质量管理体系文件。根据质量管理体系标准的要求，工程监理单位的质量管理体系文件由三个层次的文件构成。第一层次：质量手册；第二层次：程序文件；第三层次：各种作业指导书、工作规程、质量记录等。因此，本题的正确答案为 D。

53.【试题答案】C

【试题解析】本题考查重点是"进口设备的交货方式"。进口设备的交货方式有：内陆交货类、目的地交货类、装运港交货类。①内陆交货类即卖方在出口国内陆的某个地点完成交货任务；②目的地交货类即卖方要在进口国的港口或内地交货；③装运港交货类即卖方在出口国装运港完成交货任务。选项A的"内陆交货类"买方承担风险较大，选项B的"目的地交货类"和选项D的"施工现场交货类"是卖方要在进口国的内地交货，卖方承担风险较大。选项C的"装运港交货类"是双方共同承担风险，较合理。因此，本题的正确答案为C。

54. 【试题答案】D

【试题解析】本题考查重点是"等额资金回收公式"。等额资金回收公式为：

$$A = P \frac{i(1+i)^n}{(1+i)^n - 1}$$

式中　A——回收金额；

　　　P——现值；

　　　i——利率；

　　　n——计息期数。

根据计算公式，$A = 20 \times \dfrac{10\% \times (1+10\%)^5}{(1+10\%)^5 - 1} \approx 5.3$（万元）。因此，本题的正确答案为D。

55. 【试题答案】A

【试题解析】本题考查重点是"组织加快的成倍节拍流水施工的计算"。组织加快的成倍节拍流水施工的步骤：

（1）计算流水步距。相邻专业工作队的流水步距相等，且等于流水节拍的最大公约数（K），即：流水步距为6、6、4的最大公约数，为2。所以，流水步距为2天。

（2）确定专业工作队数目。每个施工过程成立的专业队数目可按下列公式计算：

$$b_j = t_j / K$$

式中　b_j——第j个施工过程的专业工作队数目；

　　　t_j——第j个施工过程的流水节拍；

　　　K——流水步距。

所以，$b_1 = 6/2 = 3$（个），$b_2 = 6/2 = 3$（个），$b_3 = 4/2 = 2$（个）。因此，参与该工程流水施工的专业工作队总数为8个（3+3+2）。

（3）确定流水施工工期。加快的成倍节拍流水施工工期的计算公式为：

$$T = (m + n' - 1) K + \sum G + \sum Z - \sum C$$

式中　m——施工段数目；

　　　n'——专业工作队数目；

　　　K——流水步距；

　　　G——工艺间歇时间；

　　　Z——组织间歇时间；

　　　C——提前插入时间。

已知，$m = 4$，$n' = 8$，$K = 2$，$G = 0$，$Z = 0$，$C = 0$，根据计算公式可得：流水施工工期 $T = (4 + 8 - 1) \times 2 = 22$（天）。因此，本题的正确答案为A。

56.【试题答案】B

【试题解析】本题考查重点是"加快的成倍节拍流水施工的特点"。加快的成倍节拍流水施工的特点如下：①同一施工过程在其各个施工段上的流水节拍均相等；不同施工过程的流水节拍不等，但其值为倍数关系；②相邻专业工作队的流水步距相等，且等于流水节拍的最大公约数（K）；③专业工作队数大于施工过程数，即有的施工过程只成立一个专业工作队，而对于流水节拍的施工过程，可按其倍数增加相应专业工作队数目；④各个专业工作队在施工段上能够连续作业，施工段之间没有空闲时间。因此，根据第②点可知，本题的正确答案为B。

57.【试题答案】D

【试题解析】本题考查重点是"最迟完成时间的计算"。工作的最迟完成时间应等于其紧后工作最迟开始时间的最小值。因此，本题的正确答案为D。

58.【试题答案】B

【试题解析】本题考查重点是"网络计划的优化——工期优化"。在压缩关键工作的持续时间以达到缩短工期的目的时，应将直接费用率最小的关键工作作为压缩对象。当有多条关键线路出现而需要同时压缩多个关键工作的持续时间时，应将它们的直接费用率之和（组合直接费用率）最小者作为压缩对象。因此，本题的正确答案为B。

59.【试题答案】A

【试题解析】本题考查重点是"实际进度监测与调整的系统过程"。派监理人员常驻现场，随时检查进度计划的实际执行情况，这样可以加强进度监测工作，掌握工程实际进度的第一手资料，使获取的数据更加及时、准确。所以，选项A的叙述是不正确的。一般说来，进度控制的效果与收集数据资料的时间间隔有关。究竟多长时间进行一次进度检查，这是监理工程师应当确定的问题。所以，选项B的叙述是正确的。为了进行实际进度与计划进度的比较，必须对收集到的实际进度数据进行加工处理，形成与计划进度具有可比性的数据。所以，选项C的叙述是正确的。在建设工程实施进度监测过程中，一旦发现实际进度偏离计划进度，即出现进度偏差时，必须认真分析产生偏差的原因及其对后续工作和总工期的影响，必要时采取合理、有效的进度计划调整措施，确保进度总目标的实现。进度调整措施应以后续工作和总工期的限制条件为依据。所以，选项D的叙述是正确的。因此，本题的正确答案为A。

60.【试题答案】A

【试题解析】本题考查重点是"施工进度控制目标体系目标分解方法"。目标分解方法包括：①按项目组成分解，确定各单位工程开工及动用日期；②按承包单位分解，明确分工条件和承包责任；③按施工阶段分解，划定进度控制分界点；④按计划期分解，组织综合施工。因此，根据第①点可知，本题的正确答案为A。

61.【试题答案】C

【试题解析】本题考查重点是"施工进度计划的组织措施"。缩短网络计划中关键线路上的工作持续时间可采取的组织措施包括：①增加工作面，组织更多的施工队伍；②增加每天的施工时间（如采用三班制等）；③增加劳动力和施工机械的数量。因此，根据第②点可知，本题的正确答案为C。

62.【试题答案】C

【试题解析】本题考查重点是"投资控制的重点"。投资控制贯穿于项目建设的全过程，这一点是毫无疑义的，但是必须重点突出。影响项目投资最大的阶段，是约占工程项目建设周期四分之一的技术设计结束前的工作阶段。在初步设计阶段，影响项目投资的可能性为75%～95%；在技术设计阶段，影响项目投资的可能性为35%～75%；在施工图设计阶段，影响项目投资的可能性则为5%～35%。很显然，项目投资控制的重点在于施工以前的投资决策和设计阶段，而在项目作出投资决策后，控制项目投资的关键就在于设计。据西方一些国家分析，设计费一般只相当于建设工程全寿命费用的1%以下，但正是这少于1%的费用却基本决定了几乎全部随后的费用。由此可见，设计对整个建设工程的效益是何等重要。这里所说的建设工程全寿命费用包括建设投资和工程交付使用后的经常性开支费用（含经营费用、日常维护修理费用、使用期内大修理和局部更新费用）以及该项目使用期满后的报废拆除费用等。因此，本题的正确答案为C。

63.【试题答案】C

【试题解析】本题考查重点是"投资控制的重点"。投资控制贯穿于项目建设的全过程，这一点是毫无疑义的，但是必须重点突出。影响项目投资最大的阶段，是约占工程项目建设周期四分之一的技术设计结束前的工作阶段。在初步设计阶段，影响项目投资的可能性为75%～95%；在技术设计阶段，影响项目投资的可能性为35%～75%；在施工图设计阶段，影响项目投资的可能性则为5%～35%。很显然，项目投资控制的重点在于施工以前的投资决策和设计阶段，而在项目作出投资决策后，控制项目投资的关键就在于设计。据西方一些国家分析，设计费一般只相当于建设工程全寿命费用的1%以下，但正是这少于1%的费用却基本决定了几乎全部随后的费用。由此可见，设计对整个建设工程的效益是何等重要。这里所说的建设工程全寿命费用包括建设投资和工程交付使用后的经常性开支费用（含经营费用、日常维护修理费用、使用期内大修理和局部更新费用）以及该项目使用期满后的报废拆除费用等。因此，本题的正确答案为C。

64.【试题答案】B

【试题解析】本题考查重点是"建设工程施工质量验收的概述"。工程施工质量验收是指工程施工质量在施工单位自行检查评定合格的基础上，由工程质量验收责任方组织，工程建设相关单位参加，对检验批、分项、分部、单位工程及其隐蔽工程的质量进行抽样检验，对技术文件进行审核，并根据设计文件和相关标准以书面形式对工程质量是否达到合格做出确认。工程施工质量验收包括工程施工过程质量验收和竣工质量验收，是工程质量控制的重要环节。因此，本题的正确答案为B。

65.【试题答案】C

【试题解析】本题考查重点是"投资控制的措施"。项目监理机构在施工阶段投资控制的具体措施如下：（1）组织措施：①在项目监理机构中落实从投资控制角度进行施工跟踪的人员、任务分工和职能分工；②编制本阶段投资控制工作计划和详细的工作流程图。（2）经济措施：①编制资金使用计划，确定、分解投资控制目标。对工程项目造价目标进行风险分析，并制定防范性对策；②进行工程计量；③复核工程付款账单，签发付款证书；④在施工过程中进行投资跟踪控制，定期进行投资实际支出值与计划目标值的比较；发现偏差，分析产生偏差的原因，采取纠偏措施；⑤协商确定工程变更的价款。审核竣工结算；⑥对工程施工过程中的投资支出做好分析与预测，经常或定期向建设单位提交项目投资控制及其存在问题的报告。（3）技术措施：①对设计变更进行技术经济比较，严格控制设计变更；②继续寻找通过设计挖潜节约投资的可能性；③审核承包人编制的施工组织设计，对主要施工方案进行技术经济分析。（4）合同措施：①做好工程施工记录，保存各种文件图纸，特别是注有实际施工变更情况的图纸，注意积累素材，为正确处理可能发生的索赔提供依据。参与处理索赔事宜；②参与合同修改、补充工作，着重考虑它对投资控制的影响。因此，本题的正确答案为C。

66.【试题答案】C

【试题解析】本题考查重点是"建设工程施工进度控制工作内容"。当单位工程达到竣工验收条件后，承包单位在自行预验的基础上提交工程竣工报验单，申请竣工验收。监理工程师在对竣工资料及工程实体进行全面检查、验收合格后，签署工程竣工报验单，并向业主提出质量评估报告。因此，本题的正确答案为C。

67.【试题答案】B

【试题解析】本题考查重点是"投资控制的措施"。项目监理机构在施工阶段投资控制的具体措施如下：（1）组织措施：①在项目监理机构中落实从投资控制角度进行施工跟踪的人员、任务分工和职能分工；②编制本阶段投资控制工作计划和详细的工作流程图。（2）经济措施：①编制资金使用计划，确定、分解投资控制目标。对工程项目造价目标进行风险分析，并制定防范性对策；②进行工程计量；③复核工程付款账单，签发付款证书；④在施工过程中进行投资跟踪控制，定期进行投资实际支出值与计划目标值的比较；发现偏差，分析产生偏差的原因，采取纠偏措施；⑤协商确定工程变更的价款。审核竣工结算；⑥对工程施工过程中的投资支出做好分析与预测，经常或定期向建设单位提交项目投资控制及其存在问题的报告。（3）技术措施：①对设计变更进行技术经济比较，严格控制设计变更；②继续寻找通过设计挖潜节约投资的可能性；③审核承包人编制的施工组织设计，对主要施工方案进行技术经济分析。（4）合同措施：①做好工程施工记录，保存各种文件图纸，特别是注有实际施工变更情况的图纸，注意积累素材，为正确处理可能发生的索赔提供依据。参与处理索赔事宜；②参与合同修改、补充工作，着重考虑它对投资控制的影响。因此，本题的正确答案为B。

68.【试题答案】C

【试题解析】本题考查重点是"价值工程应用"。题中给出了功能系数和成本系数，用功能系数除以成本系数即可得出价值系数，价值系数最高的为最优方案。本题中，甲方案的价值系数＝0.85/0.92＝0.924；乙方案的价值系数＝0.6/0.7＝0.857。因为0.924＞0.875，即甲方案的价值系数大于乙方案的价值系数，故最优方案为甲方案，价值系数为0.924。因此，本题的正确答案为C。

69.【试题答案】B

【试题解析】本题考查重点是"国外项目咨询机构在建设工程投资控制中的主要任务"。在可行性研究阶段，工料测量师根据建筑师和工程师提供的建设工程的规模、场址、技术协作条件，对各种拟建方案制定初步估算，有的还要为业主估算竣工后的经营费用和维护保养费，从而向业主提交估价和建议，以便业主决定项目执行方案，确保该方案在功能上、技术上和财务上的可行性。因此，本题的正确答案为B。

70.【试题答案】B

【试题解析】本题考查重点是"建设工程实施阶段进度控制的主要任务"。为了有效地控制建设工程进度，监理工程师要在设计准备阶段向建设单位提供有关工期的信息，协助建设单位确定工期总目标，并进行环境及施工现场条件的调查和分析。在设计阶段和施工阶段，监理工程师不仅要审查设计单位和施工单位提交的进度计划，更要编制监理进度计划，以确保进度控制目标的实现。因此，本题的正确答案为B。

71.【试题答案】B

【试题解析】本题考查重点是"流水施工参数——时间参数"。时间参数是指在组织流水施工时，用以表达流水施工在时间安排上所处状态的参数，主要包括流水节拍、流水步距和流水施工工期等。流水步距是指组织流水施工时，相邻两个施工过程（或专业工作队）相继开始施工的最小间隔时间。流水步距的数目取决于参加流水的施工过程数。所以，选项C的叙述是正确的。流水节拍决定着单位时间的资源供应量，同时，流水节拍也是区别流水施工组织方式的特征参数。所以，选项A的叙述是正确的。流水节拍是流水施工的主要参数之一，它表明流水施工的速度和节奏性。流水节拍小，其流水速度快，节奏感强；反之则相反。所以，选项B的叙述是不正确的。流水施工工期是指从第一个专业工作队投入流水施工开始，到最后一个专业工作队完成流水施工为止的整个持续时间。由于一项建设工程往往包含有许多流水组，故流水施工工期一般均不是整个工程的总工期。所以，选项D的叙述是正确的。因此，本题的正确答案为B。

72.【试题答案】B

【试题解析】本题考查重点是"双代号网络计划关键线路的确定"。在网络计划中，总时差最小的工作为关键工作。由标号法确定关键线路为：①—②—③—⑥—⑧—⑨，①—②—⑦—⑧—⑨和①—②—③—④—⑤—⑥—⑧—⑨三条。总持续时间均为15。因此，本题的正确答案为B。

73.【试题答案】B

【试题解析】本题考查重点是"双代号网络计划时间参数"。在双代号网络计划中，关键线路上的节点称为关键节点。关键工作两端的节点必为关键节点，但两端为关键节点的工作不一定是关键工作。关键节点的最迟时间与最早时间的差值最小。特别地，当网络计划的计划工期等于计算工期时，关键节点的最早时间与最迟时间必然相等。关键节点必然处在关键线路上，但由关键节点组成的线路不一定是关键线路。因此，本题的正确答案为B。

74.【试题答案】B

【试题解析】本题考查重点是"分析进度偏差对后续工作及总工期的影响"。拖延时间4天在总时差5天的范围之内，不影响总工期。但是拖延时间4天大于自由时差，所以工作M的紧后工作的最早开始时间推迟4天。因此，本题的正确答案为B。

75.【试题答案】B

【试题解析】本题考查重点是"审批工程延期"。如果由于承包单位以外的原因造成工期拖延，承包单位有权提出延长工期的申请。监理工程师应根据合同规定，审批工程延期时间。由于处理地下文物造成的工程延期不属于施工单位原因，经监理工程师核实查证后应纳入合同工期。因此，本题的正确答案为B。

76.【试题答案】C

【试题解析】本题考查重点是"我国项目监理机构在建设工程投资控制中的主要工作"。审核竣工结算款包括：①专业监理工程师审查施工单位提交的竣工结算款支付申请，提出审查意见；②总监理工程师对专业监理工程师的审查意见进行审核，签认后报建设单位审批，同时抄送施工单位，并就工程竣工结算事宜与建设单位、施工单位协商；达成一致意见的，根据建设单位审批意见向施工单位签发竣工结算款支付证书；不能达成一致意见的，应按施工合同约定处理。因此，本题的正确答案为C。

77. 【试题答案】D

【试题解析】本题考查重点是"工程保修阶段的主要工作"。工程保修阶段监理单位应完成下列工作：定期回访，协调联系，界定责任，督促维修，检查验收。因此，本题的正确答案为D。

78. 【试题答案】B

【试题解析】本题考查重点是"建设工程项目投资的概念"。该项目的静态投资为 $2000+1500+500+200=4200$（万元）。因此，本题的正确答案为B。

79. 【试题答案】B

【试题解析】本题考查重点是"实物法编制施工图预算"。实物法编制施工图预算是指按工程量计算规则和预算定额确定分部分项工程的人工、材料、机械消耗量后，按照资源的市场价格计算出各分部分项工程的工料单价，以工料单价乘以工程量汇总得到直接工程费，再按照市场行情计算措施费、间接费、利润和税金等，汇总得到单位工程费用。这里的工料单价是指当时当地的市场实际价格。因此，本题的正确答案为B。

80. 【试题答案】D

【试题解析】本题考查重点是"进度计划的调整方法"。网络计划中工作超前和拖后都需要调整，使其计划进度保持一致。所以，选项A的叙述是不正确的。如果网络计划中某项工作进度拖延的时间超过其总时差，则无论该工作是否为关键工作，其实际进度都将对后续工作和总工期产生影响。必须采取相应调整措施。所以，选项B的叙述是不正确的。如果网络计划中某项工作进度拖延的时间超过其总时差且项目总工期不允许拖延，则只能采取缩短关键线路上后续工作持续时间的方法来达到调整计划的目的。所以，选项C的叙述是不正确的，选项D的叙述是正确的。因此，本题的正确答案为D。

二、多项选择题

81. 【试题答案】AD

【试题解析】本题考查重点是"施工图纸的现场核对"。施工图是工程施工的直接依据，为了使施工承包单位充分了解工程特点、设计要求，减少图纸的差错，确保工程质量，减少工程变更，监理工程师应要求施工承包单位做好施工图的现场核对工作。施工图纸合法性的认定：施工图纸是否经设计单位正式签署，是否按规定经有关部门审核批准，是否得到建设单位的同意。因此，本题的正确答案为AD。

82. 【试题答案】CDE

【试题解析】本题考查重点是"作业技术活动运行过程的控制"。承包单位在施工作业技术活动运行过程中，所实施的质量控制内容包括：①承包单位自检与专检工作的监控；②技术复核工作监控；③见证取样送检工作的监控；④工程变更的监控；⑤见证点的实施控制；⑥级配管理质量监控；⑦计量工作质量监控；⑧质量记录资料的监控；⑨工地例会的管理；⑩停、复工令的实施。因此，本题的正确答案为CDE。

83.【试题答案】ACE

【试题解析】本题考查重点是"工程量清单招标的投标报价工作的主要内容"。其他项目费中的暂列金额应按招标人在其他项目清单中列出的金额填写，不得变动。所以，选项A的叙述是正确的。材料暂估价应按招标人在其他项目清单中列出的单价计入综合单价，专业工程暂估价应按招标人在其他项目清单中列出的金额填写。所以，选项B、D的叙述均是不正确的。计日工应按照其他项目清单列出的项目和估算的数量，自主确定各项综合单价并计算费用。所以，选项E的叙述是正确的。总承包服务费应依据招标人在招标文件中列出的分包专业工程内容和供应材料、设备情况，按照招标人提出的协调、配合与服务要求和施工现场管理需要自主确定。所以，选项C的叙述是正确的。因此，本题的正确答案为ACE。

84.【试题答案】ACE

【试题解析】本题考查重点是"财务评价指标体系"。建设工程财务评价按评价内容不同，可以分为盈利能力分析指标、偿债能力分析指标和财务生存能力分析指标三类。偿债能力分析指标包括：资产负债率；利息备付率；偿债备付率。所以，选项A、C、E符合题意。选项B和选项D均属于盈利能力分析指标。因此，本题的正确答案为ACE。

85.【试题答案】ABD

【试题解析】本题考查重点是"影响工程质量的因素"。影响工程质量的因素很多，但归纳起来主要有五个方面：①人员素质。人是生产经营活动的主体，也是工程项目建设的决策者、管理者、操作者，工程建设的规划、决策、勘察、设计、施工与竣工验收等全过程，都是通过人的工作来完成的。人员的素质，即人的文化水平、技术水平、决策能力、管理能力、组织能力、作业能力、控制能力、身体素质及职业道德等，都将直接和间接地对规划、决策、勘察、设计和施工的质量产生影响，而规划是否合理、决策是否正确、设计是否符合所需要的质量功能、施工能否满足合同、规范、技术标准的需要等，都将对工程质量产生不同程度的影响。人员素质是影响工程质量的一个重要因素。因此，建筑行业实行资质管理和各类专业从业人员持证上岗制度是保证人员素质的重要管理措施；②工程材料。工程材料是指构成工程实体的各类建筑材料、构配件、半成品等，它是工程建设的物质条件，是工程质量的基础。工程材料选用是否合理、产品是否合格、材质是否经过检验、保管使用是否得当等，都将直接影响建设工程的结构刚度和强度，影响工程外表及观感，影响工程的使用功能，影响工程的使用安全；③机械设备。机械设备可分为两类：一类是指组成工程实体及配套的工艺设备和各类机具，如电梯、泵机、通风设备等，它们构成了建筑设备安装工程或工业设备安装工程，形成完整的使用功能。另一类是指施工过程中使用的各类机具设备，包括大型垂直与横向运输设备、各类操作工具、各种施工安全设施、各类测量仪器和计量器具等，简称施工机具设备，它们是施工生产的手段。施工机具设备对工程质量也有重要的影响。工程所用机具设备，其产品质量优劣直接影响工程使用功能质量。施工机具设备的类型是否符合工程施工特点，性能是否先进稳定，操作是否方便安全等，都将会影响工程项目的质量；④方法。方法是指工艺方法、操作方法和施工方案。在工程施工中，施工方案是否合理，施工工艺是否先进，施工操作是否正确，都将对工程质量产生重大的影响。采用新技术、新工艺、新方法，不断提高工艺技术水平，是保证工程质量稳定提高的重要因素；⑤环境条件。环境条件是指对工程质量特性起重要作用的环境因素，包括工程技术环境，如工程地质、水文、气象等；工程作业环境，如施工环境作业面大小、防护设施、通风照明和通信条件等；工程管理环境，主要指工程实施的合同环境与管理关系的确定，组织体制及管理制度等；周边环境，如工程邻近的地下管线、建（构）筑物等。环境条件往往对工程质量产生特定的影响。加强环境管理，改进作业条件，把握好技术环境，辅以必要的措施，是控制环境对质量影响的重要保证。因此，本题的正确答案为 ABD。

86.【试题答案】BCD

【试题解析】本题考查重点是"物资储备计划的编制依据"。物资储备计划是用来反映建设工程施工过程中所需各类材料储备时间及储备量的计划。它的编制依据是物资需求计划、储备定额、储备方式、供应方式和场地条件等。因此，本题的正确答案为 BCD。

87.【试题答案】ABD

【试题解析】本题考查重点是"进口设备的交货方式"。进口设备的交货方式有：内陆交货类、目的地交货类、装运港交货类。①内陆交货类即卖方在出口国内陆的某个地点完成交货任务；②目的地交货类即卖方要在进口国的港口或内地交货；③装运港交货类即卖方在出口国装运港完成交货任务。因此，本题的正确答案为 ABD。

88.【试题答案】ACDE

【试题解析】本题考查重点是"工程量清单的作用"。工程量清单的主要作用有：①在招投标阶段，工程量清单为投标人的投标竞争提供了一个平等和共同的基础；②工程量清单是建设工程计价的依据；③工程量清单是工程付款和结算的依据；④工程量清单是调整工程量、进行工程索赔的依据。因此，本题的正确答案为 ACDE。

89.【试题答案】CDE

【试题解析】本题考查重点是"质量管理体系审核的分类与目的"。审核的目的包括：(1) 内部审核的目的。内部审核的主要目的有：①确定受审核方质量管理体系或其一部分与审核准则的符合程度；②验证质量管理体系是否持续满足规定目标的要求且保持有效运行；③评价对国家有关法律法规及行业标准要求的符合性；④作为一种重要的管理手段和自我改进机制，及时发现问题，采取纠正措施或预防措施，使体系不断改进；⑤在外部审核前做好准备。(2) 外部审核的目的。外部审核的主要目的有：①确定受审核方质量管理体系或其一部分与审核准则的符合程度；②为受审核方提供质量改进的机会；③选择合适的合作伙伴，确保提供的服务符合规定要求（针对顾客审核）；④证实合作方持续满足规定的要求（针对顾客审核）；⑤促进合作方改进质量管理体系（针对顾客审核）；⑥确定现行的质量管理体系的有效性（针对第三方组织的审核）；⑦确定受审核方的质量管理体系能否被认证（针对第三方组织的审核）；⑧提高组织声誉，增强竞争能力（针对第三方组织的审核）。因此，本题的正确答案为 CDE。

90.【试题答案】BCDE

【试题解析】本题考查重点是"施工图审查的主要内容"。施工图审查的主要内容：①是否符合工程建设强制性标准；②地基基础和主体结构的安全性；③勘察设计企业和注册执业人员以及相关人员是否按规定在施工图上加盖相应的图章和签字；④其他法律、法规、规章规定必须审查的内容。因此，本题的正确答案为 BCDE。

91.【试题答案】ABCD

【试题解析】本题考查重点是"工程质量管理主要制度"。建设工程在保修范围和保修期限内发生质量问题的施工单位应当履行保修义务。保修义务的承担和经济责任的承担应按下列原则处理：①施工单位未按国家有关标准、规范和设计要求施工，造成的质量问题，由施工单位负责返修并承担经济责任；②由于设计方面的原因造成的质量问题，先由施工单位负责维修，其经济责任按有关规定通过建设单位向设计单位索赔；③因建筑材料、构配件和设备质量不合格引起的质量问题，先由施工单位负责维修，属于施工单位采购的，由施工单位承担经济责任；属于建设单位采购的，由建设单位承担经济责任；④因建设单位（含监理单位）错误管理造成的质量问题，先由施工单位负责维修，其经济责任由建设单位承担，如属监理单位责任，则由建设单位向监理单位索赔；⑤因使用单位使用不当造成的损坏问题，先由施工单位负责维修，其经济责任由使用单位自行负责；⑥因地震、洪水、台风等不可抗拒原因造成的损坏问题，先由施工单位负责维修，建设参与各方根据国家具体政策分担经济责任。因此，本题的正确答案为 ABCD。

92.【试题答案】ABCD

【试题解析】本题考查重点是"网络计划的特点"。与横道计划相比，网络计划具有以下主要特点：①网络计划能够明确表达各项工作之间的逻辑关系；②通过网络计划时间参数的计算，可以找出关键线路和关键工作；③通过网络计划时间参数的计算，可以明确各项工作的机动时间；④网络计划可以利用电子计算机进行计算、优化和调整。因此，本题的正确答案为 ABCD。

93.【试题答案】ACDE

【试题解析】本题考查重点是"固定节拍流水施工的特点"。固定节拍流水施工是一种最理想的流水施工方式，其特点如下：①所有施工过程在各个施工段上的流水节拍均相等；②相邻施工过程的流水步距相等，且等于流水节拍；③专业工作队数等于施工过程数，即每一个施工过程成立一个专业工作队，由该队完成相应施工过程所有施工段上的任务；④各个专业工作队在各施工段上能够连续作业，施工段之间没有空闲时间。因此，本题的正确答案为 ACDE。

94.【试题答案】ABCE

【试题解析】本题考查重点是"建设工程施工进度控制工作内容"。建设工程施工进度控制工作从审核承包单位提交的施工进度计划开始，直至建设工程保修期满为止，其工作内容主要有：编制施工进度控制工作细则；编制或审核施工进度计划；按年、季、月编制工程综合计划；下达工程开工令；协助承包单位实施进度计划；监督施工进度计划的实施；组织现场协调会；签发工程进度款支付凭证；审批工程延期；向业主提供进度报告；督促承包单位整理技术资料；签署工程竣工报验单、提交质量评估报告；整理工程进度资料；工程移交。因此，本题的正确答案为 ABCE。

95.【试题答案】BCD

【试题解析】本题考查重点是"建设单位的质量责任"。建设单位在工程开工前，负责办理有关施工图设计文件审查、工程施工许可证和工程质量监督手续，组织设计和施工单位认真进行设计交底；在工程施工中，应按国家现行有关工程建设法规、技术标准及合同规定，对工程质量进行检查，涉及建筑主体和承重结构变动的装修工程，建设单位应在施工前委托原设计单位或者具有相应资质等级的设计单位提出设计方案，经原审查机构审批后方可施工。工程项目竣工后，应及时组织设计、施工、工程监理等有关单位进行施工验收，未经验收备案或验收备案不合格的，不得交付使用。因此，本题的正确答案为BCD。

96.【试题答案】BCD

【试题解析】本题考查重点是"施工组织设计（质量计划）的审查"。规模大、结构复杂或属新结构、特种结构的工程，项目监理机构对施工组织设计审查后，还应报送监理单位技术负责人审查，提出审查意见后由总监理工程师签发，必要时与建设单位协商，组织有关专业部门和有关专家会审。因此，本题的正确答案为BCD。

97.【试题答案】ABD

【试题解析】本题考查重点是"分部分项工程材料费的构成"。分部分项工程费中的材料费是指施工过程中耗用的构成工程实体的原材料、辅助材料、构配件、零件、半成品的费用，包括以下内容：①材料原价（或供应价格）；②材料运杂费：是指材料自来源地运至工地仓库或指定堆放地点所发生的全部费用；③运输损耗费：是指材料在运输装卸过程中不可避免的损耗费；④采购及保管费：是指为组织采购、供应和保管材料过程中所需要的各项费用，包括：采购费、仓储费、工地保管费、仓储损耗。企业管理费中的检验试验费：是指对建筑材料、构件和建筑安装物进行一般鉴定、检查所发生的费用，包括自设试验室进行试验所耗用的材料和化学药品等费用。不包括新结构、新材料的试验费和建设单位对具有出厂合格证明的材料进行检验，对构件做破坏性试验及其他特殊要求检验试验的费用。所以，选项C、E不符合题意。因此，本题的正确答案为ABD。

98.【试题答案】ACD

【试题解析】本题考查重点是"施工方案审查"。内容性审查中，应重点审查施工方案是否具有针对性、指导性、可操作性；现场施工管理机构是否建立了完善的质量保证体系，是否明确了工程质量要求及目标，是否健全了质量保证体系组织机构及岗位职责，是否配备了相应的质量管理人员，是否建立了各项质量管理制度和质量管理程序等；施工质量保证措施是否符合现行的规范、标准等，特别是与工程建设强制性标准的符合性。因此，本题的正确答案为ACD。

99.【试题答案】ADE

【试题解析】本题考查重点是"确定流水节拍应考虑的因素"。同一施工过程的流水节拍，主要由所采用的施工方法、施工机械以及在工作面允许的前提下投入施工的工人数、机械台数和采用的工作班次等因素确定。有时，为了均衡施工和减少转移施工段时消耗的工时，可以适当调整流水节拍，其数值最好为半个班的整数倍。因此，本题的正确答案为ADE。

100.【试题答案】ACDE

【试题解析】本题考查重点是"见证取样送检工作的监控"。见证是指由监理工程师现场监督承包单位某工序全过程完成情况的活动。见证取样是指对工程项目使用的材料、半成品、构配件的现场取样、工序活动效果的检查实施见证。为确保工程质量，建设部规定，在市政工程及房屋建筑工程项目中，对工程材料、承重结构的混凝土试块、承重墙体的砂浆试块、结构工程的受力钢筋（包括接头）实行见证取样。因此，本题的正确答案为

ACDE。

101.【试题答案】ABDE

【试题解析】本题考查重点是"不用专门处理的情况"。某些工程质量问题虽然不符合规定的要求和标准构成质量事故，但视其严重情况，经过分析、论证、法定检测单位鉴定和设计等有关单位认可，对工程或结构使用及安全影响不大，也可不做专门处理。通常不用专门处理的情况有：①不影响结构安全和正常使用；②有些质量问题经过后续工序可以弥补。例如，混凝土墙表面轻微麻面，可通过后续的抹灰、喷涂或刷白等工序弥补，亦可不做专门处理；③经法定检测单位鉴定合格；④出现的质量问题，经检测鉴定达不到设计要求，但经原设计单位核算，仍能满足结构安全和使用功能。因此，本题的正确答案为ABDE。

102.【试题答案】ABDE

【试题解析】本题考查重点是"建安工程造价措施费"。项目措施费是指为完成建设工程施工，发生于该工程施工前和施工过程中的技术、生活、安全、环境保护等方面的费用。内容包括：①安全文明施工费：环境保护费、文明施工费、安全施工费、临时设施费；②夜间施工增加费；③二次搬运费；④冬雨期施工增加费；⑤已完工程及设备保护费；⑥工程定位复测费；⑦特殊地区施工增加费；⑧大型机械设备进出场及安拆费；⑨脚手架工程费。其他项目费包括：①暂列金额；②计日工；③总承包服务费。选项C的"总承包服务费"属于其他项目费内容。因此，本题的正确答案为ABDE。

103.【试题答案】BCE

【试题解析】本题考查重点是"规费的构成"。规费是指按国家法律、法规规定，由省级政府和省级有关权力部门规定必须缴纳或计取的费用。包括：（1）社会保险费：①养老保险费：是指企业按照规定标准为职工缴纳的基本养老保险费；②失业保险费：是指企业按照规定标准为职工缴纳的失业保险费；③医疗保险费：是指企业按照规定标准为职工缴纳的基本医疗保险费；④生育保险费：是指企业按照规定标准为职工缴纳的生育保险费；⑤工伤保险费：是指企业按照规定标准为职工缴纳的工伤保险费。（2）住房公积金：是指企业按照规定标准为职工缴纳的住房公积金。（3）工程排污费：是指按规定缴纳的施工现场工程排污费。其他应列而未列入的规费，按实际发生计取。所以，选项B、C、E符合题意。选项A的"安全文明施工费"和选项D的"大型机械进出场费"均属于措施费的内容。因此，本题的正确答案为BCE。

104.【试题答案】AC

【试题解析】本题考查重点是"财务评价指标体系"。建设工程财务评价按评价内容不同，还可分为盈利能力分析指标、偿债能力分析指标和财务生存能力分析指标三类。盈利能力分析指标包括：项目投资财务内部收益率；项目投资财务净现值；项目资本金财务内部收益率；投资各方财务内部收益率；投资回收期；项目资本金净利润率；总投资收益率。偿债能力分析指标包括：资产负债率；利息备付率；偿债备付率。财务生存能力分析指标包括：净现金流量；累计盈余资金。所以，选项A、C符合题意。选项B的"累计盈余资金"属于财务生存能力分析指标。选项D的"投资回收期"和选项E的"项目资本金净利润率"均属于盈利能力分析指标。因此，本题的正确答案为AC。

105.【试题答案】BCE

【试题解析】本题考查重点是"建设工程设计准备阶段进度控制的任务"。建设工程设计准备阶段进度控制的任务主要有：①收集有关工期的信息，进行工期目标和进度控制决策；②编制工程项目总进度计划；③编制设计准备阶段详细工作计划，并控制其执行；④进行环境及施工现场条件的调查和分析。所以，选项 B、C、E 符合题意。选项 A、D 都是设计阶段的进度控制任务。因此，本题的正确答案为 BCE。

107. 【试题答案】CDE

【试题解析】本题考查重点是"横道图比较法"。非匀速进展横道图比较法在用涂黑粗线表示工作实际进度的同时，还要标出其对应时刻完成任务量的累计百分比，并将该百分比与其同时刻计划完成任务量的累计百分比相比较，判断工作实际进度与计划进度之间的关系。通过比较同一时刻实际完成任务量累计百分比和计划完成任务量累计百分比，判断工作实际进度与计划进度之间的关系：①如果同一时刻横道线上方累计百分比大于横道线下方累计百分比，表明实际进度拖后，拖欠的任务量为二者之差；②如果同一时刻横道线上方累计百分比小于横道线下方累计百分比，表明实际进度超前，超前的任务量为二者之差；③如果同一时刻横道线上下两个累计百分比相等，表明实际进度与计划进度一致。本题中，1 月末，计划累计完成百分比为 20%，实际累计完成百分比为 15%，所以在第 1 月末，没有按计划完成。因此，选项 A 是错误的。第 2 月末实际累计完成百分比为 45%，计划累计完成百分比为 40%，超前 5% 的任务量，所以选项 B 是错误的。第 3 月末和第 4 月末的实际累计完成百分比都是 60%，故第 4 月内，工作没有进行，所以选项 C 是正确的。第 5 月末，实际累计完成百分比为 80%，计划累计完成百分比为 85%，拖欠 5% 的任务量，所以选项 D 是正确的。至工作结束，即 6 月末工作计划和实际累计完成百分比都是 100%，所以本工作已按计划完成，因此选项 E 是正确的。因此，本题的正确答案为 CDE。

107. 【试题答案】BDE

【试题解析】本题考查重点是"分部分项工程量清单的编制"。分部分项工程量清单应包括项目编码、项目名称、项目特征、计量单位和工程量。分部分项工程量清单应根据附录规定的项目编码、项目名称、项目特征、计量单位和工程量计算规则进行编制。分部分项工程量清单的项目名称应按附录的项目名称结合拟建工程的实际确定。分部分项工程量清单项目特征的描述，应根据计价规范附录中有关项目特征的要求，结合技术规范、标准图集、施工图纸，按照工程结构、使用材质及规格或安装位置等，予以详细而准确的表述和说明。分部分项工程量清单的计量单位应按附录中规定的计量单位确定。遇有多个计量单位时，可根据工程实际，选择最适宜、最方便者。所以，选项 B、D、E 符合题意。但是，选项 A 的"项目编码的前九位"和选项 C 的"工程量计算规则"必须严格执行"08 规范"的有关规定。因此，本题的正确答案为 BDE。

108. 【试题答案】BE

【试题解析】本题考查重点是"建造类施工过程"。建造类施工过程是指在施工对象的空间上直接进行砌筑、安装与加工，最终形成建筑产品的施工过程。它是建设工程施工中占有主导地位的施工过程，如建筑物或构筑物的地下工程、主体结构工程、装饰工程等。由于建造类施工过程占有施工对象的空间，直接影响工期的长短；因此，必须列入施工进度计划，并在其中大多作为主导施工过程或关键工作。因此，本题的正确答案为 BE。

109. 【试题答案】CDE

【试题解析】本题考查重点是"进度计划的调整方法"。当实际进度偏差影响到后续工作、总工期而需要调整进度计划时，其调整方法主要有两种：①改变某些工作间的逻辑关系。当工程项目实施中产生的进度偏差影响到总工期，且有关工作的逻辑关系允许改变时，可以改变关键线路和超过计划工期的非关键线路上的有关工作之间的逻辑关系，达到缩短工期的目的。例如，将顺序进行的工作改为平行作业、搭接作业以及分段组织流水作业等，都可以有效地缩短工期。②缩短某些工作的持续时间。这种方法是不改变工程项目中各项工作之间的逻辑关系，而通过采取增加资源投入、提高劳动效率等措施来缩短某些工作的持续时间，使工程进度加快，以保证按计划工期完成该工程项目。根据第①点可知，选项 C、D、E 符合题意。选项 A、B 均属于"缩短某些工作的持续时间"的措施。因此，本题的正确答案为 CDE。

110. 【试题答案】ACE

【试题解析】本题考查重点是"建设工程施工进度控制工作内容"。建设工程施工进度控制工作从审核承包单位提交的施工进度计划开始，直至建设工程保修期满为止，其工作内容主要有：编制施工进度控制工作细则；编制或审核施工进度计划；按年、季、月编制工程综合计划；下达工程开工令；协助承包单位实施进度计划；监督施工进度计划的实施；组织现场协调会；签发工程进度款支付凭证；审批工程延期；向业主提供进度报告；督促承包单位整理技术资料；签署工程竣工报验单、提交质量评估报告；整理工程进度资料；工程移交。因此，本题的正确答案为 ACE。

111. 【试题答案】CDE

【试题解析】本题考查重点是"建设工程项目投资的概念"。工程建设其他费用，是指未纳入设备及工器具购置费和建筑安装工程费的费用。根据设计文件要求和国家有关规定应由项目投资支付的、为保证工程建设顺利完成和交付使用后能够正常发挥效用而发生的一些费用。工程建设其他费用可分为三类：第一类是土地使用费，包括土地征用及迁移补偿费和土地使用权出让金；第二类是与项目建设有关的费用，包括建设单位管理费、勘察设计费、研究试验费、建设工程监理费等；第三类是与未来企业生产经营有关的费用，包括联合试运转费、生产准备费、办公和生活家具购置费等。因此，本题的正确答案为 CDE。

112. 【试题答案】AB

【试题解析】本题考查重点是"质量数据的特征值"。描述数据集中趋势的特征值有算术平均数（均值）和样本中位数。所以，选项 A、B 符合题意。选项 C、D、E 均属于描述数据离散趋势的特征值。因此，本题的正确答案为 AB。

113. 【试题答案】ACE

【试题解析】本题考查重点是"固定节拍流水施工的特点"。固定节拍流水施工是一种最理想的流水施工方式，其特点如下：①所有施工过程在各个施工段上的流水节拍均相等；②相邻施工过程的流水步距相等，且等于流水节拍；③专业工作队数等于施工过程数，即每一个施工过程成立一个专业工作队，由该队完成相应施工过程所有施工段上的任务；④各个专业工作队在各施工段上能够连续作业，施工段之间没有空闲时间。根据第②点可知，选项 B 的叙述是不正确的。根据第④点可知，选项 D 的叙述是不正确的。因此，本题的正确答案为 ACE。

114.【试题答案】ABCE

【试题解析】本题考查重点是"监理单位的进度监控"。监理单位受业主的委托进行工程设计监理时，应落实项目监理班子中专门负责设计进度控制的人员，按合同要求对设计工作进度进行严格监控。对于设计进度的监控应实施动态控制。在设计工作开始之前，首先应由监理工程师审查设计单位所编制的进度计划的合理性和可行性。在进度计划实施过程中，监理工程师应定期检查设计工作的实际完成情况，并与计划进度进行比较分析。一旦发现偏差，就应在分析原因的基础上提出纠偏措施，以加快设计工作进度。必要时，应对原进度计划进行调整或修订。在设计进度控制中，监理工程师要对设计单位填写的设计图纸进度表进行核查分析，并提出自己的见解。从而将各设计阶段的每一张图纸（包括其相应的设计文件）的进度都纳入监控之中。因此，本题的正确答案为 ABCE。

115.【试题答案】ABC

【试题解析】本题考查重点是"承包单位原因造成的工程延误的处理措施"。如果由于承包单位自身的原因造成工期拖延，而承包单位又未按照监理工程师的指令改变延期状态时，通常可以采用下列手段进行处理：①拒绝签署付款凭证；②误期损失赔偿；③取消承包资格。选项 D、E 不符合工程延误处理的手段。因此，本题的正确答案为 ABC。

116.【试题答案】BCE

【试题解析】本题考查重点是"建设工程的质量特性"。建设工程质量特性中的"与环境的协调性"是指工程与其周围生态环境协调，与所在地区经济环境协调以及与周围已建工程相协调，以适应可持续发展的要求。因此，本题的正确答案为 BCE。

117.【试题答案】CDE

【试题解析】本题考查重点是"规费的构成"。规费是指按国家法律、法规规定，由省级政府和省级有关权力部门规定必须缴纳或计取的费用。包括：（1）社会保险费：①养老保险费：是指企业按照规定标准为职工缴纳的基本养老保险费；②失业保险费：是指企业按照规定标准为职工缴纳的失业保险费；③医疗保险费：是指企业按照规定标准为职工缴纳的基本医疗保险费；④生育保险费：是指企业按照规定标准为职工缴纳的生育保险费；⑤工伤保险费：是指企业按照规定标准为职工缴纳的工伤保险费。（2）住房公积金：是指企业按照规定标准为职工缴纳的住房公积金。（3）工程排污费：是指按规定缴纳的施工现场工程排污费。其他应列而未列入的规费，按实际发生计取。所以，选项 C、D、E 符合题意。选项 A 的"安全施工费"和选项 B 的"环境保护费"均属于措施费的内容。因此，本题的正确答案为 CDE。

118.【试题答案】ACDE

【试题解析】本题考查重点是"非节奏流水施工工期的计算公式"。非节奏流水施工工期的计算公式为：

$$T = \sum K + \sum t_n + \sum G + \sum Z - \sum C$$

式中　T——流水施工工期；

　　$\sum K$——各施工过程（或专业工作队）之间流水步距之和；

　　$\sum t_n$——最后一个施工过程（或专业工作队）在各施工段流水节拍之和；

　　$\sum Z$——组织间歇时间之和；

$\sum G$——工艺间歇时间之和；

$\sum C$——提前插入时间之和。

因此，本题的正确答案为 ACDE。

119.【试题答案】BCDE

【试题解析】本题考查重点是"网络计划技术的基本概念"。在双代号网络图中，有时存在虚箭线，虚箭线不代表实际工作，我们称之为虚工作。所以，选项 A 的叙述是不正确的，选项 E 的叙述是正确的。虚工作既不消耗时间，也不消耗资源。所以，选项 B、C 的叙述是正确的。虚工作主要用来表示相邻两项工作之间的逻辑关系。但有时为了避免两项同时开始、同时进行的工作具有相同的开始节点和完成节点，也需要用虚工作加以区分。所以，选项 D 的叙述是正确的。因此，本题的正确答案为 BCDE。

120.【试题答案】ACE

【试题解析】本题考查重点是"国外项目咨询机构在建设工程投资控制中的主要任务"。项目管理咨询公司是在欧洲大陆和美国广泛实行的建设工程咨询机构，其国际性组织是国际咨询工程师联合会（FIDIC）。该组织 1980 年所制定的 IGRA-1980PM 文件，是用于咨询工程师与业主之间订立委托咨询的国际通用合同文本，该文本明确指出，咨询工程师的根本任务是：进行项目管理，在业主所要求的进度、质量和投资的限制之内完成项目。其可向业主提供的咨询服务范围包括以下八个方面：项目的经济可行性分析；项目的财务管理；与项目有关的技术转让；项目的资源管理；环境对项目影响的评估；项目建设的工程技术咨询；物资采购与工程发包；施工管理。其中涉及项目投资控制的具体任务是：项目的投资效益分析（多方案）；初步设计时的投资估算；项目实施时的预算控制；工程合同的签订和实施监控；物资采购；工程量的核实；工时与投资的预测；工时与投资的核实；有关控制措施的制定；发行企业债券；保险审议；其他财务管理等。因此，本题的正确答案为 ACE。

第二套模拟试卷

一、单项选择题（共80题，每题1分。每题的备选项中，只有1个最符合题意）

1. 实行总分包的工程，分包单位应按照分包合同约定对其分包工程的质量向（　　）负责。
    A. 总承包单位　　　　　　　　　B. 监理单位
    C. 设计单位　　　　　　　　　　D. 建设单位

2. 承包单位向项目监理机构报送的《分包单位资格审查表》中应附有分包单位的（　　）。
    A. 资质和业绩材料　　　　　　　B. 营业执照和经营范围
    C. 资质和分包合同　　　　　　　D. 项目经理职责和施工计划

3. 政府、勘察和设计单位、建设单位都要对工程质量进行控制，按控制的主体划分，政府属于工程质量控制的（　　）。
    A. 自控主体　　　　　　　　　　B. 外控主体
    C. 内控主体　　　　　　　　　　D. 监控主体

4. 造成工程质量终检局限性的主要原因（　　）。
    A. 隐蔽工程多　　　　　　　　　B. 工序交接多
    C. 检验项目多　　　　　　　　　D. 影响因素多

5. 某项目建筑安装工程费为1000万元，设备工器具购置费为700万元，工程建设其他费为500万元，基本预备费为100万元，涨价预备费为150万元，建设期利息为60万元，则该项目的静态投资为（　　）万元。
    A. 2200　　　　　　　　　　　　B. 2300
    C. 2450　　　　　　　　　　　　D. 2510

6. 编制工程概算定额的基础是（　　）。
    A. 估算指标　　　　　　　　　　B. 概算指标
    C. 预算指标　　　　　　　　　　D. 预算定额

7. （　　）是政府主管部门对工程勘察设计质量监督管理的重要环节。
    A. 施工图设计文件审查　　　　　B. 施工图备案
    C. 施工图纸会审　　　　　　　　D. 施工图设计文件和有关资料的报审

8. 措施项目是指为完成工程项目施工，发生于该工程施工准备和施工过程中的（　　）项目。
    A. 工程暂列　　　　　　　　　　B. 工程实体
    C. 非工程实体　　　　　　　　　D. 分部分项工程

9. 施工图设计文件的审查是根据国家法律、法规，对施工图涉及公共利益、公众安全和工程建设强制性标准的内容进行的审查，审查工作由（　　）进行。
    A. 建设行政主管部门　　　　　　B. 监理单位
    C. 质量监督站　　　　　　　　　D. 施工图审查机构

10. 某企业用 50 万元购置一台设备，欲在 10 年内将该投资的复本利和全部回收，基准收益率为 12%，则每年均等的净收益至少应为（　　）万元。

    A. 7.893　　　　　　　　　　　　　　B. 8.849

    C. 9.056　　　　　　　　　　　　　　D. 9.654

11. 根据《高强混凝土应用技术规程》，高强混凝土是指强度等级不低于（　　）的混凝土。

    A. C50　　　　　　　　　　　　　　B. C55

    C. C60　　　　　　　　　　　　　　D. C65

12. 关于工程网络计划中关键线路的说法，正确的是（　　）。

    A. 工程网络计划中至少有一条关键线路

    B. 关键线路指总持续时间最短的线路

    C. 关键线路在网络计划执行过程中不会转移

    D. 关键线路上工作的总时差必然为零

13. 在工程网络计划中，某项工作的自由时差不会超过该工作的（　　）。

    A. 总时距　　　　　　　　　　　　B. 持续时间

    C. 间歇时间　　　　　　　　　　　D. 总时差

14. 某工程双代号时标网络计划如下图所示，因工作 B、D、G 和 J 共用一台施工机械而必须顺序施工，在合理安排下，该施工机械在现场闲置（　　）天。

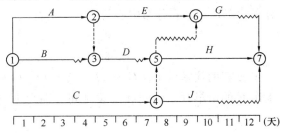

    A. 0　　　　　　　　　　　　　　　B. 1

    C. 2　　　　　　　　　　　　　　　D. 3

15. 关于监理单位设计进度监控内容的说法，正确的是（　　）。

    A. 编制切实可靠的设计总进度计划　　　B. 落实设计工作技术经济责任制

    C. 按照设计技术经济定额进行考核　　　D. 审查设计进度计划的合理性和可行性

16. 施工进度计划实施中常用的检查方式是（　　）。

    A. 不定期地现场实地抽查和监督　　　　B. 召开施工单位负责人参加的现场会议

    C. 定期收集工程绩效报表资料　　　　　D. 邀请建设单位管理人员面对面交流

17. 监理机构对施工单位报送的《工程开工报审表》签署审查意见后，应报（　　）批准后，签发工程开工令。

    A. 建设行政主管部门　　　　　　　　　B. 总监理工程师

    C. 监理机构负责人　　　　　　　　　　D. 建设单位

18. 根据《建设工程施工质量验收统一标准》，施工质量验收的最小单位是（　　）。

    A. 单位工程　　　　　　　　　　　　　B. 分部工程

    C. 分项工程　　　　　　　　　　　　　D. 检验批

19. 单位工程中的分部工程是按（　　）划分的。

A. 设计系统或类别   B. 工种、材料
C. 施工工艺、设备类别   D. 专业性质、建筑部位

20. 为了确保工程质量事故的处理效果，对涉及结构承载力等使用安全和其他重要性能的处理，必须委托有资质的( )进行必要的检测鉴定。

  A. 法定检测单位   B. 工程咨询单位

  C. 质量监督单位   D. 勘察设计单位

21. ( )负责具体质量管理体系的建立工作。

  A. 领导班子   B. 领导小组

  C. 职能小组   D. 执行小组

22. "为了更高效地得到预期的结果，将活动和相关的资源作为过程进行管理"属于质量管理原则中的( )。

  A. 改进方法   B. 过程方法

  C. 信息方法   D. 分析方法

23. 某建设工程在保修范围和保修期限内发生了质量问题，经查是由于不可抗力造成的，应由( )承担维修的经济责任。

  A. 建设单位   B. 监理单位

  C. 施工单位   D. 建设单位和施工单位共同

24. 观察工序产品质量分布状态，一是看分布中心位置，二是看( )。

  A. 分布的离散程度   B. 极差

  C. 变异系数   D. 标准偏差

25. 工程网络计划中，工作 E 有两项紧后工作 G 和 H，已知工作 G 和工作 H 的最早开始时间分别为 25 和 28，工作 E 的最早开始时间和持续时间分别为 17 和 6，则工作 E 的自由时差为( )。

  A. 1   B. 2

  C. 3   D. 5

26. 某工程计划累计完成工程量的 S 曲线和每天实际完成的工程量如下图和表所示，则第 4 天下班时刻该工程累计拖欠的工程量为( )m³。

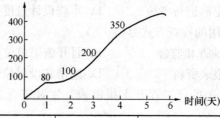

时间（天）	1	2	3	4	···
每天实际完成工作量（m³）	90	20	80	100	···

  A. 20   B. 50

  C. 60   D. 150

27. 某工程双代号时标网络计划执行到第 4 周末时，检查其实际进度如下图前锋线所示，可以看出( )。

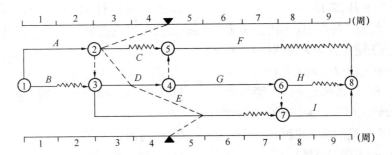

A. 工作 C 拖延 1 周，不影响工期　　　B. 工作 E 提前 1 周，不影响工期

C. 工作 D 拖延 1 周，不影响工期　　　D. 工作 I 可以从第 5 周以后提前工期

28. 监理单位监控设计进度的工作是(　　)。

A. 建立健全设计技术经济定额　　　　B. 编制设计总进度计划

C. 检查分析设计图纸进度　　　　　　D. 组织设计各专业之间的协调

29. 关于物资需求计划的说法，正确的是(　　)。

A. 编制依据：概算文件、项目总进度计划

B. 组成内容：一次性需求计划和各计划期需求计划

C. 主要作用：确定材料的合理储备

D. 编制单位：各施工承包单位

30. (　　)是指建设单位用于建筑和安装工程方面的投资。

A. 设备及工器具购置费　　　　　　　B. 建筑安装工程费

C. 工程建设其他费用　　　　　　　　D. 预备费

31. 监理工程师在对承包单位材料、构（配）件采购订货的质量控制中，应要求承包单位向供货方索取(　　)，用于证明其质量符合要求。

A. 质量计划　　　　　　　　　　　　B. 质量文件

C. 质量信息　　　　　　　　　　　　D. 质量手册

32. 在控制图中出现了"链"的异常现象，根据规定，当连续出现(　　)链时，应开始调查原因。

A. 五点　　　　　　　　　　　　　　B. 六点

C. 七点　　　　　　　　　　　　　　D. 八点

33. 当需要使用施工作业工序抽样检验所得到的质量特性数据，分析工序质量的状况及原因时，可通过绘制(　　)进行观察判断。

A. 直方图　　　　　　　　　　　　　B. 排列图

C. 管理图　　　　　　　　　　　　　D. 相关图

34. 下列费用中，属于建设工程动态投资的是(　　)。

A. 基本预备费　　　　　　　　　　　B. 涨价预备费

C. 工程建设其他费　　　　　　　　　D. 设备及工（器）具购置费

35. 某项目属于一级项目，施工图审查机构在 2012 年 8 月 1 日星期三收到该项目的施工图审查资料，则最迟应当在(　　)完成审查。

A. 2012 年 8 月 20 日　　　　　　　　B. 2012 年 8 月 31 日

C. 2012 年 8 月 22 日　　　　　　　　D. 2012 年 9 月 11 日

36. 在建设工程施工过程中，因施工单位原因造成实际进度拖后，监理工程师确认施工单位修改后的施工进度计划，说明(　　)。
　　A. 排除施工单位应负的责任　　　　B. 批准合同工期延长
　　C. 施工进度计划满足合同工期要求　D. 同意施工单位在合理状态下施工

37. 建设工程施工阶段，为加快施工进度可采取的组织措施是(　　)。
　　A. 采用更先进的施工机械　　　　　B. 改进施工工艺
　　C. 增加每天的施工时间　　　　　　D. 改善劳动条件

38. 在质量数据特征值中，可以用来描述离散趋势的特征值是(　　)。
　　A. 总体平均值　　　　　　　　　　B. 样本平均值
　　C. 中位数　　　　　　　　　　　　D. 变异系数

39. 描述质量特性数据离散趋势的特征值是(　　)。
　　A. 算术平均数　　　　　　　　　　B. 中位数
　　C. 极差　　　　　　　　　　　　　D. 期望值

40. 在质量管理中，将正常型直方图与质量标准进行比较时，可以判断生产过程的(　　)。
　　A. 质量问题成因　　　　　　　　　B. 质量薄弱环节
　　C. 计划质量能力　　　　　　　　　D. 实际质量能力

41. 我国颁布的质量管理体系认证依据标准的编码是(　　)。
　　A. GB/T 19001　　　　　　　　　　B. GB/T 19004
　　C. GB/T 19000　　　　　　　　　　D. GB/T 19011

42. 初步设计阶段投资控制的目标应不超过(　　)。
　　A. 投资估算　　　　　　　　　　　B. 设计总概算
　　C. 修正总概算　　　　　　　　　　D. 施工图预算

43. 悬挑结构未进行抗倾覆验算，属于常见质量缺陷中的(　　)。
　　A. 违背基本建设程序　　　　　　　B. 违反法律法规
　　C. 地勘数据失真　　　　　　　　　D. 设计差错

44. 2010 年 3 月，实际完成的某工程基准日期的价格为 1500 万元。调值公式中的固定系数为 0.3，相关成本要素中，水泥的价格指数上升了 20%，水泥的费用占合同调值部分的 40%，其他成本要素的价格均未发生变化。2010 年 3 月应调整的合同价的差额为(　　)万元。
　　A. 84　　　　　　　　　　　　　　B. 126
　　C. 1584　　　　　　　　　　　　　D. 1626

45. 某分部工程有 3 个施工过程，分为 4 个施工段组织流水施工。各施工过程的流水节拍分别为 3、5、4、3 天，3、4、4、2 天和 4、3、3、4 天，则流水施工工期为(　　)天。
　　A. 20　　　　　　　　　　　　　　B. 21
　　C. 22　　　　　　　　　　　　　　D. 23

46. 某工程双代号时标网络计划如下图所示，其中工作 C 的总时差为(　　)周。

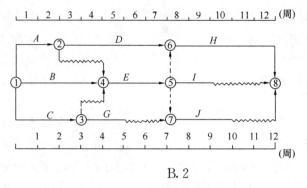

A. 1   B. 2

C. 3   D. 4

47. 网络计划中某项工作进度拖延的时间在该项工作的总时差以外表示的意思是(　　　)。

    A. 不会对总工期产生影响，而只对后续工期产生影响

    B. 对后续工期和总工期都产生影响

    C. 对总工期产生影响，而只对后续工期无影响

    D. 对后续工期和总工期都无影响

48. 监理工程师受业主委托控制建设工程设计进度时，应在设计工作开始之前完成的工作是(　　　)。

    A. 建立健全的设计技术经济定额   B. 审查设计进度计划的合理性

    C. 编制设计总进度计划   D. 建立设计工作技术经济责任制

49. 在施工总进度计划的编制过程中，确定各单位工程的开竣工时间和相互搭接关系时，应考虑的因素是(　　　)。

    A. 各承包单位的资质条件和技术力量

    B. 施工顺序与主要生产系统投产次序不相关

    C. 尽量提前建设可供施工使用的永久性工程

    D. 各单位工程尽可能同时开工和完工

50. 质量事故发生后，(　　　)就所发生的质量事故进行周密的调查、研究，掌握情况，并在此基础上写出调查报告，提交项目监理机构和建设单位。

    A. 施工单位有责任   B. 监理单位应要求施工单位

    C. 监理员   D. 事故调查小组

51. 持续改进总体业绩应当是组织的一个永恒目标，该要点的基本内容不包括(　　　)。

    A. 对组织不断的改进   B. 提高有效性和效率

    C. 确定挑战性的改进目标   D. 确定关键、重要过程

52. 在制定检验批的抽样方案时，对重要的检验项目，当检验不具备破坏时，应进行(　　　)抽样方案。

    A. 二次抽样   B. 分层抽样

    C. 全数检验   D. 调整性抽样

53. 由于业主的原因导致承包商租赁的设备窝工，该窝工费应按照(　　　)计算。

    A. 台班费   B. 台班折旧费

    C. 实际租金   D. 设备使用费

54. 在施工阶段，为了确保进度控制目标的实现，监理工程师需要编制（　　）。
   A. 工程项目总进度计划　　　　　　B. 周（旬）施工作业计划
   C. 监理进度计划　　　　　　　　　D. 分部分项工程施工进度计划

55. 建设工程组织流水施工时，用来表达流水施工在空间布置上开展状态的参数有（　　）。
   A. 施工过程和流水强度　　　　　　B. 流水节拍和流水步距
   C. 工作面和施工段　　　　　　　　D. 成倍节拍和流水节奏

56. 某分部工程有3个施工过程，各分为5个流水节拍相等的施工段组织加快的成倍节拍流水施工。已知各施工过程的流水节拍分别为4、6、4天，则流水步距和专业工作队数分别为（　　）。
   A. 6天和3个　　　　　　　　　　　B. 4天和4个
   C. 4天和3个　　　　　　　　　　　D. 2天和7个

57. 已知某钢筋工程每周计划完成的工程量和第1～4周实际完成的工程量见下表，则截至第4周末工程实际进展点落在计划S曲线的（　　）。

时间（周）	1	2	3	4	5	6	7
每周计划工程量（t）	160	210	250	260	200	160	100
每周实际工程量（t）	200	220	210	200	—	—	—

   A. 左侧，表明此时实际进度比计划进度拖后60t
   B. 右侧，表明此时实际进度比计划进度超前60t
   C. 左侧，表明此时实际进度比计划进度超前50t
   D. 右侧，表明此时实际进度比计划进度拖后50t

58. 检验批的质量验收不包括（　　）。
   A. 质量资料的检查　　　　　　　　B. 观感质量
   C. 主控项目　　　　　　　　　　　D. 一般项目

59. 在下列质量控制的统计分析方法中，需要听取各方意见，集思广益，相互启发、相互补充的是（　　）。
   A. 排列图法　　　　　　　　　　　B. 因果分析图法
   C. 直方图法　　　　　　　　　　　D. 控制图法

60. 施工企业的流动施工津贴是包含在人工费中的（　　）。
   A. 生产工人基本工资　　　　　　　B. 生产工人津贴补贴
   C. 生产工人辅助工资　　　　　　　D. 职工福利费

61. 采用估算工程量单价合同时，工程款的结算是按（　　）计算确定的。
   A. 业主提供的工程量及承包商所填报的单价
   B. 业主提供的工程量及实际发生的单价
   C. 实际完成的工程量及承包商所填报的单价
   D. 实际完成的工程量及实际发生的单价

62. 当采用匀速进展横道图比较工作实际进度与计划进度时，如果表示实际进度的横道线右端与检查日期重合，则表明（　　）。

A. 实际进度超前   B. 实际进度拖后

C. 实际进度与进度计划一致   D. 无法说明实际进度与计划进度的关系

63. 某工程施工过程中，监理工程师要求承包单位在工程施工之前根据施工过程质量控制的要求提交质量控制点明细表并实施质量控制，这是(   )的原则要求。

A. 坚持质量第一   B. 坚持质量标准

C. 坚持预防为主   D. 坚持科学的职业道德规范

64. 投标人对招标文件提供的清单，必须逐一计价且对所列内容不允许有任何更改变动的是(   )。

A. 分部分项工程量清单   B. 措施项目清单

C. 其他项目清单   D. 零星工作项目表

65. 英联邦国家的基本建设程序一般分为(   )大阶段。

A. 两   B. 三

C. 四   D. 五

66. 关于自由时差和总时差，下列说法错误的是(   )。

A. 自由时差为零，总时差必定为零

B. 总时差为零，自由时差必定为零

C. 在不影响总工期的前提下，工作的机动时间为总时差

D. 在不影响紧后工作最早开始时间的前提下，工作的机动时间为自由时差

67. 当采用 S 曲线比较法时，如果实际进度点位于计划 S 曲线的左侧，则该点与计划 S 曲线的垂直距离表明实际进度比计划进度(   )。

A. 超前的时间   B. 拖后的时间

C. 超额完成的任务量   D. 拖欠的任务量

68. 建设工程采用 CM 承包模式，由于采用分阶段发包，集中管理，实现了有条件的(   )，使设计与施工能够充分地搭接，有利于缩短建设工期。

A. 边设计，边施工   B. 先设计，再施工

C. 先设计，再审查   D. 边设计，边审查

69. 监理单位在责任期内，不按监理合同约定履行监理职责，给建设单位或其他单位造成损失的，应承担(   )责任。

A. 违法   B. 法律

C. 违约   D. 连带

70. 图纸会审之前，设计单位在设计文件交付施工时，需按法律规定的义务进行(   )。

A. 设计说明   B. 设计交底

C. 设计会审   D. 图纸解释

71. 总监理工程师对专业监理工程师的审查意见进行审核，签认后报建设单位审批，体现了施工阶段投资控制中(   )的主要工作。

A. 进行工程计量和付款签证   B. 对完成工程量进行偏差分析

C. 审核竣工结算款   D. 处理施工单位提出的工程变更费用

72. 项目监理机构应建立(   )工程量统计表，对实际完成量与计划完成量进行比较分析，发现偏差的，应提出调整建议。

A. 日完成   B. 月完成

C. 旬完成   D. 年完成

73. 总监理工程师组织专业监理工程师对工程变更费用及工期影响做出评估，体现了施工阶段投资控制中(　　)的主要工作。

A. 进行工程计量和付款签证   B. 对完成工程量进行偏差分析

C. 审核竣工结算款   D. 处理施工单位提出的工程变更费用

74. 将直方图与质量标准比较，质量分布中心与质量标准中心重合，实际数据分布与质量标准两边有一定余地，说明(　　)。

A. 生产过程处于正常稳定状态   B. 加工过于精细，不经济

C. 已出现不合格品   D. 过程能力不足

75. 某项目建筑安装工程投资为 2000 万元，基本预备费为 60 万元，设备购置费为 300 万元，涨价预备费为 20 万元，贷款利息为 50 万元，则上述投资中属于静态投资的为(　　)万元。

A. 2300   B. 2360

C. 2380   D. 2430

76. 某工业项目进口一批生产设备，CIF 价为 200 万美元，银行财务费费率为 5‰，外贸手续费费率为 1.5%，进口关税税率为 20%，增值税税率为 17%，美元兑人民币汇率为 1：8.3，则这批设备应纳的增值税为(　　)万元人民币。

A. 412.42   B. 408.00

C. 342.31   D. 338.64

77. 监理机构审查设计单位提交的设计成果，并提出评估报告，评估报告内容不包括(　　)。

A. 设计工作概况   B. 存在的问题及建议

C. 技术参数是否先进合理   D. 有关部门审查意见的落实情况

78. 建设工程总投资包括(　　)。

A. 工程造价   B. 固定资产

C. 流动资产投资   D. 建设投资和流动资产投资

79. 某混凝土工程，9 月份计划工程量为 5000m³，计划单价为 400 元/m³；而 9 月份实际完成工程量为 4000m³，实际单价为 410 元/m³，则该工程 9 月份的进度偏差为(　　)万元。

A. −36   B. 36

C. −40   D. 40

80. 某工程由于种种原因导致工程延期，对其处理正确的是(　　)。

A. 由于承包单位以外的原因造成工期拖延，承包单位无权提出延长工期的申请

B. 若承包单位提出延长工期的申请被通过，应纳入合同工期，作为合同工期的一部分

C. 监理工程师对修改后的施工进度计划的确认，是对工程延期的批准

D. 若某项工程被批准为工程延期，业主没有必要承担由于工期延长所增加的费用

二、多项选择题（共 40 题，每题 2 分。每题的备选项中，有 2 个或 2 个以上符合题意，至少有 1 个错项。错选，本题不得分；少选，所选的每个选项得 0.5 分）

81. 设备安装前，监理工程师对设备基础检查验收的内容包括（　　）。

  A. 所选择的测点是否有足够的代表性 B. 放置垫铁部位的表面是否凿平

  C. 所有预埋件的数量是否正确   D. 所有预埋件的位置是否正确

  E. 是否制定了预防设备失稳倾覆的措施

82. 在建设工程质量验收时，室外工程可以根据专业类别和工程规模划分单位（子单位）工程，室外工程的子单位包括（　　）。

  A. 附属建筑工程   B. 智能工程

  C. 道路工程   D. 给水排水与采暖工程

  E. 电气工程

83. 下列费用中，属于建筑安装工程费用施工机械使用费的有（　　）。

  A. 机械折旧费   B. 机械大修理费

  C. 机械经常修理费   D. 大型机械进出场及安拆费

  E. 机械操作人员工资

84. 适宜采用固定总价合同的工程有（　　）。

  A. 招标时的设计深度已达到施工图设计要求、图纸完整齐全的工程

  B. 规模较小、技术不太复杂的中小型工程

  C. 没有施工图、工程量不明、急于开工的紧迫工程

  D. 工期长、技术复杂、不可预见因素较多的工程

  E. 合同工期短的工程

85. 质量管理体系有效运行要求包括（　　）。

  A. 全面贯彻   B. 行为到位

  C. 适时管理   D. 适时控制

  E. 有效识别

86. 某单位工程双代号网络计划如下图所示，图中错误有（　　）。

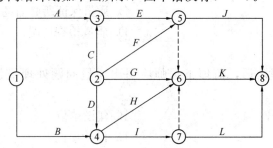

  A. 多个起点节点   B. 多个终点节点

  C. 存在多余虚工作   D. 节点编号有误

  E. 存在循环回路

87. 建设工程必须满足特定的使用功能，并具有在规定的时间和条件下完成规定功能的能力和达到规定要求的使用年限，可用于描述这些要求的质量特性有（　　）。

  A. 适用性   B. 安全性

C. 可靠性　　　　　　　　　　　　D. 经济性

E. 耐久性

88. 工程在正常使用条件下，最低保修期限为 5 年的是（　　）。

A. 地基基础工程　　　　　　　　B. 主体结构工程

C. 电气管线安装　　　　　　　　D. 卫生间防渗漏

E. 屋面防水工程

89. 在质量管理中，应用排列图法可以分析（　　）。

A. 造成质量问题的薄弱环节　　　B. 找出生产不合格品最多的关键过程

C. 产品质量的受控状态　　　　　D. 提高质量措施的有效性

E. 比较各单位技术水平和质量管理水平

90. 投资估算是（　　）的投资控制目标。

A. 技术文件　　　　　　　　　　B. 设计方案选择

C. 初步设计　　　　　　　　　　D. 施工图设计

E. 承包合同价

91. 下列费用中，属于取得国有土地使用费的有（　　）。

A. 土地管理费　　　　　　　　　B. 土地使用权出让金

C. 城市建设配套费　　　　　　　D. 拆迁补偿与临时安置补助费

E. 土地补偿费

92. 工程网络计划中的关键线路是指（　　）的线路。

A. 单代号搭接网络计划中关键工作的总时差最大

B. 双代号时标网络计划中自始至终没有波形线

C. 单代号搭接网络计划中相邻工作时间间隔均为零

D. 双代号时标网络计划中自始至终没有虚箭线

E. 双代号时标网络计划中由关键节点组成

93. 质量控制资料的完整性是检验批质量合格的前提，这是因为它反映了检验批从原材料到验收的各施工工序的（　　）。

A. 施工操作依据　　　　　　　　B. 质量保证所必需的管理制度

C. 过程控制　　　　　　　　　　D. 质量检查情况

E. 质量特性指标

94. 工程质量问题处理之后，监理工程师应写出质量问题处理报告，报送（　　）存档备案。

A. 质量监督机构　　　　　　　　B. 建设单位

C. 监理单位　　　　　　　　　　D. 设计单位

E. 勘察单位

95. 建设项目费用构成中，引进技术和进口设备其他费包括（　　）。

A. 分期或延期付款利息　　　　　B. 进口设备维修保养费

C. 进口设备检验鉴定费用　　　　D. 担保费

E. 国外工程技术人员来华费用

96. 根据《建设工程工程量清单计价规范》GB 50500—2013，下列费用项目中，属于其他项目清单的有（　　　）。

    A. 暂列金额
            B. 暂估价

    C. 应急费
             D. 未明确项目的准备金

    E. 计日工

97. 施工单位可以在其资质等级许可的范围内（　　　）。

    A. 将其承接的工程转包

    B. 允许其他单位以本单位的名义承揽工程

    C. 按照工程设计图纸和施工技术规范标准组织施工

    D. 将其承接的工程合理分包

    E. 将其承接的工程肢解后转包给很多分包商

98. 工程质量缺陷可分为（　　　）。

    A. 施工前的质量缺陷
        B. 施工过程中的质量缺陷

    C. 施工后的质量缺陷
        D. 短期质量缺陷

    E. 永久质量缺陷

99. 有关工程施工质量管理方面的法律主要有（　　　）。

    A. 《中华人民共和国刑法》
     B. 《建筑工程施工许可管理办法》

    C. 《中华人民共和国防震减灾法》
   D. 《中华人民共和国节约能源法》

    E. 《中华人民共和国消防法》

100. 有关工程施工质量管理方面的规范性文件主要包括（　　　）。

    A. 《房屋建筑工程施工旁站监理管理办法（试行）》

    B. 《建设工程质量责任主体和有关机构不良记录管理办法（试行）》

    C. 《实施工程建设强制性标准监督规定》

    D. 关于《建设行政主管部门对工程监理企业履行质量责任加强监督》的若干意见

    E. 《房屋建筑和市政基础设施工程质量监督管理规定》

101. 建设单位的质量责任有（　　　）。

    A. 选择勘察设计单位和施工单位，在合同中提供与建设工程有关的原始资料

    B. 根据工程特点，配备相应的管理人员

    C. 在工程开工前，负责办理有关的手续，组织设计交底和图纸会审

    D. 按合同规定和有关要求购买相应材料，对发生的质量问题承担相应的责任

    E. 按工程设计图纸和施工技术规范标准组织施工

102. 有关工程施工质量管理方面的部门规章主要包括（　　　）。

    A. 《建筑工程施工许可管理办法》
   B. 《实施工程建设强制性标准监督规定》

    C. 《建设工程质量管理条例》
     D. 《中华人民共和国节约能源法》

    E. 《房屋建筑和市政基础设施工程质量监督管理规定》

103. 下列关于流水施工的说法中，反映建设工程非节奏流水施工特点的有（　　　）。

    A. 专业工作队数大于施工过程数

    B. 各个施工段上的流水节拍相等

    C. 有的施工段之间可能有空闲时间

    D. 各个专业工作队能够在施工段上连续作业

E. 相邻施工过程的流水步距不尽相等

104. 下列各项中，属于违反法律法规导致工程质量缺陷的有(   )。

    A. 无证设计
            B. 越级设计

    C. 边设计、边施工
       D. 转包、挂靠

    E. 工程招投标中的不公平竞争

105. 审查设计概算编制依据时，应着重审查编制依据是否(   )。

    A. 经过国家或授权机关批准
       B. 具有先进性和代表性

    C. 符合工程的适用范围
       D. 符合国家有关部门的现行规定

    E. 满足建设单位的要求

106. 根据 FIDIC 合同条件，一般可按照凭据法进行计量的有(   )。

    A. 建筑工程险保险费
       B. 保养测量设备的费用

    C. 保养气象记录设备的费用
    D. 为监理工程师提供宿舍的费用

    E. 第三方责任险保险费

107. 建设工程组织非节奏流水施工的特点有(   )。

    A. 施工段之间可能有空闲时间

    B. 相邻专业工作队的流水步距相等

    C. 各施工过程在各施工段的流水节拍不全相等

    D. 各专业工作队能够在施工段上连续作业

    E. 专业工作队数等于施工过程数

108. 不做处理的质量问题，监理工程师应备好必要的书面文件，对(   )等有关档案资料认真组织签认。

    A. 设计单位的意见
       B. 技术处理方案

    C. 不做处理结论
        D. 各方协商文件

    E. 建设方的签证书

109. 工程计量的依据有(   )。

    A. 质量合格证书
       B. 工程量清单前言

    C. 承包方所报已完工程量
    D. 设计图纸

    E. 技术规范

110. 监理工程师控制工程建设进度中，在施工阶段进度控制的任务包括(   )。

    A. 编制施工总进度计划，并控制其执行

    B. 编制详细的出图计划，并控制其执行

    C. 编制项目总进度计划

    D. 施工现场条件调研和分析

    E. 编制单位工程施工进度计划，并控制其执行

111. 工程项目建设总进度计划的表格部分包括(   )。

    A. 年度计划项目表
       B. 年度竣工投产交付使用计划表

    C. 年度建设资金平衡表
    D. 投资计划年度分配表

    E. 工程项目进度平衡表

112. 下图为某工程项目的 S 曲线，其中实线为计划 S 曲线，点划线为实际 S 曲线。图中

a、b、c 三个特征点所提供的信息有(　　)。

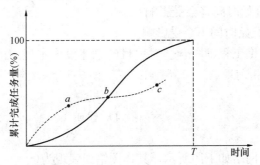

A. a 点表明进度超前 　　　　　　　　 B. a 点表明进度拖后

C. b 点表明实际进度与计划进度一致 　 D. c 点表明进度超前

E. c 点表明进度拖后

113. 随着工程建设实践、认识、再实践、再认识，投资控制目标一步步清晰、准确，这就是(　　)等。

A. 设计概算 　　　　　　　　　　　　 B. 投资预算

C. 施工图预算 　　　　　　　　　　　 D. 投资估算

E. 承包合同价

114. (　　)相结合是控制投资最有效的手段。

A. 施工 　　　　　　　　　　　　　　 B. 组织

C. 技术 　　　　　　　　　　　　　　 D. 经济

E. 设计

115. 在网络计划的工期优化中，当出现多条关键线路时，必须(　　)。

A. 将各条关键线路的总持续时间压缩同一数值

B. 压缩所需资源总量最少的一条关键线路

C. 压缩其中一条关键线路的总持续时间

D. 分别将各条关键线路的总持续时间压缩

E. 各条关键线路上均应有工序被压缩

116. 某分部工程时标网络计划如下图所示。当该计划执行到第五天结束时检查实际进展情况，实际进度前锋线表明(　　)。

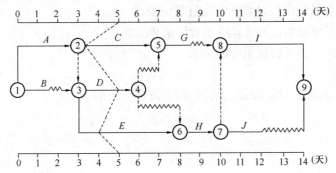

A. 工作 C 实际进度拖后，但不影响总工期

B. 工作 D 仍有总时差 2 天

C. 工作 E 仍有总时差 1 天

D. 工作 G 的最早开始时间将会受影响

E. 工作 H 的最早开始时间不会受影响

117. 世界银行、国际咨询工程师联合会对项目的总建设成本规定的项目间接建设成本中的生产前费用，主要是指前期( )等费用。

A. 研究　　　　　　　　　　　　B. 勘测

C. 采购　　　　　　　　　　　　D. 建矿

E. 采矿

118. 某分部工程双代号网络如下图所示，其作图错误表现为( )。

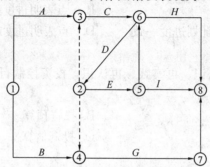

A. 有多个起点节点　　　　　　　B. 有多个终点节点

C. 节点编号有误　　　　　　　　D. 存在循环回路

E. 有多余虚工作

119. 关于总时差和自由时差，下列叙述正确的有( )。

A. 对于同一工作而言，自由时差不会超过总时差

B. 工作的总时差等于本工作的紧后工作自由时差之和的最小值

C. 工作的总时差是指在不影响总工期的前提下，本工作可以利用的机动时间

D. 工作的自由时差是指在不影响总工期的前提下，本工程可以利用的机动时间

E. 工作的自由时差是指在不影响其紧后工作最早开始时间的前提下，本工作可以利用的机动时间

120. 根据物资供应的方式不同，监理工程师协助业主进行物资供应的决策内容包括( )。

A. 根据设计图纸和进度计划确定物资供应要求

B. 提出物资供应总承包方式及承包合同清单

C. 与业主协商提出对物资供应的要求

D. 监督检查订货情况

E. 与业主协商提出对物资供应单位在财务方面应负的责任

第二套模拟试卷参考答案、考点分析

一、单项选择题

1.【试题答案】A

【试题解析】本题考查重点是"施工单位的质量责任"。施工单位对所承包的工程项目的施工质量负责。应当建立健全质量管理体系，落实质量责任制，确定工程项目的项目经理、技术负责人和施工管理负责人。实行总承包的工程，总承包单位应对全部建设工程质量负责。建设工程勘察、设计、施工、设备采购的一项或多项实行总承包的，总承包单位应对其承包的建设工程或采购的设备的质量负责；实行总分包的工程，分包单位应按照分包合同约定对其分包工程的质量向总承包单位负责，总承包单位对分包工程的质量承担连带责任。因此，本题的正确答案为A。

2.【试题答案】A

【试题解析】本题考查重点是"分包单位资质的审核确认"。《分包单位资格审查表》中关于分包单位的基本情况，包括：该分包单位的企业简介；资质材料；技术实力；企业过去的工程经验与业绩；企业的财务资本状况等，施工人员的技术素质和条件。因此，本题的正确答案为A。

3.【试题答案】D

【试题解析】本题考查重点是"工程质量控制主体"。工程质量控制按其实施主体不同，分为自控主体和监控主体。前者是指直接从事质量职能的活动者，后者是指对他人质量能力和效果的监控者，主要包括以下四个方面：①政府的工程质量控制。政府属于监控主体，它主要是以法律法规为依据，通过抓工程报建、施工图设计文件审查、施工许可、材料和设备准用、工程质量监督、工程竣工验收备案等主要环节实施监控；②建设单位的工程质量控制；③勘察设计单位的质量控制；④施工单位的质量控制。因此，本题的正确答案为D。

4.【试题答案】A

【试题解析】本题考查重点是"工程质量的特点"。建设工程在施工过程中，分项工程交接多、中间产品多、隐蔽工程多，因此质量存在隐蔽性。若在施工中不及时进行质量检查，事后只能从表面上检查，就很难发现内在的质量问题，这样就容易产生判断错误，即将不合格品误认为合格品。因此，本题的正确答案为A。

5.【试题答案】B

【试题解析】本题考查重点是"建设工程投资"。静态投资部分包括建筑安装工程费、设备工器具购置费、工程建设其他费和基本预备费。所以，该项目的静态投资＝1000＋700＋500＋100＝2300（万元）。因此，本题的正确答案为B。

6.【试题答案】D

【试题解析】本题考查重点是"定额的分类"。预算定额（基础定额）是完成规定计量单位分项工程计价的人工、材料、施工机械台班消耗量的标准，是统一预算工程量计算规则、项目划分、计量单位的依据，是编制地区单位计价表，确定工程价格，编制施工图预算的依据，也是编制概算定额（指标）的基础，也可作为制定招标工程标底、企业定额和投标报价的基础。因此，本题的正确答案为 D。

7.【试题答案】A

【试题解析】本题考查重点是"工程质量管理主要制度"。施工图设计文件审查是政府主管部门对工程勘察设计质量监督管理的重要环节。施工图审查是指国务院建设行政主管部门和省、自治区、直辖市人民政府建设行政主管部门委托依法认定的设计审查机构，根据国家法律、法规，对施工图涉及公共利益、公众安全和工程建设强制性标准的内容进行的审查。因此，本题的正确答案为 A。

8.【试题答案】C

【试题解析】本题考查重点是"措施项目清单的编制"。措施项目是指为完成工程项目施工，发生于该工程施工准备和施工过程中的技术、生活、安全、环境保护等方面的非工程实体项目。措施项目清单应根据拟建工程的实际情况列项。因此，本题的正确答案为 C。

9.【试题答案】D

【试题解析】本题考查重点是"工程质量管理主要制度"。施工图设计文件审查是政府主管部门对工程勘察设计质量监督管理的重要环节。施工图审查是指国务院建设行政主管部门和省、自治区、直辖市人民政府建设行政主管部门委托依法认定的设计审查机构，根据国家法律、法规，对施工图涉及公共利益、公众安全和工程建设强制性标准的内容进行的审查。因此，本题的正确答案为 D。

10.【试题答案】B

【试题解析】本题考查重点是"等额资金回收公式"。等额资金回收公式为：$A = P \dfrac{i(1+i)^n}{(1+i)^n - 1}$（式中：$A$ 为回收额；P 为现值；i 为利率；n 为计息期数）。根据计算公式可知：$A = 50 \times \dfrac{12\% \times (1+12\%)^{10}}{(1+12\%)^{10} - 1} \approx 8.849$（万元）。因此，本题的正确答案为 B。

11.【试题答案】C

【试题解析】本题考查重点是"混凝土结构工程施工试验与检测"。高强混凝土的强度等级划分为 C60、C65、C70、C75、C80、C85、C90、C95、C100。因此，本题的正确答案为 C。

12.【试题答案】A

【试题解析】本题考查重点是"工程网络计划中关键线路"。在关键线路法中，线路上所有工作的持续时间总和称为该线路的总持续时间。总持续时间最长的线路称为关键线路，关键线路的长度就是网络计划的总工期。在网络计划中，关键线路可能不止一条。而且在网络计划执行过程中，关键线路还会发生转移。所以，选项 A 的叙述是正确的，选项 B、C 的叙述均是不正确的。关键线路上的工作称为关键工作。在工程网络计划中，计划工期有时不等于计算工期，关键线路上的工作的总时差不等于 0。所以，选项 D 的叙述是不正确的。因此，本题的正确答案为 A。

13.【试题答案】D

【试题解析】本题考查重点是"总时差和自由时差"。工作的总时差是指在不影响工期的前提下，本工作可以利用的机动时间。工作的自由时差是指在不影响其紧后工作最早开始时间的前提下，本工作可以利用的机动时间。从总时差和自由时差的定义可知，对于同一项工作而言，自由时差不会超过总时差。当工作的总时差为零时，其自由时差必然为零。因此，本题的正确答案为 D。

14.【试题答案】B

【试题解析】本题考查重点是"时标网络计划中时间参数的判定"。网络计划的计算工期应等于终点节点所对应的时标值与起点节点所对应的时标值之差。安排 B 工作第 3 天进场开始施工，虽影响 D 工作的开始时间但未影响总工期，施工顺序按照 $B-D-J-G$，施工机械在现场闲置只有 D 工作与 J 工作之间的 1 天。因此，本题的正确答案为 B。

15.【试题答案】D

【试题解析】本题考查重点是"监理单位的进度监控"。监理单位受业主的委托进行工程设计监理时，应落实项目监理班子中专门负责设计进度控制的人员，按合同要求对设计工作进度进行严格监控。对于设计进度的监控应实施动态控制。在设计工作开始之前，首先应由监理工程师审查设计单位所编制的进度计划的合理性和可行性。在进度计划实施过程中，监理工程师应定期检查设计工作的实际完成情况，并与计划进度进行比较分析。一旦发现偏差，就应在分析原因的基础上提出纠偏措施，以加快设计工作进度。必要时，应对原进度计划进行调整或修订。因此，本题的正确答案为 D。

16.【试题答案】B

【试题解析】本题考查重点是"施工进度的检查方式"。在建设工程施工过程中，监理工程师可以通过以下方式获得工程实际进展情况：①定期地、经常地收集由承包单位提交的有关进度报表资料；②由驻地监理人员现场跟踪检查建设工程的实际进展情况。除了上述两种方式外，由监理工程师定期组织现场施工负责人召开现场会议，也是获得建设工程实际进展情况的一种方式。此种方式是施工进度计划实施中常用的检查方式。因此，本题的正确答案为 B。

17.【试题答案】D

【试题解析】本题考查重点是"工程项目质量控制系统建立和运行的主要工作"。当工程项目的主要施工准备工作已完成时，施工单位可填报《工程开工报审表》，总监理工程师组织专业监理工程师审查施工单位报送的开工报审表及相关资料；同时具备下列条件时，应由总监理工程师签署审查意见，并应报建设单位批准后，总监理工程师签发工程开工令：①设计交底和图纸会审已完成；②施工组织设计已由总监理工程师签认；③施工单位现场质量、安全生产管理体系已建立，管理及施工人员已到位，施工机械具备使用条件，主要工程材料已落实；④进场道路及水、电、通信等已满足开工要求。否则，施工单位应进一步做好施工准备，待条件具备时，再次填报开工申请。因此，本题的正确答案为 D。

18.【试题答案】D

【试题解析】本题考查重点是"施工质量验收的有关术语——检验批"。在分部工程中，按相近工作内容和系统划分为若干个子分部工程。每个子分部工程中包括若干个分项工程。每个分项工程中包含若干个检验批。检验批是指按同一的生产条件或按规定的方式汇总起来供检验用的，由一定数量样本组成的检验体。检验批是施工质量验收的最小单位，是分项工程乃至整个建筑工程质量验收的基础。因此，本题的正确答案为 D。

19.【试题答案】D

【试题解析】本题考查重点是"建筑工程施工质量验收的划分"。分部工程的划分应按下列原则确定：①分部工程的划分应按专业性质、建筑部位确定。如建筑工程划分为地基与基础、主体结构、建筑装饰装修、建筑屋面、建筑给水排水及采暖、建筑电气、智能建筑、通风与空调、电梯九个分部工程；②当分部工程较大或复杂时，可按施工程序、专业系统及类别等划分为若干个子分部工程。根据第①点可知，选项 D 符合题意。选项 A、B、C 均是分项工程的划分原则。因此，本题的正确答案为 D。

20.【试题答案】A

【试题解析】本题考查重点是"工程质量事故处理的鉴定验收"。为确保工程质量事故的处理效果，凡涉及结构承载力等使用安全和其他重要性能的处理工作，常需做必要的试验和检验鉴定工作。或质量事故处理施工过程中建筑材料及构配件保证资料严重缺乏，或对检查验收结果各参与单位有争议时，常见的检验工作有：混凝土钻芯取样，用于检查密实性和裂缝修补效果，或检测实际强度；结构荷载试验，确定有实际承载力；超声波检测焊接或结构内部质量；池、罐、箱柜工程的渗漏检验等。检测鉴定必须委托政府批准的有资质的法定检测单位进行。因此，本题的正确答案为 A。

21.【试题答案】A

【试题解析】本题考查重点是"质量管理体系的建立"。质量管理体系的建立与落实涉及工程监理单位所有管理职能部门、现场项目监理机构和每位员工。为确保监理单位质量管理体系建立和实施，应成立工作班子。工作班子一般划分为领导班子、领导小组和职能小组三个层次。第一层次的领导班子由监理单位最高管理者作为负责人，可由其确定管理者代表，负责具体质量管理体系的建立工作。领导班子的主要任务包括：质量管理体系建设的总体规划；制定质量方针和目标；按职能部门进行质量职能的分解。第二层次为领导小组。由监理单位质量部门和技术部门的领导共同牵头，各职能部门领导（或代表）参加。其主要任务是按照质量管理体系建设的总体规划具体组织实施。第三层次为质量管理体系文件编写的职能小组。根据各职能的分工，明确质量管理体系条款的责任单位并确定编写人员。因此，本题的正确答案为 A。

22.【试题答案】B

【试题解析】本题考查重点是"ISO 质量管理体系的质量管理原则及特征——过程方法"。"将活动和相关的资源作为过程进行管理，可以更高效地得到预期的结果。""过程"在标准中的定义是，一组将输入转化为输出的相互关联或相互作用的活动。一个过程的输入通常是其他过程的输出，过程应该是组织为了增值通常对过程进行策划并使其在受控条件下运行。因此，本题的正确答案为 B。

23.【试题答案】A

【试题解析】本题考查重点是"工程质量管理主要制度"。建设工程在保修范围和保修期限内发生质量问题的施工单位应当履行保修义务。保修义务的承担和经济责任的承担应按下列原则处理：①施工单位未按国家有关标准、规范和设计要求施工，造成的质量问题，由施工单位负责返修并承担经济责任；②由于设计方面的原因造成的质量问题，先由施工单位负责维修，其经济责任按有关规定通过建设单位向设计单位索赔；③因建筑材料、构配件和设备质量不合格引起的质量问题，先由施工单位负责维修，属于施工单位采购的，由施工单位承担经济责任；属于建设单位采购的，由建设单位承担经济责任；④因建设单位（含监理单位）错误管理造成的质量问题，先由施工单位负责维修，其经济责任由建设单位承担，如属监理单位责任，则由建设单位向监理单位索赔；⑤因使用单位使用不当造成的损坏问题，先由施工单位负责维修，其经济责任由使用单位自行负责；⑥因地震、洪水、台风等不可抗拒原因造成的损坏问题，先由施工单位负责维修，建设参与各方根据国家具体政策分担经济责任。因此，本题的正确答案为A。

24.【试题答案】A

【试题解析】本题考查重点是"工程质量统计分析方法"。一定状态下生产的产品质量是具有一定分布的，过程状态发生变化，产品质量分布也随之改变。观察产品质量分布情况，一是看分布中心位置；二是看分布的离散程度。因此，本题的正确答案为A。

25.【试题答案】B

【试题解析】本题考查重点是"双代号网络计划时间参数的计算——按工作计算法计算自由时差"。对于有紧后工作的工作，其自由时差等于本工作之紧后工作最早开始时间减本工作最早完成时间所得之差的最小值，即：

$$FF_{i-j}=\min \{ES_{j-k}-EF_{i-j}\} =\min \{ES_{i-k}-ES_{i-j}-D_{i-j}\}$$

式中　FF_{i-j}——工作 $i-j$ 的自由时差；

ES_{j-k}——工作 $i-j$ 的紧后工作 $j-k$（非虚工作）的最早开始时间；

EF_{i-j}——工作 $i-j$ 的最早完成时间；

ES_{i-j}——工作 $i-j$ 的最早开始时间；

D_{i-j}——工作 $i-j$ 的持续时间。

通过公式可以计算出，工作 E 的自由时差为：$FF_E=\min \{ (ES_G-ES_E-D_E)，(ES_H-ES_E-D_E)\} =\min \{ (25-17-6)，(28-17-6)\} =2$。因此，本题的正确答案为B。

26.【试题答案】C

【试题解析】本题考查重点是"S 曲线比较法"。S 曲线比较法是以横坐标表示时间，纵坐标表示累计完成任务量，绘制一条按计划时间累计完成任务量的 S 曲线；然后将工程项目实施过程中各检查时间实际累计完成任务量的 S 曲线也绘制在同一坐标系中，进行实际进度与计划进度比较的一种方法。在 S 曲线比较图中可以直接读出实际进度比计划进度超额或拖欠的任务量。本题中计划累计完成工程量为 350m³，而实际累计完成 90＋20＋80＋100＝290（m³）。故第 4 天下班时刻该工程累计拖欠的工程量为 350－290＝60（m³）。因此，本题的正确答案为C。

27.【试题答案】B

【试题解析】本题考查重点是"前锋线比较法"。前锋线比较法是通过绘制某检查时刻工程项目实际进度前锋线，进行工程实际进度与计划进度比较的方法，它主要适用于时标网络计划。所谓前锋线，是指在原时标网络计划上，从检查时刻的时标点出发，用点划线依次将各项工作实际进展位置点连接而成的折线。本题中工作 C 拖延 2 周，影响工期。所以，选项 A 不符合题意。工作 E 提前 1 周，不影响工期。所以，选项 B 符合题意。工作 D 拖延 1 周，影响工期。所以，选项 C 不符合题意。工作 I 必须在 D、G 完工后开始，故不能提前。所以，选项 D 不符合题意。因此，本题的正确答案为B。

28. 【试题答案】C

【试题解析】本题考查重点是"设计阶段进度控制工作程序"。建设工程设计阶段进度控制的主要任务是出图控制，也就是通过采取有效措施使工程设计者如期完成初步设计、技术设计、施工图设计等各阶段的设计工作，并提交相应的设计图纸及说明。为此，监理工程师要审核设计单位的进度计划的各专业的出图计划，并在设计实施过程中，跟踪检查这些计划的执行情况，定期将实际进度与计划进度进行比较，进而纠正或修订进度计划。若发现进度拖后，监理工程师应督促设计单位采取有效措施加快进度。因此，本题的正确答案为C。

29. 【试题答案】B

【试题解析】本题考查重点是"物资需求计划的编制"。物资需求计划是指反映完成建设工程所需物资情况的计划。它的编制依据主要有：施工图纸、预算文件、工程合同、项目总进度计划和各分包工程提交的材料需求计划等。所以，选项A的叙述是不正确的。物资需求计划的主要作用是确认需求，施工过程中所涉及的大量建筑材料、制品、机具和设备，确定其需求的品种、型号、规格、数量和时间。它为组织备料、确定仓库与堆场面积和组织运输等提供依据。所以，选项C的叙述是不正确的。物资需求计划一般包括一次性需求计划和各计划期需求计划。编制需求计划的关键是确定需求量。所以，选项B的叙述是正确的。因此，本题的正确答案为B。

30. 【试题答案】B

【试题解析】本题考查重点是"建设工程项目投资的概念"。建设投资，由设备及工器具购置费、建筑安装工程费、工程建设其他费用、预备费（包括基本预备费和涨价预备费）和建设期利息组成。建筑安装工程费，是指建设单位用于建筑和安装工程方面的投资，它由建筑工程费和安装工程费两部分组成。建筑工程费是指建设工程涉及范围内的建筑物、构筑物、场地平整、道路、室外管道铺设、大型土石方工程费用等。安装工程费是指主要生产、辅助生产、公用工程等单项工程中需要安装的机械设备、电器设备、专用设备、仪器仪表等设备的安装及配件工程费，以及工艺、供热、供水等各种管道、配件、闸门和供电外线安装工程费用等。因此，本题的正确答案为B。

31. 【试题答案】B

【试题解析】本题考查重点是"材料构配件采购订货的控制"。监理工程师在对承包单位材料、构（配）件采购订货的质量控制中，供货厂方应向需方（订货方）提供质量文件，用以表明其提供的货物能够完全达到需方提出的质量要求。此外，质量文件也是承包单位（当承包单位负责采购时）将来在工程竣工时应提供的竣工文件的一个组成部分，用以证明工程项目所用的材料或构配件等的质量符合要求。因此，本题的正确答案为B。

32. 【试题答案】B

【试题解析】本题考查重点是"控制图的观察与分析"。链是指点子连续出现在中心线一侧的现象。出现五点链，应注意生产过程发展状况。出现六点链，应开始调查原因。出现七点链，应判定工序异常，需采取处理措施。因此，本题的正确答案为B。

33. 【试题答案】A

【试题解析】本题考查重点是"直方图法的用途"。直方图法即频数分布直方图法，它是将收集到的质量数据进行分组整理，绘制成频数分布直方图，用以描述质量分布状态的一种分析方法，所以又称质量分布图法。因此，本题的正确答案为A。

34.【试题答案】B

【试题解析】本题考查重点是"建设工程投资"。建设投资可以分为静态投资部分和动态投资部分。静态投资是以某一基准年、月的建设要素的价格为依据所计算出的建设项目投资的瞬时值。静态投资部分由建筑安装工程费、设备工器具购置费、工程建设其他费和基本预备费组成。动态投资是指完成一个建设项目预计所需投资的总和。动态投资部分，是指在建设期内，因建设期利息和国家新批准的税费、汇率、利率变动以及建设期价格变动引起的建设投资增加额。包括涨价预备费和建设期利息。所以，选项B符合题意。选项A、C、D均属于建设工程静态投资。因此，本题的正确答案为B。

35.【试题答案】C

【试题解析】本题考查重点是"工程质量管理主要制度"。施工图审查原则上不超过下列时限：①一级以上建筑工程，大型市政工程为15个工作日，二级及以下建筑工程，中型及以下市政工程为10个工作日；②工程勘察文件，甲级项目为7个工作日，乙级及以下项目为5个工作日。因此，本题的正确答案为C。

36.【试题答案】D

【试题解析】本题考查重点是"建设工程施工进度控制工作内容"。承包单位自身的原因造成的进度拖延，称为工程延误。监理工程师对修改后的施工进度计划的确认，并不是对工程延期的批准，他只是要求承包单位在合理的状态下施工。因此，监理工程师对进度计划的确认，并不能解除承包单位应负的一切责任，承包单位需要承担赶工的全部额外开支和误期损失赔偿。因此，本题的正确答案为D。

37.【试题答案】C

【试题解析】本题考查重点是"施工进度计划的组织措施"。建设工程施工阶段，为加快施工进度可采取的组织措施包括：①增加工作面，组织更多的施工队伍；②增加每天的施工时间（如采用三班制等）；③增加劳动力和施工机械的数量。根据第②点可知，选项C符合题意。选项A和选项B均属于技术措施。选项D属于其他配套措施。因此，本题的正确答案为C。

38.【试题答案】D

【试题解析】本题考查重点是"描述数据离散趋势的特征值"。描述数据离散趋势的特征值有：极差R；标准偏差；变异系数CV。因此，本题的正确答案为D。

39.【试题答案】C

【试题解析】本题考查重点是"描述数据离散趋势的特征值"。描述数据离散趋势的特征值有：极差R；标准偏差；变异系数CV。因此，本题的正确答案为C。

40.【试题答案】D

【试题解析】本题考查重点是"直方图法"。通过直方图的观察与分析，可了解产品质量的波动情况，掌握质量特性的分布规律，以便对质量状况进行分析判断。同时可通过质量数据特征值的计算，估算施工生产过程总体的不合格品率，评价过程能力等。作出直方图后，除了观察直方图形态，分析质量分布状态外，再将正常型直方图与质量标准比较，从而判断实际生产过程能力。因此，本题的正确答案为D。

41.【试题答案】A

【试题解析】本题考查重点是"质量管理体系认证的依据"。质量管理体系认证的依据是质量管理体系的要求标准，即 GB/T 19001，而不能依据质量管理体系的业绩改进指南标准即 GB/T 19004 来进行，更不能依据具体的产品质量标准。GB/T 19000 是表述质量管理体系并规定质量管理体系术语的质量管理体系标准。因此，本题的正确答案为 A。

42.【试题答案】A

【试题解析】本题考查重点是"投资控制的目标"。投资控制目标的设置应是随着工程建设实践的不断深入而分阶段设置，具体来讲，投资估算应是建设工程设计方案选择和进行初步设计的投资控制目标；设计概算应是进行技术设计和施工图设计的投资控制目标；施工图预算或建安工程承包合同价则应是施工阶段投资控制的目标。有机联系的各个阶段目标相互制约，相互补充，前者控制后者，后者补充前者，共同组成建设工程投资控制的目标系统。所以，初步设计阶段投资控制的目标应不超过投资估算。因此，本题的正确答案为 A。

43.【试题答案】D

【试题解析】本题考查重点是"工程质量缺陷的成因"。设计差错。例如，盲目套用图纸，采用不正确的结构方案，计算简图与实际受力情况不符，荷载取值过小，内力分析有误，沉降缝或变形缝设置不当，悬挑结构未进行抗倾覆验算，以及计算错误等。因此，本题的正确答案为 D。

44.【试题答案】A

【试题解析】本题考查重点是"价格调整公式"。特别注意题目中"调值公式中的固定系数为 0.3……水泥的费用占合同调值部分的 40%"，因此，合同调值部分占的比例是 70%，水泥的费用占总费用的比例是 70%×40%，按以下公式计算差额并调整合同价格：

$$\Delta P = P_0\left[A + \left(B_1 \times \frac{F_{t1}}{F_{01}} + B_2 \times \frac{F_{t2}}{F_{02}} + B_3 \times \frac{F_{t3}}{F_{03}} + B_n \times \frac{F_{tn}}{F_{0n}}\right) - 1\right]$$

式中 ΔP——需调整的价格差额；

P_0——约定的付款证书中承包人应得到的已完成工程量的金额。此项金额应不包括价格调整、不计质量保证金扣留和支付、预付款的支付和扣回。约定的变更及其他金额已按现行价格计价的，也不计在内；

A——定值权重（即不调部分的权重）；

B_1，B_2，B_3，…，B_n——各可调因子的变值权重（即可调部分的权重），为各可调因子在投标函投标总报价中所占的比例；

F_{t1}，F_{t2}，F_{t3}，…，F_{tn}——各可调因子的现行价格指数，指约定的付款证书相关周期最后一天的前 42 天的各可调因子的价格指数；

F_{01}，F_{02}，F_{03}，F_{0n}——各可调因子的基本价格指数，指基准日期的各可调因子的价格指数。

根据计算公式可知，调整的合同价的差额＝1500×[0.3＋(0.7×0.4×120%＋0.7×0.6×100%)－1]＝84(万元)。因此，本题的正确答案为 A。

45.【试题答案】D

【试题解析】本题考查重点是"非节奏流水施工"。由于本题同一施工过程的各个施工段的流水节拍不尽相等，所以为非节奏流水施工。在非节奏流水施工中，通常采用累加数列错位相减取大差法计算流水步距。累加数列错位相减取大差法的基本步骤如下：

（1）对每一个施工过程在各施工段上的流水节拍依次累加，求得各施工过程流水节拍的累加数列。施工过程1：3，8，12，15，施工过程2：3，7，11，13，施工过程3：4，7，10，14。

（2）将相邻施工过程流水节拍累加数列中的后者错后一位，相减后求得一个差数列。

$$3，8，12，15$$

施工过程1与2：$-$）　　3，7，11，13

$$3，5，5，4，-13$$

$$3，7，11，13$$

施工过程2与3：$-$）　　　4，7，10，14

$$3，3，4，3，-14$$

（3）在差数列中取最大值，即为这两个相邻施工过程的流水步距。

施工过程1与2之间的流水步距：$K_{1,2}=\max\{3，5，5，4，-13\}=5$（天）；

施工过程2与3之间的流水步距：$K_{2,3}=\max\{3，3，4，3，-14\}=4$（天）；

流水步距为9天（5+4）。

（4）计算流水施工工期。流水施工工期可按下式计算：

$$T=\sum K+\sum t_n+\sum G+\sum Z-\sum C$$

式中　T——流水施工工期；

　　K——各施工过程（或专业工作队）之间流水步距之和；

　　$\sum t_n$——最后一个施工过程（或专业工作队）在各施工段流水节拍之和；

　　$\sum Z$——组织间歇时间之和；

　　$\sum G$——工艺间歇时间之和；

　　$\sum C$——提前插入时间之和。

可以计算出：$T=9+（4+3+3+4）=23$（天）。

所以，本题中流水施工工期为23天。因此，本题的正确答案为D。

46.【试题答案】A

【试题解析】本题考查重点是"时标网络计划中总时差的计算"。总时差等于其紧后工作的总时差加本工作与该紧后工作之间的时间间隔所得之和的最小值，即：

$$TF_{i-j}=\min\{TF_{j-k}+LAG_{i-j,j-k}\}$$

式中　TF_{i-j}——工作$i-j$的总时差；

　　TF_{j-k}——工作$i-j$的紧后工作$j-k$（非虚工作）的总时差；

　　$LAG_{i-j,j-k}$——工作$i-j$与其紧后工作$j-k$（非虚工作）之间的时间间隔。

工作C的计算线路有两条，分别为①—③—④和①—③—⑦—⑧。线路①—③—④的波形线水平投影长度累加值为1；线路①—③—⑦—⑧的波形线水平投影长度累加值为2+2=4。两值中的最小值为1天，因此工作C的总时差为1天。因此，本题的正确答案为A。

47.【试题答案】B

【试题解析】本题考查重点是"分析进度偏差是否超过总时差"。如果工作的进度偏差大于该工作的总时差，则此进度偏差必将影响其后续工作和总工期，必须采取相应的调整措施；如果工作的进度偏差未超过该工作的总时差，则此进度偏差不影响总工期。因此，本题的正确答案为 B。

48.【试题答案】B

【试题解析】本题考查重点是"监理单位的进度监控"。监理单位受业主的委托进行工程设计监理时，应落实项目监理班子中专门负责设计进度控制的人员，按合同要求对设计工作进度进行严格监控。对于设计进度的监控应实施动态控制。在设计工作开始之前，首先应由监理工程师审查设计单位所编制的进度计划的合理性和可行性。在进度计划实施过程中，监理工程师应定期检查设计工作的实际完成情况，并与计划进度进行比较分析。一旦发现偏差，就应在分析原因的基础上提出纠偏措施，以加快设计工作进度。必要时，应对原进度计划进行调整或修订。在设计进度控制中，监理工程师要对设计单位填写的设计图纸进度表进行核查分析，并提出自己的见解。从而将各设计阶段的每一张图纸（包括其相应的设计文件）的进度都纳入监控之中。所以，选项 B 符合题意。选项 A、C、D 都不是监理方应做的工作。因此，本题的正确答案为 B。

49.【试题答案】C

【试题解析】本题考查重点是"施工总进度计划的编制"。在施工总进度计划的编制过程中，确定各单位工程的开竣工时间和相互搭接关系主要应考虑的因素有：①同一时期施工的项目不宜过多，以避免人力、物力过于分散；②尽量做到均衡施工，以便劳动力、施工机械和主要材料的供应在整个工期范围内达到均衡；③尽量提前建设可供工程施工使用的永久性工程，以节省临时工程费用；④急需和关键的工程先施工，以保证工程项目如期交工。对于某些技术复杂、施工周期较长、施工困难较多的工程，亦应安排提前施工，以利于整个工程项目按期交付使用；⑤施工顺序必须与主要生产系统投入生产的先后次序相吻合。同时还要安排好配套工程的施工时间，以保证建成的工程能迅速投入生产或交付使用；⑥应注意季节对施工顺序的影响，使施工季节不导致工期拖延，不影响工程质量；⑦安排一部分附属工程或零星项目作为后备项目，用以调整主要项目的施工进度；⑧注意主要工种和主要施工机械能连续施工。因此，根据第③点可知，本题的正确答案为 C。

50.【试题答案】A

【试题解析】本题考查重点是"工程质量事故处理的依据"。质量事故发生后，施工单位有责任就所发生的质量事故进行周密的调查、研究，掌握情况，并在此基础上写出调查报告，提交项目监理机构和建设单位。因此，本题的正确答案为 A。

51.【试题答案】D

【试题解析】本题考查重点是"ISO 质量管理体系的质量管理原则及特征"。持续改进的基本内容包括：①需求的变化要求组织不断改进：相关产品的需求和期望是在不断发展的，人们对产品的质量要求也在不断地提高。因此，对质量管理活动的管理必须包含对这一变化的管理，这是一个持续改进的过程；②组织的目标应是实现持续改进，以求和顾客的需求相适应；③持续改进的核心是提高有效性和效率，实现质量目标：组织持续改进管理的重点应关注变化或更新所产生结果的有效性和效率，唯有如此，才能保证质量目标的实现；④确立挑战性的改进目标：进行持续改进时，应结合需求、期望及其他环境的变化，要聚焦于顾客，确立具有重大意义的改进目标；⑤全员参与：在 ISO 9000 族标准中提出的纠正措施、预防措施和过程改进活动的目的是改进过程、完善体系，最终提高产品的质量。这一目的的实现要求通过全员参与来完成。如果每位员工都能将这一活动作为自己的目标，那么提高过程、体系的效率和有效性、持续改进并提高产品的质量就会实现；⑥提供资源：持续改进作为一种活动，需要组织提供必要的资源来保证活动的实施；⑦业绩进行定期评价，确定改进领域：组织应对已进行的活动所做出的结果进行测量和评价，从而找出不合格或者不足的地方，进而明确改进的领域和方向；⑧改进成果的认可，总结推广，肯定成果奖励：通过对改进成果的评审和认可，总结推广管理持续改进这一过程活动的成果经验，并给予一定的激励措施，可以鼓舞员工创新，有助于提高体系的效率和有效性；⑨PDCA循环：遵循持续改进的原则，组织应该在取得改进成果的基础上，通过PDCA循环，选择和实施新的质量改进项目，根据新的改进目标持续进行质量改进。因此，本题的正确答案为C。

52.【试题答案】C

【试题解析】本题考查重点是"随机抽样检验的具体方法"。全数检验一般比较可靠，能提供大量的质量信息，不能用于具有破坏性的检验和过程质量控制，应用上具有局限性；在有限总体中，对重要的检测项目，当可采用简易快速的不破损检验方法时可选用全数检验方案。因此，本题的正确答案为C。

53.【试题答案】C

【试题解析】本题考查重点是"索赔费用的计算"。由于业主或监理工程师原因导致机械停工的窝工费。窝工费的计算，如系租赁设备，一般按实际租金和调进调出的分摊计算；如系承包商自有设备，一般按台班折旧费计算，而不能按台班费计算，因为台班费中包括了设备使用费。因此，本题的正确答案为C。

54.【试题答案】C

【试题解析】本题考查重点是"施工阶段进度控制的任务"。在设计阶段和施工阶段，监理工程师不仅要审查设计单位和施工单位提交的进度计划，更要编制监理进度计划，以确保进度控制目标的实现。因此，本题的正确答案为C。

55.【试题答案】C

【试题解析】本题考查重点是"流水施工参数——空间参数"。空间参数是指在组织流水施工时，用以表达流水施工在空间布置上开展状态的参数。通常包括工作面和施工段。因此，本题的正确答案为C。

56.【试题答案】D

【试题解析】本题考查重点是"成倍节拍流水施工的计算"。加快的成倍节拍流水施工中：

(1) 计算流水步距。相邻专业工作队的流水步距相等，且等于流水节拍的最大公约数（K），即：流水步距为4、6、4的最大公约数，为2。所以，流水步距为2天。

(2) 确定专业工作队数目。每个施工过程成立的专业队数目可按下列公式计算：

$$b_j = t_j / K$$

式中 b_j——第 j 个施工过程的专业工作队数目；

t_j——第 j 个施工过程的流水节拍；

K——流水步距。

根据计算公式可知，$b_1 = 4/2 = 2$（个），$b_2 = 6/2 = 3$（个），$b_3 = 4/2 = 2$（个）。因此，应组织的专业工作队总数为7个（2+3+2）。因此，本题的正确答案为D。

57.【试题答案】D

【试题解析】本题考查重点是"S曲线比较法实际进度与计划进度的比较"。通过比较实际进度S曲线和计划进度S曲线，可以看出工程项目实际进展情况。如果工程实际进展点落在计划S曲线左侧，表明此时实际进度比计划进度超前；如果工程实际进展点落在计划S曲线右侧，表明此时实际进度拖后；如果工程实际进展点正好落在计划S曲线上，则表示此时实际进度与计划进度一致。本题中，第4周末累计的计划工程量为880t（160+210+250+260），第4周末累计的实际工程量为830t（200+220+210+200），累计的实际工程量－累计的计划工程量＝（830－880）＝－50t，这就说明实际进度比计划进度拖后50t，实际进展点落在计划S曲线的右侧。因此，本题的正确答案为D。

58.【试题答案】B

【试题解析】本题考查重点是"检验批合格质量规定"。检验批合格质量规定为：①主控项目和一般项目的质量经抽样检验合格。②具有完整的施工操作依据、质量检查记录。从上面的规定可以看出，检验批的质量验收包括了质量资料的检查和主控项目、一般项目的检验两方面内容。不包括选项B的"观感质量"。分部（子分部）和单位（子单位）工程质量验收过程中包括观感质量的验收。因此，本题的正确答案为B。

59.【试题答案】B

【试题解析】本题考查重点是"因果分析图法"。因果分析图法在绘制时要求绘制者熟悉专业施工方法技术，调查、了解施工现场实际条件和操作的具体情况。要以各种形式，广泛收集现场工人、班组长、质量检查员、工程技术人员的意见，集思广益，相互启发、相互补充，使因果分析更符合实际。因此，本题的正确答案为B。

60.【试题答案】B

【试题解析】本题考查重点是"按费用构成要素划分的建筑安装工程费用项目组成——人工费"。人工费是指按工资总额构成规定，支付给从事建筑安装工程施工的生产工人和附属生产单位工人的各项费用。内容包括：①计时工资或计件工资：是指按计时工资标准和工作时间或对已做工作按计件单价支付给个人的劳动报酬；②奖金：是指对超额劳动和增收节支支付给个人的劳动报酬。如节约奖、劳动竞赛奖等；③津贴补贴：是指为了补偿职工特殊或额外的劳动消耗和因其他特殊原因支付给个人的津贴，以及为了保证职工工资水平不受物价影响支付给个人的物价补贴。如流动施工津贴、特殊地区施工津贴、高温（寒）作业临时津贴、高空津贴等；④加班加点工资：是指按规定支付的在法定节假日工作的加班工资和在法定日工作时间外延时工作的加点工资；⑤特殊情况下支付的工资：是指根据国家法律、法规和政策规定，因病、工伤、产假、计划生育假、婚丧假、事假、探亲假、定期休假、停工学习、执行国家或社会义务等原因按计时工资标准或计时工资标准的一定比例支付的工资。因此，根据第③点可知，本题的正确答案为B。

61.【试题答案】C

【试题解析】本题考查重点是"估算工程量单价合同"。估算工程量单价合同通常是由发包方提出工程量清单，列出分部分项工程量，由承包方以此为基础填报相应单价，累计计算后得出合同价格。但最后的工程结算价应按照实际完成的工程量来计算，即按合同中的分部分项工程单价和实际工程量，计算得出工程结算和支付的工程总价格。因此，本题的正确答案为C。

62. 【试题答案】C

【试题解析】本题考查重点是"匀速进展横道图比较法"。对比分析实际进度与计划进度：①如果涂黑的粗线右端落在检查日期左侧，表明实际进度拖后，该端点与检查日期的距离表示工作进度拖后的时间；②如果涂黑的粗线右端落在检查日期右侧，表明实际进度超前，该端点与检查日期的距离表示工作进度超前的时间；③如果涂黑的粗线右端与检查日期重合，表明实际进度与计划进度一致。因此，根据第③点可知，本题的正确答案为C。

63. 【试题答案】C

【试题解析】本题考查重点是"工程质量控制的原则"。项目监理机构在工程质量控制过程中，应遵循以下几条原则：①坚持质量第一的原则；②坚持以人为核心的原则；③坚持以预防为主的原则；④以合同为依据，坚持质量标准的原则；⑤坚持科学、公正、守法的职业道德规范。工程质量控制应该是积极主动的，应事先对影响质量的各种因素加以控制，而不能是消极被动的。所以，要重点做好质量的事先控制和事中控制，以预防为主，加强过程和中间产品的质量检查和控制。题中提交质量控制点明细表并实施质量控制就是坚持预防为主的原则。因此，本题的正确答案为C。

64. 【试题答案】A

【试题解析】本题考查重点是"分部分项工程量清单的编制"。分部分项工程量清单为不可调整的闭口清单，在投标阶段，投标人对招标文件提供的分部分项工程量清单必须逐一计价，对清单所列内容不允许任何更改变动。投标人如果认为清单内容有不妥或遗漏，只能通过质疑的方式由清单编制人作统一的修改更正，并将修正后的工程量清单发往所有投标人。因此，本题的正确答案为A。

65. 【试题答案】A

【试题解析】本题考查重点是"国外项目咨询机构在建设工程投资控制中的主要任务"。在英联邦国家，负责项目投资控制的通常是工料测量师行。公司开办人称为合伙人，他们是公司的所有者，在法律上代表公司，在经济上自负盈亏，并亲自进行管理。合伙人本身必须是经过英国皇家测量师协会授予称号的工料测量师，如果一个人只拥有资金，而不是工料测量师，则不能当工料测量师行合伙人。英联邦国家的基本建设程序一般分为两大阶段，即合同签订前、后两阶段。因此，本题的正确答案为A。

66. 【试题答案】A

【试题解析】本题考查重点是"网络计划时间参数的概念"。工作的总时差是指在不影响工期的前提下，本工作可以利用的机动时间。工作的自由时差是指在不影响其紧后工作最早开始时间的前提下，本工作可以利用的机动时间。所以，选项C、D的叙述均是正确的。从总时差和自由时差的定义可知，对于同一项工作而言，自由时差不会超过总时差。当工作的总时差为零时，其自由时差必然为零。但是，自由时差为零时，其总时差不一定为零。所以，选项A的叙述是不正确的，选项B的叙述是正确的。因此，本题的正确答案为A。

67. 【试题答案】C

【试题解析】本题考查重点是"S曲线实际进度与计划进度的比较"。S曲线比较法也是在图上进行工程项目实际进度与计划进度的直观比较。在工程项目实施过程中，按照规定时间将检查收集到的实际累计完成任务量绘制在原计划S曲线图上，即可得到实际进度S曲线。通过比较实际进度S曲线和计划进度S曲线，可以知道工程项目实际进展状况：如果工程实际进展点落在计划S曲线左侧，表明此时实际进度比计划进度超前。实际进展点与计划S曲线在纵坐标方向的距离表示该工程超额完成的任务量；如果工程实际进展点落在计划S曲线右侧，表明此时实际进度拖后。实际进展点与计划S曲线在纵坐标方向的距离表示该工程实际拖欠的任务量。如果工程实际进展点正好落在计划S曲线上，则表示此时实际进度与计划进度一致。因此，本题的正确答案为C。

68. 【试题答案】A

【试题解析】本题考查重点是"建筑工程管理方法"。建设工程采用CM承包模式，由于采取分阶段发包，集中管理，实现了有条件的"边设计、边施工"，使设计与施工能够充分地搭接，有利于缩短建设工期。因此，本题的正确答案为A。

69. 【试题答案】C

【试题解析】本题考查重点是"工程监理单位的质量责任"。监理责任主要有违法责任和违约责任两个方面。如果工程监理单位故意弄虚作假，降低工程质量标准，造成质量事故的，要承担法律责任。若工程监理单位与承包单位串通，谋取非法利益，给建设单位造成损失的，应当与承包单位承担带赔偿责任。如果监理单位在责任期内，不按照监理合同约定履行监理职责，给建设单位或其他单位造成损失的，属违约责任，应当向建设单位赔偿。因此，本题的正确答案为C。

70. 【试题答案】B

【试题解析】本题考查重点是"设计交底与图纸会审"。设计交底与图纸会审不仅是工程建设中的惯例，而且是法规规定的相关各方的义务。设计交底是指在施工图完成并经审查合格后，设计单位在设计文件交付施工时，按法律规定的义务就施工图设计文件向施工单位和监理单位做出详细的说明。因此，本题的正确答案为B。

71. 【试题答案】A

【试题解析】本题考查重点是"我国项目监理机构在建设工程投资控制中的主要工作"。进行工程计量和付款签证包括：①专业监理工程师对施工单位在工程款支付报审表中提交的工程量和支付金额进行复核，确定实际完成的工程量，提出到期应支付给施工单位的金额，并提出相应的支持性材料；②总监理工程师对专业监理工程师的审查意见进行审核，签认后报建设单位审批；③总监理工程师根据建设单位的审批意见，向施工单位签发工程款支付证书。因此，本题的正确答案为A。

72. 【试题答案】B

【试题解析】本题考查重点是"我国项目监理机构在建设工程投资控制中的主要工作"。对完成工程量进行偏差分析。项目监理机构应建立月完成工程量统计表，对实际完成量与计划完成量进行比较分析，发现偏差的，应提出调整建议，并应在监理月报中向建设单位报告。因此，本题的正确答案为B。

73. 【试题答案】D

【试题解析】本题考查重点是"我国项目监理机构在建设工程投资控制中的主要工作"。处理施工单位提出的工程变更费用包括：①总监理工程师组织专业监理工程师对工程变更费用及工期影响做出评估；②总监理工程师组织建设单位、施工单位等共同协商确定工程变更费用及工期变化，会签工程变更单；③项目监理机构可在工程变更实施前与建设单位、施工单位等协商确定工程变更的计价原则、计价方法或价款；④建设单位与施工单位未能就工程变更费用达成协议时，项目监理机构可提出一个暂定价格并经建设单位同意，作为临时支付工程款的依据。工程变更款项最终结算时，应以建设单位与施工单位达成的协议为依据。因此，本题的正确答案为D。

74. 【试题答案】A

【试题解析】本题考查重点是"直方图的观察与分析"。正常型直方图与质量标准相比较，质量分布中心与质量标准中心重合，实际数据分布与质量标准相比较两边还有一定余地。这样的生产过程质量是很理想的，说明生产过程处于正常的稳定状态。在这种情况下生产出来的产品可认为全都是合格品。因此，本题的正确答案为A。

75. 【试题答案】B

【试题解析】本题考查重点是"建设工程投资"。建设投资可以分为静态投资部分和动态投资部分。静态投资部分由建筑安装工程费、设备工器具购置费、工程建设其他费和基本预备费组成。本题中的涨价预备费属于动态投资部分，不能计算在静态投资内。所以，静态投资=2000+60+300=2360（万元）。因此，本题的正确答案为B。

76. 【试题答案】D

【试题解析】本题考查重点是"进口产品增值税额的计算"。进口产品增值税额＝组成计税价格×增值税率；组成计税价格＝到岸价×人民币外汇牌价＋进口关税＋消费税；进口关税＝到岸价×人民币外汇牌价×进口关税率。所以，本题中，进口产品增值税额＝$(200×8.3+200×8.3×20\%)×17\%=338.64$(万元)。因此，本题的正确答案为D。

77. 【试题答案】C

【试题解析】本题考查重点是"工程设计质量管理"。审查设计单位提交的设计成果，并提出评估报告。评估报告应包括下列主要内容：①设计工作概况；②设计深度与设计标准的符合情况；③设计任务书的完成情况；④有关部门审查意见的落实情况；⑤存在的问题及建议。因此，本题的正确答案为C。

78. 【试题答案】D

【试题解析】本题考查重点是"我国现行建设工程投资构成"。建设工程总投资包括建设投资和流动资产投资（流动资金）。因此，本题的正确答案为D。

79. 【试题答案】C

【试题解析】本题考查重点是"进度偏差"。将BCWP，即已完成或进行中的工作的预算数与BCWS，即计划应完成的工作的预算数比较。进度偏差（SV）＝已完工作预算投资（BCWP）－计划工作预算投资（BCWS）。负值意味着与计划对比，完成的工作少于计划的工作。即当进度偏差SV为负值时，表示进度延误，实际进度落后于计划进度；当进度偏差SV为正值时，表示进度提前，实际进度快于计划进度。本题为4000×400－5000×400＝1600000－2000000＝－400000（元）＝－40（万元）。因此，本题的正确答案为C。

80. 【试题答案】B

【试题解析】本题考查重点是"审批工程延期"。如果由于承包单位以外的原因造成工期拖延，承包单位有权提出延长工期的申请。监理工程师应根据合同规定，审批工程延期时间。所以，选项 A 的叙述是不正确的。由于处理地下文物造成的工程延期不属于施工单位原因，经监理工程师核实查证后应纳入合同期。所以，选项 B 的叙述是正确的。监理工程师对修改后的施工进度计划的确认，并不是对工程延期的批准，他只是要求承包单位在合理的状态下施工。所以，选项 C 的叙述是不正确的。监理工程师对进度计划的确认，并不能解除承包单位应负的一切责任，承包单位需要承担赶工的全部额外开支和误期损失赔偿。所以，选项 D 的叙述是不正确的。因此，本题的正确答案为 B。

二、多项选择题

81.【试题答案】BCD

【试题解析】本题考查重点是"设备安装过程的质量控制"。设备在安装就位前，安装单位应对设备基础进行检验，在其自检合格后提请监理工程师进行检查。一般是检查基础的外形几何尺寸、位置、混凝土强度等项。对大型设备基础应审核土建部门提供的预压及沉降观测记录，如无沉降记录时，应进行基础预压，以免设备在安装后出现基础下沉和倾斜。监理工程师对设备基础检查验收时还应注意：①所在基础表面的模板、地脚螺栓、固定架及露出基础外的钢筋等，必须拆除，基础表面及地脚螺栓预留孔内油污、碎石、泥土及杂物、积水等，应全部清除干净，预埋地脚螺栓的螺纹和螺母应保护完好，放置垫铁部位的表面应凿平；②所有预埋件的数量和位置要正确。对不符合要求的质量问题，应指令承包单位立即进行处理，直至检验合格为止。因此，本题的正确答案为 BCD。

82.【试题答案】ADE

【试题解析】本题考查重点是"单位工程的划分原则"。室外工程可根据专业类别和工程规模划分单位（子单位）工程。室外单位（子单位）工程、分部工程按下表采用。

室外工程划分

单位工程	子单位工程	分部（子分部）工程
室外建筑环境	附属建筑	车棚，围墙，大门，挡土墙，垃圾收集站
	室外环境	建筑小品，道路，亭台，连廊，花坛，场坪绿化
室外安装	给水排水与采暖	室外给水系统，室外排水系统，室外供热系统
	电气	室外供电系统，室外照明系统

因此，本题的正确答案为 ADE。

83.【试题答案】ABCD

【试题解析】本题考查重点是"施工机械使用费"。施工机械使用费是指施工机械作业所发生的机械使用费以及机械安拆费和场外运费。包括：折旧费、大修理费、经常修理费、安拆费及场外运费、人工费（指机上司机（司炉）和其他操作人员的工作日人工费及上述人员在施工机械规定的年工作台班以外的人工费）、燃料动力费、养路费及车船使用税。因此，本题的正确答案为 ABCD。

84.【试题答案】ABE

【试题解析】本题考查重点是"固定总价合同的适用条件"。固定总价合同的适用条件一般为：①招标时的设计深度已达到施工图设计要求，工程设计图纸完整齐全，项目范围及工程量计算依据确切，合同履行过程中不会出现较大的设计变更，承包方依据的报价工程量与实际完成的工程量不会有较大的差异；②规模较小，技术不太复杂的中小型工程，承包方一般在报价时可以合理地预见到实施过程中可能遇到的各种风险；③合同工期较短，一般为工期在一年之内的工程。因此，本题的正确答案为 ABE。

85.【试题答案】ABCE

【试题解析】本题考查重点是"质量管理体系有效运行要求"。质量管理体系有效运行要求包括：①全面贯彻：全面贯彻 8 项管理原则；②行为到位：管理到位；③适时管理：管理行为的动态性、时间性和周期性，要求在正确的时间做正确的事，须及时、准时，不要超时、误时；④适中控制：管理行为要适中；⑤有效识别：对于问题、真伪的鉴别能力以及对于严重程度的判断能力等；⑥不断完善：管理行为的变革性，对于内外环境的适应性，无论管理要素还是整个质量管理体系都能适时调整、变化，不断完善。因此，本题的正确答案为 ABCE。

86.【试题答案】AD

【试题解析】本题考查重点是"双代号网络图的绘制"。网络图中应只有一个起点节点和一个终点节点（任务中部分工作需要分期完成的网络计划除外）。本题图中有多个起点节点。所以，选项 A 符合题意。一条箭线其箭头节点的编号大于箭尾的节点编号，图中的节点编号 6、7 应互换。所以，选项 D 符合题意。因此，本题的正确答案为 AD。

87.【试题答案】ACE

【试题解析】本题考查重点是"建设工程质量的特性"。建设工程质量简称工程质量，是指建设工程满足相关标准规定和合同约定要求的程度，包括其在安全、使用功能及其在耐久性能、节能与环境保护等方面所有明示和隐含的固有特性。建设工程作为一种特殊的产品，除具有一般产品共有的质量特性外，还具有特定的内涵。建设工程质量的特性主要表现在以下七个方面：①适用性，即功能，是指工程满足使用目的的各种性能；②耐久性，即寿命，是指工程在规定的条件下，满足规定功能要求使用的年限，也就是工程竣工后的合理使用寿命期；③安全性，是指工程建成后在使用过程中保证结构安全、保证人身和环境免受危害的程度；④可靠性，是指工程在规定的时间和规定的条件下完成规定功能的能力；⑤经济性，是指工程从规划、勘察、设计、施工到整个产品使用寿命周期内的成本和消耗的费用；⑥节能性，是指工程在设计与建造过程及使用过程中满足节能减排、降低能耗的标准和有关要求的程度；⑦与环境的协调性，是指工程与其周围生态环境协调，与所在地区经济环境协调以及与周围已建工程相协调，以适应可持续发展的要求。根据题干的叙述，本题的正确答案为 ACE。

88.【试题答案】DE

【试题解析】本题考查重点是"工程质量管理主要制度"。在正常使用条件下，建设工程的最低保修期限为：①基础设施工程、房屋建筑工程的地基基础和主体结构工程，为设计文件规定的该工程的合理使用年限；②屋面防水工程、有防水要求的卫生间、房间和外墙面的防渗漏，为 5 年；③供热与供冷系统，为 2 个采暖期、供冷期；④电气管线、给水排水管道、设备安装和装修工程，为 2 年。其他项目的保修期由发包方与承包方约定。保修期自竣工验收合格之日起计算。因此，本题的正确答案为 DE。

89.【试题答案】ABDE

【试题解析】本题考查重点是"排列图的应用"。排列图可以形象、直观地反映主次因素。其主要应用有：①按不合格点的内容分类，可以分析出造成质量问题的薄弱环节；②按生产作业分类，可以找出生产不合格品最多的关键过程；③按生产班组或单位分类，可以分析比较各单位技术水平和质量管理水平；④将采取提高质量措施前后的排列图对比，可以分析措施是否有效；⑤此外还可以用于成本费用分析、安全问题分析等。因此，本题的正确答案为ABDE。

90.【试题答案】BC

【试题解析】本题考查重点是"投资控制的目标"。投资控制目标的设置应是随着工程建设实践的不断深入而分阶段设置，具体来讲，投资估算应是建设工程设计方案选择和进行初步设计的投资控制目标；设计概算应是进行技术设计和施工图设计的投资控制目标；施工图预算或建安工程承包合同价则应是施工阶段投资控制的目标。因此，本题的正确答案为BC。

91.【试题答案】BCD

【试题解析】本题考查重点是"取得国有土地使用费"。取得国有土地使用费包括：①土地使用权出让金。是指建设工程通过土地使用权出让方式，取得有限期的土地使用权，依照《中华人民共和国城镇国有土地使用权出让和转让暂行条例》规定，支付的土地使用权出让金；②城市建设配套费。是指因进行城市公共设施的建设而分摊的费用；③拆迁补偿与临时安置补助费。所以，选项B、C、D符合题意。选项A和选项E均属于农用土地征用费。因此，本题的正确答案为BCD。

92.【试题答案】BC

【试题解析】本题考查重点是"工程网络计划中的关键线路"。在双代号网络图中，有时存在虚箭线，虚箭线不代表实际工作，我们称之为虚工作。虚工作既不消耗时间，也不消耗资源。虚工作主要用来表示相邻两项工作之间的逻辑关系。因此，双代号网络计划可以有虚箭线，其关键节点，必须处在关键线路上，但由关键节点组成的线路不一定是关键线路。所以，选项D、E不符合题意。单代号搭接网络计划中，可以利用相邻两项工作之间的时间间隔来判定关键路线。即从搭接网络计划的终点节点开始，逆着箭线方向依次找出相邻两项工作之间时间间隔为零的线路就是关键路线。关键路线上的工作即为关键工作，关键工作的总时差最小。所以，选项C符合题意，选项A不符合题意。双代号时标网络计划中的关键线路可从网络计划的终点节点开始，逆着箭线方向进行判定。凡自始至终不出现波形线的线路即为关键线路。所以，选项B符合题意。因此，本题的正确答案为BC。

93.【试题答案】ABCD

【试题解析】本题考查重点是"检验批的质量验收"。质量控制资料反映了检验批从原材料到验收的各施工工序的施工操作依据，检查情况以及保证质量所必需的管理制度等。对其完整性的检查，实际是对过程控制的确认，这是检验批合格的前提。因此，本题的正确答案为ABCD。

94.【试题答案】BC

【试题解析】本题考查重点是"工程质量问题的处理程序"。质量问题处理完毕，监理工程师应组织有关人员对处理的结果进行严格的检查、鉴定和验收，写出质量问题处理报告，报建设单位和监理单位存档。因此，本题的正确答案为BC。

95.【试题答案】ACDE

【试题解析】本题考查重点是"引进技术和进口设备其他费"。引进技术和进口设备其他费，包括出国人员费用、国外工程技术人员来华费用、技术引进费、分期或延期付款利息、担保费以及进口设备检验鉴定费。因此，本题的正确答案为ACDE。

96.【试题答案】ABE

【试题解析】本题考查重点是"其他项目清单的编制"。其他项目清单的编制包括：暂列金额、暂估价、计日工、总承包服务费。一般而言，为方便合同管理和计价，需要纳入分部分项工程量清单项目综合单价中的暂估价最好只是材料费，以方便投标人组价。因此，本题的正确答案为ABE。

97.【试题答案】CD

【试题解析】本题考查重点是"施工单位的质量责任"。施工单位必须在其资质等级许可的范围内承揽相应的施工任务，不许承揽超越其资质等级业务范围以外的任务，不得将承接的工程转包或违法分包，也不得以任何形式用其他施工单位的名义承揽工程或允许其他单位或个人以本单位的名义承揽工程。因此，本题的正确答案为CD。

98.【试题答案】BE

【试题解析】本题考查重点是"工程质量缺陷的涵义"。工程质量缺陷是指工程不符合国家或行业的有关技术标准、设计文件及合同中对质量的要求。工程质量缺陷可分为施工过程中的质量缺陷和永久质量缺陷，施工过程中的质量缺陷又可分为可整改质量缺陷和不可整改质量缺陷。因此，本题的正确答案为BE。

99.【试题答案】ACDE

【试题解析】本题考查重点是"工程施工质量控制的依据"。有关质量管理方面的法律法规、部门规章与规范性文件包括：①法律：《中华人民共和国建筑法》，《中华人民共和国刑法》，《中华人民共和国防震减灾法》，《中华人民共和国节约能源法》，《中华人民共和国消防法》等；②行政法规：《建设工程质量管理条例》，《民用建筑节能条例》等；③部门规章：《建筑工程施工许可管理办法》，《实施工程建设强制性标准监督规定》，《房屋建筑和市政基础设施工程质量监督管理规定》等；④规范性文件：《房屋建筑工程施工旁站监理管理办法（试行）》，《建设工程质量责任主体和有关机构不良记录管理办法（试行）》，关于《建设行政主管部门对工程监理企业履行质量责任加强监督》的若干意见等。国家发改委颁发的规范性文件——关于《加强重大工程安全质量保障措施》的通知等。此外，其他各行业如交通、能源、水利、冶金、化工等和省、市、自治区的有关主管部门，也均根据本行业及地方的特点，制定和颁发了有关的法规性文件。因此，本题的正确答案为ACDE。

100.【试题答案】ABD

【试题解析】本题考查重点是"工程施工质量控制的依据"。有关质量管理方面的法律法规、部门规章与规范性文件包括：①法律：《中华人民共和国建筑法》，《中华人民共和国刑法》，《中华人民共和国防震减灾法》，《中华人民共和国节约能源法》，《中华人民共和国消防法》等；②行政法规：《建设工程质量管理条例》，《民用建筑节能条例》等；③部门规章：《建筑工程施工许可管理办法》，《实施工程建设强制性标准监督规定》，《房屋建筑和市政基础设施工程质量监督管理规定》等；④规范性文件：《房屋建筑工程施工旁站监理管理办法（试行）》，《建设工程质量责任主体和有关机构不良记录管理办法（试行）》，关于《建设行政主管部门对工程监理企业履行质量责任加强监督》的若干意见等。国家发改委颁发的规范性文件——关于《加强重大工程安全质量保障措施》的通知等。此外，其他各行业如交通、能源、水利、冶金、化工等和省、市、自治区的有关主管部门，也均根据本行业及地方的特点，制定和颁发了有关的法规性文件。因此，本题的正确答案为ABD。

101.【试题答案】ABCD

【试题解析】本题考查重点是"建设单位的质量责任"。建设单位的质量责任有：①建设单位要根据工程特点和技术要求，按有关规定选择相应资质等级的勘察、设计单位和施工单位，在合同中必须有质量条款，明确质量责任，并真实、准确、齐全地提供与建设工程有关的原始资料。凡法律法规规定建设工程勘察、设计、施工、监理以及工程建设有关重要设备材料采购实行招标的，必须实行招标，依法确定程序和方法，择优选定中标者。不得将应由一个承包单位完成的建设工程项目肢解成若干部分发包给几个承包单位；不得迫使承包方以低于成本的价格竞标；不得任意压缩合理工期；不得明示或暗示设计单位或施工单位违反建设强制性标准，降低建设工程质量。建设单位对其自行选择的设计、施工单位发生的质量问题承担相应责任；②建设单位应根据工程特点，配备相应的质量管理人员。对国家规定强制实行监理的工程项目，必须委托有相应资质等级的工程监理单位进行监理。建设单位应与工程监理单位签订监理合同，明确双方的责任和义务；③建设单位在工程开工前，负责办理有关施工图设计文件审查、工程施工许可证和工程质量监督手续，组织设计和施工单位认真进行设计交底；在工程施工中，应按国家现行有关工程建设法规、技术标准及合同规定，对工程质量进行检查，涉及建筑主体和承重结构变动的装修工程，建设单位应在施工前委托原设计单位或者具有相应资质等级的设计单位提出设计方案，经原审查机构审批后方可施工。工程项目竣工后，应及时组织设计、施工、工程监理等有关单位进行施工验收，未经验收备案或验收备案不合格的，不得交付使用；④建设单位按合同的约定负责采购供应的建筑材料、建筑构配件和设备，应符合设计文件和合同要求，对发生的质量问题，应承担相应的责任。因此，本题的正确答案为ABCD。

102.【试题答案】ABE

【试题解析】本题考查重点是"工程施工质量控制的依据"。有关质量管理方面的法律法规、部门规章与规范性文件包括：①法律：《中华人民共和国建筑法》，《中华人民共和国刑法》，《中华人民共和国防震减灾法》，《中华人民共和国节约能源法》，《中华人民共和国消防法》等；②行政法规：《建设工程质量管理条例》，《民用建筑节能条例》等；③部门规章：《建筑工程施工许可管理办法》，《实施工程建设强制性标准监督规定》，《房屋建筑和市政基础设施工程质量监督管理规定》等；④规范性文件：《房屋建筑工程施工旁站监理管理办法（试行）》，《建设工程质量责任主体和有关机构不良记录管理办法（试行）》，关于《建设行政主管部门对工程监理企业履行质量责任加强监督》的若干意见等。国家发改委颁发的规范性文件——关于《加强重大工程安全质量保障措施》的通知等。此外，其他各行业如交通、能源、水利、冶金、化工等和省、市、自治区的有关主管部门，也均根据本行业及地方的特点，制定和颁发了有关的法规性文件。因此，本题的正确答案为ABE。

103.【试题答案】CDE

【试题解析】本题考查重点是"非节奏流水施工的特点"。非节奏流水施工具有以下特点：①各施工过程在各施工段的流水节拍不全相等；②相邻施工过程的流水步距不尽相等；③专业工作队数等于施工过程数；④各专业工作队能够在施工段上连续作业，但有的施工段之间可能有空闲时间。所以，选项 C、D、E 符合题意。根据第①点可知，选项 B 的叙述是不正确的。专业工作队数大于施工过程数的情况仅出现在加快的成倍节拍流水施工中，在非节奏流水施工中，专业队数等于施工过程数。所以，选项 A 的叙述是不正确的。因此，本题的正确答案为 CDE。

104.【试题答案】ABDE

【试题解析】本题考查重点是"工程质量缺陷的成因"。违反法律法规。例如，无证设计；无证施工；越级设计；越级施工；转包、挂靠；工程招投标中的不公平竞争；超常的低价中标；非法分包；擅自修改设计等。因此，本题的正确答案为 ABDE。

105.【试题答案】ACD

【试题解析】本题考查重点是"审查设计概算的编制依据"。审查设计概算的编制依据包括：①合法性审查。采用的各种编制依据必须经过国家或授权机关的批准，符合国家的编制规定。②时效性审查。对定额、指标、价格、取费标准等各种依据，都应根据国家有关部门的现行规定执行。③适用范围审查。各主管部门、各地区规定的各种定额及其取费标准均有其各自的适用范围，特别是各地区的材料预算价格区域性差别较大，在审查时应给予高度重视。因此，本题的正确答案为 ACD。

106.【试题答案】AE

【试题解析】本题考查重点是"工程计量的方法——凭据法"。所谓凭据法，就是按照承包商提供的凭据进行计量支付。如建筑工程险保险费、第三方责任险保险费、履约保证金等项目，一般按凭据法进行计量支付。所以，选项 A、E 符合题意。均摊法，就是对清单中某些项目的合同价款，按合同工期平均计量。如：为监理工程师提供宿舍，保养测量设备，保养气象记录设备，维护工地清洁和整洁等。这些项目都有一个共同的特点，即每月均有发生。所以可以采用均摊法进行计量支付。选项 B、C、D 应采用均摊法进行计量。因此，本题的正确答案为 AE。

107.【试题答案】ACDE

【试题解析】本题考查重点是"非节奏流水施工的特点"。非节奏流水施工具有以下特点：①各施工过程在各施工段的流水节拍不全相等；②相邻施工过程的流水步距不尽相等；③专业工作队数等于施工过程数；④各专业工作队能够在施工段上连续作业，但有的施工段之间可能有空闲时间。根据第②点可知，选项 B 不符合题意。因此，本题的正确答案为 ACDE。

108.【试题答案】BCD

【试题解析】本题考查重点是"工程质量事故处理方案类型"。根据工程质量事故处理方案的类型，不做处理的质量问题，监理工程师应备好必要的书面文件，对技术处理方案、不做处理结论、各方协商文件等有关档案资料认真组织签认。对责任方应承担的经济责任和合同中约定的罚则应正确判定。因此，本题的正确答案为 BCD。

109.【试题答案】ABDE

【试题解析】本题考查重点是"工程计量的依据"。工程计量依据一般包括质量合格证书，工程量清单前言，技术规范中的"计量支付"条款和设计图纸。因此，本题的正确答案为 ABDE。

110. 【试题答案】AE

【试题解析】本题考查重点是"建设工程实施阶段进度控制的主要任务"。监理工程师控制工程建设进度中，在施工阶段进度控制的任务包括：①编制施工总进度计划，并控制其执行；②编制单位工程施工进度计划，并控制其执行；③编制工程年、季、月实施计划，并控制其执行。所以，选项 A、E 符合题意。选项 B 属于设计阶段进度控制的任务。选项 C、D 均属于设计准备阶段进度控制的任务。因此，本题的正确答案为 AE。

111. 【试题答案】DE

【试题解析】本题考查重点是"工程项目建设总进度计划"。工程项目建设总进度计划是编报工程建设年度计划的依据，其主要内容包括文字和表格两部分。其中，表格部分包括：①工程项目一览表；②投资计划年度分配表；③工程项目进度平衡表。所以，选项 D、E 符合题意。选项 A 的"年度计划项目表"、选项 B 的"年度竣工投产交付使用计划表"和选项 C 的"年度建设资金平衡表"均属于工程项目年度计划。因此，本题的正确答案为 DE。

112. 【试题答案】ACE

【试题解析】本题考查重点是"S 曲线实际进度与计划进度的比较"。通过比较实际进度 S 曲线和计划进度 S 曲线，可以得知工程项目实际进展情况。如果工程实际进展点落在计划 S 曲线左侧，表明此时实际进度比计划进度超前；如果工程实际进展点落在计划 S 曲线右侧，表明此时实际进度拖后；如果工程实际进展点正好落在计划 S 曲线上，则表示此时实际进度与计划进度一致。因此，本题的正确答案为 ACE。

113. 【试题答案】ACE

【试题解析】本题考查重点是"投资控制的目标"。工程项目建设过程是一个周期长、投入大的生产过程，建设者在一定时间内占有的经验知识是有限的，不但常常受到科学条件和技术条件的限制，而且也受到客观过程的发展及其表现程度的限制，因而不可能在工程建设初始，就设置一个科学的、一成不变的投资控制目标，而只能设置一个大致的投资控制目标，这就是投资估算。随着工程建设实践、认识、再实践、再认识，投资控制目标一步步清晰、准确，这就是设计概算、施工图预算、承包合同价等。也就是说，投资控制目标的设置应是随着工程项目建设实践的不断深入而分阶段设置，具体来讲，投资估算应是建设工程设计方案选择和进行初步设计的投资控制目标；设计概算应是进行技术设计和施工图设计的投资控制目标；施工图预算或建安工程承包合同价则应是施工阶段投资控制的目标。有机联系的各个阶段目标相互制约，相互补充，前者控制后者，后者补充前者，共同组成建设工程投资控制的目标系统。因此，本题的正确答案为 ACE。

114. 【试题答案】CD

【试题解析】本题考查重点是"投资控制的措施"。应该看到，技术与经济相结合是控制投资最有效的手段。长期以来，在我国工程建设领域，技术与经济相分离。许多国外专家指出，中国工程技术人员的技术水平、工作能力、知识面，跟外国同行相比，几乎不分上下，但他们缺乏经济观念。国外的技术人员时刻考虑如何降低工程投资，但中国技术人员则把它看成与己无关的财会人员的职责。而财会、概预算人员的主要责任是根据财务制度办事，他们往往不熟悉工程知识，也较少了解工程进展中的各种关系和问题，往往单纯地从财务制度角度审核费用开支，难以有效地控制工程投资。为此，当前迫切需要解决的是以提高项目投资效益为目的，在工程建设过程中把技术与经济有机结合，要通过技术比较、经济分析和效果评价，正确处理技术先进与经济合理两者之间的对立统一关系，力求在技术先进条件下的经济合理，在经济合理基础上的技术先进，把控制工程项目投资观念渗透到各阶段中。因此，本题的正确答案为CD。

115.【试题答案】AE

【试题解析】本题考查重点是"网络计划的优化——工期优化"。在工期优化过程中，按照经济合理的原则，不能将关键工作压缩成非关键工作。此外，当工期优化过程中出现多条关键线路时，必须将各条关键线路的总持续时间压缩相同数值；否则，不能有效地缩短工期。另外，要求各条关键线路上均应有工序被压缩。因此，本题的正确答案为AE。

116.【试题答案】BD

【试题解析】本题考查重点是"前锋线比较法预测进度偏差对后续工作及总工期的影响"。通过实际进度与计划进度的比较确定进度偏差后，还可根据工作的自由时差和总时差预测该进度偏差对后续工作及项目总工期的影响。由图中前锋线可知，工作 C 拖后 2 天，将影响总工期 1 天；工作 D 进度正常，仍有总时差 2 天；工作 E 为关键工作，其实际进度拖后 1 天，将影响总工期 1 天；由于工作 C 和工作 E 的实际进度拖后，将分别影响其紧后工作 G 和 H 的最早开始时间。所以，选项 B、D 的叙述均是正确的。因此，本题的正确答案为BD。

117.【试题答案】ABDE

【试题解析】本题考查重点是"世界银行和国际咨询工程师联合会建设工程投资构成"。项目间接建设成本包括：（1）项目管理费，包括：①总部人员的薪金和福利费，以及用于初步和详细工程设计、采购、时间和成本控制、行政和其他一般管理的费用；②施工管理现场人员的薪金、福利费和用于施工现场监督、质量保证、现场采购、时间及成本控制、行政及其他施工管理机构的费用；③零星杂项费用，如返工、差旅、生活津贴、业务支出等；④各种酬金。（2）开工试车费，指工厂投料试车必需的劳务和材料费用（项目直接成本包括项目完工后的试车和空运转费用）。（3）业主的行政性费用，指业主的项目管理人员费用及支出。（4）生产前费用，指前期研究、勘测、建矿、采矿等费用。（5）运费和保险费，指海运、国内运输、许可证及佣金、海洋保险、综合保险等费用。（6）地方税，指地方关税、地方税及对特殊项目征收的税金。因此，本题的正确答案为ABDE。

118.【试题答案】ACD

【试题解析】本题考查重点是"双代号网络图的绘制"。在绘制双代号网络图时，一般应遵循以下基本规则：①网络图必须按照已定的逻辑关系绘制；②网络图中严禁出现从一个节点出发，顺箭头方向又回到原出发点的循环回路；③网络图中的箭线（包括虚箭线，以下同）应保持自左向右的方向，不应出现箭头指向左方的水平箭线和箭头偏向左方的斜向箭线；④网络图中严禁出现双向箭头和无箭头的连线；⑤网络图中严禁出现没有箭尾节点的箭线和没有箭头节点的箭线；⑥严禁在箭线上引入或引出箭线。当网络图的起点节点有多条箭线引出（外向箭线）或终点节点有多条箭线引入（内向箭线）时，为使图形简洁，可用母线法绘图；⑦应尽量避免网络图中工作箭线的交叉。当交叉不可避免时，可以采用过桥法或指向法处理；⑧网络图中应只有一个起点节点和一个终点节点（任务中部分工作需要分期完成的网络计划除外）。本题中，图中①和②都是起点节点。②—③—⑥形成了回路。节点编号必须是箭头编号大于箭尾编号。因此，本题的正确答案为ACD。

119.【试题答案】ACE

【试题解析】本题考查重点是"网络计划时间参数的概念"。工作的总时差是指在不影响工期的前提下，本工作可以利用的机动时间。所以，选项C的叙述是正确的。工作的自由时差是指在不影响其紧后工作最早开始时间的前提下，本工作可以利用的机动时间。所以，选项D的叙述是不正确的，选项E的叙述是正确的。从总时差和自由时差的定义可知，对于同一项工作而言，自由时差不会超过总时差。所以，选项A的叙述是正确的。当工作的总时差为零时，其自由时差必然为零。但是，自由时差为零时，其总时差不一定为零。工作的总时差等于该工作最迟完成时间与最早完成时间之差，或该工作最迟开始时间与最早开始时间之差。所以，选项B的叙述是不正确的。因此，本题的正确答案为ACE。

120.【试题答案】ACE

【试题解析】本题考查重点是"协助业主进行物资供应的决策"。协助业主进行物资供应的决策内容有：①根据设计图纸和进度计划确定物资供应要求；②提出物资供应分包方式及分包合同清单，并获得业主认可；③与业主协商提出对物资供应的要求以及在财务方面应负的责任。根据第②点可知选项B的叙述是不正确的。因此，本题的正确答案为ACE。

第三套模拟试卷

一、**单项选择题**（共 80 题，每题 1 分。每题的备选项中，只有 1 个最符合题意）

1. 监理工程师在项目质量控制中，要以（　　）为核心。

    A. 质量控制　　　　　　　　　B. 质量控制点

    C. 质量第一　　　　　　　　　D. 人

2. 下列不属于建筑工程质量验收标准、规范编制指导思想的是（　　）。

    A. 强化验收　　　　　　　　　B. 完善手段

    C. 加强评定　　　　　　　　　D. 过程控制

3. 施工过程出现质量问题时，监理工程师应立即向施工单位发出（　　），要求其对质量问题进行补救处理。

    A. 暂停令　　　　　　　　　　B. 工作联系单

    C. 会议纪要　　　　　　　　　D. 监理通知

4. 工程质量事故经技术处理后符合《建筑工程施工质量验收统一标准》规定的，经过检查或必要的鉴定后，（　　）应予以验收确认。

    A. 监理工程师　　　　　　　　B. 事故调查组

    C. 业主项目负责人　　　　　　D. 质量监督工程师

5. 由于分组数不当或者组距确定不当，将形成（　　）直方图。

    A. 折齿型　　　　　　　　　　B. 缓坡型

    C. 孤岛型　　　　　　　　　　D. 双峰型

6. （　　）是指按照设计图纸和相关文件的要求，在建设场地上将设计意图付诸实现的测量、作业、检验，形成工程实体建成最终产品的活动。

    A. 工程设计　　　　　　　　　B. 工程施工

    C. 工程决策　　　　　　　　　D. 工程竣工验收

7. 按人民币计算，某进口设备离岸价为 1000 万元，到岸价为 1050 万元，银行财务费为 5 万元，外贸手续费为 15 万元，进口关税为 70 万元，增值税税率为 17%，不考虑消费税和海关监管手续费，则该设备的抵岸价为（　　）万元。

    A. 1260.00　　　　　　　　　B. 1271.90

    C. 1321.90　　　　　　　　　D. 1330.40

8. 从性质上分析影响工程质量的因素，可分为偶然性因素和系统性因素。下列引起质量波动的因素中，属于偶然性因素的是（　　）。

    A. 设计计算失误　　　　　　　B. 操作未按规程进行

    C. 施工方法不当　　　　　　　D. 机械设备正常磨损

9. 在工程质量保修期限内，因勘察、设计、施工、材料等原因造成的质量问题，要由（　　）单位负责维修、更换，由责任单位负责赔偿损失。

A. 政府　　　　　　　　　　B. 监理

C. 设计　　　　　　　　　　D. 施工

10. 按照费用构成要素划分的建筑安装工程费用项目组成中，材料费不包括(　　　)。

A. 运杂费　　　　　　　　　B. 运输损耗费

C. 燃料动力费　　　　　　　D. 采购及保管费

11. 确定施工进度控制目标时需要考虑的因素是(　　　)。

A. 工程项目的技术和经济可行性

B. 各类物资储备时间和储备量计划

C. 设计总进度计划对施工工期的要求

D. 工程难易程度和工程条件落实情况

12. 下列施工进度控制工作中，属于监理工程师工作的是(　　　)。

A. 编制单位工程施工进度计划　　B. 按年、季、月审核施工总进度计划

C. 组织现场协调会　　　　　　　D. 审批工期延误事宜

13. 按照可操作性原则，监理工程师要审查承包单位的施工组织设计是否(　　　)。

A. 有能力执行并保证工期和质量目标

B. 掌握了本工程的特点及难点

C. 采用了先进的技术方案

D. 全面分析了施工条件

14. 某项工程通过竣工验收，工程质量符合要求，(　　　)应在工程竣工验收报告中签署意见。

A. 建设单位负责人　　　　　　B. 总监理工程师

C. 专业监理工程师　　　　　　D. 监理单位技术负责人

15. 对总体中的全部个体进行编号，然后抽签、摇号确定中选号码，相应的个体即为样品。这种抽样方法称为(　　　)。

A. 完全随机抽样　　　　　　　B. 分层抽样

C. 等距抽样　　　　　　　　　D. 整群抽样

16. (　　　)是指排除人的主观因素，直接从包含 N 个抽样单元的总体中按不放回抽样抽取 N 个单元，使包含 N 个个体的所有可能的组合被抽出的概率都相等的一种抽样方法。

A. 分层抽样　　　　　　　　　B. 简单随机抽样

C. 等距抽样　　　　　　　　　D. 整群抽样

17. 建筑工程施工质量验收时，分部工程的验收应由(　　　)组织。

A. 建设单位负责人　　　　　　B. 总监理工程师

C. 施工项目负责人　　　　　　D. 专业监理工程师

18. 关于建设项目单价合同特点的说法，正确的是(　　　)。

A. 实施项目的工程性质和工程量应在事先确定

B. 实际总价按工程量清单工程量与合同单价确定

C. 承包方在投标报价中不需要考虑风险费用

D. 实际工程价格可能大于也可能小于合同价格

19. 某工程划分为 3 个施工过程，4 个施工段，组织加快的成倍节拍流水施工，各施工过

程的流水节拍分别为 6、4、4 天，应组织(　　)个专业工作队。

    A. 3　　　　　　　　　　　　B. 4

    C. 6　　　　　　　　　　　　D. 7

20. 双代号网络计划中，关键工作是指(　　)的工作。

    A. 总时差最小　　　　　　　B. 自由时差为零

    C. 时间间隔为零　　　　　　D. 时距最小

21. 施工承包单位要求变更或修改设计图样的某些内容时，按现行规范的规定，应该向项目监理机构提交(　　)请求批准。

    A. 设计变更　　　　　　　　B. 技术修改单

    C. 工程变更单　　　　　　　D. 技术核定单

22. 工程建设其他费用可分为(　　)类。

    A. 两　　　　　　　　　　　B. 三

    C. 四　　　　　　　　　　　D. 五

23. 某工程，设备与工（器）具购置费为 600 万元，建筑安装工程费为 1000 万元，工程建设其他费为 100 万元，基本预备费率为 10%，该工程项目的基本预备费应为(　　)万元。

    A. 100　　　　　　　　　　　B. 160

    C. 170　　　　　　　　　　　D. 200

24. 下列关于分部分项工程量清单的说法，正确的是(　　)。

    A. 清单为可调整的闭口清单

    B. 投标人不必对清单项目逐一计价

    C. 投标人可以根据具体情况对清单的列项进行变更和增减

    D. 投标人不得对清单中内容不妥或遗漏的部分进行修改

25. 某基础工程由于"献礼"要求而缩短了工期，工人不能按规定的操作程序进行施工，致使回填土工程质量不合格，其应为(　　)所致。

    A. 违背建设程序的原因　　　B. 施工与管理不到位的原因

    C. 地质勘察失真的原因　　　D. 片面追求进度的原因

26. (　　)是指工程不符合国家或行业的有关技术标准、设计文件及合同中对质量的要求。

    A. 施工过程中的质量缺陷　　B. 永久质量缺陷

    C. 可整改质量缺陷　　　　　D. 工程质量缺陷

27. 关于竣工结算与竣工决算的说法，错误的是(　　)。

    A. 工程竣工结算的编制单位是承包方的预算部门

    B. 工程竣工决算最终反映承包方完成的施工产值

    C. 工程竣工结算中承包方承包施工的建筑安装工程的全部费用

    D. 工程竣工决算的编制单位是项目业主的财务部门

28. 在组织流水施工时，某施工过程（专业工作队）在单位时间内所完成的工作量称为(　　)。

    A. 流水节拍　　　　　　　　B. 流水步距

C. 流水施工工期　　　　　　　　D. 流水强度

29. 某工程网络计划中工作 B 的持续时间为 5 天，其两项紧前工作的最早完成时间分别为第 6 天和第 8 天，则工作 B 的最早完成时间为第（　　）天。

　　A. 6　　　　　　　　　　　　　B. 8
　　C. 11　　　　　　　　　　　　D. 13

30. 某工程单代号搭接网络计划如下图所示，其中关键工作有（　　）。

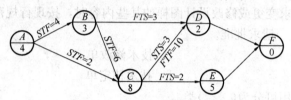

　　A. 工作 A 和工作 B　　　　　　B. 工作 C 和工作 D
　　C. 工作 B 和工作 D　　　　　　D. 工作 C 和工作 E

31. 下列工作中，属于建设工程进度监测工作的是（　　）。
　　A. 确定后续工作及总工期的限制条件
　　B. 进度计划执行中的跟踪检查
　　C. 分析进度偏差产生的原因
　　D. 分析进度偏差对总工期的影响

32. 编制施工总进度计划时，组织全工地性流水作业应以（　　）的单位工程为主导。
　　A. 工程量大、工期短　　　　　　B. 工程量大、工期长
　　C. 工程量小、工期短　　　　　　D. 工程量小、工期长

33. 物资供应计划编制的任务是在确定计划需求量的基础上，经过综合平衡后，提出（　　）。
　　A. 申请量和采购量　　　　　　　B. 采购量和库存量
　　C. 库存量和供应量　　　　　　　D. 供应量和申请量

34. 下列工程建设各环节中，决定工程质量的关键环节是（　　）。
　　A. 工程设计　　　　　　　　　　B. 项目决策
　　C. 工程施工　　　　　　　　　　D. 工程竣工验收

35. 下列质量事故中，属于建设单位责任的是（　　）。
　　A. 商品混凝土未经检验造成的质量事故
　　B. 总包和分包职责不明造成的质量事故
　　C. 施工中使用了禁止使用的材料造成的质量事故
　　D. 地下管线资料不准造成的质量事故

36. 利用 ABC 分类法来确定质量主次因素的是（　　）。
　　A. 排列图法　　　　　　　　　　B. 因果分析图法
　　C. 直方图法　　　　　　　　　　D. 控制图法

37. 监理公司对建设项目的投资控制工作应贯穿于（　　）。
　　A. 建设全过程　　　　　　　　　B. 设计阶段
　　C. 招标阶段　　　　　　　　　　D. 施工阶段

38. 工程质量事故的技术处理方案，一般应由（   ）提出。

    A. 施工单位　　　　　　　　　　B. 工程检测加固单位

    C. 事故调查组建议的单位　　　　D. 政府质量监督部门

39. 当某工程网络计划的计算工期等于计划工期时，该网络计划中的关键工作是指（   ）的工作。

    A. 时标网络计划中没有波形线

    B. 与紧后工作之间时间间隔为零

    C. 开始节点与完成节点均为关键节点

    D. 最早完成时间等于最迟完成时间

40. 网络计划终点节点标号值与（   ）相等。

    A. 总工期　　　　　　　　　　　B. 计划工期

    C. 计算工期　　　　　　　　　　D. 要求工期

41. （   ）阐明单位工程的建筑面积、投资额、新增固定资产。

    A. 年度计划项目表　　　　　　　B. 投资计划年度分配表

    C. 年度竣工投产交付使用计划表　D. 工程项目总进度计划

42. 我国建设工程质量监督管理的具体实施者是（   ）。

    A. 建设行政主管部门　　　　　　B. 工程质量监督机构

    C. 监理单位　　　　　　　　　　D. 建设单位

43. （   ）是概算定额（指标）编制的基础。

    A. 预算定额　　　　　　　　　　B. 估算指标

    C. 计划定额　　　　　　　　　　D. 计算定额

44. （   ）是控制概算定额（指标）的水平。

    A. 预算定额　　　　　　　　　　B. 估算指标

    C. 计划定额　　　　　　　　　　D. 计算定额

45. 工程质量事故处理方案的确定，需要按照一般处理原则和基本要求进行，其一般处理原则是（   ）。

    A. 正确确定事故性质、处理范围　B. 安全可靠、不留隐患

    C. 满足建筑物的功能和使用要求　D. 技术上可行、经济上合理

46. 对总体中的全部个体进行编号，然后抽签、摇号确定中选号码，相应的个体即为样品。这种抽样方法称为（   ）。

    A. 完全随机抽样　　　　　　　　B. 分层抽样

    C. 等距抽样　　　　　　　　　　D. 整群抽样

47. 为了确保工程质量事故的处理效果，凡涉及结构承载力等使用安全和其他重要性能的处理结果，通常还需要（   ）。

    A. 请专家论证　　　　　　　　　B. 进行定期观测

    C. 做必要的试验和检验鉴定工作　D. 请工程质量监督机构认可

48. 下列费用中，属于建设工程静态投资的是（   ）。

    A. 基本预备费　　　　　　　　　B. 涨价预备费

    C. 建设期利息　　　　　　　　　D. 运营期利息

49. 某项目建设期为 3 年。建设期间共向银行贷款 1500 万元，其中第 1 年初贷款 1000 万元，第 2 年初贷款 500 万元；贷款年利率 6%，复利计息。则该项目的贷款在建设期末的终值为（　　）万元。

  A. 1653. 60   B. 1702. 49

  C. 1752. 82   D. 1786. 52

50. 施工阶段监理工程师进行投资控制的技术措施之一是（　　）。

  A. 明确投资控制人员的责任   B. 确定工程变更的价款

  C. 审核施工方案   D. 做好施工记录

51. 在建设单位的计划系统中，根据初步设计中确立的建设工期和工艺流程，具体安排单位工程的开工日期和竣工日期的计划，称为（　　）。

  A. 工程项目总进度计划   B. 工程项目前期工作计划

  C. 工程项目年度计划   D. 工程项目进度平衡计划

52. 在双代号时标网络中，虚箭线上波形线的长度表示（　　）。

  A. 工作的总时差   B. 工作的自由时差

  C. 工作的持续时间   D. 工作之间的时间间隔

53. 工程网络计划的费用优化是指寻求（　　）的过程。

  A. 资源使用均衡时工程总成本最低

  B. 工程总成本固定条件下最短工期安排

  C. 工程总成本最低时工期安排

  D. 工期固定条件下工程总成本最低

54. 在施工进度计划中，工作之间由于劳动力、施工机械、材料和构配件等资源的组织和安排需要而形成的逻辑关系，称为（　　）。

  A. 依次关系   B. 搭接关系

  C. 组织关系   D. 工艺关系

55. （　　）是决定工程项目质量的关键阶段，要能充分反映业主对质量的要求和意愿。

  A. 工程设计阶段   B. 工程施工阶段

  C. 项目决策阶段   D. 项目可行性研究阶段

56. （　　）是监理单位内部质量管理的纲领性文件和行动准则，应阐述监理单位的质量方针。

  A. 质量手册   B. 程序文件

  C. 质量计划   D. 作业指导书

57. 在质量控制中，要分析某个质量问题产生的原因，应采用（　　）法。

  A. 排列图   B. 因果分析图

  C. 控制图   D. 直方图

58. 某项目在建设期初的建筑安装工程费为 1000 万元，设备工器具购置费为 800 万元，基本预备费为 200 万元，项目建设期为 2 年，每年投资额相等，建设期内年平均价格上涨率为 5%，则该项目建设期的涨价预备费为（　　）万元。

  A. 50.00   B. 90.00

  C. 137.25   D. 184.50

59. 各单项工程可分解为各个能独立施工的（　　　）。
    A. 单独工程　　　　　　　　　　B. 单元工程
    C. 单位工程　　　　　　　　　　D. 单一工程

60. 单代号网络计划中，下列说法正确的是（　　　）。
    A. 箭线表示工作及其进行的方向，节点表示工作之间的逻辑关系
    B. 节点表示工作，箭线表示工作进行的方向
    C. 箭线表示工作及其进行的方向，节点表示工作的开始或结束
    D. 节点表示工作，箭线表示工作之间的逻辑关系

61. 当采用匀速进展横道图比较工作实际进度与计划进度时，如果表示实际进度的横道线右端点落在检查日期的左侧，则该端点与检查日期的距离表示工作（　　　）。
    A. 进度超前的时间　　　　　　　B. 进度拖后的时间
    C. 实际少花费的时间　　　　　　D. 实际多花费的时间

62. 见证取样工作中的取样人员一般是（　　　）。
    A. 建设单位有关负责人　　　　　B. 设计单位人员
    C. 施工单位试验室人员　　　　　D. 试验单位人员

63. 现场的监督和检查，一般是由（　　　）单位进行。
    A. 建设　　　　　　　　　　　　B. 设计
    C. 监理　　　　　　　　　　　　D. 施工

64. 2008版ISO 9000族标准包括（　　　）个核心标准。
    A. 1　　　　　　　　　　　　　B. 2
    C. 3　　　　　　　　　　　　　D. 4

65. 建设工程总投资，一般是指进行某项工程建设花费的全部费用。生产性建设工程总投资包括建设投资和（　　　）两部分；非生产性建设工程总投资则只包括建设投资。
    A. 预备费　　　　　　　　　　　B. 无形资产
    C. 有形资产　　　　　　　　　　D. 铺底流动资金

66. 根据设计要求，在施工过程中需对某新型钢筋混凝土屋架进行一次破坏性试验，以验证设计的正确性，此项试验费应由（　　　）支付。
    A. 设计单位　　　　　　　　　　B. 建设单位的研究试验费
    C. 施工单位的其他直接费　　　　D. 施工单位的间接费

67. 在频数分布直方图中，横坐标表示（　　　）。
    A. 影响产品质量的各因素　　　　B. 质量特性值
    C. 不合格产品的频数　　　　　　D. 质量特性值出现的频数

68. 某埋管沟槽开挖分项工程，采用单价合同承包，价格为18000元/km，计日工每工日工资标准30元，管沟长10km。在开挖过程中，由于建设方原因，造成施工方8人窝工5天，施工方原因造成5人窝工10天，由此施工方提出的人工费索赔应是（　　　）元。
    A. 1200　　　　　　　　　　　　B. 1500
    C. 1950　　　　　　　　　　　　D. 2700

69. 用横道图表示的建设工程进度计划，一般包括两个基本部分，即（　　　）。
    A. 左侧的工作名称和右侧的横道线

B. 左侧的横道线和左侧的工作名称

C. 左侧的工作名称及工作的持续时间等基本数据和右侧的横道线

D. 左侧的横道线和左侧的工作名称及工作的持续时间

70. 建设工程施工通常按流水施工方式组织，是因其具有( )的特点。

A. 单位时间内所需用的资源量较少

B. 使各专业工作队能够连续施工

C. 施工现场的组织、管理工作简单

D. 同一施工过程的不同施工段可以同时施工

71. 每个作业的工人或每台施工机械所需工作面的大小，取决于( )。

A. 单位时间内其完成的工程量

B. 安全施工的要求

C. 单位时间内其完成的工程量和安全施工的要求

D. 划分施工段的数目

72. 在某工程双代号网络计划中，工作 N 的最早开始时间和最迟开始时间分别为第 20 天和第 25 天，其持续时间为 9 天。该工作有两项紧后工作，它们的最早开始时间分别为第 32 天和第 34 天，则工作 N 的总时差和自由时差分别为( )天。

A. 3 和 0   B. 3 和 2

C. 5 和 0   D. 5 和 3

73. 工程设计中，三阶段设计是指( )。

A. 总体设计、技术设计、施工图设计

B. 初步设计、技术设计、施工图设计

C. 总体设计、专业设计、施工图设计

D. 方案设计、专业设计、施工图设计

74. 监造人员直接进入设备制造厂的制造现场，成立相应的监造小组，编制监造规划，实施质量监控的方式是( )。

A. 巡回监控   B. 设置质量控制点监控

C. 旁站监控   D. 驻厂监控

75. 国产非标准设备原价的确定可采用( )等方法。

A. 成本计算估价法和系列设备插入估价法

B. 成本计算估价法和概算指标法

C. 分部组合估价法和百分比法

D. 概算指标法和定额估价法

76. 国产设备购置费由设备原价与( )构成。

A. 设备采购费   B. 设备运输费

C. 设备保管费   D. 设备运杂费

77. 用来预测各个年度的投资规模的是( )。

A. 工程项目总进度计划   B. 投资计划年度分配表

C. 工程项目进度平衡表   D. 工程项目一览表

78. 在双代号时标网络计划中，若某工作箭线上没有波形线，则说明该工作( )。

A. 为关键工作　　　　　　　　B. 自由时差为零

C. 总时差等于自由时差　　　　D. 自由时差不超过总时差

79. 某分部工程双代号时标网络计划如下图所示。其中工作 C 和 I 的最迟完成时间分别为第（　　）天。

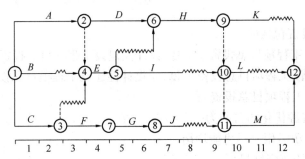

A. 4 和 11　　　　　　　　　　B. 4 和 9

C. 3 和 11　　　　　　　　　　D. 3 和 9

80. 前锋线明显地反映出检查日有关工作实际进度与计划进度的关系，当工作实际进度点位置在检查日时间坐标右侧表示（　　）。

A. 该工作实际进度与计划进度一致

B. 该工作实际进度超前

C. 该工作实际进度落后

D. 无明显意义

二、多项选择题（共 40 题，每题 2 分。每题的备选项中，有 2 个或 2 个以上符合题意，至少有 1 个错项。错选，本题不得分；少选，所选的每个选项得 0.5 分）

81. 下列产生投资偏差的原因中，属于监理工程师纠偏的重点有（　　）。

A. 物价上涨原因　　　　　　　B. 设计原因

C. 业主原因　　　　　　　　　D. 施工原因

E. 客观原因

82. 质量管理体系运行中的工作要点包括（　　）。

A. 人力资源管理与培训　　　　B. 文件的制定

C. 产品质量的追踪检查　　　　D. 建立并实行严格的考核制度

E. 物资管理

83. 工程组织流水施工时，流水步距的大小取决于（　　）。

A. 参加流水的施工过程数　　　B. 施工段的划分数量

C. 施工段上的流水节拍　　　　D. 参加流水施工的作业队数

E. 流水施工的组织方式

84. 编制施工总进度计划的工作内容有（　　）。

A. 确定施工作业场地范围　　　B. 计算工程量

C. 确定各单位工程的施工期限　D. 计算劳动量和机械台班数

E. 确定各分部分项工程的相互搭接关系

85. 由建设单位项目负责人组织单位或子单位工程正式竣工验收，参加验收的单位应有（   ）。

    A. 施工单位   B. 设计单位

    C. 监理单位   D. 劳务单位

    E. 供货单位

86. 建设工程项目投资包括（   ）。

    A. 生产性建设工程项目总投资   B. 设计性建设工程项目总投资

    C. 非生产性建设工程项目总投资   D. 非设计性建设工程项目总投资

    E. 施工性建设工程项目总投资

87. 工程网络计划资源优化的目的为（   ）。

    A. 使该工程资源需用量尽可能均衡

    B. 使该工程的资源强度最低

    C. 使该工程的资源需用量最少

    D. 使该工程的资源需用量满足资源限制条件

    E. 使该工程的资源需求符合正态分布

88. 向生产厂家订购设备前，对合格供货商的评审内容有（   ）。

    A. 企业性质和生产规模   B. 经营范围和生产许可证

    C. 生产能力和技术水平   D. 质量管理体系的运行和产品质量状况

    E. 检验检测手段及试验室资质

89. 一组随机抽样检验数据做成的直方图，要能说明生产过程质量稳定，正常情况下其直方图的构成与特点应反映出（   ）。

    A. 明确的质量标准上、下界限

    B. 直方图为正态分布型

    C. 直方图位置居中分布

    D. 直方图分布中心与标准中心重合

    E. 直方图与上、下界限有一定余地

90. 根据《建设工程工程量清单计价规范》GB 50500—2013，安全文明施工费包括（   ）。

    A. 环境保护费   B. 临时设施费

    C. 施工降水费   D. 二次搬运费

    E. 冬雨期施工增加费

91. 下列承包商增加的人工费中，可以向业主索赔的有（   ）。

    A. 特殊恶劣气候导致的人员窝工费用

    B. 法定人工费增长而增加的人工窝工费和工资上涨费

    C. 由于非承包商责任的工效降低而增加的人工费

    D. 非承包商责任工程延误导致的人员窝工费和工资上涨费

    E. 完成合同之外的额外工作所花费的人工费

92. 加快的成倍节拍流水施工的特点有（   ）。

    A. 相邻施工过程的流水步距相等，且等于流水节拍

B. 专业工作队数大于施工过程数

C. 施工段之间没有空闲时间

D. 同一施工过程在其各施工段上的流水节拍成倍数关系

E. 施工过程数等于施工段数

93. 在下列双代号网络图中，互为平行工作的有（　　）。

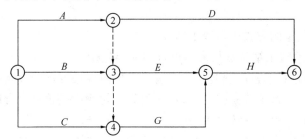

A. 工作 A 和工作 B　　　　　　　B. 工作 A 和工作 E

C. 工作 A 和工作 G　　　　　　　D. 工作 B 和工作 G

E. 工作 B 和工作 C

94. 某工程单代号网络计划如下图所示，图中关键工作有（　　）。

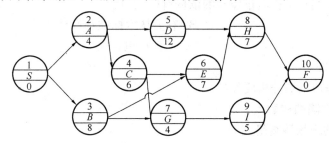

A. 工作 A　　　　　　　　　　　B. 工作 B

C. 工作 C　　　　　　　　　　　D. 工作 D

E. 工作 E

95. 有关工程施工质量管理方面的行政法规主要包括（　　）。

A.《建设工程质量管理条例》

B.《中华人民共和国节约能源法》

C.《实施工程建设强制性标准监督规定》

D.《民用建筑节能条例》

E.《房屋建筑工程施工旁站监理管理办法（试行）》

96. 工程质量事故处理方案有（　　）。

A. 修补处理　　　　　　　　　　B. 表面处理

C. 返工处理　　　　　　　　　　D. 不作处理

E. 工程保险

97. 进口设备装运港交货价包括（　　）。

A. 离岸价　　　　　　　　　　　B. 到岸价

C. 船边交货价　　　　　　　　　D. 运费在内价

E. 完税后交货价

98. 下列关于国有资金投资的工程建设项目工程量清单的说法中，符合《建设工程工程量清单计价规范》GB 50500—2013 规定的有（   ）。

A. 是否采用工程量清单方式计价由项目业主自主确定

B. 必须按清单规定的方式进行工程价款的调整

C. 必须按清单规定的方式进行价款支付

D. 必须按清单规定的方式计算索赔金额

E. 必须按清单规定的方式进行竣工结算

99. 对承包单位提交的竣工结算资料进行审查的内容包括（   ）。

A. 进度款是否按规定程序支付　　　B. 竣工工程内容是否符合合同条件

C. 隐蔽验收记录是否手续完整　　　D. 预付款支付额度是否符合合同约定

E. 设计变更审查、签证手续是否齐全

100. 在建设单位的计划系统中，不属于工程项目年度计划的有（   ）。

A. 年度建设资金平衡表　　　　　　B. 工程项目进度平衡表

C. 年度设备平衡表　　　　　　　　D. 年度竣工投产交付使用计划表

E. 设计作业进度计划表

101. 工程监理单位实施工程质量监理的依据有（   ）。

A. 法律法规　　　　　　　　　　　B. 有关技术标准和设计文件

C. 投资性质　　　　　　　　　　　D. 工程承包合同

E. 工程监理合同

102. 工程质量缺陷成因的分析要领（   ）。

A. 确定质量缺陷的初始点

B. 进行细致的现场调查研究

C. 围绕原点对现场各种现象和特征进行分析

D. 进行必要的计算分析或模拟试验予以论证确认

E. 综合考虑原因复杂性

103. 工程勘察工作一般分为（   ）阶段。

A. 可行性研究勘察　　　　　　　　B. 初步勘察

C. 初略勘察　　　　　　　　　　　D. 详细勘察

E. 细节勘察

104. 工程监理单位勘察质量管理的主要工作包括（   ）。

A. 协助建设单位编制工程勘察任务书和选择工程勘察单位，并协助签订工程勘察合同

B. 审查勘察单位提交的勘察方案，提出审查意见，并报监理单位

C. 检查勘察现场及室内试验主要岗位操作人员的资格、所使用设备、仪器计量的检定情况

D. 检查勘察单位执行勘察方案的情况，对重要点位的勘探与测试应进行现场检查

E. 审查勘察单位提交的勘察成果报告，必要时对于各阶段的勘察成果报告组织专家论证或专家审查，并向建设单位提交勘察成果评估报告，同时应参与勘察成果验收

105. 下列各项中属于建筑工程费的有（   ）。

A. 建设工程涉及范围内的建筑物费用

B. 建设工程涉及范围内的供水等各种管道的费用

C. 建设工程涉及范围内的构筑物费用

D. 建设工程涉及范围内的场地平整费用

E. 建设工程涉及范围内的大型土石方工程费用

106. 下列各项中属于安装工程费的有（　　）。

A. 主要生产单项工程中需要安装的机械设备的安装及配件工程费

B. 公用工程单项工程中需要安装的仪器仪表设备的安装及配件工程费

C. 建设工程涉及范围内的建筑物

D. 供热的各种管道安装工程费用

E. 供水的各种闸门安装工程费用

107. 某分部工程双代号网络计划如下图所示，图中的错误有（　　）。

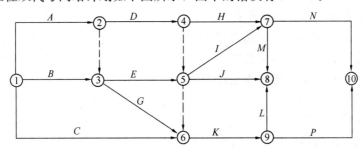

A. 工作代号重复　　　　　　　B. 节点编号有误

C. 多个起点节点　　　　　　　D. 多个终点节点

E. 存在循环回路

108. 审查施工组织设计时应掌握的原则有（　　）。

A. 合理性　　　　　　　　　　B. 针对性

C. 实用性　　　　　　　　　　D. 可操作性

E. 技术方案的先进性

109. 建设单位管理费包括（　　）。

A. 工程咨询费　　　　　　　　B. 勘察设计费

C. 法律顾问费　　　　　　　　D. 业务招待费

E. 竣工交付使用清理费

110. 影响工程质量的因素有（　　）。

A. 人员因素　　　　　　　　　B. 管理制度

C. 工程材料　　　　　　　　　D. 机械设备

E. 环境条件

111. 子单位工程的划分一般可根据工程的（　　）等实际情况，在施工前由建设、监理、施工单位自行商定，并据此收集整理施工技术资料和验收。

A. 规模　　　　　　　　　　　B. 专业类别

C. 建筑设计分区　　　　　　　D. 使用功能的显著差异

E. 结构缝的设置

112. 建设工程设计概算应是进行( )的投资控制目标。

A. 初步设计
B. 技术设计
C. 施工图设计
D. 方案设计
E. 施工方案

113. 建设工程项目投资控制的重点在于施工以前的( )。

A. 投资决策
B. 投资控制
C. 项目决策
D. 设计阶段
E. 项目设计

114. 建设工程全寿命费用包括( )。

A. 建设投资
B. 工程交付使用后的经常性开支费用
C. 勘察设计费
D. 使用期满后的报废拆除费用
E. 生产准备费

115. 工程质量监督机构的主要任务有( )。

A. 接受委托部门报送的质量监督报告
B. 受理建设工程项目的质量监督
C. 检查施工现场各方主体的质量行为
D. 检查工程实体质量
E. 监督工程质量验收

116. 施工准备的工作内容通常包括( )等。

A. 技术准备
B. 设计准备
C. 劳动组织准备
D. 物资准备
E. 施工现场准备

117. 工程项目年度计划的文字部分有( )。

A. 说明编制年度计划的依据和原则
B. 本年度计划建造的建筑面积
C. 年度计划项目表
D. 对外部协作配合项目建设进度的安排或要求
E. 计划中存在的其他问题

118. 在确定了纠偏的主要对象以后，就需要采取有针对性的纠偏措施，纠偏可采用( )等。

A. 技术措施
B. 组织措施
C. 经济措施
D. 客观措施
E. 合同措施

119. 以下关于进度控制措施的说法中，正确的有( )。

A. 监理工程师协助建设单位确定工期总目标
B. 监理工程师计算确定工期总目标
C. 监理工程师要编制设计单位进度计划
D. 监理工程师要编制施工单位进度计划
E. 监理工程师要编制监理进度计划

120. 在工程建设设计阶段，监理工程师进行进度监控的主要内容包括（　　）。

    A. 审核项目总进度计划

    B. 审核各专业工程的出图计划

    C. 跟踪检查设计工作进度计划的执行情况

    D. 施工现场条件调研和分析

    E. 定期比较实际进度与计划进度

第三套模拟试卷参考答案、考点分析

一、单项选择题

1. 【试题答案】D

【试题解析】本题考查重点是"工程质量控制的原则"。坚持以人为核心的原则。人是工程建设的决策者、组织者、管理者和操作者。工程建设中各单位、各部门、各岗位人员的工作质量水平和完善程度，都直接和间接地影响工程质量。所以在工程质量控制中，要以人为核心，重点控制人的素质和人的行为，充分发挥人的积极性和创造性，以人的工作质量保证工程质量。因此，本题的正确答案为D。

2. 【试题答案】C

【试题解析】本题考查重点是"工程质量的特点"。工程质量的检查评定及验收是按检验批、分项工程、分部工程、单位工程进行的。检验批的质量是分项工程乃至整个工程质量检验的基础，检验批合格质量主要取决于主控项目和一般项目检验的结果。隐蔽工程在隐蔽前要检查合格后验收，涉及结构安全的试块、试件以及有关材料，应按规定进行见证取样检测，涉及结构安全和使用功能的重要分部工程要进行抽样检测。工程质量是在施工单位按合格质量标准自行检查评定的基础上，由项目监理机构组织有关单位、人员进行检验确认验收。这种评价方法体现了"验评分离、强化验收、完善手段、过程控制"的指导思想。因此，本题的正确答案为C。

3. 【试题答案】D

【试题解析】本题考查重点是"工程质量问题的处理"。在各项工程的施工过程中或完工以后，当因施工而引起的质量问题已出现时，现场监理人员应立即向施工单位发出《监理通知》，要求其对质量问题进行补救处理，并采取足以保证施工质量的有效措施后，填报《监理通知回复单》报监理单位。因此，本题的正确答案为D。

4. 【试题答案】A

【试题解析】本题考查重点是"工程质量事故处理的鉴定验收"。对于处理后符合《建筑工程施工质量验收统一标准》的规定的，监理工程师应予以验收、确认，并应注明责任方主要承担的经济责任。对经加固补强或返工处理仍不能满足安全使用要求的分部工程、单位（子单位）工程，应拒绝验收。因此，本题的正确答案为A。

5. 【试题答案】A

【试题解析】本题考查重点是"非正常型直方图的类型"。非正常型直方图一般有五种类型：①折齿型。是由于分组组数不当或者组距确定不当出现的直方图；②左（或右）缓坡型。是由于操作中对上限（或下限）控制太严造成的；③孤岛型。是原材料发生变化，或者临时他人顶班作业造成的；④双峰型。是由于用两种不同方法或两台设备或两组工人进行生产，然后把两方面数据混在一起整理产生的；⑤绝壁型。是由于数据收集不正常，可能有意识地去掉下限以下的数据，或是在检测过程中存在某种人为因素所造成的。因此，根据第①点可知，本题的正确答案为A。

6. 【试题答案】B

94

【试题解析】本题考查重点是"工程质量形成过程与影响因素"。工程施工是指按照设计图纸和相关文件的要求，在建设场地上将设计意图付诸实现的测量、作业、检验，形成工程实体建成最终产品的活动。任何优秀的设计成果，只有通过施工才能变为现实。因此工程施工活动决定了设计意图能否体现，直接关系到工程的安全可靠、使用功能的保证，以及外表观感能否体现建筑设计的艺术水平。在一定程度上，工程施工是形成实体质量的决定性环节。因此，本题的正确答案为 B。

7.【试题答案】D

【试题解析】本题考查重点是"进口设备抵岸价的构成及其计算"。进口设备抵岸价＝货价＋国外运费＋国外运输保险费＋银行财务费＋外贸手续费＋进口关税＋增值税＋消费税。货价＝离岸价×人民币外汇牌价。到岸价＝离岸价＋国外运费＋国外运输保险费。进口产品增值税额＝组成计税价格×增值税率。组成计税价格＝到岸价×人民币外汇牌价＋进口关税＋消费税。增值税基本税率为 17%。所以，设备的抵岸价＝1000＋（1050－1000）＋5＋15＋70＋（1050＋70）×17%＝1330.40（万元）。因此，本题的正确答案为 D。

8.【试题答案】D

【试题解析】本题考查重点是"工程质量的特点"。由于建筑生产的单件性、流动性，不像一般工业产品的生产那样，有固定的生产流水线、有规范化的生产工艺和完善的检测技术、有成套的生产设备和稳定的生产环境，所以工程质量容易产生波动且波动大。同时由于影响工程质量的偶然性因素和系统性因素比较多，其中任一因素发生变动，都会使工程质量产生波动。如材料规格品种使用错误、施工方法不当、操作未按规程进行、机械设备过度磨损或出现故障、设计计算失误等，都会发生质量波动，产生系统因素的质量变异，造成工程质量事故。为此，要严防出现系统性因素的质量变异，要把质量波动控制在偶然性因素范围内。因此，本题的正确答案为 D。

9.【试题答案】D

【试题解析】本题考查重点是"工程质量管理主要制度"。建设工程质量保修制度是指建设工程在办理交工验收手续后，在规定的保修期限内，因勘察、设计、施工、材料等原因造成的质量问题，要由施工单位负责维修、更换，由责任单位负责赔偿损失。质量问题是指工程不符合国家工程建设强制性标准、设计文件以及合同中对质量的要求。建设工程承包单位在向建设单位提交工程竣工验收报告时，应向建设单位出具工程质量保修书，质量保修书中应明确建设工程保修范围、保修期限和保修责任等。因此，本题的正确答案为 D。

10.【试题答案】C

【试题解析】本题考查重点是"按费用构成要素划分的建筑安装工程费用项目组成"。按照费用构成要素划分，建筑安装工程费由人工费、材料（包含工程设备，下同）费、施工机具使用费、企业管理费、利润、规费和税金组成。其中人工费、材料费、施工机具使用费、企业管理费和利润包含在分部分项工程费、措施项目费、其他项目费中。材料费是指施工过程中耗费的原材料、辅助材料、构配件、零件、半成品或成品、工程设备的费用。内容包括：①材料原价：是指材料、工程设备的出厂价格或商家供应价格；②运杂费：是指材料、工程设备自来源地运至工地仓库或指定堆放点所发生的全部费用；③运输损耗费：是指材料在运输装卸过程中不可避免的损耗；④采购及保管费：是指为组织采购、供应和保管材料、工程设备的过程中所需要的各项费用。包括采购费、仓储费、工地保管费、仓储损耗。工程设备是指构成或计划构成永久工程一部分的机电设备、金属结构设备、仪器装置及其他类似的设备和装置。因此，本题的正确答案为C。

11.【试题答案】D

【试题解析】本题考查重点是"施工进度控制目标的确定"。确定施工进度控制目标的主要依据有：建设工程总进度目标对施工工期的要求，工期定额、类似工程项目的实际进度，工程难易程度和工程条件的落实情况等。因此，本题的正确答案为D。

12.【试题答案】C

【试题解析】本题考查重点是"建设工程施工进度控制工作内容"。监理工程师施工进度控制的主要工作内容有：编制施工进度控制工作细则；编制或审核施工进度计划；按年、季、月编制工程综合计划；下达工程开工令；协助承包单位实施进度计划；监督施工进度计划的实施；组织现场协调会；签发工程进度款支付凭证；审批工程延期；向业主提供进度报告；督促承包单位整理技术资料；签署工程竣工报验单、提交质量评估报告；整理工程进度资料；工程移交。因此，本题的正确答案为C。

13.【试题答案】A

【试题解析】本题考查重点是"审查施工组织设计时需要掌握的原则"。审查施工组织设计时应掌握的原则有：①施工组织设计的编制、审查和批准应符合规定的程序；②施工组织设计应符合国家的技术政策，充分考虑承包合同规定的条件、施工现场条件及法规条件的要求，突出"质量第一、安全第一"的原则；③施工组织设计的针对性：承包单位是否了解并掌握了本工程的特点及难点，施工条件是否分析充分；④施工组织设计的可操作性：承包单位是否有能力执行并保证工期和质量目标，该施工组织设计是否切实可行；⑤技术方案的先进性：施工组织设计采用的技术方案和措施是否先进适用，技术是否成熟；⑥质量管理和技术管理体系，质量保证措施是否健全且切实可行；⑦安全、环保、消防和文明施工措施是否切实可行并符合有关规定；⑧在满足合同和法规要求的前提下，对施工组织设计的审查，应尊重承包单位的自主技术决策和管理决策。因此，根据第④点可知，本题的正确答案为A。

14.【试题答案】B

【试题解析】本题考查重点是"工程项目质量控制系统建立和运行的主要工作"。施工单位完工，自检合格提交单位工程竣工验收报审表及竣工资料后，项目监理机构应组织审查资料和组织工程竣工预验收。工程存在质量问题的，应要求施工单位及时整改；工程质量合格的，总监理工程师应签认单位工程竣工验收报审表。工程竣工预验收合格后，项目监理机构应编写工程质量评估报告，并应经总监理工程师和工程监理单位技术负责人审核签字后报建设单位。项目监理机构应参加由建设单位组织的竣工验收，对验收中提出的整改问题，应督促施工单位及时整改。工程质量符合要求的，总监理工程师应在工程竣工验收报告中签署意见。因此，本题的正确答案为B。

15.【试题答案】A

【试题解析】本题考查重点是"抽样检验的方法"。简单随机抽样又称纯随机抽样、完全随机抽样，是指排除人的主观因素，直接从包含 N 个抽样单元的总体中按不放回抽样

抽取 N 个单元，使包含 N 个个体的所有可能的组合被抽出的概率都相等的一种抽样方法。实践中，常借助于随机数骰子或随机数表进行随机抽样。这种抽样方法广泛用于原材料、构配件的进货检验和分项工程、分部工程、单位工程完工后的检验。因此，本题的正确答案为 A。

16.【试题答案】B

【试题解析】本题考查重点是"抽样检验的方法"。简单随机抽样又称纯随机抽样、完全随机抽样，是指排除人的主观因素，直接从包含 N 个抽样单元的总体中按不放回抽样抽取 N 个单元，使包含 N 个个体的所有可能的组合被抽出的概率都相等的一种抽样方法。实践中，常借助于随机数发骰子或随机数表进行随机抽样。这种抽样方法广泛用于原材料、构配件的进货检验和分项工程、分部工程、单位工程完工后的检验。因此，本题的正确答案为 B。

17.【试题答案】B

【试题解析】本题考查重点是"分部（子分部）工程质量验收记录"。分部（子分部）工程质量应由总监理工程师（建设单位项目专业负责人）组织施工项目经理和有关勘察、设计单位项目负责人进行验收，并记录。因此，本题的正确答案为 B。

18.【试题答案】D

【试题解析】本题考查重点是"建设项目单价合同的特点"。建设项目单价合同是指承包方按发包方提供的工程量清单内的分部分项工程内容填报单价，并据此签订承包合同，而实际总价则是按实际完成的工程量与合同单价计算确定，合同履行过程中无特殊情况，一般不得变更单价。采用单价合同时按招标文件工程量清单中的预计工程量乘以所报单价计算得到的合同价格，并不一定就是承包方圆满实施合同规定的任务后所获得的全部工程款项，实际工程价格可能大于，也可能小于原合同价格。因此，本题的正确答案为 D。

19.【试题答案】D

【试题解析】本题考查重点是"加快的成倍节拍流水施工的计算"。加快的成倍节拍流水施工中：

（1）计算流水步距。相邻专业工作队的流水步距相等，且等于流水节拍的最大公约数（K），即：$K = \min [6, 4, 4] = 2$（天）。所以，流水步距为 2 天。

（2）确定专业工作队数目。每个施工过程成立的专业队数目可按下列公式计算：

$$b_j = t_j / K$$

式中 b_j——第 j 个施工过程的专业工作队数目；

t_j——第 j 个施工过程的流水节拍；

K——流水步距。

所以，$b_1 = 6/2 = 3$（个），$b_2 = 4/2 = 2$（个），$b_3 = 4/2 = 2$（个）。因此，应组织的专业工作队总数为 7 个（3+2+2）。因此，本题的正确答案为 D。

20.【试题答案】A

【试题解析】本题考查重点是"双代号网络计划时间参数的计算—按工作计算法"。在网络计划中，总时差最小的工作为关键工作。特别地，当网络计划的计划工期等于计算工期时，总时差为零的工作就是关键工作。找出关键工作之后，将这些关键工作首尾相连，便至少构成一条从起点节点到终点节点的通路，通路上各项工作的持续时间总和最大的就是关键路线。因此，本题的正确答案为 A。

21.【试题答案】C

【试题解析】本题考查重点是"工程变更的监控"。承包单位提出技术修改的要求时，应向项目监理机构提交《工程变更单》，在该表中应说明要求修改的内容及原因或理由，并附图和有关文件。技术修改问题一般可以由专业监理工程师组织承包单位和现场设计代表参加，经各方同意后签字并形成纪要，作为工程变更单附件，经总监理工程师批准后实施。因此，本题的正确答案为 C。

22.【试题答案】B

【试题解析】本题考查重点是"建设工程项目投资的概念"。工程建设其他费用，是指未纳入设备及工器具购置费和建筑安装工程费的费用。根据设计文件要求和国家有关规定应由项目投资支付的、为保证工程建设顺利完成和交付使用后能够正常发挥效用而发生的一些费用。工程建设其他费用可分为三类：第一类是土地使用费，包括土地征用及迁移补偿费和土地使用权出让金；第二类是与项目建设有关的费用，包括建设单位管理费、勘察设计费、研究试验费、建设工程监理费等；第三类是与未来企业生产经营有关的费用，包括联合试运转费、生产准备费、办公和生活家具购置费等。因此，本题的正确答案为 B。

23.【试题答案】C

【试题解析】本题考查重点是"基本预备费的计算"。基本预备费是指在项目实施中可能发生难以预料的支出，需要预先预留的费用，又称不可预见费，主要指设计变更及施工过程中可能增加工程量的费用。计算公式为：基本预备费＝（设备及工器具购置费＋建筑安装工程费＋工程建设其他费）×基本预备费率。将本题中的数据代入上述公式，基本预备费＝（600＋1000＋100）×10%＝170（万元）。因此，本题的正确答案为 C。

24.【试题答案】D

【试题解析】本题考查重点是"分部分项工程量清单的编制"。分部分项工程量清单为不可调整的闭口清单，在投标阶段，投标人对招标文件提供的分部分项工程量清单必须逐一计价，对清单所列内容不允许任何更改变动。投标人如果认为清单内容有不妥或遗漏，只能通过质疑的方式由清单编制人作统一的修改更正，并将修正后的工程量清单发往所有投标人。因此，本题的正确答案为 D。

25.【试题答案】A

【试题解析】本题考查重点是"工程质量缺陷的成因——违背基本建设程序"。基本建设程序是工程项目建设过程及其客观规律的反映，不按建设程序办事，例如，未搞清地质情况就仓促开工；边设计、边施工；无图施工；不经竣工验收就交付使用等。因此，本题的正确答案为 A。

26.【试题答案】D

【试题解析】本题考查重点是"工程质量缺陷的涵义"。工程质量缺陷是指工程不符合国家或行业的有关技术标准、设计文件及合同中对质量的要求。工程质量缺陷可分为施工过程中的质量缺陷和永久质量缺陷，施工过程中的质量缺陷又可分为可整改质量缺陷和不可整改质量缺陷。因此，本题的正确答案为 D。

27.【试题答案】B

【试题解析】本题考查重点是"工程竣工结算和工程竣工决算的区别"。竣工结算是承包方将所承包的工程按合同规定全部完工交付后，向发包单位进行的最终工程价款结算。竣工决算与竣工结算的区别如下表。

工程竣工结算和工程竣工决算的区别

区别项目	工程竣工结算	工程竣工决算
编制单位及其部门	承包方的预算部门	项目业主的财务部门
内容	承包方承包施工的建筑安装工程的全部费用。它最终反映承包方完成的施工产值	建设工程从筹建开始到竣工交付使用为止的全部建设费用，它反映建设工程的投资效益
性质和作用	1. 承包方与业主办理工程价款最终结算的依据 2. 双方签订的建筑安装工程承包合同终结的凭证 3. 业主编制竣工决算的主要资料	1. 业主办理交付、验收、动用新增各类资产的依据 2. 竣工验收报告的重要组成部分

因此，本题的正确答案为 B。

28.【试题答案】D

【试题解析】本题考查重点是"流水强度"。流水强度是指流水施工的某施工过程（专业工作队）在单位时间内所完成的工程量，也称为流水能力或生产能力。所以，选项 D 符合题意。选项 A 的"流水节拍"是指在组织流水施工时，某个专业工作队在一个施工段上的施工时间。选项 B 的"流水步距"是指组织流水施工时，相邻两个施工过程（或专业工作队）相继开始施工的最小间隔时间。选项 C 的"流水施工工期"是指从第一个专业工作队投入流水施工开始，到最后一个专业工作队完成流水施工为止的整个持续时间。因此，本题的正确答案为 D。

29.【试题答案】D

【试题解析】本题考查重点是"工作的最早完成时间"。其他工作的最早开始时间应等于其紧前工作最早完成时间的最大值，即：工作 B 的最早完成时间（EF_B）＝max $\{EF_{紧前工作}\}$＋工作 B 的持续时间（D_B）＝max $\{6，8\}$＋5＝13（天）。因此，本题的正确答案为 D。

30.【试题答案】C

【试题解析】本题考查重点是"单代号搭接网络计划的关键工作"。在单代号搭接网络中，可以利用相邻两项工作间的时间间隔来判定关键线路。即从搭接网络计划的终点节点开始，逆着箭线方向依次找出相邻两项工作之间时间间隔为零的线路就是关键线路。关键线路上的工作即为关键工作，关键工作的总时差最小。所以，工作 B、D 为关键工作。因此，本题的正确答案为 C。

31.【试题答案】B

【试题解析】本题考查重点是"进度监测的系统过程"。在建设工程实施过程中，监理工程师应经常地、定期地对进度计划的执行情况进行跟踪检查，发现问题后，及时采取措施加以解决。进度监测系统过程为：①进度计划执行中的跟踪检查。对进度计划的执行情况进行跟踪检查是计划执行信息的主要来源，是进度分析和调整的依据，也是进度控制的关键步骤。跟踪检查的主要工作是定期收集反映工程实际进度的有关数据；②实际进度数据的加工处理；③实际进度与计划进度的对比分析。根据第①点可知，选项 B 符合题意。选项 A、C、D 均属于进度调整的系统过程。因此，本题的正确答案为 B。

32.【试题答案】B

【试题解析】本题考查重点是"施工总进度计划的编制"。施工总进度计划应安排全工地性的流水作业。全工地性的流水作业安排应以工程量大、工期长的单位工程为主导，组织若干条流水线，并以此带动其他工程。因此，本题的正确答案为 B。

33.【试题答案】A

【试题解析】本题考查重点是"物资供应计划的编制"。物资供应计划的编制，是在确定计划需求量的基础上，经过综合平衡后，提出申请量和采购量。因此，供应计划的编制过程也是一个平衡过程，包括数量、时间的平衡。因此，本题的正确答案为 A。

34.【试题答案】A

【试题解析】本题考查重点是"工程建设各阶段对质量形成的作用与影响"。工程设计质量是决定工程质量的关键环节，工程采用什么样的平面布置和空间形成、选用什么样的结构类型、使用什么样的材料、构配件及设备等，都直接关系到工程主体结构的安全可靠，关系到建设投资的综合功能是否充分体现规划意图。所以，选项 A 符合题意。工程施工是形成实体质量的决定性环节。因此，本题的正确答案为 A。

35.【试题答案】D

【试题解析】本题考查重点是"建设单位的质量责任"。建设单位的质量责任包括：①建设单位要根据工程特点和技术要求，按有关规定选择相应资质等级的勘察、设计单位和施工单位，在合同中必须有质量条款，明确质量责任，并真实、准确、齐全地提供与建设工程有关的原始资料。凡建设工程项目的勘察、设计、施工、监理以及工程建设有关重要设备材料等的采购，均实行招标，依法确定程序和方法，择优选定中标者。不得将应由一个承包单位完成的建设工程项目肢解成若干部分发包给几个承包单位；不得迫使承包方以低于成本的价格竞标；不得任意压缩合理工期；不得明示或暗示设计单位或施工单位违反建设强制性标准，降低建设工程质量。建设单位对其自行选择的设计、施工单位发生的质量问题承担相应责任。②建设单位应根据工程特点，配备相应的质量管理人员。对国家规定强制实行监理的工程项目，必须委托有相应资质等级的工程监理单位进行监理。③建设单位在工程开工前，负责办理有关施工图设计文件审查、工程施工许可证和工程质量监督手续，组织设计和施工单位认真进行设计交底；在工程施工中，应按国家现行有关工程建设法规、技术标准及合同规定，对工程质量进行检查，涉及建筑主体和承重结构变动的装修工程，建设单位应在施工前委托原设计单位或者相应资质等级的设计单位提出设计方案，经原审查机构审批后方可施工。工程项目竣工后，应及时组织设计、施工、工程监理等有关单位进行施工验收，未经验收备案或验收备案不合格的，不得交付使用。④建设单位按合同的约定负责采购供应的建筑材料、建筑构配件和设备，应符合设计文件和合同要求，对发生的质量问题，应承担相应的责任。根据第①点可知，地下管线资料的提供属于建设单位责任范围。所以，选项 D 符合题意。选项 A、B、C 属于施工单位的责任。因此，本题的正确答案为 D。

36.【试题答案】A

【试题解析】本题考查重点是"排列图法概念"。排列图法是利用排列图寻找影响质量主次因素的一种有效方法。排列图又叫帕累托图或主次因素分析图，它是由两个纵坐标、一个横坐标、几个连起来的直方形和一条曲线所组成。左侧纵坐标表示频数，右侧纵坐标表示累计频率，横坐标表示影响质量的各个因素或项目，按影响程度大小从左至右排列，直方形的高度示意某个因素的影响大小。实际应用中，通常按累计频率划分为（0%～80%）、（80%～90%）、（90%～100%）三部分，与其对应的影响因素分别为A、B、C三类。A类为主要因素，B类为次要因素，C类为一般因素。因此，本题的正确答案为A。

37.【试题答案】A

【试题解析】本题考查重点是"我国项目监理机构在建设工程投资控制中的主要任务"。建设工程投资控制是我国建设工程监理的一项主要任务，投资控制贯穿于工程建设的各个阶段，也贯穿于监理工作的各个环节。因此，本题的正确答案为A。

38.【试题答案】A

【试题解析】本题考查重点是"工程质量事故处理程序"。根据施工单位的质量调查报告或质量事故调查组提出的处理意见，项目监理机构要求相关单位完成技术处理方案。质量事故技术处理方案一般由施工单位提出，经原设计单位同意签认，并报建设单位批准。对于涉及结构安全和加固处理等的重大技术处理方案，一般由原设计单位提出。必要时，应要求相关单位组织专家论证，以确保处理方案可靠、可行、保证结构安全和使用功能。因此，本题的正确答案为A。

39.【试题答案】B

【试题解析】本题考查重点是"双代号网络计划时间参数的计算"。在网络计划中，总时差最小的工作为关键工作。特别是，当网络计划的计划工期等于计算工期时，总时差为零的工作就是关键工作。工作的总时差是指在不影响总工期的前提下，本工作可以利用的机动时间。所以，当某工程网络计划的计算工期等于计划工期时，该网络计划中的关键工作是指与紧后工作之间时间间隔为零的工作。因此，本题的正确答案为B。

40.【试题答案】C

【试题解析】本题考查重点是"双代号网络计划时间参数的计算——标号法"。网络计划的计算工期就是网络计划终点节点的标号值。因此，本题的正确答案为C。

41.【试题答案】C

【试题解析】本题考查重点是"年度竣工投产交付使用计划表"。年度竣工投产交付使用计划表将阐明各单位工程的建筑面积、投资额、新增固定资产、新增生产能力等建筑总规模及本年计划完成情况，并阐明其竣工日期。因此，本题的正确答案为C。

42.【试题答案】B

【试题解析】本题考查重点是"工程质量监督制度"。国家实行建设工程质量监督管理制度。工程质量监督管理的主体是各级政府建设行政主管部门和其他有关部门。但由于工程建设周期长、环节点、点多面广，工程质量监督工作是一项专业技术性强，且很繁杂的工作，政府部门不可能亲自进行日常检查工作。因此，工程质量监督管理由建设行政主管部门或其他有关部门委托的工程质量监督机构具体实施。工程质量监督机构是经省级以上建设行政主管部门或有关专业部门考核认定，具有独立法人资格的单位。因此，本题的正确答案为B。

43. 【试题答案】A

【试题解析】本题考查重点是"建设工程项目投资的特点"。建设工程项目投资的确定依据繁多，关系复杂。在不同的建设阶段有不同的确定依据，且互为基础和指导，互相影响。如预算定额是概算定额（指标）编制的基础，概算定额（指标）又是估算指标编制的基础；反过来，估算指标又控制概算定额（指标）的水平，概算定额（指标）又控制预算定额的水平。这些都说明了建设工程项目投资的确定依据复杂的特点。因此，本题的正确答案为A。

44. 【试题答案】B

【试题解析】本题考查重点是"建设工程项目投资的特点"。建设工程项目投资的确定依据繁多，关系复杂。在不同的建设阶段有不同的确定依据，且互为基础和指导，互相影响。如预算定额是概算定额（指标）编制的基础，概算定额（指标）又是估算指标编制的基础；反过来，估算指标又控制概算定额（指标）的水平，概算定额（指标）又控制预算定额的水平。这些都说明了建设工程项目投资的确定依据复杂的特点。因此，本题的正确答案为B。

45. 【试题答案】A

【试题解析】本题考查重点是"工程质量事故的一般处理原则"。工程质量事故的一般处理原则是：正确确定事故性质，是表面性还是实质性、是结构性还是一般性、是迫切性还是可缓性；正确确定处理范围，除直接发生部位，还应检查处理事故相邻影响作用范围的结构部位或构件。因此，本题的正确答案为A。

46. 【试题答案】A

【试题解析】本题考查重点是"质量数据的收集方法"。简单随机抽样又称纯随机抽样、完全随机抽样，是对总体不进行任何加工，直接进行随机抽样，获取样本的方法。一般的做法是对全部个体编号，然后采用抽签、摇号、随机数字表等方法确定中选号码，相应的个体即为样品。因此，本题的正确答案为A。

47. 【试题答案】C

【试题解析】本题考查重点是"工程质量事故处理的鉴定验收"。为确保工程质量事故的处理效果，凡涉及结构承载力等使用安全和其他重要性能的处理工作，常需做必要的试验和检验鉴定工作。如果质量事故处理过程中建筑材料及构配件保证资料严重缺乏，或对检查验收结果各参与单位有争议时，常见的检验工作有：混凝土钻芯取样，用于检查密实性和裂缝修补效果，或检测实际强度；结构荷载试验，确定其实际承载力；超声波检测焊接或结构内部质量；池、罐、箱柜工程的渗漏检验等。检测鉴定必须委托具有资质的法定检测单位进行。因此，本题的正确答案为C。

48. 【试题答案】A

【试题解析】本题考查重点是"建设工程投资"。建设投资可以分为静态投资部分和动态投资部分。静态投资是以某一基准年、月的建设要素的价格为依据所计算出的建设项目投资的瞬时值。静态投资部分由建筑安装工程费、设备工器具购置费、工程建设其他费和基本预备费组成。动态投资是指完成一个建设项目预计所需投资的总和。动态投资部分，是指在建设期内，因建设期利息和国家新批准的税费、汇率、利率变动以及建设期价格变动引起的建设投资增加额。包括涨价预备费和建设期利息。所以，选项A符合题意。选项 B、C、D 均属于建设工程动态投资。因此，本题的正确答案为 A。

49.【试题答案】C

【试题解析】本题考查重点是"资金时间价值计算的种类——复利法"。复利法是各期的利息分别按原始本金与累计利息之和计算的计息方式，即每期计算的利息计入下期的本金，下期将按本利和的总额计息。在按复利法计息的情况下，除本金计息外，利息也计利息。复利法的计算公式为：

$$F = P \ (1+i)^n$$

式中　F——本利和；

　　　P——本金；

　　　I——利率；

　　　n——计息期数。

根据计算公式，该项目的贷款在建设期（第 3 年）末的终值 $F = 1000 \times \ (1+6\%)^3 + 500 \times \ (1+6\%)^2 = 1752.82$（万元）。因此，本题的正确答案为 C。

50.【试题答案】C

【试题解析】本题考查重点是"施工阶段投资控制的技术措施"。施工阶段投资控制的技术措施包括：①对设计变更进行技术经济比较，严格控制设计变更；②继续寻找通过设计挖潜节约投资的可能性；③审核承包人编制的施工组织设计，对主要施工方案进行技术经济分析。因此，根据第③点可知，本题的正确答案为 C。

51.【试题答案】A

【试题解析】本题考查重点是"工程项目总进度计划的概念"。工程项目总进度计划是根据初步设计中确定的建设工期和工艺流程，具体安排单位工程的开工日期和竣工日期。所以，选项 A 符合题意。选项 B 的"工程项目前期工作计划"是指对工程项目可行性研究、项目评估及初步设计的工作进度安排，它可使工程项目前期决策阶段各项工作的时间得到控制。选项 C 的"工程项目年度计划"是依据工程项目建设总进度计划和批准的设计文件进行编制的。因此，本题的正确答案为 A。

52.【试题答案】D

【试题解析】本题考查重点是"双代号时标网络中相邻两项工作之间时间间隔的判定"。双代号时标网络中，除以终点节点为完成节点的工作外，工作箭线中波形线的水平投影长度表示工作与其紧后工作之间的时间间隔。因此，本题的正确答案为 D。

53.【试题答案】C

【试题解析】本题考查重点是"费用优化的概念"。费用优化又称工期成本优化，是指寻求工程总成本最低时的工期安排，或按要求工期寻求最低成本的计划安排的过程。因此，本题的正确答案为 C。

54.【试题答案】C

【试题解析】本题考查重点是"单位工程施工进度计划的编制"。工作项目之间的组织关系是由于劳动力、施工机械、材料和构配件等资源的组织和安排需要而形成的。它不是由工程本身决定的，而是一种人为的关系。因此，本题的正确答案为 C。

55.【试题答案】C

【试题解析】本题考查重点是"工程质量形成过程与影响因素"。项目决策阶段是通过项目可行性研究和项目评估，对项目的建设方案做出决策，使项目的建设充分反映业主的意愿，并与地区环境相适应，做到投资、质量、进度三者协调统一。所以，项目决策阶段对工程质量的影响主要是确定工程项目应达到的质量目标和水平。因此，本题的正确答案为C。

56.【试题答案】A

【试题解析】本题考查重点是"质量管理体系的建立"。质量手册是监理单位内部质量管理的纲领性文件和行动准则，应阐明监理单位的质量方针，并描述其质量管理体系的文件，它对质量管理体系作出了系统、具体而又纲领性的阐述。因此，本题的正确答案为A。

57.【试题答案】B

【试题解析】本题考查重点是"因果分析图法概念"。因果分析图法是利用因果分析图来系统整理分析某个质量问题（结果）与其产生原因之间关系的有效工具。因果分析图也称特性要因图，又因其形状常被称为树枝图或鱼刺图。因此，本题的正确答案为B。

58.【试题答案】C

【试题解析】本题考查重点是"涨价预备费的计算"。涨价预备费是指建设工程在建设期内由于价格等变化引起投资增加，需要事先预留的费用。涨价预备费以建筑安装工程费、设备工器具购置费之和为计算基数。计算公式为：

$$PC = \sum_{t=1}^{n} I_t \left[(1+f)^t - 1 \right]$$

式中　PC——涨价预备费；

　　　I_t——第 t 年的建筑安装工程费、设备工器具购置费之和；

　　　n——建设期；

　　　f——建设期价格上涨指数。

根据公式可知：$PC = [(1000+800)/2] \times [(1+5\%)^1 - 1] + [(1000+800)/2] \times [(1+5\%)^2 - 1] = 137.25$（万元）。因此，本题的正确答案为C。

59.【试题答案】C

【试题解析】本题考查重点是"建设工程项目投资的特点"。凡是按照一个总体设计进行建设的各个单项工程汇集的总体即为一个建设工程项目。在建设工程项目中凡是具有独立的设计文件、竣工后可以独立发挥生产能力或工程效益的工程为单项工程，也可将它理解为具有独立存在意义的完整的工程项目。各单项工程又可分解为各个能独立施工的单位工程。考虑到组成单位工程的各部分是由不同工人用不同工具和材料完成的，又可以把单位工程进一步分解为分部工程。然后还可按照不同的施工方法、构造及规格，把分部工程更细致地分解为分项工程。此外，需分别计算分部分项工程投资、单位工程投资、单项工程投资，最后才能汇总形成建设工程项目投资。可见建设工程项目投资的确定层次繁多。因此，本题的正确答案为C。

60.【试题答案】D

【试题解析】本题考查重点是"单代号网络计划的概念"。单代号网络图又称节点式网络图，它是以节点及其编号表示工作，箭线表示工作之间的逻辑关系。所以，选项D的叙述是正确的。双代号网络图是以箭线及其两端节点的编号表示工作。因此，本题的正确答案为 D。

61.【试题答案】B

【试题解析】本题考查重点是"匀速进展横道图比较法"。对比分析实际进度与计划进度：①如果涂黑的粗线右端落在检查日期左侧，表明实际进度拖后，该端点与检查日期的距离表示工作进度拖后的时间；②如果涂黑的粗线右端落在检查日期右侧，表明实际进度超前，该端点与检查日期的距离表示工作进度超前的时间；③如果涂黑的粗线右端与检查日期重合，表明实际进度与计划进度一致。因此，根据第①点可知，本题的正确答案为 B。

62.【试题答案】C

【试题解析】本题考查重点是"实施见证取样的要求"。见证取样是指项目监理机构对施工单位进行的涉及结构安全的试块、试件及工程材料现场取样、封样、送检工作的监督活动。实施见证取样的要求包括：①试验室要具有相应的资质并进行备案、认可。负责见证取样的专业监理工程师要具有材料、试验等方面的专业知识，并经培训考核合格，且要取得见证人员培训合格证书；②施工单位从事取样的人员一般应由试验室人员或专职质检人员担任。试验室出具的报告一式两份，分别由施工单位和项目监理机构保存，并作为归档材料，是工序产品质量评定的重要依据。见证取样的频率，国家或地方主管部门有规定的，执行相关规定；施工承包合同中如有明确规定的，执行施工承包合同的规定；③见证取样和送检的资料必须真实、完整，符合相应规定。因此，本题的正确答案为 C。

63.【试题答案】C

【试题解析】本题考查重点是"现场监督检查的方式"。现场监督检查的方式包括：①旁站与巡视，旁站是指在关键部位或关键工序施工过程中由监理人员在现场进行的监督活动。巡视是指监理人员对正在施工的部位或工序现场进行的定期或不定期的监督活动。②平行检验，监理工程师利用一定的检查或检测手段在承包单位自检的基础上，按照一定的比例独立进行检查或检测的活动。由此可见，现场的监督和检查一般由监理单位进行。因此，本题的正确答案为 C。

64.【试题答案】D

【试题解析】本题考查重点是"2008 版 ISO 9000 族标准的构成"。在 1999 年 9 月召开的 ISO/TC 176 第 17 届年会上，提出了 2000 版 ISO 9000 族标准的文件结构。2008 版 ISO 9000 族标准包括：4 个核心标准、1 个支持性标准、若干个技术报告和宣传性小册子。因此，本题的正确答案为 D。

65.【试题答案】D

【试题解析】本题考查重点是"生产性建设工程总投资"。建设工程总投资，一般是指进行某项工程建设花费的全部费用。生产性建设工程总投资包括建设投资和铺底流动资金两部分。非生产性建设工程总投资则只包括建设投资。因此，本题的正确答案为 D。

66.【试题答案】B

【试题解析】本题考查重点是"研究试验费"。研究试验费是指为本建设工程提供或验证设计参数、数据资料等进行必要的研究试验以及设计规定在施工中进行的试验、验证所需费用，包括自行或委托其他部门研究试验所需人工费、材料费、试验设备及仪器使用费，支付的科技成果、先进技术的一次性技术转让费。按照设计单位根据本工程项目的需

105

要提出的研究试验内容和要求计算。因此，本题的正确答案为 B。

67.【试题答案】B

【试题解析】本题考查重点是"直方图的绘制"。绘制频数分布直方图：在频数分布直方图中，横坐标表示质量特性值。因此，本题的正确答案为 B。

68.【试题答案】A

【试题解析】本题考查重点是"承包商向业主的索赔"。人工费的索赔包括：①完成合同之外的额外工作所花费的人工费用；②由于非承包商责任的工效降低所增加的人工费用；③超过法定工作时间加班劳动；④法定人工费增长以及非承包商责任工程延误导致的人员窝工费和工资上涨费等。所以，本题中，人工费索赔＝8×5×30＝1200（元）。因此，本题的正确答案为 A。

69.【试题答案】C

【试题解析】本题考查重点是"横道图"。用横道图表示的建设工程进度计划，一般包括两个基本部分，即左侧的工作名称及工作的持续时间等基本数据部分和右侧的横道线部分。因此，本题的正确答案为 C。

70.【试题答案】B

【试题解析】本题考查重点是"流水施工方式的特点"。流水施工方式具有以下特点：①尽可能地利用工作面进行施工，工期比较短；②各工作队实现了专业化施工，有利于提高技术水平和劳动生产率，也有利于提高工程质量；③专业工作队能够连续施工，同时使相邻专业队的开工时间能够最大限度地搭接；④单位时间内投入的劳动力、施工机具、材料等资源量较为均衡，有利于资源供应的组织；⑤为施工现场的文明施工和科学管理创造了有利条件。因此，根据第③点可知，本题的正确答案为 B。

71.【试题答案】C

【试题解析】本题考查重点是"流水施工参数——空间参数"。工作面是指供某专业工种的工人或某种施工机械进行施工的活动空间。工作面的大小，表明能安排施工人数或机械台数的多少。每个作业的工人或每台施工机械所需工作面的大小，取决于单位时间内其完成的工程量和安全施工的要求。因此，本题的正确答案为 C。

72.【试题答案】D

【试题解析】本题考查重点是"双代号网络计划总时差和自由时差的计算"。

（1）工作的总时差等于该工作最迟完成时间与最早完成时间之差，或该工作最迟开始时间与最早开始时间之差，即：

$$TF_{i-j} = LS_{i-j} - ES_{i-j}$$

式中 TF_{i-j}——工作 $i-j$ 的总时差；

LS_{i-j}——工作 $i-j$ 的最迟开始时间；

ES_{i-j}——工作 $i-j$ 的最早开始时间。

根据计算公式可知：$TF_{i-j} = 25 - 20 = 5$（天）。所以，总时差为 5 天。

（2）对于有紧后工作的工作，其自由时差等于本工作之紧后工作最早开始时间减本工作最早完成时间所得之差的最小值，即：

$$FF_{i-j} = \min \{ES_{j-k} - ES_{i-j} - D_{i-j}\}$$

式中 FF_{i-j}——工作 $i-j$ 的自由时差；

ES_{j-k}——工作$i-j$的紧后工作$j-k$（非虚工作）的最早开始时间；

ES_{i-j}——工作$i-j$的最早开始时间；

D_{i-j}——工作$i-j$的持续时间。

根据计算公式可知：$FF_{i-j}=\min\{(32-20-9),(34-20-9)\}=3$（天）。所以，自由时差为3天。

因此，本题的正确答案为D。

73.【试题答案】B

【试题解析】本题考查重点是"工程设计阶段的划分"。工程设计依据工作进程和深度不同，一般按扩大初步设计、施工图设计两个阶段进行；技术上复杂的工业交通项目可按初步设计、技术设计和施工图设计三个阶段进行。因此，本题的正确答案为B。

74.【试题答案】D

【试题解析】本题考查重点是"设备制造的质量监控方式"。设备制造的质量监控方式包括：①驻厂监造。采取这种方式实施设备监造，监造人员直接进入设备制造厂的制造现场，成立相应的监造小组，编制监造规划，实施设备制造全过程的质量监控；②巡回监控。对某些设备（如制造周期长的设备），则可采用巡回监控的方式；③设置质量控制点监控。针对影响设备制造质量的诸多因素，设置质量控制点，做好预控及技术复核，实现制造质量的控制。所以，根据第①点可知选项D符合题意。选项A的"巡回监控"是指在设备制造过程中，监造人员要定期及不定期的到制造现场，检查了解设备制造过程的质量状况，发现问题及时处理。选项B的"设置质量控制点监控"是指针对影响设备制造质量的诸多因素，设置质量控制点，做好预控及技术复核，实现制造质量的控制。选项C的"旁站监控"不属于设备制造的质量监控方式。因此，本题的正确答案为D。

75.【试题答案】A

【试题解析】本题考查重点是"非标准设备原价的计算方法"。非标准设备原价有多种不同的计算方法，如成本计算估价法、系列设备插入估价法、分部组合估价法、定额估价法等。因此，本题的正确答案为A。

76.【试题答案】D

【试题解析】本题考查重点是"设备购置费的构成"。设备购置费是指为建设工程购置或自制的费用满足固定资产特征的设备、工具、器具的费用。设备购置费包括设备原价和设备运杂费。因此，本题的正确答案为D。

77.【试题答案】B

【试题解析】本题考查重点是"投资计划年度分配表"。投资计划年度分配表是根据工程项目总进度计划安排各个年度的投资，以便预测各个年度的投资规模，为筹集建设资金或与银行签订借款合同及制定分年用款计划提供依据。因此，本题的正确答案为B。

78.【试题答案】D

【试题解析】本题考查重点是"双代号时标网络计划中时间参数的判定"。在时标网络计划中，以波形线表示工作与其紧后工作之间的时间间隔，若某工作箭线上没有波形线，则说明该工作自由时差不超过总时差。因此，本题的正确答案为D。

79.【试题答案】B

【试题解析】本题考查重点是"工作的最迟完成时间的计算"。工作的最迟完成时间等于本工作的最早完成时间与其总时差之和，即：

$$LF_{i-j}=EF_{i-j}+TF_{i-j}$$

式中　LF_{i-j}——工作 $i-j$ 的最迟完成时间；

　　　EF_{i-j}——工作 $i-j$ 的最早完成时间；

　　　TF_{i-j}——工作 $i-j$ 的总时差。

首先找出关键工作 A、D、H、M。工作 C 和工作 I 的总时差分别为 2 和 1，它们的最早完成时间为 2 和 8，所以它们的最迟完成时间为 4 和 9。因此，本题的正确答案为 B。

80.【试题答案】B

【试题解析】本题考查重点是"前锋线比较法"。前锋线可以直接地反映出检查日期有关工作实际进度与计划进度之间的关系。对某项工作来说，其实际进度与计划进度之关系可能存在以下三种情况：①工作实际进展位置点落在检查日期的左侧，表明该工作实际进度拖后，拖后的时间为二者之差；②工作实际进展位置点与检查日期重合，表明该工作实际进度与计划进度一致；③工作实际进展位置点落在检查日期的右侧，表明该工作实际进度超前，超前的时间为二者之差。因此，根据第③点可知，本题的正确答案为 B。

二、多项选择题

81.【试题答案】BC

【试题解析】本题考查重点是"纠偏"。对偏差原因进行分析的目的是为了有针对性地采取纠偏措施，从而实现投资的动态控制和主动控制。纠偏首先要确定纠偏的主要对象，如偏差原因，有些是无法避免和控制的，如客观原因，充其量只能对其中少数原因做到防患于未然，力求减少该原因所产生的经济损失。对于施工原因所导致的经济损失通常是由承包商自己承担的，从投资控制的角度只能加强合同的管理，避免被承包商索赔。所以，这些偏差原因都不是纠偏的主要对象。纠偏的主要对象是业主原因和设计原因造成的投资偏差。在确定了纠偏的主要对象之后，就需要采取有针对性的纠偏措施。纠偏可采用组织措施、经济措施、技术措施和合同措施等。因此，本题的正确答案为 BC。

82.【试题答案】ACDE

【试题解析】本题考查重点是"质量管理体系的运行"。质量管理体系运行中的工作要点包括：①人力资源管理与培训；②文件的标识与控制；③产品质量的追踪检查；④建立并实行严格的考核制度；⑤物资管理。因此，本题的正确答案为 ACDE。

83.【试题答案】CE

【试题解析】本题考查重点是"流水步距"。流水步距是指组织流水施工时，相邻两个施工过程（或专业工作队）相继开始施工的最小间隔时间。流水步距的数目取决于参加流水的施工过程数。流水步距的大小取决于相邻两个施工过程（或专业工作队）在各个施工段上的流水节拍及流水施工的组织方式。因此，本题的正确答案为 CE。

84.【试题答案】BCE

【试题解析】本题考查重点是"施工总进度计划的编制内容"。施工总进度计划的编制步骤和方法包括：①计算工程量；②确定各单位工程的施工期限；③确定各单位工程的开竣工时间和相互搭接关系；④编制初步施工总进度计划；⑤编制正式施工总进度计划。因此，本题的正确答案为 BCE。

85.【试题答案】ABC

【试题解析】本题考查重点是"单位(子单位)工程正式验收的组织"。建设单位收到工程验收报告后,应由建设单位(项目)负责人组织施工(含分包单位)、设计、监理等单位(项目)负责人进行单位(子单位)工程验收。单位工程由分包单位施工时,分包单位对所承包的工程项目应按规定的程序检查评定,总包单位应派人参加。分包工程完成后,应将工程有关资料交总包单位。建设工程经验收合格的,方可交付使用。因此,本题的正确答案为ABC。

86.【试题答案】AC

【试题解析】本题考查重点是"建设工程项目投资的概念"。建设工程项目投资是指进行某项工程建设花费的全部费用。生产性建设工程项目总投资包括建设投资和铺底流动资金两部分;非生产性建设工程项目总投资则只包括建设投资。因此,本题的正确答案为AC。

87.【试题答案】AD

【试题解析】本题考查重点是"网络计划的优化——资源优化"。资源优化的目的是通过改变工作的开始时间和完成时间,使资源按照时间的分布符合优化目标。在通常情况下,网络计划的资源优化分为两种,即"资源有限,工期最短"的优化和"工期固定,资源均衡"的优化。前者是通过调整计划安排,在满足资源限制条件下,使工期延长最少的过程;而后者是通过调整计划安排,在工期保持不变的条件下,使资源需用量尽可能均衡的过程。因此,本题的正确答案为AD。

88.【试题答案】BCDE

【试题解析】本题考查重点是"对供货厂商进行评审的内容"。对供货厂商进行评审的内容包括:①供货厂商的资质。供货厂商的营业执照、生产许可证,经营范围是否涵盖了拟采购设备,注册资金能否满足采购设备的需要。对需要承担设计并制造专用设备的供货厂商或承担制造并安装设备的供货厂商,则还应审查设计资格证书或安装资格证书;②设备供货能力。包括企业的生产能力、装备条件、技术水平、工艺水平、人员组成、生产管理、质量的优劣、财务状况的好坏、售后服务的优劣及企业的信誉、检测手段、人员素质、生产计划调度和文明生产的情况、工艺规程执行情况、质量管理体系运转情况、原材料和配套零部件及元器件采购渠道、以前是否生产过这种设备等;③近几年供应、生产、制造类似设备的情况,目前正在生产的设备情况、生产制造设备情况、产品质量状况;④过去若干年的资金平衡表和负债表;下一年度财务预测报告;⑤要另行分包采购的原材料、配套零部件及元器件的情况;⑥各种检验检测手段及试验室资质;企业的各项生产、质量、技术、管理制度的执行情况。因此,本题的正确答案为BCDE。

89.【试题答案】CDE

【试题解析】本题考查重点是"直方图的观察与分析"。①做完直方图后,要认真观察直方图的整体形状,看其是否属于正常型直方图。正常型直方图就是中间高,两侧底,左右接近对称的图形。出现非正常型直方图时,表明生产过程或收集数据作图有问题;②作出直方图后,除了观察直方图形状,分析质量分布状态外,再将正常型直方图与质量标准比较,从而判断实际生产过程能力。正常型直方图与质量标准相比较,质量分布中心与质量标准中心重合,实际数据分布与质量标准相比较两边还有一定余地。这样的生产过程质量是很理想的，说明生产过程处于正常的稳定状态。在这种情况下生产出来的产品可认为全都是合格品。所以，选项 C、D、E 的叙述是正确的。直方图可称为"类正态分布"，与标准的正态分布图不完全是同一概念。所以选项 B 的叙述是不正确的。因此，本题的正确答案为 CDE。

90. 【试题答案】AB

【试题解析】本题考查重点是"安全文明施工费"。根据《建设工程工程量清单计价规范》GB 50500—2013 的规定，安全文明施工费包含环境保护、文明施工、安全施工、临时设施等费用。所以，选项 A、B 均符合题意。选项 C、D、E 均是与安全文明施工费并列的费用，均属于措施项目费。因此，本题的正确答案为 AB。

91. 【试题答案】BCDE

【试题解析】本题考查重点是"承包商向业主的索赔"。人工费的索赔包括：①完成合同之外的额外工作所花费的人工费用；②由于非承包商责任的工效降低所增加的人工费用；③超过法定工作时间加班劳动；④法定人工费增长以及非承包商责任工程延误导致的人员窝工费和工资上涨费等。所以，选项 B、C、D、E 符合题意。选项 A 中，由于特殊恶劣气候等原因承包商可以要求延长工期，但不能要求补偿。所以，选项 A 不符合题意。因此，本题的正确答案为 BCDE。

92. 【试题答案】BC

【试题解析】本题考查重点是"加快的成倍节拍流水施工的特点"。加快的成倍节拍流水施工的特点如下：①同一施工过程在其各个施工段上的流水节拍均相等；不同施工过程的流水节拍不等，但其值为倍数关系；②相邻专业工作队的流水步距相等，且等于流水节拍的最大公约数（K）；③专业工作队数大于施工过程数，即有的施工过程只成立一个专业工作队，而对于流水节拍的施工过程，可按其倍数增加相应专业工作队数目；④各个专业工作队在施工段上能够连续作业，施工段之间没有空闲时间。所以，选项 B、C 符合题意。根据第②点可知，选项 A 不符合题意。根据第①点可知，选项 D 不符合题意。根据第③点可知，选项 E 不符合题意。因此，本题的正确答案为 BC。

93. 【试题答案】AE

【试题解析】本题考查重点是"平行工作的概念"。在网络图中，相对于某工作而言，可以与该工作同时进行的工作即为该工作的平行工作。所以，工作 A、B、C 可同时进行，互为平行工作。因此，本题的正确答案为 AE。

94. 【试题答案】ACE

【试题解析】本题考查重点是"确定单代号网络计划的关键线路的方法"。确定单代号网络计划的关键线路有两种方法：①利用关键工作确定关键线路。总时差最小的工作为关键线路。将这些关键工作相连，并保证相邻两项关键工作之间的时间间隔为零而构成的线路就是关键线路。②利用相邻两项工作之间的时间间隔确定关键线路。从网络计划的终节点开始，逆着箭线方向依次找出相邻两项工作之间时间间隔为零的线路就是关键线路。图中共有六条路线，分别为 SACGIF、SADHF、SACEHF、SACGIF、SBEHF、SBGIF。单代号网络计划关键线路中，相邻两项工作之间的时间间隔为零。相邻两项工作之间的时间间隔是指其紧后工作的最早开始时间与本工作最早完成时间的差值。即：

$$LAG_{i,j} = ES_j - EF_i$$

式中 $LAG_{i,j}$——工作 i 与其紧后工作 j 之间的时间间隔；

ES_j——工作 i 的紧后工作 j 的最早开始时间；

EF_i——工作 i 的最早完成时间。

通过计算可知，图中的六条路线中，只有 $SACEHF$ 这条路线相邻两项工作之间的时间间隔均为零。所以，在此路线上的工作为关键工作，即工作 A、C、E、H、F 为关键工作。因此，本题的正确答案为 ACE。

95.【试题答案】AD

【试题解析】本题考查重点是"工程施工质量控制的依据"。有关质量管理方面的法律法规、部门规章与规范性文件包括：①法律：《中华人民共和国建筑法》，《中华人民共和国刑法》，《中华人民共和国防震减灾法》，《中华人民共和国节约能源法》，《中华人民共和国消防法》等；②行政法规：《建设工程质量管理条例》，《民用建筑节能条例》等；③部门规章：《建筑工程施工许可管理办法》，《实施工程建设强制性标准监督规定》，《房屋建筑和市政基础设施工程质量监督管理规定》等；④规范性文件：《房屋建筑工程施工旁站监理管理办法（试行）》，《建设工程质量责任主体和有关机构不良记录管理办法（试行）》，关于《建设行政主管部门对工程监理企业履行质量责任加强监督》的若干意见等。国家发改委颁发的规范性文件——关于《加强重大工程安全质量保障措施》的通知等。此外，其他各行业如交通、能源、水利、冶金、化工等和省、市、自治区的有关主管部门，也均根据本行业及地方的特点，制定和颁发了有关的法规性文件。因此，本题的正确答案为 AD。

96.【试题答案】ACD

【试题解析】本题考查重点是"工程质量事故处理方案"。工程质量事故处理方案类型有：①修补处理：最常用的一类处理方案；②返工处理：当工程质量未达到规定的标准和要求，存在的严重质量问题，对结构的使用和安全构成重大影响，且又无法通过修补处理的情况下，可对检验批、分项、分部甚至整个工程返工处理；③不作处理。因此，本题的正确答案为 ACD。

97.【试题答案】ABD

【试题解析】本题考查重点是"进口设备装运港交货价"。装运港交货类即卖方在出口国装运港完成交货任务。主要有装运港船上交货价（FOB），习惯称为离岸价；运费在内价（CFR）；运费、保险费在内价（CIF），习惯称为到岸价。因此，本题的正确答案为 ABD。

98.【试题答案】BCDE

【试题解析】本题考查重点是"工程量清单的概念"。《建设工程工程量清单计价规范》GB 50500—2013 适用于建设工程工程量清单计价活动，即涉及建设项目的工程量清单编制、工程量清单招标控制价编制、工程量清单投标报价编制、工程合同价款的约定、竣工结算的办理以及工程施工过程中工程计量与工程价款的支付、索赔与现场签证、工程价款的调整和工程计价争议处理等工程建设招投标与施工阶段全过程的活动。所以，选项 B、C、D、E 符合题意。《建设工程工程量清单计价规范》GB 50500—2008 明确规定，全部使用国有资金投资或国有资金投资为主的工程建设项目，必须采用工程量清单计价。国有资金（含国家融资资金）为主的工程建设项目是指国有资金占投资总额 50% 以上，或虽不足 50%但国有投资者实质上拥有控股权的工程建设项目。所以，选项 A 的叙述是不正确的。因此，本题的正确答案为 BCDE。

99.【试题答案】BCE

【试题解析】本题考查重点是"竣工结算资料审查的内容"。竣工结算资料审查的内容包括：①核对合同条款。竣工工程内容是否符合合同条件要求；是否按照合同规定的结算方法、计价定额、取费标准、主材价格和优惠条款等进行计取；②落实设计变更签证。设计变更审查、签证手续是否齐全；③检查隐蔽验收记录是否完整。④按照竣工图核实工程量等。因此，本题的正确答案为 BCE。

100.【试题答案】BE

【试题解析】本题考查重点是"工程项目年度计划"。工程项目年度计划主要包括文字和表格两部分内容。表格部分包括：①年度计划项目表。年度计划项目表将确定年度施工项目的投资额和年末形象进度，并阐明建设条件（图纸、设备、材料、施工力量）的落实情况；②年度竣工投产交付使用计划表。年度竣工投产交付使用计划表将阐明各单位工程的建筑面积、投资额、新增固定资产、新增生产能力等建筑总规模及本年计划完成情况，并阐明其竣工日期；③年度建设资金平衡表。④年度设备平衡表。所以，选项 A、C、D 均属于工程项目年度计划。选项 B 的"工程项目进度平衡表"属于工程项目建设总进度计划。选项 E 的"设计作业进度计划表"属于设计作业进度计划。因此，本题的正确答案为 BE。

101.【试题答案】ABDE

【试题解析】本题考查重点是"工程监理单位的质量责任"。工程监理单位应依照法律、法规以及有关技术标准、设计文件和建设工程承包合同，与建设单位签订监理合同，代表建设单位对工程质量实施监理，并对工程质量承担监理责任。因此，本题的正确答案为 ABDE。

102.【试题答案】ACE

【试题解析】本题考查重点是"工程质量缺陷成因分析方法"。工程质量缺陷的发生，既可能因设计计算和施工图纸中存在错误，也可能因施工中出现不合格或质量缺陷，也可能因使用不当。要分析究竟是哪种原因所引起，必须对质量缺陷的特征表现，以及其在施工中和使用中所处的实际情况和条件进行具体分析。分析要领如下：①确定质量缺陷的初始点，即所谓原点，它是一系列独立原因集合起来形成的爆发点。因其反映出质量缺陷的直接原因，而在分析过程中具有关键性作用；②围绕原点对现场各种现象和特征进行分析，区别导致同类质量缺陷的不同原因，逐步揭示质量缺陷萌生、发展和最终形成的过程；③综合考虑原因复杂性，确定诱发质量缺陷的起源点即真正原因。工程质量缺陷原因分析是对一堆模糊不清的事物和现象客观属性和联系的反映，它的准确性和管理人员的能力学识、经验和态度有极大关系，其结果不单是简单的信息描述，而是逻辑推理的产物，其推理可用于工程质量的事前控制。因此，本题的正确答案为 ACE。

103.【试题答案】ABD

【试题解析】本题考查重点是"工程勘察阶段的划分"。工程勘察工作一般分三个阶段，即可行性研究勘察、初步勘察、详细勘察。对工程地质条件复杂或有特殊施工要求的重要工程，应进行施工勘察。各勘察阶段的工作要求如下：①可行性研究勘察，又称选址勘察，其目的是要通过搜集、分析已有资料，进行现场踏勘。必要时，进行工程地质测绘和少量勘探工作，对拟选场址的稳定性和适宜性作出岩土工程评价，进行技术经济论证和方案比较，满足确定场地方案的要求；②初步勘察是指在可行性研究勘察的基础上，对场地内建筑地段的稳定性作出岩土工程评价，并为确定建筑总平面布置、主要建筑物地基基础方案及对不良地质现象的防治工作方案进行论证，满足初步设计或扩大初步设计的要求；③详细勘察应对地基基础处理与加固、不良地质现象的防治工程进行岩土工程计算与评价，满足施工图设计的要求。因此，本题的正确答案为 ABD。

104.【试题答案】ACDE

【试题解析】本题考查重点是"工程监理单位勘察质量管理的主要工作"。工程监理单位勘察质量管理的主要工作包括：①协助建设单位编制工程勘察任务书和选择工程勘察单位，并协助签订工程勘察合同；②审查勘察单位提交的勘察方案，提出审查意见，并报建设单位。变更勘察方案时，应按原程序重新审查；③检查勘察现场及室内试验主要岗位操作人员的资格、所使用设备、仪器计量的检定情况；④检查勘察单位执行勘察方案的情况，对重要点位的勘探与测试应进行现场检查；⑤审查勘察单位提交的勘察成果报告，必要时对于各阶段的勘察成果报告组织专家论证或专家审查，并向建设单位提交勘察成果评估报告，同时应参与勘察成果验收。经验收合格后勘察成果报告才能正式使用。因此，本题的正确答案为 ACDE。

105.【试题答案】ACDE

【试题解析】本题考查重点是"建设工程项目投资的概念"。建设投资，由设备及工器具购置费、建筑安装工程费、工程建设其他费用、预备费（包括基本预备费和涨价预备费）和建设期利息组成。

建筑安装工程费，是指建设单位用于建筑和安装工程方面的投资，它由建筑工程费和安装工程费两部分组成。建筑工程费是指建设工程涉及范围内的建筑物、构筑物、场地平整、道路、室外管道铺设、大型土石方工程费用等。安装工程费是指主要生产、辅助生产、公用工程等单项工程中需要安装的机械设备、电器设备、专用设备、仪器仪表等设备的安装及配件工程费，以及工艺、供热、供水等各种管道、配件、闸门和供电外线安装工程费用等。因此，本题的正确答案为 ACDE。

106.【试题答案】ABDE

【试题解析】本题考查重点是"建设工程项目投资的概念"。建设投资，由设备及工器具购置费、建筑安装工程费、工程建设其他费用、预备费（包括基本预备费和涨价预备费）和建设期利息组成。建筑安装工程费，是指建设单位用于建筑和安装工程方面的投资，它由建筑工程费和安装工程费两部分组成。建筑工程费是指建设工程涉及范围内的建筑物、构筑物、场地平整、道路、室外管道铺设、大型土石方工程费用等。安装工程费是指主要生产、辅助生产、公用工程等单项工程中需要安装的机械设备、电器设备、专用设备、仪器仪表等设备的安装及配件工程费，以及工艺、供热、供水等各种管道、配件、闸门和供电外线安装工程费用等。因此，本题的正确答案为 ABDE。

107.【试题答案】BD

【试题解析】本题考查重点是"双代号网络图的绘制"。在绘制双代号网络图时，应注意：网络图中应只有一个起点节点和一个终点节点。①节点 8、9 指向导致节点编号错误；

②节点 8、10 均为终点,存在多个终点节点。因此,本题的正确答案为 BD。

108.【试题答案】BDE

【试题解析】本题考查重点是"审查施工组织设计时应掌握的原则"。审查施工组织设计时应掌握的原则有:①施工组织设计的编制、审查和批准应符合规定的程序;②施工组织设计应符合国家的技术政策,充分考虑承包合同规定的条件、施工现场条件及法规条件的要求,突出"质量第一、安全第一"的原则;③施工组织设计的针对性:承包单位是否了解并掌握了本工程的特点及难点,施工条件是否分析充分;④施工组织设计的可操作性:承包单位是否有能力执行并保证工期和质量目标,该施工组织设计是否切实可行;⑤技术方案的先进性:施工组织设计采用的技术方案和措施是否先进适用,技术是否成熟;⑥质量管理和技术管理体系,质量保证措施是否健全且切实可行;⑦安全、环保、消防和文明施工措施是否切实可行并符合有关规定;⑧在满足合同和法规要求的前提下,对施工组织设计的审查,应尊重承包单位的自主技术决策和管理决策。因此,本题的正确答案为 BDE。

109.【试题答案】ACDE

【试题解析】本题考查重点是"建设单位管理费"。建设单位管理费是指建设工程从立项、筹建、建设、联合试运转、竣工验收交付使用及后评价等全过程管理所需的费用。内容包括:①建设单位开办费;②建设单位经费。包括工作人员的基本工资、工资性津贴、职工福利费、劳动保护费、劳动保险费、办公费、差旅交通费、工会经费、职工教育经费、合同契约公证费、工程质量监督检测费、工程咨询费、法律顾问费、审计费、业务招待费、排污费、竣工交付使用清理及竣工验收费、后评价等费用。因此,本题的正确答案为 ACDE。

110.【试题答案】ACDE

【试题解析】本题考查重点是"影响工程质量的因素"。影响工程质量的因素很多,但归纳起来主要有五个方面,即人(Man)、材料(Material)、机械(Machine)、方法(Method)和环境(Environment),简称 4M1E 因素。因此,本题的正确答案为 ACDE。

111.【试题答案】CDE

【试题解析】本题考查重点是"单位工程的划分原则"。规模较大的单位工程,可将其能形成独立使用功能的部分划分为一个子单位工程。子单位工程的划分一般可根据工程的建筑设计分区、使用功能的显著差异、结构缝的设置等实际情况,在施工前由建设、监理、施工单位自行商定,并据此收集整理施工技术资料和验收。因此,本题的正确答案为 CDE。

112.【试题答案】BC

【试题解析】本题考查重点是"投资控制的目标"。工程项目建设过程是一个周期长、投入大的生产过程,建设者在一定时间内占有的经验知识是有限的,不但常常受到科学条件和技术条件的限制,而且也受到客观过程的发展及其表现程度的限制,因而不可能在工程建设初始,就设置一个科学的、一成不变的投资控制目标,而只能设置一个大致的投资控制目标,这就是投资估算。随着工程建设实践、认识、再实践、再认识,投资控制目标一步步清晰、准确,这就是设计概算、施工图预算、承包合同价等。也就是说,投资控制目标的设置应是随着工程项目建设实践的不断深入而分阶段设置,具体来讲,投资估算应是建设工程设计方案选择和进行初步设计的投资控制目标；设计概算应是进行技术设计和施工图设计的投资控制目标；施工图预算或建安工程承包合同价则应是施工阶段投资控制的目标。有机联系的各个阶段目标相互制约，相互补充，前者控制后者，后者补充前者，共同组成建设工程投资控制的目标系统。因此，本题的正确答案为BC。

113. 【试题答案】AD

【试题解析】本题考查重点是"投资控制的重点"。投资控制贯穿于项目建设的全过程，这一点是毫无疑义的，但是必须重点突出。影响项目投资最大的阶段，是约占工程项目建设周期四分之一的技术设计结束前的工作阶段。在初步设计阶段，影响项目投资的可能性为$75\%\sim95\%$；在技术设计阶段，影响项目投资的可能性为$35\%\sim75\%$；在施工图设计阶段，影响项目投资的可能性则为$5\%\sim35\%$。很显然，项目投资控制的重点在于施工以前的投资决策和设计阶段，而在项目做出投资决策后，控制项目投资的关键就在于设计。据西方一些国家分析，设计费一般只相当于建设工程全寿命费用的1%以下，但正是这少于1%的费用却基本决定了几乎全部随后的费用。由此可见，设计对整个建设工程的效益是何等重要。这里所说的建设工程全寿命费用包括建设投资和工程交付使用后的经常性开支费用（含经营费用、日常维护修理费用、使用期内大修理和局部更新费用）以及该项目使用期满后的报废拆除费用等。因此，本题的正确答案为AD。

114. 【试题答案】ABD

【试题解析】本题考查重点是"投资控制的重点"。投资控制贯穿于项目建设的全过程，这一点是毫无疑义的，但是必须重点突出。影响项目投资最大的阶段，是约占工程项目建设周期四分之一的技术设计结束前的工作阶段。在初步设计阶段，影响项目投资的可能性为$75\%\sim95\%$；在技术设计阶段，影响项目投资的可能性为$35\%\sim75\%$；在施工图设计阶段，影响项目投资的可能性则为$5\%\sim35\%$。很显然，项目投资控制的重点在于施工以前的投资决策和设计阶段，而在项目做出投资决策后，控制项目投资的关键就在于设计。据西方一些国家分析，设计费一般只相当于建设工程全寿命费用的1%以下，但正是这少于1%的费用却基本决定了几乎全部随后的费用。由此可见，设计对整个建设工程的效益是何等重要。这里所说的建设工程全寿命费用包括建设投资和工程交付使用后的经常性开支费用（含经营费用、日常维护修理费用、使用期内大修理和局部更新费用）以及该项目使用期满后的报废拆除费用等。因此，本题的正确答案为ABD。

115. 【试题答案】BCDE

【试题解析】本题考查重点是"工程质量管理主要制度"。工程质量监督机构的主要任务：①根据政府主管部门的委托，受理建设工程项目的质量监督；②制定质量监督工作方案；③检查施工现场工程建设各方主体的质量行为；④检查建设工程实体质量，地基基础、主体实地抽查，材料构配件抽查，监督地基基础、主体及涉及安全的分部工程和质量验收；⑤监督工程质量验收；⑥向委托部门报送工程质量监督报告；⑦对预制建筑构件和商品混凝土的质量进行监督；⑧政府主管部门委托的工程质量监督管理的其他工作。因此，本题的正确答案为BCDE。

116. 【试题答案】ACDE

【试题解析】本题考查重点是"施工准备的工作内容"。施工准备工作的主要任务是为建设工程的施工创造必要的技术和物资条件，统筹安排施工力量和施工现场。施工准备的工作内容通常包括技术准备、物资准备、劳动组织准备、施工现场准备和施工场外准备。因此，本题的正确答案为 ACDE。

117.【试题答案】ABDE

【试题解析】本题考查重点是"工程项目年度计划的文字部分"。工程项目年度计划主要包括文字和表格两部分内容。其中，文字部分说明编制年度计划的依据和原则，建设进度、本年计划投资额及计划建造的建筑面积，施工图、设备、材料、施工力量等建设条件的落实情况，动力资源情况，对外部协作配合项目建设进度的安排或要求，需要上级主管部门协助解决的问题，计划中存在的其他问题，以及为完成计划而采取的各项措施等。因此，本题的正确答案为 ABDE。

118.【试题答案】ABCE

【试题解析】本题考查重点是"纠偏"。在确定了纠偏的主要对象以后，就需要采取有针对性的纠偏措施。纠偏可以采用组织措施、经济措施、技术措施和合同措施等。因此，本题的正确答案为 ABCE。

119.【试题答案】AE

【试题解析】本题考查重点是"建设工程实施阶段进度控制的主要任务"。为了有效地控制建设工程进度，监理工程师要在设计准备阶段向建设单位提供有关工期的信息，协助建设单位确定工期总目标，并进行环境及施工现场条件的调查和分析。在设计阶段和施工阶段，监理工程师不仅要审查设计单位和施工单位提交的进度计划，更要编制监理进度计划，以确保进度控制目标的实际。因此，本题的正确答案为 AE。

120.【试题答案】BCE

【试题解析】本题考查重点是"设计阶段进度控制工作程序"。建设工程设计阶段进度控制的主要任务是出图控制，也就是通过采取有效措施使工程设计者如期完成初步设计、技术设计、施工图设计等各阶段的设计工作，并提交相应的设计图纸及说明。为此，监理工程师要审核设计单位的进度计划的各专业的出图计划，并在设计实施过程中，跟踪检查这些计划的执行情况，定期将实际进度与计划进度进行比较，进而纠正或修订进度计划。若发现进度拖后，监理工程师应督促设计单位采取有效措施加快进度。因此，本题的正确答案为 BCE。

第四套模拟试卷

一、单项选择题 (共80题，每题1分。每题的备选项中，只有1个最符合题意)

1. 工程具备竣工验收条件后，（　　）应及时组织相关单位进行工程验收。
    A. 监理单位   B. 建设单位
    C. 质量监督机构   D. 施工单位

2. 工程质量事故发生后，总监理工程师首先应进行的工作是签发"工程暂停令"，并要求施工单位采取（　　）的措施。
    A. 抓紧整改，早日复工   B. 防止事故扩大并保护好现场
    C. 防止事故信息不正常披露   D. 对事故责任人加强监督

3. 某工程主体结构的钢筋分项已通过质量验收，共20个检验批。验收过程曾出现1个检验批的一般项目抽检不合格、2个检验批的质量记录不完整的情况，该分项工程所含的检验批合格率为（　　）。
    A. 85%   B. 90%
    C. 95%   D. 100%

4. 施工质量不合格经加固补强的分项、分部工程，通过改变外形尺寸但能满足安全使用要求的，可按（　　）和协商文件进行验收。
    A. 技术处理方案   B. 设计单位意见
    C. 设计变更处理   D. 质量事故责任

5. 影响使用功能和工程结构安全，造成永久质量缺陷的工程质量事故属于（　　）。
    A. 一般质量事故   B. 较大质量事故
    C. 重大质量事故   D. 特大质量事故

6. 某建设项目设备工器具购置费为600万元，建筑安装工程费为1200万元，工程建设其他费为400万元，建设期两年，建设期内平均价格上涨指数为5%，则该项目的涨价预备费的计算基数应为（　　）万元。
    A. 600   B. 1200
    C. 1800   D. 2200

7. 在工程量清单计价模式下，关于确定分部分项工程项目综合单价的说法，正确的是（　　）。
    A. 若分部分项工程量清单项目特征的描述与设计图纸不符，投标人应按设计图纸确定综合单价
    B. 综合单价中不需考虑招标文件中要求投标人承担的风险费用
    C. 综合单价中应考虑招标人和投标人承担的所有风险费用
    D. 招标文件中提供了暂估单价的材料，应按暂估单价计入综合单价

8. 某建设工程项目，承包商在施工过程中发生如下人工费，完成业主要求的合同外工程

117

花费 3 万元，由于业主缘故导致工效降低，使人工费增加 2 万元，施工机械故障造成人员窝工损失 0.5 万元，则承包商可索赔的人工费为(　　)万元。

 A. 2.0   B. 3.0

 C. 5.0   D. 5.5

9. 建设工程施工阶段进度控制的主要任务是(　　)。

 A. 调查和分析工程环境及施工现场条件

 B. 编制工程年、季、月实施计划

 C. 进行工程项目工期目标和进度控制决策

 D. 编制设计准备阶段详细工作计划

10. 工程网络计划中，关键工作是指(　　)的工作。

 A. 最迟完成时间与最早完成时间的差值最小

 B. 双代号时标网络计划中无波形线

 C. 单代号网络计划中时间间隔为零

 D. 双代号网络计划中两端节点均为关键节点

11. 某工程单代号搭接网络计划如下图所示，其中关键工作是(　　)。

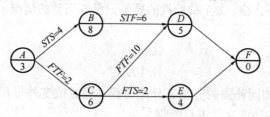

 A. 工作 A 和工作 D   B. 工作 C 和工作 D

 C. 工作 A 和工作 E   D. 工作 C 和工作 E

12. 通过改变某些工作间逻辑关系的方法调整进度计划时，应选择(　　)。

 A. 具有工艺逻辑关系的有关工作

 B. 超过计划工期的非关键线路上的有关工作

 C. 可以增加资源投入的有关工作

 D. 持续时间可以压缩的有关工作

13. 《卓越绩效评价准则》与 ISO 9000 的相同点是(　　)。

 A. 基本原理   B. 导向

 C. 驱动力   D. 目标

14. 监理单位质量管理体系实施中，(　　)应检查监理规划与监理实施细则的质量控制措施是否落实、管理记录是否完整和符合规定要求。

 A. 建设单位负责人   B. 总监理工程师

 C. 认证机构   D. 质量监督机构

15. 某建设项目，当 $i_1 = 25\%$ 时，净现值为 200 万元，当 $i_2 = 30\%$ 时，净现值为 -60 万元，该建设项目的内部收益率为(　　)。

 A. 21.25%   B. 28.50%

 C. 28.85%   D. 32.16%

16. 质量管理体系运行中的工作要点，不包括下列(　　)。
    A. 人力资源管理与培训　　　　B. 文件的标识与控制
    C. 产品质量的追踪检查　　　　D. 研发更新考核制度

17. 下列参数中，用来表示流水施工在时间安排上所处状态的参数是(　　)。
    A. 流水步距　　　　　　　　　B. 流水间距
    C. 流水强度　　　　　　　　　D. 流水时间

18. 工程网络计划中，某项工作的总时差为零时，则该工作的(　　)必须为零。
    A. 时间间隔　　　　　　　　　B. 时距
    C. 间歇时间　　　　　　　　　D. 自由时差

19. 某分部工程单代号搭接网络计划如下图所示，节点中下方数字为该节点所代表工作的持续时间，关键工作是(　　)。

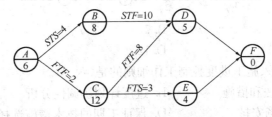

    A. 工作 C 和工作 D　　　　　B. 工作 A 和工作 B
    C. 工作 C 和工作 E　　　　　D. 工作 B 和工作 D

20. 编制单位工程施工进度计划的工作包括：①计算劳动量和机械台班数；②计算工程量；③划分工作项目；④确定施工顺序；⑤确定工作项目的持续时间。上述工作的正确顺序是(　　)。
    A. ②①③④⑤　　　　　　　　B. ③④②①⑤
    C. ③⑤④②①　　　　　　　　D. ②③④⑤①

21. 监理工程师控制物资供应进度的工作内容是(　　)。
    A. 决定物资供应分包方式及分包合同清单
    B. 审核物资供应合同
    C. 审查和签署物资供应情况分析报告
    D. 办理物资运输及进出口许可证等有关事宜

22. 控制图就是利用(　　)规律来识别生产过程中的异常原因，控制系统性原因造成的质量波动，保证生产过程处于控制状态。
    A. 质量特性值呈正态分布　　　B. 质量特性值呈周期性变化
    C. 质量特性值易于识别　　　　D. 质量特性值的稳定状态

23. 某进口设备，按人民币计算的离岸价为 200 万元，到岸价为 250 万元，进口关税率为 10%，增值税率为 17%，无消费税，该进口设备应缴纳的增值税额为(　　)万元。
    A. 34.00　　　　　　　　　　B. 37.40
    C. 42.50　　　　　　　　　　D. 46.75

24. 在质量控制的统计分析方法中，最能形象、直观、定量反映影响质量的主次因素的是(　　)。

A. 排列图   B. 因果分析图
C. 直方图   D. 控制图

25. 工程建设其他费用划分的第二类是( )。

A. 土地使用费   B. 与项目建设有关的费用
C. 与未来企业生产经营有关的费用 D. 设备及工器具购置费

26. 某工程双代号网络计划如下图所示，其中工作 G 的最早开始时间为第( )天。

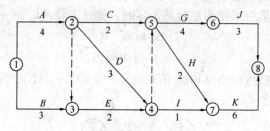

A. 6   B. 7
C. 10   D. 12

27. 下列内容中，应列入施工进度控制工作细则的是( )。

A. 进度控制的方法和措施   B. 进度计划协调性分析
C. 工程材料的进场安排   D. 保证工期的技术措施选择

28. 监理工程师应审查不同阶段工程勘察报告的内容和深度是否满足( )和设计工作的要求。

A. 项目招标   B. 施工组织
C. 勘察任务书   D. 勘察进度计划

29. 按照工程质量事故处理程序要求，监理工程师在质量事故发生后签发《工程暂停令》的同时，应要求施工单位在( )小时内写出质量事故报告。

A. 12   B. 24
C. 36   D. 48

30. 工程建设其他费用划分的第三类是( )。

A. 土地使用费
B. 与项目建设有关的费用
C. 与未来企业生产经营有关的费用
D. 设备及工器具购置费

31. 某建设项目，建安工程费为 40000 万元，设备工器具费为 5000 万元，建设期利息为 1400 万元，工程建设其他费用为 4000 万元，建设期预备费为 9500 万元（其中基本预备费为 4900 万元），项目的铺底流动资金为 600 万元，则该项目的动态投资额为( )万元。

A. 6000   B. 6600
C. 11500   D. 59900

32. 当实际工程量与报价工程量没有实质性差异时，由承包方承担工程量变动风险的合同是( )。

A. 估算工程量单价合同   B. 固定总价合同

C. 纯单价合同   D. 成本加酬金合同

33. 某项目，合同履行过程中，由于法规变更，导致承包商成本增加。下列关于承包商补偿的说法中，正确的是(   )。

    A. 业主应给予承包商补偿

    B. 业主不给予承包商补偿

    C. 竣工结算时，承包商与业主协商是否补偿

    D. 通过仲裁决定是否给予承包商补偿

34. 竣工验收采用荷载试验检验垫层承载力，每个单体工程不宜少于(   )个检验点。

    A. 2   B. 3

    C. 4   D. 5

35. 下列影响建设工程进度的情况中，属于组织管理原因的是(   )。

    A. 合同签订时遗漏条款、表达失当

    B. 节假日交通、市容整顿的限制

    C. 有关方拖欠资金，资金不到位

    D. 不可靠技术的应用

36. 建设工程流水施工方式的特点是(   )。

    A. 施工现场的组织管理比较复杂

    B. 各专业队窝工现象少

    C. 单位时间内投入的资源量比较均衡

    D. 单位时间内投入的资源量较少

37. 在工程网络计划中，工作的最迟开始时间等于本工作的(   )。

    A. 最迟完成时间与其时间间隔之差

    B. 最迟完成时间与其持续时间之差

    C. 最早开始时间与其持续时间之和

    D. 最早开始时间与其时间间隔之和

38. (   )是指工程在设计与建造过程及使用过程中满足节能减排、降低能耗的标准和有关要求的程度。

    A. 适用性   B. 节能性

    C. 耐久性   D. 安全性

39. 概算定额（指标）又是(   )编制的基础。

    A. 预算定额   B. 估算指标

    C. 计划定额   D. 计算定额

40. 在制定检验批的抽样方案时，为合理分配生产方和使用方的风险，主控项目对应于合格质量水平的 α 和 β 值均不宜超过(   )。

    A. 5%   B. 6%

    C. 8%   D. 10%

41. 实施监理的某工程项目，在施工过程中发生质量缺陷，监理工程师发出《监理通知单》以后，下一步要做的工作是(   )。

    A. 进行原因分析

B. 要求有关单位提交质量问题调查报告

C. 及时向建设单位和监理公司汇报

D. 施工单位进行质量缺陷调查

42. 固定节拍流水施工与加快的成倍节拍流水施工相比较，共同的特点是（　　）。

A. 相邻专业工作队的流水步距相等

B. 专业工作队数等于施工过程数

C. 不同施工过程的流水节拍均相等

D. 专业工作队数等于施工段数

43. 已知工程网络计划中，工作 M、N、P 无紧后工作，则该网络计划的计算工期应等于这三项工作的（　　）。

A. 最早完成时间的最大值　　　　B. 最迟完成时间的最大值

C. 最早完成时间的最小值　　　　D. 最迟完成时间的最小值

44. 质量管理体系应是一个由组织结构、程序、过程和资源构成的有机的整体。而在体系文件编写的过程中，由于要素及部门人员的分工不同，侧重点不同及其局限性，保持全局的（　　）较为困难。

A. 相容性　　　　　　　　　　　B. 系统性

C. 独立性　　　　　　　　　　　D. 可操作性

45. 对于设备采购，一般不采取（　　）方式。

A. 市场采购　　　　　　　　　　B. 向制造商订货

C. 招标采购　　　　　　　　　　D. 代理采购

46. 设备监造是根据设备采购要求和设备订货合同对设备制造过程进行的监督活动，监造人员原则上由（　　）派出。

A. 总承包单位　　　　　　　　　B. 设备安装单位

C. 监理单位　　　　　　　　　　D. 设备采购单位

47. 直方图呈孤岛型，其原因可能是（　　）。

A. 分组不当　　　　　　　　　　B. 对上限控制太严

C. 原材料发生变化　　　　　　　D. 数据收集不正常

48. 表述质量管理体系并规定质量管理体系术语的质量管理体系标准是（　　）。

A. GB/T 19000—2008　　　　　　B. GB/T 19001—2008

C. GB/T 19004—2009　　　　　　D. GB/T 19011—2003

49. （　　）是建设工程施工阶段投资控制的目标。

A. 施工图预算　　　　　　　　　B. 设计概算

C. 施工图预算或合同价　　　　　D. 合同价

50. 在排列图中，右侧纵坐标表示（　　）。

A. 频数　　　　　　　　　　　　B. 件数

C. 累计频率　　　　　　　　　　D. 累计件数

51. 按照 FIDIC《施工合同条件》的约定，如果遇到了"一个有经验的承包商难以合理预见"的地下电缆，导致承包商工期延长和成本增加，则承包商有权索赔（　　）。

A. 工期、成本和利润　　　　　　B. 工期、成本，但不包括利润

C. 工期，但不包括成本　　　　　　D. 成本，但不包括工期

52. (　　)对勘察成果的审核与评定是勘察阶段质量控制最重要的工作。
    A. 专业监理工程师　　　　　　　　B. 总监理工程师
    C. 监理工程师　　　　　　　　　　D. 项目工程师

53. 建设工程进度控制的总目标是(　　)。
    A. 提前交付　　　　　　　　　　　B. 建设工期
    C. 定额工期　　　　　　　　　　　D. 计划工期

54. 在组织施工的方式中，占用工期最长的组织方式是(　　)施工。
    A. 依次　　　　　　　　　　　　　B. 平行
    C. 流水　　　　　　　　　　　　　D. 搭接

55. 某项目的施工网络计划（时间单位：月）如下图所示，其中工作 A、E、J 共用一台施工机械且必须按顺序施工，则施工机械闲置的时间是(　　)月。

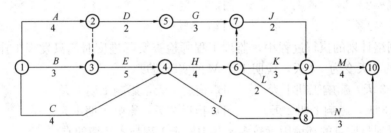

    A. 4　　　　　　　　　　　　　　B. 9
    C. 5　　　　　　　　　　　　　　D. 13

56. 某承包商通过投标承揽了一个大型建设项目设计和施工任务，由于施工图纸未按时提交而造成实际施工进度拖后。该承包商根据监理工程师的指令采取赶工措施后，仍未能按合同工期完成所承包的任务，则该承包商(　　)。
    A. 不仅应承担赶工费，还应向业主支付误期损失赔偿费
    B. 应承担赶工费，但不需要向业主支付误期损失赔偿费
    C. 不需要承担赶工费，但应向业主支付误期损失赔偿费
    D. 既不需要承担赶工费，也不需要向业主支付误期损失赔偿费

57. 在项目监理机构中落实从投资控制角度进行施工跟踪的人员、任务分工和职能分工，体现了项目监理机构在施工阶段投资控制的(　　)措施。
    A. 组织　　　　　　　　　　　　　B. 技术
    C. 经济　　　　　　　　　　　　　D. 合同

58. 编制本阶段投资控制工作计划和详细的工作流程图，体现了项目监理机构在施工阶段投资控制的(　　)措施。
    A. 组织　　　　　　　　　　　　　B. 技术
    C. 经济　　　　　　　　　　　　　D. 合同

59. 参与处理索赔事宜，对主要施工方案进行技术经济分析，体现了项目监理机构在施工阶段投资控制的(　　)措施。
    A. 组织　　　　　　　　　　　　　B. 技术

C. 经济
D. 合同

60. 在生产过程中，如果仅仅存在偶然性原因，而不存在系统性原因的影响，这时生产过程处于（　　）。

　　A. 系统波动
　　B. 异常波动
　　C. 正常波动
　　D. 正态波动

61. 某道路工程划分为 4 个施工过程、5 个施工段进行施工，各施工过程的流水节拍分别为 6、4、4、2 天。如果组织加快的成倍节拍流水施工，则流水施工工期为（　　）天。

　　A. 40
　　B. 30
　　C. 24
　　D. 20

62. 工料测量师行受雇于业主，根据工程规模的大小、难易程度，按总投资（　　）收费，同时对项目投资控制负有重大责任。

　　A. 0.5%～2%
　　B. 0.5%～3%
　　C. 0.3%～2%
　　D. 0.3%～3%

63. 在工程网络计划的执行过程中，监理工程师检查实际进度时，只发现工作 M 的总时差由原计划的 2 天变为 −1 天，说明工作 M 的实际进度（　　）。

　　A. 拖后 3 天，影响工期 1 天
　　B. 拖后 1 天，影响工期 1 天
　　C. 拖后 3 天，影响工期 2 天
　　D. 拖后 2 天，影响工期 1 天

64. 影响工程项目质量的环境因素较多，其中属于工程技术环境的有（　　）。

　　A. 工程地质
　　B. 质量管理制度
　　C. 劳动机具
　　D. 劳动组合

65. 根据《建设工程监理规范》GB/T 50319—2013 的规定，工程监理单位要依据法律法规、工程建设标准、勘察设计文件及合同，在施工阶段对建设工程进行（　　）。

　　A. 投资控制
　　B. 材料控制
　　C. 造价控制
　　D. 设计控制

66. 专业监理工程师对施工单位在工程款支付报审表中提交的工程量和支付金额进行复核，确定实际完成的工程量，体现了施工阶段投资控制中（　　）的主要工作。

　　A. 进行工程计量和付款签证
　　B. 对完成工程量进行偏差分析
　　C. 审核竣工结算款
　　D. 处理施工单位提出的工程变更费用

67. 总监理工程师对专业监理工程师的审查意见进行审核，签认后报建设单位审批，同时抄送施工单位，并就工程竣工结算事宜与建设单位、施工单位协商，体现了施工阶段投资控制中（　　）的主要工作。

　　A. 进行工程计量和付款签证
　　B. 对完成工程量进行偏差分析
　　C. 审核竣工结算款
　　D. 处理施工单位提出的工程变更费用

68. 总监理工程师组织建设单位、施工单位等共同协商确定工程变更费用及工期变化，会签工程变更单，体现了施工阶段投资控制中（　　）的主要工作。

　　A. 进行工程计量和付款签证
　　B. 对完成工程量进行偏差分析
　　C. 审核竣工结算款
　　D. 处理施工单位提出的工程变更费用

69. 工程变更款项最终结算时，应以建设单位与施工单位达成的协议为依据，体现了施工阶段投资控制中( )的主要工作。

    A. 进行工程计量和付款签证   B. 对完成工程量进行偏差分析

    C. 审核竣工结算款   D. 处理施工单位提出的工程变更费用

70. 极差的作用是( )。

    A. 用数据变动的幅度来反映其分散状况的特征值

    B. 反映数据变异程度的特征性

    C. 表示数据的相对离散波动程度

    D. 表示数据的代表性

71. 组织必须对顾客进行动态跟踪，及时地掌握顾客需求的变化，不断地进行质量等方面的改进，争取同步地满足顾客的需求与期望，体现( )原则。

    A. 以顾客为行为准则   B. 以顾客为关注焦点

    C. 以顾客为判定原则   D. 与顾客互利

72. 下列有关工程监理单位勘察质量管理的主要工作描述不正确的是( )。

    A. 监理机构要编制工程勘察任务书

    B. 监理机构要协助建设单位签订工程勘察合同

    C. 监理机构要审查勘察单位提交的勘察方案

    D. 监理机构要检查勘察现场及室内试验主要岗位操作人员的资格

73. 某项目，有甲、乙、丙、丁 4 个设计方案，通过专业人员测算和分析，4 个方案功能得分和单方造价见下表。按照价值工程原理，应选择实施的方案是( )。

方案	甲	乙	丙	丁
功能得分	98	96	99	94
单方造价（元/m²）	2500	2700	2600	2450

    A. 甲方案，因为其价值系数最高 B. 乙方案，因为其价值系数最低

    C. 丙方案，因为其功能得分最高 D. 丁方案，因为其功能得分最低

74. 在国外项目管理咨询公司中，工程师的根本任务是进行( )。

    A. 控制进度   B. 控制质量

    C. 控制投资   D. 项目管理

75. 为确保建设工程进度控制目标的实现，监理工程师必须认真制定进度控制措施。进度控制的技术措施主要有( )。

    A. 对应急赶工给予优厚的赶工费用

    B. 建立图纸审查、工程变更和设计变更管理制度

    C. 审查承包商提交的进度计划，使承包商能在合理的状态下施工

    D. 推行 CM 承发包模式，对建设工程实行分段设计、分段发包和分段施工

76. 为了有效地控制建设工程施工进度，建立施工进度控制目标体系时应( )。

    A. 首先确定短期目标，然后再逐步明确总目标

    B. 首先按施工阶段确定目标，然后综合考虑确定总目标

    C. 将施工进度总目标从不同角度进行层层分解

D. 将施工进度总目标直接按计划期分解

77. 组织流水施工时，划分施工段的目的是（   ）。

    A. 由于施工工艺的要求   B. 可增加更多的专业工作队

    C. 提供工艺或组织间歇时间   D. 使各专业队在不同施工段进行流水施工

78. 设计阶段进度控制的主要任务是（   ）。

    A. 工期控制   B. 出图控制

    C. 施工控制   D. 质量控制

79. 当选定设计单位后，应由（   ）就设计费用及委托合同中的一些细节进行谈判、磋商，双方取得一致意见后即可签订委托设计合同。

    A. 监理工程师和设计单位   B. 建设单位和监理单位

    C. 监理工程师和承包单位   D. 建设单位和设计单位

80. 监理工程师在审批工程延期时遵循的根本原则是（   ）。

    A. 依据合同条件   B. 是否影响工期

    C. 结合实际情况   D. 符合业主意图

二、**多项选择题**（共 40 题，每题 2 分。每题的备选项中，有 2 个或 2 个以上符合题意，至少有 1 个错项。错选，本题不得分；少选，所选的每个选项得 0.5 分）

81. 质量管理体系评价应包括（   ）。

    A. 质量管理体系过程的评价   B. 质量管理体系的审核

    C. 质量管理体系的评审   D. 质量管理体系的改造

    E. 自我评定

82. 监理单位质量管理体系文件的编制程序包括（   ）。

    A. 制定质量方针和质量目标   B. 成立组织机构与划分职责范围

    C. 制定程序文件与质量记录   D. 编写作业指导书

    E. 编制质量手册

83. 建设单位管理费包括（   ）。

    A. 建设单位开办费   B. 建设单位采购及保管材料费

    C. 合同契约公证费   D. 工程质量监督检测费

    E. 竣工验收费

84. 关于招标控制价的说法，正确的有（   ）。

    A. 招标控制价是招标人对招标工程限定的最高工程造价

    B. 招标人应在招标文件中如实公布招标控制价

    C. 招标控制价可以进行上浮或下调

    D. 招标文件中应公布招标控制价各组成部分的详细内容

    E. 招标控制价不同于标底，无需保密

85. 采用加快的成倍节拍流水施工方式的特点有（   ）。

    A. 相邻专业工作队之间的流水步距相等

    B. 不同施工过程的流水节拍成倍数关系

    C. 专业工作队数等于施工过程数

D. 流水步距等于流水节拍的最大值

E. 各专业工作队能够在施工段上连续作业

86. 工程网络计划过程中的关键线路是指（　　）的线路。

A. 单代号搭接网络计划中时间间隔均为零

B. 双代号时标网络计划中时距均为零

C. 单代号网络计划中由关键工作组成

D. 双代号网络计划中由关键点组成

E. 双代号时标网络计划中无波形线

87. 建设工程进度调整系统过程中的工作内容有（　　）。

A. 进度计划执行中的跟踪检查

B. 实际进度数据的加工处理

C. 分析进度偏差对工作及总工期的影响

D. 实施调整后的进度计划

E. 实际进度与计划进度的对比分析

88. 在施工阶段监理工程师进行质量检验与控制所依据的专门技术法规性文件包括（　　）。

A. 建筑工程施工质量验收统一标准

B. 施工材料及其制品质量的技术标准

C. 质量管理体系标准

D. 控制施工作业活动质量的技术规程

E. 有关的新材料、新技术的质量标准

89. 质量管理体系外部审核的主要目的有（　　）。

A. 确定受审核方质量管理体系或其一部分与审核准则的符合程度

B. 为受审核方提供质量改进的机会

C. 验证质量管理体系是否持续满足规定目标的要求且保持有效运行

D. 评价对国家有关法律法规及行业标准要求的符合性

E. 选择合适的合作伙伴，确保提供的服务符合规定要求（针对顾客审核）

90. 由于承包人原因造成工期拖期，业主向承包人提出工程拖期索赔时应考虑的因素有（　　）。

A. 赶工导致施工成本增加　　　　　B. 工程拖期后物价上涨

C. 工程拖期产生的附加监理费　　　D. 工程拖期引起的贷款利息增加

E. 工程拖期产生的业主盈利损失

91. 钢结构焊接检验分类包括（　　）。

A. 自检　　　　　　　　　　　　　B. 交检

C. 专检　　　　　　　　　　　　　D. 监检

E. 焊接检验

92. 根据《建设工程监理规范》，施工承包单位采购的材料、构（配）件、设备进场前，必须向项目监理机构提交工程材料/构（配）件/设备报审表，随表的附件应包括（　　）。

A. 采购合同复印件　　　　　　B. 数量清单

C. 质量证明文件　　　　　　　D. 复检结果

E. 自检结果

93. 质量管理体系文件的编制内容应在一定时期内具有(　　)。

A. 先进性　　　　　　　　　　B. 公平性

C. 适宜性　　　　　　　　　　D. 可操作性

E. 科学性

94. 在网络图中，严禁出现(　　)。

A. 循环回路　　　　　　　　　B. 双箭头连线

C. 没有箭头节点的箭线　　　　D. 没有箭尾节点的箭线

E. 交叉箭线

95. 某工程双代号时标网络计划如下图所示，该计划表明(　　)。

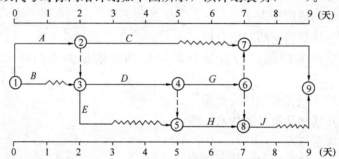

A. 工作 C 的自由时差为 2 天　　　B. 工作 E 的最早开始时间为第 4 天

C. 工作 D 为关键工作　　　　　　D. 工作 H 的总时差为零

E. 工作 B 的最早完成时间为第 1 天

96. 某工作的计划进度与实际进度如下图所示，图中表明该工作(　　)。

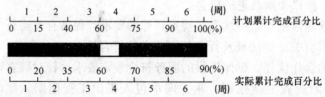

A. 在第 1 周内实际进度拖后　　　B. 到第 2 周末拖欠 5% 的任务量

C. 在第 3 周内按计划正常运行　　D. 在第 4 周前半周末按计划执行

E. 到第 6 周末未按计划完成

97. 根据《建筑工程施工质量验收统一标准》GB 50300—2013，工程施工检验批质量验收工作的内容包括(　　)。

A. 检验批的划分　　　　　　　B. 资料检查

C. 主控项目和一般项目检验　　D. 抽样方案设计并实施

E. 质量验收记录

98. 单位工程质量验收合格的条件除所含各分部工程质量验收合格之外，还包括(　　)。

A. 质量控制资料完整

B. 所含分部工程有关安全和功能的检验资料完整

C. 主要功能项目的抽检结果符合相关专业质量验收规范的规定

D. 施工操作依据、检查记录完整

E. 观感质量验收符合要求

99.（　　）是质量管理原则中"持续改进"包括的基本内容。

A. 核心是提高有效性和效率，实现质量目标

B. 全员参与

C. PDCA 循环

D. 利用资源，将输入转化为输出的活动体系

E. 管理评审

100. 在建设工程施工阶段确定施工进度分解目标时，应考虑的因素有（　　）。

A. 土建与设备综合施工的合理安排

B. 工程量清单与施工过程的匹配

C. 资源供应能力、施工力量配备与施工进度的平衡

D. 外部协作条件的配合情况

E. 工程项目所在地区地形、地质、水文、气象等方面的限制条件

101. 监理工程师对勘察成果的审核与评定包括（　　）。

A. 程序性审查　　　　　　　　　　　　B. 技术性审查

C. 工程性审查　　　　　　　　　　　　D. 科学性审查

E. 专业性审查

102. 工程建设其他费用中的土地使用费包括（　　）。

A. 土地征用及迁移补偿费　　　　　　　B. 土地使用权出让金

C. 建设单位管理费　　　　　　　　　　D. 勘察设计费

E. 研究试验费

103. 根据工程质量事故造成的人员伤亡或者直接经济损失，工程质量事故分为（　　）。

A. 一般质量事故　　　　　　　　　　　B. 较大质量事故

C. 较严重质量事故　　　　　　　　　　D. 重大质量事故

E. 特别重大质量事故

104. 建设工程投资的静态部分包括（　　）。

A. 涨价预备费　　　　　　　　　　　　B. 建设期利息

C. 建筑安装工程费　　　　　　　　　　D. 设备工器具购置费

E. 工程建设其他费用

105. 下列各项说法中，正确的有（　　）。

A. 每个建设工程项目都有其特定的用途、功能、规模

B. 每项工程的结构、空间分割、设备配置和内外装饰都有不同的要求

C. 工程内容和实物形态都有其差异性

D. 同样的工程处于不同的地区或不同的时段在人工、材料、机械消耗上也有差异

E. 建设工程项目投资有差异但不明显

106. 汇总形成建设工程项目投资，需计算出（　　）。

A. 分部分项工程投资　　　　　　　　　B. 单一工程投资

C. 独立工程投资　　　　　　　　　　D. 单位工程投资

　　E. 单项工程投资

107. 当工程质量事故处理完毕进行鉴定验收时，监理工程师应(　　　)。

　　A. 办理交工验收文件

　　B. 组织各有关单位会签

　　C. 做必要的试验和检验鉴定工作

　　D. 拒绝处理后不满足安全使用要求的工程的验收

　　E. 不需专门处理的，可不做书面结论

108. 为了有效地控制建设工程投资，从经济上采取措施包括(　　　)。

　　A. 明确投资控制者及其任务　　　　B. 深入技术领域研究节约投资的可能性

　　C. 动态地比较投资的实际值和计划值　D. 严格审核各项费用支出

　　E. 采取节约投资的奖励措施

109. 下列关于工程量清单的作用的说法，正确的有(　　　)。

　　A. 提供平等的竞争环境　　　　　　B. 为办理工程结算提供了依据

　　C. 编制估算指标的基础　　　　　　D. 询标评标的基础

　　E. 为施工过程中支付工程进度款提供依据

110. 采用扩大单价法编制建筑工程概算，其中工程量的计算必须遵循定额中规定的(　　　)。

　　A. 工程量计算规则　　　　　　　　B. 计算手段

　　C. 计量单位　　　　　　　　　　　D. 计算方法

　　E. 计算顺序

111. 根据 FIDIC 合同条件，下列哪些费用承包商可索赔(　　　)。

　　A. 异常恶劣气候导致的机械窝工费

　　B. 非承包商责任工效降低增加的机械使用费

　　C. 由于完成额外工作增加的机械使用费

　　D. 由于监理工程师原因导致的机械窝工费

　　E. 施工组织设计不合理导致的机械窝工费

112. 施工进度计划调整的组织措施包括(　　　)。

　　A. 增加工作面，组织更多的施工队伍　B. 改善劳动条件

　　C. 采用更先进的施工机械　　　　　D. 增加劳动力和施工机械的数量

　　E. 对所采取的技术措施给予相应的经济补偿

113. 勘察成果报告应包括下列内容(　　　)。

　　A. 勘察工作概况　　　　　　　　　B. 勘察报告编制深度

　　C. 与勘察标准的符合情况　　　　　D. 勘察任务书的完成情况

　　E. 设计阶段的完成情况

114. 近几十年来，各工业发达国家，在工程建设中实行咨询制度已成为通行的惯例，并形成了许多不同的形式和流派，其中影响最大的有两类主体，即(　　　)。

　　A. 项目管理咨询公司　　　　　　　B. 项目投资管理公司

　　C. 项目投资咨询公司　　　　　　　D. 工料测量师行

E. 材料评估师行

115. 项目管理咨询公司是在（　　　）广泛实行的建设工程咨询机构，其国际性组织是国际咨询工程师联合会（FIDIC）。

A. 欧洲大陆 　　　　　　　　　　B. 中国大陆

C. 美国 　　　　　　　　　　　　D. 英国

E. 德国

116. 世行建设工程投资构成中，应急费包括（　　　）。

A. 未明确项目的准备金 　　　　　B. 建设成本上升费

C. 不可预见准备金 　　　　　　　D. 运费和保险费

E. 各种酬金

117. 投标人编制投标价格，可采用（　　　）。

A. 工料测量法 　　　　　　　　　B. 工料单价法

C. 综合测量法 　　　　　　　　　D. 综合单价法

E. 单价计价法

118. 工程量清单可以由（　　　）编制。

A. 招标人 　　　　　　　　　　　B. 招标人委托的招标代理机构

C. 投标人 　　　　　　　　　　　D. 招标人委托的工程造价咨询单位

E. 造价管理部门

119. 由于承包人的原因造成工期延误，发包人进行反索赔，在确定违约金费率时，一般应考虑（　　　）因素。

A. 发包人盈利损失 　　　　　　　B. 由于工期延长造成的贷款利息增加

C. 由于工期延长带来的附加监理费 　D. 由于工期延长增加的保险费开支

E. 由于工期延长增加的租赁费

120. 以下属于流水施工作业中工艺参数的有（　　　）。

A. 施工过程 　　　　　　　　　　B. 工作面

C. 流水节拍 　　　　　　　　　　D. 流水强度

E. 施工段

第四套模拟试卷参考答案、考点分析

一、单项选择题

1. 【试题答案】B

【试题解析】本题考查重点是"建设单位的质量责任"。建设单位在工程开工前，负责办理有关施工图设计文件审查、工程施工许可证和工程质量监督手续，组织设计和施工单位认真进行设计交底；在工程施工中，应按国家现行有关工程建设法规、技术标准及合同规定，对工程质量进行检查，涉及建筑主体和承重结构变动的装修工程，建设单位应在施工前委托原设计单位或者具有相应资质等级的设计单位提出设计方案，经原审查机构审批后方可施工。工程项目竣工后，应及时组织设计、施工、工程监理等有关单位进行施工验收，未经验收备案或验收备案不合格的，不得交付使用。因此，本题的正确答案为B。

2. 【试题答案】B

【试题解析】本题考查重点是"工程质量事故处理的程序"。工程质量事故发生后，总监理工程师应签发《工程暂停令》，并要求停止进行质量缺陷部位和与其有关联部位及下道工序施工，应要求施工单位采取必要的措施，防止事故扩大并保护好现场。同时，要求质量事故发生单位迅速按类别和等级向相应的主管部门上报，并于24h内写出书面报告。因此，本题的正确答案为B。

3. 【试题答案】A

【试题解析】本题考查重点是"检验批的质量验收"。检验批合格质量规定：①主控项目和一般项目的质量经抽样检验合格；②具有完整的施工操作依据、质量检查记录。质量控制资料反映了检验批从原材料到验收的各施工工序的施工操作依据，检查情况以及保证质量所必需的管理制度等。对其完整性的检查，实际是对过程控制的确认，这是检验批合格的前提。所以合格率应为 $1-(1+2)/20=85\%$。因此，本题的正确答案为A。

4. 【试题答案】A

【试题解析】本题考查重点是"工程施工质量不符合要求时的处理"。经返修或加固的分项、分部工程，虽然改变外形尺寸但仍能满足安全使用要求，可按技术处理方案和协商文件进行验收。因此，本题的正确答案为A。

5. 【试题答案】A

【试题解析】本题考查重点是"工程质量事故的分类"。凡具备下列条件之一者为一般质量事故：①直接经济损失在5000元（含5000元）以上，不满50000元的；②影响使用功能和工程结构安全，造成永久质量缺陷的。因此，根据第②点可知，本题的正确答案为A。

6. 【试题答案】C

【试题解析】本题考查重点是"涨价预备费的计算基数"。涨价预备费是指建设工程在建设期内由于价格等变化引起投资增加，需要事先预留的费用。涨价预备费以建筑安装工程费、设备工器具购置费之和为计算基数。即涨价预备费的计算基数=1200+600=1800（万元）。因此，本题的正确答案为C。

7.【试题答案】D

【试题解析】本题考查重点是"其他项目清单的编制"。暂估价是指招标人在招标文件中提供的用于支付必然要发生但暂时不能确定价格的材料以及需另行发包的专业工程金额。暂估价包括材料暂估价和专业工程暂估价。一般而言，为方便合同管理和计价，需要纳入分部分项工程量清单项目综合单价中的暂估价最好只是材料费，以方便投标人组价。以"项"为计量单位给出的专业工程暂估价一般应是综合暂估价，应当包括除规费、税金以外的管理费、利润等。因此，本题的正确答案为D。

8.【试题答案】C

【试题解析】本题考查重点是"承包商向业主的索赔"。因完成业主要求合同外工程的花费和人工费的增加都是业主的原因，所以索赔费用为3+2=5（万元）。因此，本题的正确答案为C。

9.【试题答案】B

【试题解析】本题考查重点是"建设工程施工阶段进度控制的主要任务"。建设工程施工阶段进度控制的主要任务有：①编制施工总进度计划，并控制其执行；②编制单位工程施工进度计划，并控制其执行；③编制工程年、季、月实施计划，并控制其执行。根据第③点可知，选项B符合题意。选项A、C、D均属于设计准备阶段进度控制的任务。因此，本题的正确答案为B。

10.【试题答案】A

【试题解析】本题考查重点是"双代号网络计划的关键工作"。工作的总时差等于该工作最迟完成时间与最早完成时间之差，或该工作最迟开始时间与最早开始时间之差。在网络计划中，总时差最小的工作为关键工作。所以，工程网络计划中，关键工作是指最迟完成时间与最早完成时间的差值最小的工作。因此，本题的正确答案为A。

11.【试题答案】B

【试题解析】本题考查重点是"搭接网络计划时间参数的计算"。图中共有三条路线，分别为ABDF、ACDF、ACEF。搭接网络计划关键线路中，从搭接网络计划的终点节点开始，逆着箭线方向依次找出相邻两项工作之间时间间隔为零的线路就是关键线路。由于相邻两项工作之间的搭接关系不同，其时间间隔的计算方法也有所不同。①搭接关系为结束到开始（FTS）时的时间间隔的计算公式为：$LAG_{i,j}=ES_j-EF_i-FTS_{i,j}$；②搭接关系为开始到开始（STS）时的时间间隔的计算公式为：$LAG_{i,j}=ES_j-ES_i-STS_{i,j}$；③搭接关系为结束到结束（FTF）时的时间间隔的计算公式为：$LAG_{i,j}=EF_j-EF_i-FTF_{i,j}$；④搭接关系为开始到结束（STF）时的时间间隔的计算公式为：$LAG_{i,j}=EF_j-ES_i-STF_{i,j}$；⑤混合搭接关系时的时间间隔。当相邻两项工作之间存在两种时距及以上的搭接关系时，应分别计算出时间间隔，然后取其中的最小值。上面公式中，$LAG_{i,j}$为工作i与其紧后工作j之间的时间间隔；ES_j为工作i的紧后工作j的最早开始时间；EF_i为工作i的最早完成时间。通过计算可知，图中的三条路线中，只有ACDF这条路线相邻两项工作之间的时间间隔均为零。所以，在此路线上的工作为关键工作，即工作C、D、F为关键工作。因此，本题的正确答案为B。

12. 【试题答案】B

【试题解析】本题考查重点是"进度计划的调整方法"。当实际进度偏差影响到后续工作、总工期而需要调整进度计划时，其调整方法主要有两种：改变某些工作间的逻辑关系；缩短某些工作的持续时间。当工程项目实施中产生的进度偏差影响到总工期，且有关工作的逻辑关系允许改变时，可以改变关键线路和超过计划工期的非关键线路上的有关工作之间的逻辑关系。因此，本题的正确答案为B。

13. 【试题答案】A

【试题解析】本题考查重点是"《卓越绩效评价准则》与ISO 9000的比较"。《卓越绩效评价准则》与ISO 9000的相同点有：①基本原理和原则相同；②基本理念和思维方式相同；③使用方法（工具）相同。《卓越绩效评价准则》与ISO 9000的不同点有：①导向不同；②驱动力不同；③评价方式不同；④关注点不同；⑤目标不同；⑥责任人不同；⑦对组织的要求不同。因此，本题的正确答案为A。

14. 【试题答案】B

【试题解析】本题考查重点是"质量管理体系的实施"。总监理工程师应检查监理规划与监理实施细则的质量控制措施是否落实、管理记录是否完整和符合规定要求等。通过质量管理体系和质量控制系统的两级管理，使得监理单位对项目监理机构的管理得以简化，责任、分工更加明确，更强化对产品质量的追踪检查。因此，本题的正确答案为B。

15. 【试题答案】C

【试题解析】本题考查重点是"财务内部收益率的计算分析"。用线性插入法计算财务内部收益率（FIRR）的近似值，其公式为：

$$FIRR = i_1 + \frac{FNPV_1}{FNPV_1 + |FNPV_2|}(i_2 - i_1)$$

式中　$FNPV$——财务净现值；

i_1、i_2——基准收益率或投资主体设定的折现率。

通过公式可得出：$FIRR = 25\% + \frac{200}{200 + |-60|} \times (30\% - 25\%) = 28.85\%$。因此，本题的正确答案为C。

16. 【试题答案】D

【试题解析】本题考查重点是"质量管理体系的实施"。质量管理体系运行中的工作要点包括：①人力资源管理与培训；②文件的标识与控制；③产品质量的追踪检查；④建立并实行严格的考核制度；⑤物资管理。因此，本题的正确答案为D。

17. 【试题答案】A

【试题解析】本题考查重点是"流水施工参数——时间参数"。时间参数是指在组织流水施工时，用以表达流水施工在时间安排上所处状态的参数，主要包括流水节拍、流水步距和流水施工工期等。所以，选项A符合题意。选项C的"流水强度"是指流水施工的某施工过程（专业工作队）在单位时间内所完成的工程量，也称为流水能力或生产能力。它用以表达流水施工在施工工艺方面进展状态。没有选项B、D的说法。因此，本题的正确答案为A。

18. 【试题答案】D

【试题解析】本题考查重点是"网络计划时间参数的概念"。工作的总时差是指在不影响工期的前提下，本工作可以利用的机动时间。工作的自由时差是指在不影响其紧后工作最早开始时间的前提下，本工作可以利用的机动时间。从总时差和自由时差的定义可知，对于同一项工作而言，自由时差不会超过总时差。当工作的总时差为零时，其自由时差必然为零。因此，本题的正确答案为D。

19.【试题答案】A

【试题解析】本题考查重点是"关键线路的确定"。总时差最小的工作为关键工作。由图可知，此网络图的工期为23天，其中关键工作有：C、D、F。因此，本题的正确答案为A。

20.【试题答案】B

【试题解析】本题考查重点是"单位工程施工进度计划的编制顺序"。编制单位工程施工进度计划的工作顺序为：①划分工作项目；②确定施工顺序；③计算工程量；④计算劳动量和机械台班数；⑤确定工作项目的持续时间；⑥绘制施工进度计划图；⑦施工进度计划的检查与调整。因此，本题的正确答案为B。

21.【试题答案】C

【试题解析】本题考查重点是"控制物资供应计划的实施"。控制物资供应计划的实施内容有：①掌握物资供应全过程的情况。监理工程师要监测从材料、设备订货到材料、设备到达现场的整个过程，及时掌握动态，分析是否存在潜在的问题；②采取有效措施保证急需物资的供应。监理工程师对可能导致建设工程拖期的急需材料、设备采取有效措施，促使其及时运到施工现场；③审查和签署物资供应情况分析报告。在物资供应过程中，监理工程师要审查和签署物资供应单位的材料设备供应情况分析报告；④协调各有关单位的关系。在物资供应过程中，由于某些干扰因素的影响，要进行有关计划的调整。监理工程师要协调好建设、设计、材料供应和施工等单位之间的关系。因此，根据第③点可知，本题的正确答案为C。

22.【试题答案】A

【试题解析】本题考查重点是"控制图的原理"。影响生产过程和产品质量的原因，可分为系统性原因和偶然性原因。在生产过程中，如果仅仅存在偶然性原因影响，而不存在系统性原因，这时生产过程是处于稳定状态，或称为控制状态。其产品质量特性值的波动是有一定规律的，即质量特性值分布服从正态分布。控制图就是利用这个规律来识别生产过程中的异常原因，控制系统性原因造成的质量波动，保证生产过程处于控制状态。因此，本题的正确答案为A。

23.【试题答案】D

【试题解析】本题考查重点是"进口产品增值税额的计算"。根据计算公式：①进口产品增值税额＝组成计税价格×增值税率，组成计税价格＝到岸价×人民币外汇牌价＋进口关税＋消费税；②进口关税＝到岸价×人民币外汇牌价×进口关税率。所以，进口产品增值税额＝（250＋250×10%＋0）×17%＝46.75（万元）。因此，本题的正确答案为D。

24.【试题答案】A

【试题解析】本题考查重点是"排列图的应用"。排列图可以形象、直观地反映主次因素。其主要应用有：①按不合格点的内容分类，可以分析出造成质量问题的薄弱环节；②

按生产作业分类，可以找出生产不合格品最多的关键过程；③按生产班组或单位分类，可以分析比较各单位技术水平和质量管理水平；④将采取提高质量措施前后的排列图对比，可以分析措施是否有效；⑤此外还可以用于成本费用分析、安全问题分析等。因此，本题的正确答案为 A。

25.【试题答案】B

【试题解析】本题考查重点是"建设工程项目投资的概念"。工程建设其他费用，是指未纳入设备及工器具购置费和建筑安装工程费的费用。根据设计文件要求和国家有关规定应由项目投资支付的、为保证工程建设顺利完成和交付使用后能够正常发挥效用而发生的一些费用。工程建设其他费用可分为三类：第一类是土地使用费，包括土地征用及迁移补偿费和土地使用权出让金；第二类是与项目建设有关的费用，包括建设单位管理费、勘察设计费、研究试验费、建设工程监理费等；第三类是与未来企业生产经营有关的费用，包括联合试运转费、生产准备费、办公和生活家具购置费等。因此，本题的正确答案为 B。

26.【试题答案】B

【试题解析】本题考查重点是"工作的最早开始时间"。其他工作的最早开始时间应等于其紧前工作最早完成时间的最大值，即：

$$ES_{i-j} = \max\{EF_{h-i}\} = \max\{ES_{h-i} + D_{h-i}\}$$

式中　ES_{i-j}——工作 $i-j$ 最早开始时间；

　　　EF_{h-i}——工作 $i-j$ 的紧前工作 $h-i$（非虚工作）的最早完成时间；

　　　ES_{h-i}——工作 $i-j$ 的紧前工作 $h-i$（非虚工作）的最早开始进间；

　　　D_{h-i}——工作 $i-j$ 的紧前工作 $h-i$（非虚工作）的持续时间。

工作 G 的紧前工作有①A、C；②B、E；③A、D；④A、E。

所以，工作 G 的最早开始时间 $ES_{5-6} = \max\{ES_{1-5} + D_{1-5}\} = \max\{(4+2), (4+3), (4+2), (3+2)\} = 7$。因此，本题的正确答案为 B。

27.【试题答案】A

【试题解析】本题考查重点是"施工进度控制工作细则的主要内容"。施工进度控制工作细则是在建设工程监理规划的指导下，由项目监理班子中进度控制部门的监理工程师负责编制的更具有实施性和操作性的监理业务文件。其主要内容包括：①施工进度控制目标分解图；②施工进度控制的主要工作内容和深度；③进度控制人员的职责分工；④与进度控制有关各项工作的时间安排及工作流程；⑤进度控制的方法（包括进度检查周期、数据采集方式、进度报表格式、统计分析方法）；⑥进度控制的具体措施（包括组织措施、技术措施、经济措施及合同措施等）；⑦施工进度控制目标实现的风险分析；⑧尚待解决的有关问题。因此，根据第⑤点和第⑥点可知，本题的正确答案为 A。

28.【试题答案】C

【试题解析】本题考查重点是"勘察阶段勘察文件的质量控制"。监理工程师应针对不同的勘察阶段，对工程勘察报告的内容和深度进行检查，看其是否满足勘察任务书和相应设计阶段的要求。勘察进度计划只反映进度方面的内容，勘察任务书是对工程勘察工作的内容和深度都提出要求的文件。因此，本题的正确答案为 C。

29.【试题答案】B

【试题解析】本题考查重点是"工程质量事故处理的程序"。工程质量事故发生后，总监理工程师应签发《工程暂停令》，并要求停止进行质量缺陷部位和与其有关联部位及下道工序施工，应要求施工单位采取必要的措施，防止事故扩大并保护好现场。同时，要求质量事故发生单位迅速按类别和等级向相应的主管部门上报，并于24小时内写出书面报告。因此，本题的正确答案为B。

30. 【试题答案】C

【试题解析】本题考查重点是"建设工程项目投资的概念"。工程建设其他费用，是指未纳入设备及工器具购置费和建筑安装工程费的费用。根据设计文件要求和国家有关规定应由项目投资支付的、为保证工程建设顺利完成和交付使用后能够正常发挥效用而发生的一些费用。工程建设其他费用可分为三类：第一类是土地使用费，包括土地征用及迁移补偿费和土地使用权出让金；第二类是与项目建设有关的费用，包括建设单位管理费、勘察设计费、研究试验费、建设工程监理费等；第三类是与未来企业生产经营有关的费用，包括联合试运转费、生产准备费、办公和生活家具购置费等。因此，本题的正确答案为C。

31. 【试题答案】A

【试题解析】本题考查重点是"建设工程投资"。建设投资分为静态投资部分和动态投资部分。静态投资包括：建安工程费、设备工器具购置费、工程建设其他费和基本预备费。动态投资部分包括：涨价预备费和建设期利息。所以，本题中的动态投资额＝涨价预备费＋建设期利息＝（9500－4900）＋1400＝6000（万元）。因此，本题的正确答案为A。

32. 【试题答案】B

【试题解析】本题考查重点是"固定总价合同"。固定总价合同的价格计算是以设计图纸、工程量及规范等为依据，发承包双方就承包工程协商一个固定的总价，即承包方按投标时发包方接受的合同价格实施工程，并一笔包死，无特定情况不作变化。采用这种合同，合同总价只有在设计和工程范围发生变更的情况下才能随之作相应的变更，除此之外，合同总价一般不能变动。因此，采用固定总价合同，承包方要承担合同履行过程中的主要风险，要承担实物工程量、工程单价等变化而可能造成损失的风险。所以，选项B的叙述是正确的。选项A的"估算工程量单价合同"通常是由发包方提出工程量清单，列出分部分项工程量，由承包方以此为基础填报相应单价，累计计算后得出合同价格。采用选项C的"纯单价"计价方式的合同时，发包方只向承包方给出发包工程的有关分部分项工程以及工程范围，不对工程量作任何规定。即在招标文件中仅给出工程内各个分部分项工程一览表、工程范围和必要的说明，而不必提供实物工程量。选项D的"成本加酬金"的合同计价方式主要适用于工程内容及技术经济指标尚未全面确定，投标报价的依据尚不充分的情况下，发包方因工期要求紧迫，必须发包的工程；或者发包方与承包方之间有着高度的信任，承包方在某些方面具有独特的技术、特长或经验。因此，本题的正确答案为B。

33. 【试题答案】A

【试题解析】本题考查重点是"业主给予承包商的索赔"。由法律引起的索赔，如果在基准日期（投标截止日期前的28天）以后，由于业主国家或地方的任何法规、法令、政令或其他法律或规章发生了变更，导致了承包商成本增加。对承包商由此增加的成本，业主应予补偿。因此，本题的正确答案为A。

34. 【试题答案】B

【试题解析】本题考查重点是"地基基础工程施工试验与检测"。每个单体工程不宜少于3个检验点；大型工程，按单体工程的数量或面积确定检验个数。因此，本题的正确答案为B。

35.【试题答案】A

【试题解析】本题考查重点是"进度控制与影响进度的因素"。影响建设工程进度的情况中，组织管理因素有：向有关部门提出各种申请审批手续的延误；合同签订时遗漏条款、表达失当；计划安排不周密，组织协调不力，导致停工待料、相关作业脱节；领导不力，指挥失当，使参加工程建设的各个单位、各个专业、各个施工过程之间交接、配合上发生矛盾等。所以，选项A符合题意。选项B是社会环境因素。选项C是资金因素。选项D是施工技术因素。因此，本题的正确答案为A。

36.【试题答案】C

【试题解析】本题考查重点是"流水施工方式的特点"。流水施工方式具有以下特点：①尽可能地利用工作面进行施工，工期比较短；②各工作队实现了专业化施工，有利于提高技术水平和劳动生产率，也有利于提高工程质量；③专业工作队能够连续施工，同时使相邻专业队的开工时间能够最大限度地搭接；④单位时间内投入的劳动力、施工机具、材料等资源量较为均衡，有利于资源供应的组织；⑤为施工现场的文明施工和科学管理创造了有利条件。根据第④点可知，选项C符合题意。选项A是平行施工方式的特点，选项D是依次施工方式的特点，选项B是流水施工方式的效果而不是特点。因此，本题的正确答案为C。

37.【试题答案】B

【试题解析】本题考查重点是"网络计划时间参数的概念"。工作的最迟开始时间是指在不影响整个任务按期完成的前提下，本工作必须开始的最迟时刻。工作的最迟开始时间等于本工作的最迟完成时间与其持续时间之差。因此，本题的正确答案为B。

38.【试题答案】B

【试题解析】本题考查重点是"建设工程质量"。建设工程质量简称工程质量，是指建设工程满足相关标准规定和合同约定要求的程度，包括其在安全、使用功能及其在耐久性能、节能与环境保护等方面所有明示和隐含的固有特性。建设工程作为一种特殊的产品，除具有一般产品共有的质量特性外，还具有特定的内涵。建设工程质量的特性主要表现在以下七个方面：①适用性；②耐久性；③安全性；④可靠性；⑤经济性；⑥节能性，是指工程在设计与建造过程及使用过程中满足节能减排、降低能耗的标准和有关要求的程度；⑦与环境的协调性。因此，本题的正确答案为B。

39.【试题答案】B

【试题解析】本题考查重点是"建设工程项目投资的特点"。建设工程项目投资的确定依据繁多，关系复杂。在不同的建设阶段有不同的确定依据，且互为基础和指导，互相影响。如预算定额是概算定额（指标）编制的基础，概算定额（指标）又是估算指标编制的基础；反过来，估算指标又控制概算定额（指标）的水平，概算定额（指标）又控制预算定额的水平。这些都说明了建设工程项目投资的确定依据复杂的特点。因此，本题的正确答案为B。

40.【试题答案】A

【试题解析】本题考查重点是"抽样检验风险"。第二类风险：存伪错误。即：不合格批被判定为合格批，其概率记为 β。此类错误对用户不利，故称为用户风险。抽样检验必然存在两类风险，要求通过抽样检验的产品 100% 合格是不合理也是不可能的，除非产品中根本就不存在不合格品。抽样检验中，两类风险控制的一般范围是：$\alpha=1\%\sim5\%$，$\beta=5\%\sim10\%$。例如：《建筑工程施工质量验收统一标准》GB 50300—2013 规定，在制定检验批的抽样方案时，对生产方风险（或错判概率 α）和使用方风险（或漏判概率 β）可按下列规定采取：①主控项目：对应于合格质量水平的 α 和 β 均不宜超过 5%；②一般项目：对应于合格质量水平的 α 不宜超过 5%，β 不宜超过 10%。因此，本题的正确答案为 A。

41.【试题答案】D

【试题解析】本题考查重点是"工程质量缺陷的处理"。工程施工过程中，由于种种主观和客观原因，出现质量缺陷往往难以避免。对已发生的质量缺陷，项目监理机构应按下列程序进行处理：①发生工程质量缺陷后，项目监理机构签发监理通知单，责成施工单位进行处理；②施工单位进行质量缺陷调查，分析质量缺陷产生的原因，并提出经设计等相关单位认可的处理方案；③项目监理机构审查施工单位报送的质量缺陷处理方案，并签署意见；④施工单位按审查合格的处理方案实施处理，项目监理机构对处理过程进行跟踪检查，对处理结果进行验收；⑤质量缺陷处理完毕后，项目监理机构应根据施工单位报送的监理通知回复单对质量缺陷处理情况进行复查，并提出复查意见；⑥处理记录整理归档。因此，本题的正确答案为 D。

42.【试题答案】A

【试题解析】本题考查重点是"固定节拍流水施工与加快的成倍节拍流水施工的特点"。固定节拍流水施工是一种最理想的流水施工方式，其特点如下：①所有施工过程在各个施工段上的流水节拍均相等；②相邻施工过程的流水步距相等，且等于流水节拍；③专业工作队数等于施工过程数，即每一个施工过程成立一个专业工作队，由该队完成相应施工过程所有施工段上的任务；④各个专业工作队在各施工段上能够连续作业，施工段之间没有空闲时间。加快的成倍节拍流水施工的特点如下：①同一施工过程在其各个施工段上的流水节拍均相等；不同施工过程的流水节拍不等，但其值为倍数关系；②相邻专业工作队的流水步距相等，且等于流水节拍的最大公约数（K）；③专业工作队数大于施工过程数，即有的施工过程只成立一个专业工作队，而对于流水节拍的施工过程，可按其倍数增加相应专业工作队数目；④各个专业工作队在施工段上能够连续作业，施工段之间没有空闲时间。所以，固定节拍流水施工与加快的成倍节拍流水施工相比较，共同的特点是相邻施工过程的流水步距相等、各个专业工作队在各施工段上能够连续作业，施工段之间没有空闲时间。因此，本题的正确答案为 A。

43.【试题答案】A

【试题解析】本题考查重点是"网络计划的计算工期"。网络计划的计算工期应等于以网络计划终点节点为完成节点的工作的最早完成时间的最大值。因此，本题的正确答案为 A。

44.【试题答案】B

【试题解析】本题考查重点是"质量管理体系的建立"。监理单位组织编制质量管理体系文件时应遵循以下原则：①符合性。质量管理体系文件应符合监理单位的质量方针和目标，符合所选质量保证模式标准的要求。这两个符合性，也是质量管理体系认证的基本要求；②确定性。在描述任何质量活动过程时，必须使其具有确定性。即何时、何地、由谁、依据什么文件、怎么做以及应保留什么记录等必须加以明确规定，排除人为的随意性。只有这样才能保证过程的一致性，才能保障产品质量的稳定性；③相容性。各种与质量管理体系有关的文件之间应保持良好的相容性，即不仅要协调一致不产生矛盾，而且要各自为实现总目标承担好相应的任务，从质量策划开始就应当考虑保持文件的相容性；④可操作性。质量管理体系文件必须符合监理单位的客观实际，具有可操作性，这是体系文件得以有效贯彻实施的重要前提。因此，应该做到编写人员深入实际进行调查研究，使用人员及时反馈使用中存在的问题，力求尽快改进和完善，确保体系文件可以操作且行之有效；⑤系统性。质量管理体系应是一个由组织结构、程序、过程和资源构成的有机的整体。而在体系文件编写的过程中，由于要素及部门人员的分工不同，侧重点不同及其局限性，保持全局的系统性较为困难。因此，监理单位应该站在系统高度，着重搞清每个程序在体系中的作用，其输入、输出与其他程序之间的界面和接口，并施以有效的反馈控制。此外，体系文件之间的支撑关系必须清晰，质量管理体系程序要支撑质量手册，即对质量手册提出的各种管理要求都有交代、有控制的安排。作业文件也应如此支撑质量管理体系程序；⑥独立性。在关于质量管理体系评价方面，应贯彻独立性原则，使体系评价人员独立于被评价的活动（即只能评价与自己无责任和利益关联的活动，只有这样才能保证评价的客观性、真实性和公正性。同理，监理单位在设计验证、确认、质量审核、检验等活动中贯彻独立性原则也是必要的）。因此，本题的正确答案为 B。

45.【试题答案】D

【试题解析】本题考查重点是"设备采购的方式"。采购设备，可采取市场采购、向制造厂商订货或招标采购等方式，采购质量控制主要是采购方案的审查及工作计划中明确的质量要求。所以，采购设备不采取代理代购。因此，本题的正确答案为 D。

46.【试题答案】D

【试题解析】本题考查重点是"设备制造的质量监控方式"。设备监造是指有资质的监理单位依据委托监理合同和设备订货合同对设备制造过程进行的监督活动。监造人员原则上是由设备采购单位派出。因此，本题的正确答案为 D。

47.【试题答案】C

【试题解析】本题考查重点是"直方图的观察与分析"。根据直方图的形状判断其质量分布状态，孤岛型是原材料发生变化或者临时他人顶班作业造成的。因此，本题的正确答案为 C。

48.【试题答案】A

【试题解析】本题考查重点是"2008 版 ISO 9000 族标准的构成"。在 1999 年 9 月召开的 ISO/TC 176 第 17 届年会上，提出了 2000 版 ISO 9000 族标准的文件结构。2008 版 ISO 9000 族标准包括：4 个核心标准、1 个支持性标准、若干个技术报告和宣传性小册子。其中 4 个核心标准包括：①GB/T 19000－2008 idt ISO 9000：2005《质量管理体系　基础和术语》；②GB/T 19001－2008 idt ISO 9001：2000《质量管理体系　要求》；③GB/T 19004－2009 idt ISO 9004：2009《质量管理体系　业绩改进指南》；④GB/T 19011－2003 idt ISO 19011：2002《质量和（或）环境管理体系审核指南》。因此，根据第①点可知，本题的正确答案为 A。

49. 【试题答案】C

【试题解析】本题考查重点是"投资控制的目标"。投资控制目标的设置应是随着工程建设实践的不断深入而分阶段设置，具体来讲，投资估算应是建设工程设计方案选择和进行初步设计的投资控制目标；设计概算应是进行技术设计和施工图设计的投资控制目标；施工图预算或建安工程承包合同价则应是施工阶段投资控制的目标。因此，本题的正确答案为 C。

50. 【试题答案】C

【试题解析】本题考查重点是"排列图绘制过程中各坐标表示的意义"。排列图法是利用排列图寻找影响质量主次因素的一种有效方法。排列图又叫帕累托图或主次因素分析图，它是由两个纵坐标、一个横坐标、几个连起来的直方形和一条曲线所组成。左侧纵坐标表示频数，右侧纵坐标表示累计频率，横坐标表示影响质量的各个因素或项目，按影响程度大小从左至右排列，直方形的高度示意某个因素的影响大小。因此，本题的正确答案为 C。

51. 【试题答案】B

【试题解析】本题考查重点是"地质条件变化引起的索赔"。在工程施工过程中，承包商如果遇到了现场气候条件以外的外界障碍或条件，在他看来这些障碍和条件是一个有经验的承包商也无法预见到的，则承包商应就此向监理工程师提供有关通知，并将一份副本呈交业主。收到此类通知后，如果监理工程师认为这类障碍或条件是一个有经验的承包商无法合理预见到的，在与业主和承包商适当协商以后，应给予承包商延长工期和费用补偿的权利，但不包括利润。因此，本题的正确答案为 B。

52. 【试题答案】C

【试题解析】本题考查重点是"工程勘察成果的审查要点"。监理工程师对勘察成果的审核与评定是勘察阶段质量控制最重要的工作。审核与评定包括程序性审查和技术性审查。因此，本题的正确答案为 C。

53. 【试题答案】B

【试题解析】本题考查重点是"进度控制的概念"。建设工程进度控制是指对工程项目建设各阶段的工作内容、工作程序、持续时间和衔接关系的控制。建设工程进度控制的最终目的是确保建设项目按预定的时间使用或提前交付使用，建设工程进度控制的总目标是建设工期。因此，本题的正确答案为 B。

54. 【试题答案】A

【试题解析】本题考查重点是"依次施工"。依次施工方式是将拟建工程项目中的每一个施工对象分解为若干个施工过程，按施工工艺要求依次完成每一个施工过程，当一个施工对象完成后，再按同样的顺序完成下一个施工对象，依次类推，直至完成所有施工对象。依次施工在组织施工的方式中，是占用工期最长的组织方式。因此，本题的正确答案为 A。

55. 【试题答案】A

【试题解析】本题考查重点是"利用标号法确定关键线路与计算工期"。利用标号法快速确定关键线路与计算工期。网络计划的计算工期就是网络计划终点节点的标号值。关键路线应从网络计划的终点节点开始，逆着箭线方向按源节点确定。本题中，工作 A、E 为关键工作，它们用完机械后，J 才能开始动用；J 的紧前工作 H 为关键工作。因此，只有 H 工作完成后，J 才能动用机械，故机械的闲置时间就是 H 的工作时间。因此，本题的正确答案为 A。

56.【试题答案】A

【试题解析】本题考查重点是"承包商向业主的索赔中工程延期的费用索赔"。承包商承揽了建设项目设计和施工任务，由于施工图纸未按时提交而造成实际施工进度拖后属于承包商自身的原因，即属于工程延误，因此造成的一切损失由承包单位承担，需承担赶工的全部额外开支和误期损失赔偿。所以承包商不仅应承担赶工费，还应向业主支付误期损失赔偿费。因此，本题的正确答案为 A。

57.【试题答案】A

【试题解析】本题考查重点是"投资控制的措施"。项目监理机构在施工阶段投资控制的具体措施如下：(1) 组织措施：①在项目监理机构中落实从投资控制角度进行施工跟踪的人员、任务分工和职能分工；②编制本阶段投资控制工作计划和详细的工作流程图。(2) 经济措施：①编制资金使用计划，确定、分解投资控制目标。对工程项目造价目标进行风险分析，并制定防范性对策；②进行工程计量；③复核工程付款账单，签发付款证书；④在施工过程中进行投资跟踪控制，定期进行投资实际支出值与计划目标值的比较；发现偏差，分析产生偏差的原因，采取纠偏措施；⑤协商确定工程变更的价款。审核竣工结算；⑥对工程施工过程中的投资支出做好分析与预测，经常或定期向建设单位提交项目投资控制及其存在问题的报告。(3) 技术措施：①对设计变更进行技术经济比较，严格控制设计变更；②继续寻找通过设计挖潜节约投资的可能性；③审核承包人编制的施工组织设计，对主要施工方案进行技术经济分析。(4) 合同措施：①做好工程施工记录，保存各种文件图纸，特别是注有实际施工变更情况的图纸，注意积累素材，为正确处理可能发生的索赔提供依据。参与处理索赔事宜；②参与合同修改、补充工作，着重考虑它对投资控制的影响。因此，本题的正确答案为 A。

58.【试题答案】A

【试题解析】本题考查重点是"投资控制的措施"。项目监理机构在施工阶段投资控制的具体措施如下：(1) 组织措施：①在项目监理机构中落实从投资控制角度进行施工跟踪的人员、任务分工和职能分工；②编制本阶段投资控制工作计划和详细的工作流程图。(2) 经济措施：①编制资金使用计划，确定、分解投资控制目标。对工程项目造价目标进行风险分析，并制定防范性对策；②进行工程计量；③复核工程付款账单，签发付款证书；④在施工过程中进行投资跟踪控制，定期进行投资实际支出值与计划目标值的比较；发现偏差，分析产生偏差的原因，采取纠偏措施；⑤协商确定工程变更的价款。审核竣工结算；⑥对工程施工过程中的投资支出做好分析与预测，经常或定期向建设单位提交项目投资控制及其存在问题的报告。(3) 技术措施：①对设计变更进行技术经济比较，严格控制设计变更；②继续寻找通过设计挖潜节约投资的可能性；③审核承包人编制的施工组织设计，对主要施工方案进行技术经济分析。(4) 合同措施：①做好工程施工记录，保存各种文件图纸，特别是注有实际施工变更情况的图纸，注意积累素材，为正确处理可能发生的索赔提供依据。参与处理索赔事宜；②参与合同修改、补充工作，着重考虑它对投资控制的影响。因此，本题的正确答案为 A。

59.【试题答案】D

【试题解析】本题考查重点是"投资控制的措施"。项目监理机构在施工阶段投资控制的具体措施如下：（1）组织措施：①在项目监理机构中落实从投资控制角度进行施工跟踪的人员、任务分工和职能分工；②编制本阶段投资控制工作计划和详细的工作流程图。（2）经济措施：①编制资金使用计划，确定、分解投资控制目标。对工程项目造价目标进行风险分析，并制定防范性对策；②进行工程计量；③复核工程付款账单，签发付款证书；④在施工过程中进行投资跟踪控制，定期进行投资实际支出值与计划目标值的比较；发现偏差，分析产生偏差的原因，采取纠偏措施；⑤协商确定工程变更的价款。审核竣工结算；⑥对工程施工过程中的投资支出做好分析与预测，经常或定期向建设单位提交项目投资控制及其存在问题的报告。（3）技术措施：①对设计变更进行技术经济比较，严格控制设计变更；②继续寻找通过设计挖潜节约投资的可能性；③审核承包人编制的施工组织设计，对主要施工方案进行技术经济分析。（4）合同措施：①做好工程施工记录，保存各种文件图纸，特别是注有实际施工变更情况的图纸，注意积累素材，为正确处理可能发生的索赔提供依据。参与处理索赔事宜；②参与合同修改、补充工作，着重考虑它对投资控制的影响。因此，本题的正确答案为 D。

60.【试题答案】C

【试题解析】本题考查重点是"质量数据波动的原因"。质量特性值的变化在质量标准允许范围内波动称之为正常波动，是由偶然性原因引起的；若是超越了质量标准允许范围的波动则称之为异常波动，是由系统性原因引起的。因此，本题的正确答案为 C。

61.【试题答案】C

【试题解析】本题考查重点是"加快的成倍节拍流水施工"。加快的成倍节拍流水施工的计算如下：

（1）计算流水步距。相邻专业工作队的流水步距相等，且等于流水节拍的最大公约数（K），即：流水步距为 6、4、4、2 的最大公约数，为 2。所以，流水步距为 2 天。

（2）确定专业工作队数目。每个施工过程成立的专业队数目可按下列公式计算：

$$b_j = t_j / K$$

式中　b_j——第 j 个施工过程的专业工作队数目；

　　　t_j——第 j 个施工过程的流水节拍；

　　　K——流水步距。

所以，$b_1 = 6/2 = 3$（个），$b_2 = 4/2 = 2$（个），$b_3 = 4/2 = 2$（个），$b_4 = 2/2 = 1$（个）。因此，参与该工程流水施工的专业工作队总数为 8 个（3+2+2+1）。

（3）确定流水施工工期。加快的成倍节拍流水施工工期的计算公式为：

$$T = (m + n' - 1) K + \sum G + \sum Z - \sum C$$

式中　m——施工段数目；

　　　n'——专业工作队数目；

　　　K——流水步距；

　　　G——工艺间歇时间；

　　　Z——组织间歇时间；

C——提前插入时间。

根据计算公式可得：流水施工工期 $T=(5+8-1)\times 2=24$（天）。因此，本题的正确答案为C。

62.【试题答案】B

【试题解析】本题考查重点是"国外项目咨询机构在建设工程投资控制中的主要任务"。工料测量师行受雇于业主，根据工程规模的大小、难易程度，按总投资 $0.5\%\sim 3\%$ 收费，同时对项目投资控制负有重大责任。如果项目建设成本最后在缺乏充足正当理由情况下超支较多，业主付不起，则将要求工料测量师行对建设成本超支额及应付银行贷款利息进行赔偿。所以测量师行在接受项目投资控制委托，特别是接受工期较长、难度较大的项目投资控制委托时，都要买专业保险，以防估价失误时因对业主进行赔偿而破产。由于工料测量师在工程建设中的主要任务就是对项目投资进行全面系统的控制，因而他们被誉为"工程建设的经济专家"和"工程建设中管理财务的经理"。因此，本题的正确答案为B。

63.【试题答案】A

【试题解析】本题考查重点是"分析进度偏差对后续工作及总工期的影响"。分析进度偏差是否超过总时差。如果工作的实际总时差小于原有总时差，且为负值，说明该工作实际进度拖后，拖后的时间为二者之差，此时工作实际进度偏差将影响工期，影响时间为实际总时差的绝对值。所以，工作 M 的实际进度拖后3天，影响工期1天。因此，本题的正确答案为A。

64.【试题答案】A

【试题解析】本题考查重点是"影响工程质量的因素"。环境条件是指对工程质量特性起重要作用的环境因素，包括：①工程技术环境，例如工程地质、水文、气象等；②工程作业环境；③工程管理环境，主要指工程实施的合同结构与管理关系的确定，组织体制及管理制度等；④周边环境。因此，根据第①点可知，本题的正确答案为A。

65.【试题答案】C

【试题解析】本题考查重点是"我国项目监理机构在建设工程投资控制中的主要工作"。投资控制是我国建设工程监理的一项主要任务，贯穿于监理工作的各个环节。根据《建设工程监理规范》GB/T 50319—2013 的规定，工程监理单位要依据法律法规、工程建设标准、勘察设计文件及合同，在施工阶段对建设工程进行造价控制。同时，工程监理单位还应根据建设工程监理合同的约定，在工程勘察、设计、保修等阶段为建设单位提供相关服务工作。因此，本题的正确答案为C。

66.【试题答案】A

【试题解析】本题考查重点是"我国项目监理机构在建设工程投资控制中的主要工作"。进行工程计量和付款签证包括：①专业监理工程师对施工单位在工程款支付报审表中提交的工程量和支付金额进行复核，确定实际完成的工程量，提出到期应支付给施工单位的金额，并提出相应的支持性材料；②总监理工程师对专业监理工程师的审查意见进行审核，签认后报建设单位审批；③总监理工程师根据建设单位的审批意见，向施工单位签发工程款支付证书。因此，本题的正确答案为A。

67.【试题答案】C

【试题解析】本题考查重点是"我国项目监理机构在建设工程投资控制中的主要工作"。审核竣工结算款包括：①专业监理工程师审查施工单位提交的竣工结算款支付申请，提出审查意见；②总监理工程师对专业监理工程师的审查意见进行审核，签认后报建设单位审批，同时抄送施工单位，并就工程竣工结算事宜与建设单位、施工单位协商；达成一致意见的，根据建设单位审批意见向施工单位签发竣工结算款支付证书；不能达成一致意见的，应按施工合同约定处理。因此，本题的正确答案为C。

68.【试题答案】D

【试题解析】本题考查重点是"我国项目监理机构在建设工程投资控制中的主要工作"。处理施工单位提出的工程变更费用包括：①总监理工程师组织专业监理工程师对工程变更费用及工期影响做出评估；②总监理工程师组织建设单位、施工单位等共同协商确定工程变更费用及工期变化，会签工程变更单；③项目监理机构可在工程变更实施前与建设单位、施工单位等协商确定工程变更的计价原则、计价方法或价款；④建设单位与施工单位未能就工程变更费用达成协议时，项目监理机构可提出一个暂定价格并经建设单位同意，作为临时支付工程款的依据。工程变更款项最终结算时，应以建设单位与施工单位达成的协议为依据。因此，本题的正确答案为D。

69.【试题答案】D

【试题解析】本题考查重点是"我国项目监理机构在建设工程投资控制中的主要工作"。处理施工单位提出的工程变更费用包括：①总监理工程师组织专业监理工程师对工程变更费用及工期影响做出评估；②总监理工程师组织建设单位、施工单位等共同协商确定工程变更费用及工期变化，会签工程变更单；③项目监理机构可在工程变更实施前与建设单位、施工单位等协商确定工程变更的计价原则、计价方法或价款；④建设单位与施工单位未能就工程变更费用达成协议时，项目监理机构可提出一个暂定价格并经建设单位同意，作为临时支付工程款的依据。工程变更款项最终结算时，应以建设单位与施工单位达成的协议为依据。因此，本题的正确答案为D。

70.【试题答案】A

【试题解析】本题考查重点是"极差的作用"。极差是数据中最大值与最小值之差，是用数据变动的幅度来反映其分散状况的特征值。极差计算简单、使用方便，但粗略，数值仅受两个极端值的影响，损失的质量信息多，不能反映中间数据的分布和波动规律，仅适用于小样本。因此，本题的正确答案为A。

71.【试题答案】B

【试题解析】本题考查重点是"ISO质量管理体系的质量管理原则及特征"。以顾客为关注焦点。组织依存于其顾客。因此，组织应理解顾客当前和未来的需求，满足顾客要求并争取超越顾客期望，就是一切要以顾客为中心，没有了顾客，产品销售不出去，市场自然也就没有了。所以，无论什么样的组织，都要满足顾客的需求，顾客的需求是第一位的。要满足顾客需求，首先就要了解顾客的需求。这里说的需求，包含顾客明示的和隐含的需求。明示的需求就是顾客明确提出来的对产品或服务的要求；隐含的需求或者说是顾客的期望，是指顾客没有明示但是必须要遵守的，比如说法律法规的要求，还有产品相关的标准的要求。作为一个组织，还应该了解顾客和市场的反馈信息，并把它转化为质量要求，采取有效措施来实现这些要求。想顾客所想，这样才能做到超越顾客期望。此外，要注意到随着时间的推移，经济和技术的发展，顾客的需求也会发生相应的变化。所以，组织必须对顾客进行动态的跟踪，及时地掌握顾客需求的变化，不断地进行质量等方面的改进，争取同步地满足顾客的需求与期望。因此，本题的正确答案为B。

72.【试题答案】A

【试题解析】本题考查重点是"工程监理单位勘察质量管理的主要工作"。工程监理单位勘察质量管理的主要工作包括：①协助建设单位编制工程勘察任务书和选择工程勘察单位，并协助签订工程勘察合同；②审查勘察单位提交的勘察方案，提出审查意见，并报建设单位。变更勘察方案时，应按原程序重新审查；③检查勘察现场及室内试验主要岗位操作人员的资格、所使用设备、仪器计量的检定情况；④检查勘察单位执行勘察方案的情况，对重要点位的勘探与测试应进行现场检查；⑤审查勘察单位提交的勘察成果报告，必要时对于各阶段的勘察成果报告组织专家论证或专家审查，并向建设单位提交勘察成果评估报告，同时应参与勘察成果验收。经验收合格后勘察成果报告才能正式使用。因此，本题的正确答案为A。

73.【试题答案】A

【试题解析】本题考查重点是"价值工程原理"。根据价值工程原理，价值系数越高，方案越好，且价值系数(K)＝功能得分/单方造价。本题中，$K_{甲}$＝98/2500＝0.0392，$K_{乙}$＝96/2700＝0.0356，$K_{丙}$＝99/2600＝0.0381，$K_{丁}$＝94/2450＝0.0384。四个价值系数比较，甲方案的价值系数最高，所以应选择甲方案。因此，本题的正确答案为A。

74.【试题答案】D

【试题解析】本题考查重点是"国外项目咨询机构在建设工程投资控制中的主要任务"。项目管理咨询公司是在欧洲大陆和美国广泛实行的建设工程咨询机构，其国际性组织是国际咨询工程师联合会（FIDIC）。该组织1980年所制定的IGRA-1980PM文件，是用于咨询工程师与业主之间订立委托咨询的国际通用合同文本，该文本明确指出，咨询工程师的根本任务是：进行项目管理，在业主所要求的进度、质量和投资的限制之内完成项目。其可向业主提供的咨询服务范围包括以下八个方面：项目的经济可行性分析；项目的财务管理；与项目有关的技术转让；项目的资源管理；环境对项目影响的评估；项目建设的工程技术咨询；物资采购与工程发包；施工管理。其中涉及项目投资控制的具体任务是：项目的投资效益分析（多方案）；初步设计时的投资估算；项目实施时的预算控制；工程合同的签订和实施监控；物资采购；工程量的核实；工时与投资的预测；工时与投资的核实；有关控制措施的制定；发行企业债券；保险审议；其他财务管理等。因此，本题的正确答案为D。

75.【试题答案】C

【试题解析】本题考查重点是"进度控制的技术措施"。进度控制的技术措施主要包括：①审查承包商提交的进度计划，使承包商能在合理的状态下施工；②编制进度控制工作细则，指导监理人员实施进度控制；③采用网络计划技术及其他科学适用的计划方法，并结合电子计算机的应用，对建设工程进度实施动态控制。所以，选项C符合题意。选项A属于经济措施。选项B属于组织措施。选项D属于合同措施。因此，本题的正确答案为C。

76.【试题答案】C

【试题解析】本题考查重点是"施工进度控制目标体系"。为了有效地控制施工进度，首先要将施工进度总目标从不同角度进行层层分解，形成施工进度控制目标体系，从而作为实施进度控制的依据。因此，本题的正确答案为C。

77.【试题答案】D

【试题解析】本题考查重点是"划分施工段的最根本目的"。划分施工段的目的就是为了组织流水施工。由于建设工程体形庞大，可以将其划分成若干个施工段，从而为组织流水施工提供足够的空间。在组织流水施工时，专业工作队完成一个施工段上的任务后，遵循施工组织顺序又到另一个施工段上作业，产生连续流动施工的效果。因此，本题的正确答案为D。

78.【试题答案】B

【试题解析】本题考查重点是"设计阶段进度控制工作程序"。建设工程设计阶段进度控制的主要任务是出图控制，也就是通过采取有效措施使工程设计者如期完成初步设计、技术设计、施工图设计等各阶段的设计工作，并提交相应的设计图纸及说明。因此，本题的正确答案为B。

79.【试题答案】D

【试题解析】本题考查重点是"选定设计单位、商签设计合同"。当选定设计单位之后，建设单位和设计单位应就设计费用及委托设计合同中的一些细节进行谈判、磋商，双方取得一致意见后即可签订建设工程设计合同。在该合同中，要明确设计进度及设计图纸提交时间。因此，本题的正确答案为D。

80.【试题答案】A

【试题解析】本题考查重点是"工程延期的审批原则"。监理工程师在审批工程延期时应遵循下列原则：①合同条件：这是监理工程师审批工程延期的一条根本原则；②影响工期：发生延期事件的工程部位，无论其是否处在施工进度计划的关键线路上，只有当所延长的时间超过其相应的总时差而影响到工期时，才能批准工程延期；③实际情况：批准的工程延期必须符合实际情况。因此，根据第①点可知，本题的正确答案为A。

二、多项选择题

81.【试题答案】ABCE

【试题解析】本题考查重点是"质量管理体系评价的内容"。质量管理体系评价包括：①质量管理体系过程的评价；②质量管理体系审核。审核用于评价对质量管理体系要求的符合性和满足质量方针和目标方面的有效性。审查的结果可用于识别改进的机会。第一方审核用于内部目的，由组织自己或以组织的名义进行，可作为组织自我合格声明的基础。第二方审核由组织的顾客或由其他以顾客的名义进行。第三方审核由外部独立的审核服务组织进行；③质量管理体系评审；④自我评定。因此，本题的正确答案为ABCE。

82.【试题答案】ABDE

【试题解析】本题考查重点是"质量管理体系文件的编制程序"。监理单位质量管理体系文件的编制，可按如下程序进行：①制定质量方针和质量目标；②成立组织机构与划分职责范围；③编写程序文件与质量记录；④编写作业指导书；⑤编制质量手册。按照上述程序编制的好处，一是先编制体系文件较低层次的程序文件、质量记录和作业指导书的内容，而后编制层次高的质量手册的内容，有利于使质量手册的内容与程序文件的内容相协调和统一，可最大限度地避免因内容不协调和统一而来回修改不同层次的体系文件；二是在质量管理体系文件最终建立起之前，部分体系文件和作业指导书可以开始试运行，有利于及时做出调整，并对体系文件的先进性和适宜性及早做出检验判断，可缩短质量管理体系文件的编写周期，也保证体系文件的编写质量。因此，本题的正确答案为 ABDE。

83.【试题答案】ACDE

【试题解析】本题考查重点是"建设单位管理费"。建设单位管理费是指建设工程从立项、筹建、建设、联合试运转到竣工验收交付使用及后评价等全过程管理所需的费用。内容包括：①建设单位开办费；②建设单位经费。包括工作人员的基本工资、工资性津贴、职工福利费、劳动保护费、劳动保险费、办公费、差旅交通费、工会经费、职工教育经费、合同契约公证费、工程质量监督检测费、工程咨询费、法律顾问费、审计费、业务招待费、排污费、竣工交付使用清理及竣工验收费、后评价等费用。因此，本题的正确答案为 ACDE。

84.【试题答案】ABDE

【试题解析】本题考查重点是"招标控制价的应用"。招标控制价是招标人根据国家或省级、行业建设主管部门发布的有关计价依据和办法，按设计施工图纸计算的，对招标工程限定的最高工程造价。所以，选项 A 的叙述是正确的。招标人应在招标文件中如实公布招标控制价，不得对所编制的招标控制价进行上浮或下调。所以，选项 B 的叙述是正确的，选项 C 的叙述是不正确的。由于招标控制价的编制特点和作用决定了招标控制价不同于标底，无需保密。所以，选项 E 的叙述是正确的。为体现招标的公开、公平、公正性，防止招标人有意抬高或压低工程造价，给投标人以错误信息，因此，招标人在招标文件中应公布招标控制价各组成部分的详细内容，不得只公布招标控制价总价，并应将招标控制价报工程所在地工程造价管理机构备查。所以，选项 D 的叙述是正确的。因此，本题的正确答案为 ABDE。

85.【试题答案】ABE

【试题解析】本题考查重点是"加快的成倍节拍流水施工的特点"。加快的成倍节拍流水施工的特点如下：①同一施工过程在其各个施工段上的流水节拍均相等；不同施工过程的流水节拍不等，但其值为倍数关系；②相邻专业工作队的流水步距相等，且等于流水节拍的最大公约数（K）；③专业工作队数大于施工过程数，即有的施工过程只成立一个专业工作队，而对于流水节拍的施工过程，可按其倍数增加相应专业工作队数目；④各个专业工作队在施工段上能够连续作业，施工段之间没有空闲时间。所以，选项 A、B、E 符合题意。根据第③点可知，选项 C 不符合题意。根据第②点可知，选项 D 不符合题意。因此，本题的正确答案为 ABE。

86.【试题答案】ACE

【试题解析】本题考查重点是"关键线路"。工程网络计划过程中的关键工作，双代号网络图中各项工作的持续时间总和最大的线路就是关键线路。由关键节点组成的线路不一定是关键线路。单代号网络图中相邻两项关键工作之间时间间隔为零而构成的线路就是关键线路。因此，本题的正确答案为 ACE。

87.【试题答案】CD

【试题解析】本题考查重点是"进度调整系统过程"。进度调整的系统工程：①分析进度偏差的原因；②分析进度偏差对后续工作和总工期的影响；③确定后续工作和总工期的限制条件；④采取措施调整进度计划；⑤实施调整后的进度计划。根据第②点和第⑤点可知，选项 C、D 符合题意。选项 A、B、E 均属于进度监测的系统过程内容。因此，本题的正确答案为 CD。

88.【试题答案】ABDE

【试题解析】本题考查重点是"施工质量控制的依据"。在施工阶段监理工程师进行质量检验与控制所依据的专门技术法规性文件主要有以下几类：(1) 工程项目施工质量验收标准。这类标准主要是由国家或部统一制定的，用以作为检验和验收工程项目质量水平所依据的技术法规性文件。例如，评定建筑工程质量验收的《建筑工程施工质量验收统一标准》GB 50300—2001、《混凝土结构工程施工质量验收规范》GB 50204—2002（2010 版）、《建筑装饰装修工程质量验收规范》GB 50210—2001 等。对于其他行业如水利、电力、交通等工程项目的质量验收，也有与之类似的相应的质量验收标准。(2) 有关工程材料、半成品和构配件质量控制方面的专门技术法规性依据。包括：①有关材料及其制品质量的技术标准；②有关材料或半成品等的取样、试验等方面的技术标准或规程；③有关材料验收、包装、标志方面的技术标准和规定。(3) 控制施工作业活动质量的技术规程。例如电焊操作规程、砌砖操作规程、混凝土施工操作规程等。(4) 凡采用新工艺、新技术、新材料的工程，事先应进行试验，并应有权威性技术部门的技术鉴定书及有关的质量数据、指标，在此基础上制定有关的质量标准和施工工艺规程，以此作为判断与控制质量的依据。因此，本题的正确答案为 ABDE。

89.【试题答案】ABE

【试题解析】本题考查重点是"质量管理体系审核的分类与目的"。审核的目的包括：(1) 内部审核的目的。内部审核的主要目的有：①确定受审核方质量管理体系或其一部分与审核准则的符合程度；②验证质量管理体系是否持续满足规定目标的要求且保持有效运行；③评价对国家有关法律法规及行业标准要求的符合性；④作为一种重要的管理手段和自我改进机制，及时发现问题，采取纠正措施或预防措施，使体系不断改进；⑤在外部审核前做好准备。(2) 外部审核的目的。外部审核的主要目的有：①确定受审核方质量管理体系或其一部分与审核准则的符合程度；②为受审核方提供质量改进的机会；③选择合适的合作伙伴，确保提供的服务符合规定要求（针对顾客审核）；④证实合作方持续满足规定的要求（针对顾客审核）；⑤促进合作方改进质量管理体系（针对顾客审核）；⑥确定现行的质量管理体系的有效性（针对第三方组织的审核）；⑦确定受审核方的质量管理体系能否被认证（针对第三方组织的审核）；⑧提高组织声誉，增强竞争能力（针对第三方组织的审核）。因此，本题的正确答案为 ABE。

90.【试题答案】CDE

【试题解析】本题考查重点是"业主向承包商的索赔中工期延误索赔"。业主在确定误期损害赔偿费的费率时，一般要考虑以下因素：①业主盈利损失；②由于工程拖期而引起的贷款利息增加；③工程拖期带来的附加监理费；④由于工程拖期不能使用，继续租用原建筑物或租用其他建筑物的租赁费。因此，本题的正确答案为 CDE。

91.【试题答案】ADE

【试题解析】本题考查重点是"钢结构工程试验与检测"。钢结构焊接检验的分类包括：自检、监检、焊接检验。因此，本题的正确答案为 ADE。

92.【试题答案】BCE

【试题解析】本题考查重点是"进场材料构配件的质量控制"。根据《建设工程监理规范》，施工承包单位采购的材料、构（配）件、设备进场前，必须向项目监理机构提交工程材料/构（配）件/设备报审表，随本表应同时报送材料/构（配）件/设备数量清单、质量证明文件（产品出厂合格证、材质化验单、厂家质量检验报告、厂家质量保证书、进口商品海关报检证书、商检证等）、自检结果文件（如复检、复试合格报告等）。因此，本题的正确答案为 BCE。

93.【试题答案】ACD

【试题解析】本题考查重点是"质量管理体系的建立"。质量管理体系文件的编制内容，各层次的质量管理体系文件，应根据标准要求、行业特点和监理单位的实际情况等进行策划和编写，所编制的文件应在一定时期内具有先进性、适宜性和可操作性。因此，本题的正确答案为 ACD。

94.【试题答案】ABCD

【试题解析】本题考查重点是"双代号网络图的绘制"。在绘制双代号网络图时，一般应遵循以下基本规则：①网络图必须按照已定的逻辑关系绘制；②网络图中严禁出现从一个节点出发，顺箭头方向又回到原出发点的循环回路；③网络图中的箭线（包括虚箭线）应保持自左向右的方向，不应出现箭头指向左方的水平箭线和箭头偏向左方的斜向箭线；④网络图中严禁出现双向箭头和无箭头的连线；⑤网络图中严禁出现没有箭尾节点的箭线和没有箭头节点的箭线；⑥严禁在箭线上引入或引出箭线。当网络图的起点节点有多条箭线引出（外向箭线）或终点节点有多条箭线引入（内向箭线）时，为使图形简洁，可用母线法绘图；⑦应尽量避免网络图中工作箭线的交叉。当交叉不可避免时，可以采用过桥法或指向法处理；⑧网络图中应只有一个起点节点和一个终点节点（任务中部分工作需要分期完成的网络计划除外）。根据第⑦点可知，选项 E 不符合题意。因此，本题的正确答案为 ABCD。

95.【试题答案】ACE

【试题解析】本题考查重点是"时标网络计划中时间参数的判定"。以终点节点为完成节点的工作，其自由时差应等于计划工期与本工作最早完成时间之差，其他工作的自由时差就是该工作箭线中波形线的水平投影长度，所以根据图示可知，工作 C 的波形线的水平投影长度为 2 天，即自由时差为 2 天，所以，选项 A 正确。工作箭线左端节点中心所对应的时标值为该工作的最早开始时间，工作 E 箭线左端节点中心对应 2，所以工作 E 的最早开始时间为第 2 天。所以，选项 B 错误。该网络计划中的关键线路包括工作 A、D、G、I。所以，选项 C 正确。工作 H 的总时差为 1 天（9−8）。所以，选项 D 错误。工作 B 的最早完成时间为 1 天（0+1）。所以，选项 E 正确。因此，本题的正确答案为 ACE。

96.【试题答案】BDE

【试题解析】本题考查重点是"非匀速进展横道图比较法"。非匀速进展横道图比较法在用涂黑粗线表示工作实际进度的同时，还要标出其对应时刻完成任务量的累计百分比，并将该百分比与其同时刻计划完成任务量的累计百分比相比较，判断工作实际进度与计划进度之间的关系。通过比较同一时刻实际完成任务量累计百分比和计划完成任务量累计百分比，判断工作实际进度与计划进度之间的关系：①如果同一时刻横道线上方累计百分比大于横道线下方累计百分比，表明实际进度拖后，拖欠的任务量为二者之差；②如果同一时刻横道线上方累计百分比小于横道线下方累计百分比，表明实际进度超前，超前的任务量为二者之差；③如果同一时刻横道线上下方两个累计百分比相等，表明实际进度与计划进度一致。本题中，在横道线上方为每周计划累积完成任务量的百分比，分别为15%、40%、60%、75%、90%和100%，下方为每周实际累计完成任务量的百分比，分别为20%、35%、60%、70%、85%和90%。第1周实际完成20%，计划完成15%，故第1周内的实际进度比计划进度超前5%，所以，选项A是错误的。第2周末累计实际完成任务量的35%，而计划累计要完成任务量的40%，拖欠5%的任务量。所以，选项B是正确的。第3周内计划完成的任务量＝60%－40%＝20%，而实际完成的任务量＝60%－35%＝25%，所以不是按计划正常运行，故选项C是错误的。横道图中的横道线在第4周前半周没有涂黑，表明未按计划执行，所以，选项D是正确的。第6周末累计实际完成任务量的90%，而计划累计要完成任务量的100%，因此，到第6周末未按计划完成。所以，选项E是正确的。因此，本题的正确答案为BDE。

97.【试题答案】BCE

【试题解析】本题考查重点是"检验批的质量验收工作"。检验批质量验收包括质量资料检查，主控项目和一般项目的检验，检验批的抽样方案，检验批的质量验收记录。因此，本题的正确答案为BCE。

98.【试题答案】ABCE

【试题解析】本题考查重点是"单位（子单位）工程质量验收"。单位（子单位）工程质量验收合格应符合下列规定：①单位（子单位）工程所含分部（子分部）工程的质量应验收合格；②质量控制资料应完整；③单位（子单位）工程所含分部工程有关安全和功能的检验资料应完整；④主要功能项目的抽查结果应符合相关专业质量验收规范的规定；⑤观感质量验收应符合要求。因此，本题的正确答案为ABCE。

99.【试题答案】ABC

【试题解析】本题考查重点是"ISO质量管理体系的质量管理原则及特征"。持续改进的基本内容包括：①需求的变化要求组织不断改进：相关产品的需求和期望是在不断发展的，人们对产品的质量要求也在不断地提高。因此，对质量管理活动的管理必须包含对这一变化的管理，这是一个持续改进的过程；②组织的目标应是实现持续改进，以求和顾客的需求相适应；③持续改进的核心是提高有效性和效率，实现质量目标：组织持续改进管理的重点应关注变化或更新所产生结果的有效性和效率，唯有如此，才能保证质量目标的实现；④确立挑战性的改进目标：进行持续改进时，应结合需求、期望及其他环境的变化，要聚焦于顾客，确立具有重大意义的改进目标；⑤全员参与：在ISO 9000族标准中提出的纠正措施、预防措施和过程改进活动的目的是改进过程、完善体系，最终提高产品的质量。这一目的的实现要求通过全员参与来完成。如果每位员工都能将这一活动作为自己的目标，那么提高过程、体系的效率和有效性、持续改进并提高产品的质量就会实现；⑥提供资源：持续改进作为一种活动，需要组织提供必要的资源来保证活动的实施；⑦业绩进行定期评价，确定改进领域：组织应对已进行的活动所做出的结果进行测量和评价，从而找出不合格或者不足的地方，进而明确改进的领域和方向；⑧改进成果的认可，总结推广，肯定成果奖励：通过对改进成果的评审和认可，总结推广管理持续改进这一过程活动的成果经验，并给予一定的激励措施，可以鼓舞员工创新，有助于提高体系的效率和有效性；⑨PDCA循环：遵循持续改进的原则，组织应该在取得改进成果的基础上，通过PDCA循环，在选择和实施新的质量改进项目，根据新的改进目标持续进行质量改进。因此，本题的正确答案为ABC。

100. 【试题答案】ACDE

【试题解析】本题考查重点是"施工进度控制目标的确定"。在确定施工进度分解目标时，还要考虑以下各个方面：①对于大型建设工程项目，应根据尽早提供可动用单元的原则，集中力量分期分批建设，以便尽早投入使用，尽快发挥投资效益；②合理安排土建与设备的综合施工；③结合本工程的特点，参考同类建设工程的经验来确定施工进度目标；④做好资金供应能力、施工力量配备、物资（材料、构配件、设备）供应能力与施工进度的平衡工作，确保工程进度目标的要求而不使其落空；⑤考虑外部协作条件的配合情况；⑥考虑工程项目所在地区地形、地质、水文、气象等方面的限制条件。因此，本题的正确答案为ACDE。

101. 【试题答案】AB

【试题解析】本题考查重点是"工程勘察成果的审查要点"。监理工程师对勘察成果的审核与评定是勘察阶段质量控制最重要的工作。审核与评定包括程序性审查和技术性审查。因此，本题的正确答案为AB。

102. 【试题答案】AB

【试题解析】本题考查重点是"建设工程项目投资的概念"。工程建设其他费用，是指未纳入设备及工器具购置费和建筑安装工程费的费用。根据设计文件要求和国家有关规定应由项目投资支付的、为保证工程建设顺利完成和交付使用后能够正常发挥效用而发生的一些费用。工程建设其他费用可分为三类：第一类是土地使用费，包括土地征用及迁移补偿费和土地使用权出让金；第二类是与项目建设有关的费用，包括建设单位管理费、勘察设计费、研究试验费、建设工程监理费等；第三类是与未来企业生产经营有关的费用，包括联合试运转费、生产准备费、办公和生活家具购置费等。因此，本题的正确答案为AB。

103. 【试题答案】ABDE

【试题解析】本题考查重点是"工程质量事故等级划分"。《关于做好房屋建筑和市政基础设施工程质量事故报告和调查处理工作的通知》（建质〔2010〕111号）中指出，工程质量事故是指由于建设、勘察、设计、施工、监理等单位违反工程质量有关法律法规和工程建设标准，使工程产生结构安全、重要使用功能等方面的质量缺陷，造成人身伤亡或者重大经济损失的事故。根据工程质量事故造成的人员伤亡或者直接经济损失，工程质量事故分为4个等级：①特别重大事故，是指造成30人以上死亡，或者100人以上重伤，或者1亿元以上直接经济损失的事故；②重大事故，是指造成10人以上30人以下死亡，或者50人以上100人以下重伤，或者5000万元以上1亿元以下直接经济损失的事故；③较大事故，是指造成3人以上10人以下死亡，或者10人以上50人以下重伤，或者1000万元以上5000万元以下直接经济损失的事故；④一般事故，是指造成3人以下死亡，或者10人以下重伤，或者100万元以上1000万元以下直接经济损失的事故。该等级划分所称的"以上"包括本数，所称的"以下"不包括本数。因此，本题的正确答案为ABDE。

104.【试题答案】CDE

【试题解析】本题考查重点是"建设工程投资"。建设投资可以分为静态投资部分和动态投资部分。静态投资是以某一基准年、月的建设要素的价格为依据所计算出的建设项目投资的瞬时值。静态投资部分由建筑安装工程费、设备工器具购置费、工程建设其他费和基本预备费组成。动态投资是指完成一个建设项目预计所需投资的总和。动态投资部分，是指在建设期内，因建设期利息和国家新批准的税费、汇率、利率变动以及建设期价格变动引起的建设投资增加额。包括涨价预备费和建设期利息。所以，选项C、D、E符合题意。选项A、B均属于建设工程动态投资。因此，本题的正确答案为CDE。

105.【试题答案】ABCD

【试题解析】本题考查重点是"建设工程项目投资的特点"。每个建设工程项目都有其特定的用途、功能、规模，每项工程的结构、空间分割、设备配置和内外装饰都有不同的要求，工程内容和实物形态都有其差异性。同样的工程处于不同的地区或不同的时段在人工、材料、机械消耗上也有差异。所以，建设工程项目投资的差异十分明显。因此，本题的正确答案为ABCD。

106.【试题答案】ADE

【试题解析】本题考查重点是"建设工程项目投资的特点"。凡是按照一个总体设计进行建设的各个单项工程汇集的总体即为一个建设工程项目。在建设工程项目中凡是具有独立的设计文件、竣工后可以独立发挥生产能力或工程效益的工程为单项工程，也可将它理解为具有独立存在意义的完整的工程项目。各单项工程又可分解为各个能独立施工的单位工程。考虑到组成单位工程的各部分是由不同工人用不同工具和材料完成的，又可以把单位工程进一步分解为分部工程。然后还可按照不同的施工方法、构造及规格，把分部工程更细致地分解为分项工程。此外，需分别计算分部分项工程投资、单位工程投资、单项工程投资，最后才能汇总形成建设工程项目投资。可见建设工程项目投资的确定层次繁多。因此，本题的正确答案为ADE。

107.【试题答案】ABCD

【试题解析】本题考查重点是"工程质量事故处理的鉴定验收"。工程质量事故处理的鉴定验收包括：①检查验收，工程质量事故处理完成后，监理工程师在施工单位自检合格报验的基础上，应严格按施工验收标准及有关规范的规定进行，结合监理人员的旁站、巡视和平行检验结果，依据质量事故技术处理方案设计要求，通过实际量测，检查各种资料数据进行验收，并应办理交工验收文件，组织各有关单位会签；②必要的鉴定，为确保工程质量事故的处理效果，凡涉及结构承载力等使用安全和其他重要性能的处理工作，常需做必要的试验和检验鉴定工作；③验收结论，对所有质量事故无论经过技术处理，通过检查鉴定验收还是不需专门处理的，均应有明确的书面结论。根据第③点可知，选项E的叙述是不正确的。因此，本题的正确答案为ABCD。

108.【试题答案】CDE

【试题解析】本题考查重点是"投资控制的措施"。为了有效地控制建设工程投资，应从组织、技术、经济、合同与信息管理等多方面采取措施。从组织上采取措施，包括明确项目组织结构，明确投资控制者及其任务，以使投资控制有专人负责，明确管理职能分工；从技术上采取措施，包括重视设计多方案选择，严格审查监督初步设计、技术设计、施工图设计、施工组织设计，深入技术领域研究节约投资的可能性；从经济上采取措施，包括动态地比较投资的实际值和计划值，严格审核各项费用支出，采取节约投资的奖励措施等。因此，本题的正确答案为CDE。

109.【试题答案】ABE

【试题解析】本题考查重点是"工程量清单的作用"。工程量清单的主要作用有：①在招投标阶段，工程量清单为投标人的投标竞争提供了一个平等和共同的基础；②工程量清单是建设工程计价的依据；③工程量清单是工程付款和结算的依据；④工程量清单是调整工程量、进行工程索赔的依据。因此，本题的正确答案为ABE。

110.【试题答案】ACD

【试题解析】本题考查重点是"建筑工程概算的编制方法"。采用扩大单价法编制建筑工程概算，首先根据概算定额编制成扩大单位估价表（概算定额基价）。将扩大分部分项工程的工程量乘以扩大单位估价进行计算。其中工程量的计算，必须按定额中规定的各个分部分项工程内容，遵循定额中规定的计量单位、工程量计算规则及方法来进行。因此，本题的正确答案为ACD。

111.【试题答案】BCD

【试题解析】本题考查重点是"常见的索赔内容"。根据FIDIC《施工合同条件》1999年第一版中承包商可引用的索赔条款可知，选项A中，异常恶劣气候属于客观原因造成的，属于业主也无法预见到的情况，承包商可以得到延长工期，但得不到费用补偿。选项E中，施工组织设计不合理是承包方的原因，不应向业主要求索赔。所以，选项A、E不符合题意。因此，本题的正确答案为BCD。

112.【试题答案】AD

【试题解析】本题考查重点是"施工进度计划的调整措施"。缩短某些工作的持续时间的特点是不改变工作之间的先后顺序关系，通过缩短网络计划中关键线路上工作的持续时间来缩短工期。这时，通常需要采取一定的措施来达到目的。具体措施包括组织措施、技术措施、经济措施和其他配套措施。其中，组织措施包括：①增加工作面，组织更多的施工队伍；②增加每天的施工时间（如采用三班制等）；③增加劳动力和施工机械的数量。根据第①点和第③点可知，选项A、D符合题意。选项B属于其他配套措施。选项C属于技术措施。选项E属于经济措施。因此，本题的正确答案为AD。

113.【试题答案】ABCD

【试题解析】本题考查重点是"工程监理单位勘察质量管理的主要工作"。勘察成果评估报告应包括下列内容：勘察工作概况；勘察报告编制深度，与勘察标准的符合情况；勘察任务书的完成情况；存在问题及建议；评估结论。因此，本题的正确答案为ABCD。

114.【试题答案】AD

【试题解析】本题考查重点是"国外项目咨询机构在建设工程投资控制中的主要任务"。近几十年来，各工业发达国家，在工程建设中实行咨询制度已成为通行的惯例，并形成了许多不同的形式和流派，其中影响最大的有两类主体，即项目管理咨询公司（PM）和工料测量师行（QS）。因此，本题的正确答案为AD。

115. 【试题答案】AC

【试题解析】本题考查重点是"国外项目咨询机构在建设工程投资控制中的主要任务"。项目管理咨询公司是在欧洲大陆和美国广泛实行的建设工程咨询机构,其国际性组织是国际咨询工程师联合会(FIDIC)。该组织1980年所制定的IGRA-1980PM文件,是用于咨询工程师与业主之间订立委托咨询的国际通用合同文本,该文本明确指出,咨询工程师的根本任务是:进行项目管理,在业主所要求的进度、质量和投资的限制之内完成项目。其可向业主提供的咨询服务范围包括以下八个方面:项目的经济可行性分析;项目的财务管理;与项目有关的技术转让;项目的资源管理;环境对项目影响的评估;项目建设的工程技术咨询;物资采购与工程发包;施工管理。其中涉及项目投资控制的具体任务是:项目的投资效益分析(多方案);初步设计时的投资估算;项目实施时的预算控制;工程合同的签订和实施监控;物资采购;工程量的核实;工时与投资的预测;工时与投资的核实;有关控制措施的制定;发行企业债券;保险审议;其他财务管理等。因此,本题的正确答案为AC。

116. 【试题答案】AC

【试题解析】本题考查重点是"应急费的构成"。世行建设工程投资构成中,应急费包括:①未明确项目的准备金;②不可预见准备金。因此,本题的正确答案为AC。

117. 【试题答案】BD

【试题解析】本题考查重点是"投标报价审核方法"。投标人编制投标价格,可采用工料单价法或综合单价法。编制方法选用取决于招标文件规定的合同形式。当拟建工程采用总价合同形式时,投标人应按规定对整个工程涉及的工作内容做出总报价。当拟建工程采用单价合同形式时,投标人关键是正确估算出各分部分项工程项目的综合单价。因此,本题的正确答案为BD。

118. 【试题答案】ABD

【试题解析】本题考查重点是"工程量清单的编制"。工程量清单应由具有编制能力的招标人或受其委托,具有相应资质的工程造价咨询人员编制。采用工程量清单方式招标,工程量清单必须作为招标文件的组成部分,其准确性和完整性由招标人负责。因此,本题的正确答案为ABD。

119. 【试题答案】ABCE

【试题解析】本题考查重点是"发包人向承包人的索赔中工期延误索赔"。发包人在确定误期损害赔偿费的费率时,一般要考虑以下因素:①发包人盈利损失;②由于工程拖期而引起的贷款利息增加;③工程拖期带来的附加监理费;④由于工程拖期不能使用,继续租用原建筑物或租用其他建筑物的租赁费。因此,本题的正确答案为ABCE。

120. 【试题答案】AD

【试题解析】本题考查重点是"流水施工参数——工艺参数"。工艺参数主要是指在组织流水施工时,用以表达流水施工在施工工艺方面进展状态的参数,通常包括施工过程和流水强度两个参数。所以,选项A、D符合题意。选项B的"工作面"和选项E的"施工段"均属于空间参数。选项C的"流水节拍"属于时间参数。因此,本题的正确答案为AD。

第五套模拟试卷

一、**单项选择题**（共 80 题，每题 1 分。每题的备选项中，只有 1 个最符合题意）

1. 工程质量控制中，应坚持以（　　）为主的原则。
    A. 公正
    B. 预防
    C. 管理
    D. 科学

2. 建设工程经验收合格，方可交付使用。建设单位应当自工程竣工验收合格起（　　）日内，向工程所在地的县级以上地方人民政府建设行政主管部门备案。
    A. 7
    B. 15
    C. 28
    D. 30

3. 建设工程在施工过程中，分项工程交接多、中间产品多、隐蔽工程多，这说明工程质量具有（　　）特点。
    A. 隐蔽性
    B. 波动性
    C. 影响多样性
    D. 影响复杂性

4. 某工程合同确定方式为：发包方不需对工程量做出任何限定，承包方在投标时只按发包方给出的分部分项工程及工程范围做出报价，而工程量则按实际完成的数量结算，这种合同属于（　　）。
    A. 纯单价合同
    B. 可调工程量单价合同
    C. 不可调值单价合同
    D. 可调值总价合同

5. 对于工程量清单中的某些项目，如保养气象记录设备，保养测量设备等一般采用（　　）进行计量支付。
    A. 均摊法
    B. 凭据法
    C. 估价法
    D. 分解计量法

6. 某建设工程划分为 4 个施工过程，3 个施工段组织加快的成倍节拍流水施工，流水节拍分别为 4、6、4、2 天，则流水步距为（　　）天。
    A. 2
    B. 3
    C. 4
    D. 6

7. 关于工程延期审批原则的说法，正确的是（　　）。
    A. 导致工期拖延确实属于承包单位的原因
    B. 工程延期事件必须位于施工进度计划的关键线路上
    C. 承包单位应在合同规定的有效期内以书面形式提出索赔通知
    D. 批准的工程延期必须符合实际情况

8. 建设工程项目投资是指进行某项工程建设花费的全部费用。非生产性建设工程项目总投资包括（　　）。
    A. 建设投资
    B. 无形资产

C. 有形资产   D. 铺底流动资金

9. 在施工测量的质量控制中，承包单位应对建设单位给定的原始基准点、基准线和标高等进行复核，并将复核结果报(　　)审核。

    A. 建设单位   B. 监理单位

    C. 质量监督机构   D. 建设行政主管部门

10. 在进行质量管理体系审核的内部审核中，在正式运行阶段，重点审核(　　)。

    A. 适用性   B. 统一性

    C. 符合性   D. 原则性

11. 根据概率数理统计，计点值数据服从(　　)。

    A. 正态分布   B. 二项分布

    C. 线性分布   D. 泊松分布

12. 下列造成质量数据波动的原因中，属于偶然性原因的是(　　)。

    A. 现场温湿度的微小变化   B. 机械设备过度磨损

    C. 材料质量规格显著差异   D. 工人未遵守操作规程

13. 凡是具有独立的设计文件、竣工后可以独立发挥生产能力或工程效益的工程称为(　　)。

    A. 分部工程   B. 单位工程

    C. 单项工程   D. 分项工程

14. 国产标准设备原价一般是指(　　)。

    A. 设备出厂价与采购保管费之和   B. 设备购置费

    C. 设备出厂价与运杂费之和   D. 设备出厂价

15. 总投资收益率是指项目达到设计能力后正常年份的(　　)与项目总投资的比率。

    A. 年息税前利润   B. 净利润

    C. 总利润扣除税金   D. 总利润扣除应支付的利息

16. 某投资方案的净现金流量及累计净现金流量如下表所示，则该投资方案的静态投资回收期是(　　)年。

年　份	1	2	3	4	5	6	7	8
净现金流量（万元）	−800	−1000	400	600	600	600	600	600
累计净现金流量（万元）	−800	−1800	−1400	−800	−200	400	1000	1600

    A. 5.25   B. 5.33

    C. 5.50   D. 5.66

17. 采用重点审查法审查施工图预算时，审查的重点是(　　)。

    A. 单价经换算   B. 不易被重视

    C. 量大价高   D. 采用补充单位估价

18. (　　)是指按照建设工程设计文件要求，建设单位（或其委托单位）购置或自制达到固定资产标准的设备和新、扩建项目配置的首套工器具及生产家具所需的费用。

    A. 设备及工器具购置费   B. 建筑安装工程费

    C. 工程建设其他费用   D. 预备费

19. 调整建设工程进度计划时，可以通过（   ）改变某些工作之间的逻辑关系。
    A. 组织平行作业　　　　　　　　　　B. 增加资源投入
    C. 提高劳动效率　　　　　　　　　　D. 设置限制时间

20. 任何建筑产品在适用、耐久、安全、可靠、经济以及与环境协调性方面都必须达到基本要求。但不同专业的工程，其环境条件、技术经济条件的差异使其质量特点有不同的（   ）。
    A. 侧重面　　　　　　　　　　　　　B. 选择范围
    C. 内在界限　　　　　　　　　　　　D. 内在关系

21. （   ）是指建设工程涉及范围内的建筑物、构筑物、场地平整、道路、室外管道铺设、大型土石方工程费用等。
    A. 建筑安装工程费　　　　　　　　　B. 建筑工程费
    C. 安装工程费　　　　　　　　　　　D. 基本预备费

22. 监理工程师可使用指令文件及一般管理文书，控制承包单位的施工质量和施工行为。下列文件中，属于指令文件的是（   ）。
    A. 监理工程师通知　　　　　　　　　B. 监理工程师函
    C. 施工例会纪要　　　　　　　　　　D. 协调事项备忘录

23. 在控制图中出现了"链"的异常现象，根据规定，当连续出现（   ）链时，应判定工序异常，需采取处理措施。
    A. 五点　　　　　　　　　　　　　　B. 六点
    C. 七点　　　　　　　　　　　　　　D. 八点

24. 对检验批基本质量起决定性作用的主控项目，必须全部符合有关（   ）的规定。
    A. 检验技术规程　　　　　　　　　　B. 专业工程验收规范
    C. 统一验收标准　　　　　　　　　　D. 工程监理规范

25. 对于经过返修或加固的分部、分项工程，可按技术处理方案和协商文件进行检验的前提是（   ）。
    A. 不改变结构的外观尺寸　　　　　　B. 不造成永久性缺陷
    C. 不影响主要功能和正常使用寿命　　D. 不影响安全和主要使用功能

26. 施工单位采购的某类钢材分多批次进场时，为了保证在抽样检测中样品分布均匀、更具代表性，最合适的随机抽样方法是（   ）。
    A. 分层抽样　　　　　　　　　　　　B. 等距抽样
    C. 整群抽样　　　　　　　　　　　　D. 多阶段抽样

27. 实施质量管理的系统方法，需要采取的措施之一是建立一个（   ）的质量管理体系。
    A. 以顾客为关注焦点　　　　　　　　B. 以过程方法为主体
    C. 以全员参与为动力　　　　　　　　D. 以持续改进为目标

28. 建设项目投资决策后，投资控制的关键阶段是（   ）。
    A. 设计阶段　　　　　　　　　　　　B. 施工招标阶段
    C. 施工阶段　　　　　　　　　　　　D. 竣工阶段

29. 在直方图的绘制过程中，当用随机抽样的方法抽取数据，一般要求数据在（   ）个以上。

A. 30   B. 40
C. 50   D. 60

30. 我国实行的工程量清单计价所采用的综合单价中不包括(   )。

A. 直接工程费   B. 企业管理费
C. 利润   D. 税金

31. 拟建工程与在建工程采用同一施工图编制预算,但两者的基础部分和现场施工条件部分存在不同。对于相同部分的施工图预算审查,应优先采用的审查方法是(   )。

A. 标准预算审查法   B. 分组计算审查法
C. 对比审查法   D. "筛选"审查法

32. 质量管理体系文件中的质量手册的编写内容不包括(   )。

A. 管理承诺   B. 管理职责
C. 资源管理   D. 人员管理

33. 工程网络计划资源优化的目标是(   )。

A. 在工期保持不变的条件下使资源需用量尽可能均衡
B. 在满足资源限制的条件下使工期保持不变
C. 在工期最短的条件下使工程总成本最低
D. 寻求工程总成本最低时的工期安排

34. 某工程单代号搭接网络计划中工作 B、D、E 之间的搭接关系和时间参数如下图所示,工作 D 和工作 E 的总时差分别为 6 天和 2 天,则工作 B 的总时差为(   )天。

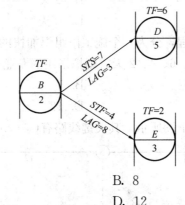

A. 6   B. 8
C. 9   D. 12

35. 下列方法中,既适用于工作实际进度与计划进度之间的局部比较,又可用来分析和预测工程项目整体进度状况的方法是(   )。

A. 匀速进展横道图比较法   B. S 曲线比较法
C. 非匀速进展横道图比较法   D. 前锋线比较法

36. 在工程进度计划执行过程中,如果某项工作的进度偏差超过自由时差,则该工作(   )。

A. 进度偏差影响工程总工期
B. 进度偏差影响其后续工作的最早开始时间
C. 由非关键工作改变为关键工作
D. 总时差大于零

37. 根据《建筑工程施工质量验收统一标准》GB 50300—2013，安装工程的检验批一般按（   ）划分。

  A. 专业性质
        B. 设备类别

  C. 专业系统
        D. 设计系统或组别

38. 建设工程项目投资的特点是由（   ）决定的。

  A. 建设工程项目的特点
     B. 建设工程投资的特点

  C. 建设工程设计的特点
     D. 建设工程施工的特点

39. 下列关于实际利率和名义利率的说法中，错误的是（   ）。

  A. 当年内计息次数 m 大于1时，实际利率大于名义利率

  B. 当年内计息次数 m 等于1时，实际利率等于名义利率

  C. 在其他条件不变时，计息周期越短，实际利率与名义利率差距越小

  D. 实际利率比名义利率更能反映资金的时间价值

40. 下列关于静态投资回收期的说法中，错误的是（   ）。

  A. 投资回收期既能反映项目的盈利能力，又能反映项目的风险大小

  B. 投资回收期不能全面反映项目在寿命期内的真实效益

  C. 投资回收期可作为项目经济效果评价的主要指标

  D. 投资回收期宜从项目建设开始年算起

41. 某中型市政工程，其施工图审查原则上不超过（   ）的时限。

  A. 15个工作日
        B. 15天

  C. 10个工作日
        D. 10天

42. 某分部工程有4个施工过程，分为3个施工段组织加快的成倍节拍流水施工。已知各施工过程的流水节拍分别为4、6、4、2天，则拟采用的专业工作队应为（   ）个。

  A. 4
          B. 5

  C. 8
          D. 12

43. 某工程双代号网络计划如下图所示，其关键线路有（   ）条。

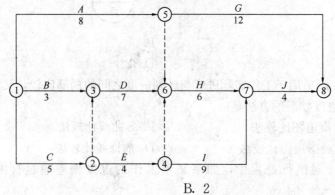

  A. 1
          B. 2

  C. 3
          D. 4

44. 网络计划工期优化的前提是（   ）。

  A. 计算工期不满足计划工期
    B. 不改变各项工作之间的逻辑关系

  C. 计划工期不满足计算工期
    D. 将关键工作压缩成非关键工作

45. 通过缩短某些工作持续时间的方式调整施工进度计划时，可采取的技术措施是（　　）。

    A. 增加工作面　　　　　　　　　　B. 改善劳动条件

    C. 增加每天的施工时间　　　　　　D. 采用更先进的施工机械

46. 监理工程师在工程质量控制中，应遵循质量第一、预防为主、坚持质量标准、（　　）的原则。

    A. 以人为核心　　　　　　　　　　B. 提高质量效益

    C. 质量进度并重　　　　　　　　　D. 减少质量损失

47. 2008 版 ISO 9000 族标准的文件结构中，支持性标准为（　　）。

    A. ISO 9000：2005 质量管理体系基础和术语

    B. ISO/TR 10006 项目管理质量指南

    C. ISO 10012 测量控制系统

    D. 质量管理原则

48. 质量特性值在质量标准允许范围内的波动是由（　　）原因引起的。

    A. 偶然性　　　　　　　　　　　　B. 系统性

    C. 异常性　　　　　　　　　　　　D. 相关性

49. 领导者建立组织统一的宗旨和方向，领导作用的基本内容不包括下列（　　）。

    A. 确定质量方针、质量目标　　　　B. 建立组织的发展前景

    C. 形成内部环境　　　　　　　　　D. 确定每个过程活动的能力和需求

50. 根据《建设工程工程量清单计价规范》，下列工程项目中必须采用工程量清单计价的是（　　）。

    A. 社会投资的 5 万 m² 以上的住宅小区工程

    B. 地方政府投资的城市绿化工程

    C. 非国有单位向银行借款投资建设的办公楼工程

    D. 某国外企业出资援建的学校教学楼工程

51. （　　）是指在可行性研究勘察的基础上，对场地内建筑地段的稳定性作出岩土工程评价，并为确定建筑总平面布置、主要建筑物地基基础方案及对不良地质现象的防治工作方案进行论证，满足初步设计或扩大初步设计的要求。

    A. 选址勘察　　　　　　　　　　　B. 初步勘察

    C. 初略勘察　　　　　　　　　　　D. 详细勘察

52. （　　）应对地基基础处理与加固、不良地质现象的防治工程进行岩土工程计算与评价，满足施工图设计的要求。

    A. 选址勘察　　　　　　　　　　　B. 初步勘察

    C. 初略勘察　　　　　　　　　　　D. 详细勘察

53. 工程监理单位勘察成果评估报告的内容不包括（　　）。

    A. 勘察工作概况　　　　　　　　　B. 初步勘察

    C. 勘察任务书的完成情况　　　　　D. 存在问题及建议

54. 某工程双代号时标网络计划如下图所示，根据第 6 周末实际进度检查结果绘制的前锋线如点划线所示。通过比较可以看出（　　）。

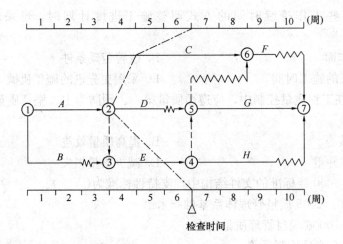

A. C 工作实际进度拖后 2 周，影响工期 2 周

B. D 工作实际进度超前 2 周，不影响工期

C. D 工作实际进度拖后 3 周，影响工期 2 周

D. E 工作实际进度拖后 1 周，不影响工期

55. 在工程设计过程中，影响进度的主要因素之一是（　　）。

    A. 地下埋藏文物的处理　　　　　　B. 施工承发包模式的选择

    C. 设计合同的计价方式　　　　　　D. 设计各专业之间的协调配合程度

56. 工程建设物资供应计划的最根本作用是（　　）。

    A. 对工程项目建筑施工及安装所需物资的预测和安排

    B. 掌握工程的进度、节省开支

    C. 保障建设工程的物资需要、保证建设工程按施工进度计划组织施工

    D. 按物资需要适时、适地、按质、按量以及成套齐备地提供给使用部门，以保证项目总目标的实现

57. 工程项目建设的各阶段对工程项目最终质量的形成都产生重要影响，其中项目决策阶段是（　　）。

    A. 确定项目质量目标与水平的依据　　　B. 确定项目应达到的质量目标与水平

    C. 将项目质量与水平具体化　　　　　　D. 确定项目质量目标与水平达到的程度

58. （　　）是实施质量管理体系要素的描述，它对所需要的各个职能部门的活动规定了所需要的方法。

    A. 质量手册　　　　　　　　　　　B. 作业文件

    C. 质量计划　　　　　　　　　　　D. 程序文件

59. 单位工程划分的基本原则是按（　　）确定。

    A. 具备独立施工条件并能形成独立使用功能的建筑物或构筑物

    B. 工程部位、专业性质和专业系统

    C. 主要材料、设备类别和建筑功能

    D. 施工程序、施工工艺和施工方法

60. 进口设备外贸手续费的计算公式为：外贸手续费＝（　　）×人民币外汇牌价×外贸手

续费率。

  A. 离岸价   B. 离岸价＋国外运费

  C. 离岸价＋国外运输保险费   D. 到岸价

61. 项目编码是分部分项工程量清单项目名称的数字标识，其中五至六位表示的是( )顺序码。

  A. 专业工程   B. 分部工程

  C. 分项工程   D. 工程量清单

62. 凡是按照一个总体设计进行建设的各个单项工程汇集的总体即为( )。

  A. 建设多项工程   B. 建设单项工程

  C. 多个建设工程项目   D. 一个建设工程项目

63. 建设工程施工图预算或建安工程承包合同价则应是( )投资控制的目标。

  A. 设计阶段   B. 施工阶段

  C. 监理阶段   D. 投资阶段

64. 在建设工程进度控制工作中，监理工程师所采取的合同措施是指( )。

  A. 建立进度协调会议制度和工程变更管理制度

  B. 协调合同工期与进度计划之间的关系

  C. 编制进度控制工作细则并审查施工进度计划

  D. 及时办理工程预付款及工程进度款支付手续

65. ( )的最终目标就是按质、按量、按时间要求提供施工图设计交件。

  A. 设计进度控制目标体系   B. 初步设计

  C. 出图控制   D. 设计进度控制

66. 民用建筑主体结构的耐用年限分为( )。

  A. 二级   B. 三级

  C. 四级   D. 五级

67. 工程质量事故处理的基本要求不包括( )。

  A. 安全可靠   B. 经济合理

  C. 注重结果   D. 满足建筑物的功能

68. 参与合同修改、补充工作，着重考虑它对投资控制的影响，体现了项目监理机构在施工阶段投资控制的( )措施。

  A. 组织   B. 技术

  C. 经济   D. 合同

69. 国际咨询工程师联合会在( )年所制定的 IGRA－1980PM 文件，是用于咨询工程师与业主之间订立委托咨询的国际通用合同文本。

  A. 1980   B. 1981

  C. 1982   D. 1983

70. 工料测量师在工程建设的立约前阶段的任务中，其( )阶段，根据建筑师、工程师草拟的图纸，制定建设投资分项初步概算。

  A. 工程建设开始   B. 可行性研究

  C. 方案建议   D. 初步设计

71. 在下图所示双代号网络计划中，工作 D 的最早完成时间为（　　）天。

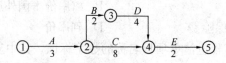

  A. 5   B. 11

  C. 13   D. 9

72. 工程网络计划资源优化的目的之一是为了寻求（　　）。

  A. 资源均衡使用条件下的最短工期安排

  B. 工程总成本最低条件下的资源均衡安排

  C. 资源使用量最少条件下的合理工期安排

  D. 工期固定条件下的资源均衡安排

73. 监理工程师在工程质量控制中，体现以数据资料为依据，客观地处理质量问题的原则为（　　）。

  A. 坚持质量标准原则

  B. 坚持科学、公正、守法和职业道德规范

  C. 质量第一的原则

  D. 预防为主的原则

74. 已知某组混凝土强度统计数据中，最大值为 38.5MPa，最小值为 30.2MPa，算术平均值为 35.3MPa，中位数为 36.7MPa，则该组数据的极差为（　　）MPa。

  A. 3.2   B. 1.8

  C. 8.3   D. 6.5

75. 国际工程项目中，对建筑材料、构件和建筑物进行一般鉴定、检查所花费用计入（　　）。

  A. 直接费   B. 现场经费

  C. 间接费   D. 其他直接费

76. 工程勘察工作一般分为三个阶段，不包括下列（　　）。

  A. 可行性研究勘察   B. 初步勘察

  C. 详细勘察   D. 收尾勘察

77. 在勘察成果的审核与评定中，（　　）属于程序性审查。

  A. 勘察场地的工程地质条件   B. 岩土工程问题

  C. 对工程勘察报告的内容和深度进行检查D. 工程勘察成果的齐全可靠性

78. 单代号网络计划中工作的自由时差和该工作与其紧后工作之间的时间间隔的关系为（　　）。

  A. 自由时差就等于时间间隔

  B. 自由时差与时间间隔无直接关系

  C. 自由时差等于该工作与其各紧后工作之间的时间间隔的最大值

  D. 自由时差等于该工作与其各紧后工作之间的时间间隔的最小值

79. 在某工程双代号网络计划中，工作 M 的最早开始时间为第 15 天，其持续时间为 7 天。

该工作有两项紧后工作，它们的最早开始时间分别为第 27 天和第 30 天，最迟开始时间分别为第 28 天和第 33 天，则工作 M 的总时差和自由时差为（   ）天。

A. 均为 5
B. 分别为 6 和 5
C. 均为 6
D. 分别为 11 和 6

80. 在建设工程施工阶段，按承包单位分解建设工程施工进度总目标是指（   ）。

A. 明确各承包商之间的工作交接条件和时间
B. 明确分工条件和承包责任
C. 明确设备采购及安装等各阶段的起止时间标志
D. 确定年度、季、月（旬）工程量及进度

二、**多项选择题** (共 40 题，每题 2 分。每题的备选项中，有 2 个或 2 个以上符合题意，至少有 1 个错项。错选，本题不得分；少选，所选的每个选项得 0.5 分)

81. 监理工程师对施工图进行审核的主要内容有（   ）。

A. 建筑、结构、工艺流程、设备、水电自控等设计内容
B. 满足城规、环境、消防、卫生等要求情况
C. 各专业设计的协调一致情况
D. 施工可行性
E. 施工单位是否具有施工图所列各种标准图集

82. 监理工程师在工程质量控制中应遵循的原则包括（   ）。

A. 质量第一，坚持质量标准
B. 以人为核心，预防为主
C. 旁站监督，平行检测
D. 科学、公正、守法的职业道德
E. 审核文件、报告、报表

83. 排列图是质量管理的重要工具之一，它可用于（   ）。

A. 分析造成质量问题的薄弱环节
B. 寻找生产不合格品最多的关键过程
C. 分析比较各单位技术水平和质量管理水平
D. 分析费用、安全问题
E. 分析质量特性的分布规律

84. 勘察设计单位的质量责任有（   ）。

A. 必须在其资质等级许可的范围内承揽相应的勘察、设计任务
B. 不允许承揽超越其资质等级许可范围以外的任务，不得转包或违法分包
C. 不得用其他单位的名义承揽业务或允许他人以本单位的名义承揽业务
D. 代表建设单位对工程质量实施监理，并对工程质量承担监理责任
E. 按照国家现行的有关规定、工程建设强制性技术标准和合同要求进行勘察、设计工作

85. 编制建设工程设计作业进度计划的依据有（   ）。

A. 规划设计条件和设计基础材料
B. 施工图设计工作进度计划
C. 单位工程设计工日定额
D. 初步设计审批文件
E. 所投入的设计人员数

86. 某钢筋工程计划进度和实际进度 S 曲线如下图所示，从图中可以看出(   )。

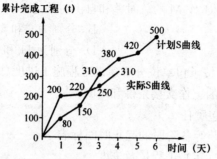

A. 第 1 天末该工程实际拖欠的工程量为 120t

B. 第 2 天末实际进度比计划进度超前 1 天

C. 第 3 天末实际拖欠的工程量 60t

D. 第 4 天末实际进度比计划进度拖后 1 天

E. 第 4 天末实际拖欠工程量 70t

87. 施工质量检查的基本规定，施工单位提交给总监理工程师的《现场质量管理检查记录》中应包括的检查内容有(   )。

A. 现场质量管理制度
B. 主要专业工种操作上岗证书

C. 施工技术标准
D. 地质勘察资料

E. 工程承包合同

88. 处理工程质量事故的各种依据中，与特定工程项目密切相关，具有特定性质的依据有(   )。

A. 质量事故的实况资料
B. 建设法规

C. 有关的工程承包合同文件
D. 有关的材料设备购销合同文件

E. 有关的技术文件、档案

89. 下列建设项目财务评价指标中，属于动态分析指标的有(   )。

A. 财务内部收益率
B. 财务净现值

C. 总投资收益率
D. 项目资本金净利润率

E. 财务净现值指数

90. 下列工程中宜采用扩大单价法编制单位工程概算的有(   )。

A. 初步设计较完善的工程
B. 住宅工程

C. 服务工程
D. 建筑结构较明确的工程

E. 附属工程

91. 进行工程计量支付时，应采用均摊法支付的有(   )。

A. 测量设备保养费用

B. 为监理工程师提供宿舍的费用

C. 购买建筑工程保险的费用

D. 购买第三方责任险的保险费用

E. 维护施工工地清洁的费用

92. 某工程双代号网络计划如下图所示，工作 B 的后续工作有(   )。

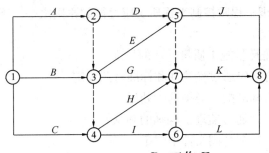

A. 工作 D   B. 工作 E

C. 工作 J   D. 工作 K

E. 工作 L

93. 某钢筋绑扎工程计划进度与实际进度如下图所示,该图表明本工程(　　)。

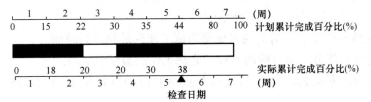

A. 第 1 周内实际进度拖后 3%   B. 第 3 周内未实施

C. 第 4 周内实际进度超前 5%   D. 至第 5 周末实际进度拖后 8%

E. 第 3 周内计划完成 8%

94. GB/T 19000—2008 族标准的质量管理体系是以过程为基础建立的,其质量管理的循环过程包括(　　)。

A. 管理职责   B. 环境管理

C. 产品实现   D. 资源管理

E. 安全管理

95. 某大学新建校区有一实验楼单项工程,下列费用中应列入实验楼单项工程综合概算的有(　　)。

A. 分摊到实验楼的土地使用费   B. 实验楼的土建工程费

C. 实验楼的给水排水工程费   D. 实验楼的设备及安装工程费

E. 分摊到实验楼的建设期利息

96. 建设投资的组成包括(　　)。

A. 设备及工器具购置费   B. 建筑安装工程费

C. 工程建设其他费用   D. 建设期利息

E. 无形资产

97. 监理工程师审核施工进度计划的内容有(　　)。

A. 进度安排是否符合施工合同中开工、竣工日期的约定

B. 劳动力、工程材料进场安排是否与工程量清单相一致

C. 分期施工是否满足分批动用或配套动用的要求

D. 施工管理及现场作业人员的职责分工是否明确

E. 在生产要素的需求高峰期是否有足够能力实现计划供应

98. 坚持质量标准是监理工程师控制工程质量应遵循的原则之一。下列关于工程质量的说法中，正确的有(   )。

　　A. 工程质量标准是衡量施工质量好坏的尺度

　　B. 工程质量是否合格应通过检验并和标准对照确定

　　C. 工程质量不符合标准的，必须返工处理

　　D. 工程质量标准必须通过监理工程师的确认

　　E. 工程质量标准必须在合同文件中规定

99. 建设工程监理合同、建设单位与其他相关单位签订的合同，包括(   )等。

　　A. 与施工单位签订的施工合同　　　　　B. 与设计单位签订的施工合同

　　C. 与承包人签订的施工合同　　　　　　D. 与发包人签订的施工合同

　　E. 与材料设备供应单位签订的材料设备采购合同

100. 在某单位工程双代号时标网络计划中(   )。

　　A. 工作箭线左端节点所对应的时标值为该工作的最早开始时间

　　B. 工作箭线右端节点所对应的时标值为该工作的最早完成时间

　　C. 终点节点所对应的时标值与起点节点所对应的时标值之差为该网络计划的计算工期

　　D. 波形线表示工作与其紧后工作之间的时间间隔

　　E. 各项工作按其最早开始时间绘制

101. 某工程双代号时标网络计划执行到第 6 周末和第 11 周末时，检查其实际进度如下图前锋线所示，检查结果表明(   )。

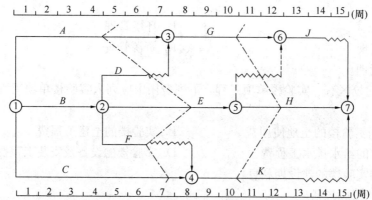

　　A. 第 6 周末检查时，工作 A 拖后 1 周，不影响总工期

　　B. 第 6 周末检查时，工作 E 提前 1 周，不影响总工期

　　C. 第 6 周末检查时，工作 C 提前 1 周，预计总工期缩短 1 周

　　D. 第 11 周末检查时，工作 G 拖后 1 周，不影响总工期

　　E. 第 11 周末检查时，工作 H 提前 1 周，预计总工期缩短 1 周

102. 下列各项中，属于地质勘察数据失真导致工程质量缺陷的有(   )。

　　A. 未认真进行地质勘察或勘探时钻孔深度、间距、范围不符合规定要求

　　B. 地质勘察报告不详细、不准确、不能全面反映实际的地基情况

　　C. 沉降缝或变形缝设置不当，悬挑结构未进行抗倾覆验算

D. 对基岩起伏、土层分布误判

E. 未查清地下软土层、墓穴、孔洞

103. 建设工程竣工验收应具备的条件有(　　)。

A. 施工基本全部完成　　　　　　　B. 完整的技术档案和施工管理资料

C. 有施工单位签署的工程保修证书　D. 有各方签署的质量合格文件

E. 不得有任何缺陷的工程

104. 工程质量事故发生后,总监理工程师签发《工程暂停令》的同时,应要求(　　)。

A. 采取必要措施防止事故扩大

B. 保护好事故现场

C. 事故调查组进行调查

D. 事故发生单位按规定要求向主管部门上报

E. 提交技术处理方案

105. 根据《建筑安装工程费用项目组成》(建标［2003］206 号)的规定,建筑安装工程措施费包括(　　)。

A. 建筑材料一般鉴定检查费　　　　B. 施工机械经常修理费

C. 临时设施费　　　　　　　　　　D. 环境保护费

E. 工程定额测定费

106. 根据《建设工程工程量清单计价规范》,分部分项工程综合单价构成应包括(　　)。

A. 直接工程费　　　　　　　　　　B. 企业管理费

C. 规费　　　　　　　　　　　　　D. 利润

E. 税金

107. 在工程网络计划中,关键工作是指(　　)的工作。

A. 双代号时标网络计划中无波形线

B. 最迟开始时间与最早开始时间的差值最小

C. 单代号搭接网络计划中时间间隔为零

D. 最迟完成时间与最早完成时间的差值最小

E. 双代号网络计划中完成节点为关键节点

108. 工程建设其他费用可划分的类别主要有(　　)。

A. 土地使用费　　　　　　　　　　B. 与项目建设有关的费用

C. 与未来企业生产经营有关的费用　D. 设备及工器具购置费

E. 建筑安装工程费

109. 工程建设其他费用中与未来企业生产经营有关的费用包括(　　)。

A. 联合试运转费　　　　　　　　　B. 生产准备费

C. 勘察设计费　　　　　　　　　　D. 办公和生活家具购置费

E. 建设工程监理费

110. 建设工程项目投资的特点包括(　　)。

A. 建设工程项目投资数额巨大　　　B. 建设工程项目投资无明显差异

C. 建设工程项目投资需单独计算　　D. 建设工程项目投资确定依据复杂

E. 建设工程项目投资确定层次繁多

111. 根据下表给定的工作间逻辑关系绘成的双代号网络图如图所示,其中的错误有( )。

工作名称	A	B	C	D	E	F
紧后工作	C、D	E、F	—	F	—	—

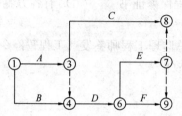

A. 节点编号有误
B. 有循环回路
C. 有多个起点节点
D. 有多个终点节点
E. 不符合给定的逻辑关系

112. 在投资控制动态过程中,应着重做好的工作有( )。
    A. 对计划目标值的论证和分析
    B. 及时对项目进展做出评估,即收集实际数据
    C. 进行项目计划值与实际值的比较,以判断是否存在偏差
    D. 采取控制措施以确保投资控制目标的实现
    E. 项目投入,即把人力、物力、财力投入到项目实施中

113. 为了有效地控制建设工程投资,应从( )、合同与信息管理等多方面采取措施。
    A. 施工
    B. 组织
    C. 技术
    D. 经济
    E. 设计

114. 质量管理体系是由相互关联和相互作用的子系统所组成的复合系统,主要包括( )。
    A. 组织结构
    B. 程序
    C. 过程
    D. 资源
    E. 时间

115. 监理工程师在审批工程延期时应遵循的原则有( )。
    A. 合同条件
    B. 申报程序
    C. 影响工期
    D. 时间长短
    E. 实际情况

116. 监理工程师做好( )以减少或避免工程延期事件的发生。
    A. 选择合适的时机下达工程开工令
    B. 施工进度计划的检查与调整
    C. 提醒业主履行施工承包合同中所规定的职责
    D. 分解施工进度控制目标
    E. 妥善处理工程延期事件

117. 在价值工程活动过程中,分析出 $V > 1$ 则表明( )。

A. 实际成本偏低　　　　　　　　　　B. 功能可能过剩

C. 实际成本偏高　　　　　　　　　　D. 功能可能不足

E. 不能确定

118. 世界银行、国际咨询工程师联合会对项目的总建设成本规定中的应急费用包括( )。

A. 明确项目的准备金　　　　　　　　B. 未明确项目的准备金

C. 可预见准备金　　　　　　　　　　D. 不可预见准备金

E. 建设成本上升费用

119. 下列说法正确的有( )。

A. 流水步距是指相邻两个工作队（组）开始投入各自施工段的时间间隔

B. 在组织流水施工中，划分的施工过程数应尽量细致，才能全面反映问题，不会产生不利影响

C. 流水节拍的大小直接关系到单位时间的资源供应量

D. 流水步距的大小取决于相邻两个施工过程（或专业工作队）在各个施工段上的流水节拍及流水施工的组织方式

E. 流水施工的工期一般是整个工程的总工期

120. 双代号网络图的绘图方法包括( )。

A. 绘制没有紧前工作的工作箭线

B. 保证网络图只有一个起点节点

C. 合并那些没有紧后工作之工作箭线的箭头节点

D. 进行节点编号

E. 检查改正后的各节点的位置号是作相应调整

第五套模拟试卷参考答案、考点分析

一、单项选择题

1.【试题答案】B

【试题解析】本题考查重点是"工程质量控制的原则"。项目监理机构在工程质量控制过程中，应遵循以下几条原则：①坚持质量第一的原则；②坚持以人为核心的原则；③坚持以预防为主的原则；④以合同为依据，坚持质量标准的原则；⑤坚持科学、公正、守法的职业道德规范。因此，根据第③点可知，本题的正确答案为B。

2.【试题答案】B

【试题解析】本题考查重点是"工程质量管理主要制度"。建设工程经验收合格，方可交付使用。建设单位应当自工程竣工验收合格起15日内，向工程所在地的县级以上地方人民政府建设行政主管部门备案。因此，本题的正确答案为B。

3.【试题答案】A

【试题解析】本题考查重点是"工程质量的特点——质量隐蔽性"。建设工程在施工过程中，分项工程交接多、中间产品多、隐蔽工程多，因此质量存在隐蔽性。若在施工中不及时进行质量检查，事后只能从表面上检查，就很难发现内在的质量问题，这样就容易产生判断错误，即将不合格品误认为合格品。因此，本题的正确答案为A。

4.【试题答案】A

【试题解析】本题考查重点是"纯单价合同"。采用纯单价计价方式的合同时，发包方只向承包方给出发包工程的有关分部分项工程以及工程范围，不对工程量作任何规定。即在招标文件中仅给出工程内各个分部分项工程一览表、工程范围和必要的说明，而不必提供实物工程量。承包方在投标时只需要对这类给定范围的分部分项工程做出报价即可，合同实施过程中按实际完成的工程量进行结算。这种合同计价方式主要适用于没有施工图，工程量不明，却急需开工的紧迫工程，如设计来不及提供正式施工图纸，或虽有施工图但由于某些原因不能比较准确地计算工程量等。当然，对于纯单价合同来说，发包方必须对工程范围的划分做出明确的规定，以使承包方能够合理地确定工程单价。因此，本题的正确答案为A。

5.【试题答案】A

【试题解析】本题考查重点是"工程计量的方法"。所谓均摊法，就是对清单中某些项目的合同价款，按合同工期平均计量。如：为监理工程师提供宿舍，保养测量设备，保养气象记录设备，维护工地清洁和整洁等。这些项目都有一个共同的特点，即每月均有发生。所以可以采用均摊法进行计量支付。所以，选项A符合题意。选项B的"凭据法"是指按照承包商提供的凭据进行计量支付。如建筑工程险保险费、第三方责任险保险费、履约保证金等项目，一般按凭据法进行计量支付。选项C的"估价法"是指按合同文件的规定，根据工程师估算的已完成的工程价值支付。如为工程师提供办公设施和生活设施，为工程师提供用车，为工程师提供测量设备、天气记录设备、通信设备等项目。选项D的"分解计量法"就是将一个项目，根据工序或部位分解为若干子项，对完成的各子项进行计量支付。因此，本题的正确答案为 A。

6.【试题答案】A

【试题解析】本题考查重点是"加快的成倍节拍流水施工流水步距的计算"。成倍节拍流水施工中，相邻专业工作队的流水步距相等，且等于流水节拍的最大公约数（K），即，$K=\min[4，6，4，2]=2$。因此，本题的正确答案为 A。

7.【试题答案】D

【试题解析】本题考查重点是"工程延期的审批原则"。监理工程师在审批工程延期时应遵循下列原则：①合同条件：这是监理工程师审批工程延期的一条根本原则；②影响工期：发生延期事件的工程部位，无论其是否处在施工进度计划的关键线路上，只有当所延长的时间超过其相应的总时差而影响到工期时，才能批准工程延期。如果延期事件发生在非关键线路上，且延长的时间并未超过总时差时，即使符合批准为工程延期的合同条件，也不能批准工程延期；③实际情况：批准的工程延期必须符合实际情况。因此，根据第③点可知，本题的正确答案为 D。

8.【试题答案】A

【试题解析】本题考查重点是"建设工程项目投资的概念"。建设工程项目投资是指进行某项工程建设花费的全部费用。生产性建设工程项目总投资包括建设投资和铺底流动资金两部分；非生产性建设工程项目总投资则只包括建设投资。因此，本题的正确答案为 A。

9.【试题答案】B

【试题解析】本题考查重点是"工程定位及标高基准控制"。监理工程师应要求施工承包单位，对建设单位（或其委托的单位）给定的原始基准点、基准线和标高等测量控制点进行复核，并将复测结果报监理工程师审核，经批准后施工承包单位方能据以进行准确的测量放线，建立施工测量控制网，并应对其正确性负责，同时做好基桩的保护。因此，本题的正确答案为 B。

10.【试题答案】C

【试题解析】本题考查重点是"质量管理体系的审核和评审"。在进行内部审核时应注意：①在试运行阶段，审核体系的符合性和适用性；在正式运行阶段，重点则在符合性；②在试运行中要对所有要素审核一遍。因此，本题的正确答案为 C。

11.【试题答案】D

【试题解析】本题考查重点是"质量数据分布的规律性"。概率数理统计在对大量统计数据研究中，归纳总结出许多分布类型，如一般计量值数据服从正态分布，计件值数据服从二项分布，计点值数据服从泊松分布等。实践中只要是受许多起微小作用的因素影响的质量数据，都可认为是近似服从正态分布的，如构件的几何尺寸、混凝土强度等。如果是随机抽取的样本，无论它来自的总体是何种分布，在样本容量较大时，其样本均值也将服从或近似服从正态分布。因而，正态分布最重要、最常见，应用最广泛。因此，本题的正确答案为 D。

12.【试题答案】A

【试题解析】本题考查重点是"质量数据波动的原因"。质量特性值的变化在质量标准允许范围内波动称为正常波动，是由偶然性原因引起的；若是超过了质量标准允许范围的波动则称之为异常波动，是由系统性原因引起的。在实际生产中，影响因素的微小变化具有随机发生的特点，是不可避免、难以测量和控制的，或者是在经济上不值得消除，它们大量存在但对质量的影响很小，属于允许偏差、允许位移范畴，引起的是正常波动，一般不会因此造成废品，生产过程正常稳定。通常把4M1E因素（人(Man)、材料(Material)、机械(Machine)、方法(Method)和环境(Environment))的这类微小变化归为影响质量的偶然性原因、不可避免原因或正常原因。所以，选项A符合题意。当影响质量的4M1E因素发生了较大变化，如工人未遵守操作规程、机械设备发生故障或过度磨损、原材料质量规格有显著差异等情况发生时，没有及时排除，生产过程则不正常，产品质量数据就会离散过大或与质量标准有较大偏离，表现为异常波动，次品、废品产生。这就是产生质量问题的系统性原因或异常原因。所以，选项B、C、D均属于系统性原因。因此，本题的正确答案为A。

13.【试题答案】C

【试题解析】本题考查重点是"建设工程投资的特点"。建设工程投资确定层次繁多。凡是按照一个总体设计进行建设的各个单项工程汇集的总体为一个建设项目。在建设项目中凡是具有独立的设计文件、竣工后可以独立发挥生产能力或工程效益的工程为单项工程，也可将它理解为具有独立存在意义的完整的工程项目。各单项工程可分解为各个能独立施工的单位工程。考虑到组成单位工程的各部分是由不同工人用不同工具和材料完成的，又可以把单位工程进一步分解为分部工程。然后还可按照不同的施工方法、构造及规格，把分部工程更细致地分解为分项工程。需分别计算分部分项工程投资、单位工程投资、单项工程投资，最后才形成工程投资。因此，本题的正确答案为C。

14.【试题答案】D

【试题解析】本题考查重点是"国产标准设备原价的概念"。国产标准设备原价一般指的是设备制造厂的交货价，即出厂价。如设备系由设备成套公司供应，则以订货合同价为设备原价。有的设备有两种出厂价，即带有备件的出厂价和不带有备件的出厂价。在计算设备原价时，一般按带有备件的出厂价计算。因此，本题的正确答案为D。

15.【试题答案】A

【试题解析】本题考查重点是"总投资收益率的计算分析"。总投资收益率系指项目达到设计能力后正常年份的年息税前利润或运营期内年平均息税前利润与项目总投资的比率，它考察项目总投资的盈利水平。因此，本题的正确答案为A。

16.【试题答案】B

【试题解析】本题考查重点是"静态投资回收期的计算分析"。项目投资回收期（P_t）更为实用的表达式为：

$$P_t = T-1 + \frac{\left|\sum_{t=1}^{T-1}(CI-CO)_t\right|}{(CI-CO)_t}$$

式中 T——项目各年累计净现金流量首次为正值的年份数；
$(CI-CO)_t$——第 t 年的净现金流量。

本题中第6年累计净现值首次出现正值。故 $T=6$。根据公式可知：

174

$$P_t = T - 1 + \frac{\left| \sum_{i=1}^{T-1} (CI - CO)_t \right|}{(CI - CO)_t} = 6 - 1 + \frac{\left| -800 - 1000 + 400 + 600 + 600 \right|}{600}$$

$$= 5.33(\text{年})$$

因此，本题的正确答案为 B。

17. 【试题答案】C

【试题解析】本题考查重点是"施工图预算的审查"。重点审查法就是抓住施工图预算中的重点进行审核的方法。审查的重点一般是工程量大或者造价较高的各种工程、补充定额、计取的各种费用（计费基础、取费标准）等。重点审查法的优点是突出重点，审查时间短、效果好。因此，本题的正确答案为 C。

18. 【试题答案】A

【试题解析】本题考查重点是"建设工程项目投资的概念"。建设投资由设备及工器具购置费、建筑安装工程费、工程建设其他费用、预备费（包括基本预备费和涨价预备费）和建设期利息组成。设备及工器具购置费，是指按照建设工程设计文件要求，建设单位（或其委托单位）购置或自制达到固定资产标准的设备和新、扩建项目配置的首套工器具及生产家具所需的费用。设备及工器具购置费由设备原价、工器具原价和运杂费（包括设备成套公司服务费）组成。在生产性建设工程中，设备及工器具投资主要表现为其他部门创造的价值向建设工程中的转移，但这部分投资是建设工程项目投资中的积极部分，它占项目投资比重的提高，意味着生产技术的进步和资本有机构成的提高。因此，本题的正确答案为 A。

19. 【试题答案】A

【试题解析】本题考查重点是"进度计划的调整方法"。当实际进度偏差影响到后续工作、总工期而需要调整进度计划时，其调整方法主要有两种：①改变某些工作间的逻辑关系。当工程项目实施中产生的进度偏差影响到总工期，且有关工作的逻辑关系允许改变时，可以改变关键线路和超过计划工期的非关键线路上的有关工作之间的逻辑关系，达到缩短工期的目的。例如，将顺序进行的工作改为平行作业、搭接作业以及分段组织流水作业等，都可以有效地缩短工期。②缩短某些工作的持续时间。这种方法是不改变工程项目中各项工作之间的逻辑关系，而是通过采取增加资源投入、提高劳动效率等措施来缩短某些工作的持续时间，使工程进度加快，以保证按计划工期完成该工程项目。根据第①点可知，选项 A 符合题意。选项 B、C 均属于"缩短某些工作的持续时间"的措施。因此，本题的正确答案为 A。

20. 【试题答案】A

【试题解析】本题考查重点是"建设工程质量"。建设工程质量具有适用性、耐久性、安全性、可靠性、经济性和与环境的协调性六个特性。这六个方面的质量特性彼此之间是相互依存的，总体而言，适用、耐久、安全、可靠、经济和与环境适应性都是必须要达到的基本要求，缺一不可。但是对于不同专业的工程，如工业建筑、民用建筑、公共建筑、住宅建筑、道路建筑，可根据其所处的特定地域环境条件、技术经济条件的差异，有不同的侧重面。因此，本题的正确答案为 A。

21.【试题答案】B

【试题解析】本题考查重点是"建设工程项目投资的概念"。建设投资由设备及工器具购置费、建筑安装工程费、工程建设其他费用、预备费（包括基本预备费和涨价预备费）和建设期利息组成。建筑安装工程费，是指建设单位用于建筑和安装工程方面的投资，它由建筑工程费和安装工程费两部分组成。建筑工程费是指建设工程涉及范围内的建筑物、构筑物、场地平整、道路、室外管道铺设、大型土石方工程费用等。安装工程费是指主要生产、辅助生产、公用工程等单项工程中需要安装的机械设备、电器设备、专用设备、仪器仪表等设备的安装及配件工程费，以及工艺、供热、供水等各种管道、配件、闸门和供电外线安装工程费用等。因此，本题的正确答案为B。

22.【试题答案】A

【试题解析】本题考查重点是"指令文件与一般管理文书"。指令文件是监理工程师运用指令控制权的具体形式。所谓指令文件是表达监理工程师对施工承包单位提出指示或命令的书面文件，属于要求强制性执行的文件。监理工程师的各项指令都应是书面的或有文件记载方为有效，并作为技术文件资料存档。指令文件一般均以监理工程师通知的方式下达，在监理指令中，开工指令、工程暂停指令及工程恢复施工指令也属于指令文件。所以，选项A符合题意。选项B、C、D均属于一般管理文书。因此，本题的正确答案为A。

23.【试题答案】C

【试题解析】本题考查重点是"控制图的观察与分析"。链是指点子连续出现在中心线一侧的现象。出现五点链，应注意生产过程发展状况。出现六点链，应开始调查原因。出现七点链，应判定工序异常，需采取处理措施。因此，本题的正确答案为C。

24.【试题答案】B

【试题解析】本题考查重点是"主控项目和一般项目的检验"。检验批的合格质量主要取决于对主控项目和一般项目的检验结果。主控项目是对检验批的基本质量起决定性影响的检验项目，因此必须全部符合有关专业工程验收规范的规定。这意味着主控项目不允许有不符合要求的检验结果，即这种项目的检查具有否决权。鉴于主控项目对基本质量的决定性影响，从严要求是必须的。因此，本题的正确答案为B。

25.【试题答案】D

【试题解析】本题考查重点是"工程施工质量不符合要求时的处理"。经返修或加固的分项、分部工程，虽然改变外形尺寸但仍能满足安全使用要求，可按技术处理方案和协商文件进行验收。这种情况是指更为严重缺陷或范围超过检验批的更大范围内的缺陷可能影响结构的安全性和使用功能。如经法定检测单位检测鉴定以后认为达不到规范标准的相应要求，即不能满足最低限度的安全储备和使用功能，则必须按一定的技术方案进行加固处理，使之能保证其满足安全使用的基本要求。这样会造成一些永久性的缺陷，如改变结构的外形尺寸，影响一些次要的使用功能等。为了避免社会财富更大的损失，在不影响安全和主要使用功能条件下可按处理技术方案和协商文件进行验收，但不能作为轻视质量而回避责任的一种出路，这是应该特别注意的。因此，本题的正确答案为D。

26.【试题答案】A

【试题解析】本题考查重点是"随机抽样检验方法"。随机抽样检验方法有：简单随机抽样、分层抽样、等距抽样、整群抽样和多阶段抽样。其中，分层抽样又称分类或分组抽样，是将总体按与研究目的有关的某一特性分为若干组，然后在每组内随机抽取样品组成样本的方法。由于对每组都有抽取，样品在总体中分布均匀，更具代表性，特别适用于单体比较复杂的情况。因此，本题的正确答案为 A。

27.【试题答案】B

【试题解析】本题考查重点是"实施管理系统方法原则采取的措施"。实施管理系统方法原则时一般要采取的措施包括：建立一个以过程方法为主体的质量管理体系；明确质量管理过程的顺序和相互作用，使这些过程相互协调；控制并协调质量管理体系的各过程的运行，并规定其运行的方法和程序；通过对质量管理体系的测量和评审，采取措施以持续改进体系，提高组织的业绩。因此，本题的正确答案为 B。

28.【试题答案】A

【试题解析】本题考查重点是"投资控制的重点"。影响项目投资最大的阶段，是约占工程项目建设周期 1/4 的技术设计结束前的工作阶段。在初步设计阶段，影响项目投资的可能性为 75%～95%；在技术设计阶段，影响项目投资的可能性为 35%～75%；在施工图设计阶段，影响项目投资的可能性则为 5%～35%。很显然，项目投资控制的重点在于施工以前的投资决策和设计阶段，而在项目做出投资决策后，控制项目投资的关键就在于设计。因此，本题的正确答案为 A。

29.【试题答案】C

【试题解析】本题考查重点是"直方图的绘制方法"。在直方图的绘制过程中，用随机抽样的方法抽取数据，一般要求数据在 50 个以上。因此，本题的正确答案为 C。

30.【试题答案】D

【试题解析】本题考查重点是"部分费用综合单价"。我国目前实行的工程量清单计价采用的综合单价是部分费用综合单价，部分费用综合单价是指完成一个规定计量单位的分部分项工程量清单项目或措施清单项目所需的人工费、材料费、施工机械使用费和企业管理费与利润，以及一定范围内的风险费用。以各分项工程量乘以部分费用综合单价的合价汇总，再加上项目措施费、规费和税金后，生成工程承发包价。所以，选项 D 的"税金"不包含在部分费用综合单价中，包含在全费用综合单价中。因此，本题的正确答案为 D。

31.【试题答案】C

【试题解析】本题考查重点是"施工图预算审查的方法"。对比审查法是当工程条件相同时，用已完工程的预算或未完但已经过审查修正的工程预算对比审查拟建工程的同类工程预算的一种方法。采用该方法一般符合的条件有：①拟建工程与已完或在建工程预算采用同一施工图，但基础部分和现场施工条件不同，则相同部分可采用对比审查法；②工程设计相同，但建筑面积不同，两个工程的建筑面积之比与两个工程各分部分项工程量之比大体一致；③两个工程面积相同，但设计图纸不完全相同，则相同的部分可进行工程量的对照审查。对不能对比的分部分项工程可按图纸计算。因此，根据第①点可知，本题的正确答案为 C。

32.【试题答案】D

【试题解析】本题考查重点是"质量管理体系文件的编制内容"。质量手册要按照"编写要做的，做到所写的"的原则进行编写。根据标准的要求，质量手册应编写的内容有：

质量手册说明、管理承诺、文件化体系要求、管理职责、资源管理、产品实现和测量、分析、改进等内容。因此，本题的正确答案为 D。

33.【试题答案】D

【试题解析】本题考查重点是"费用优化的基本思路"。费用优化的基本思路：不断地在网络计划中找出直接费用率（或组合直接费用率）最小的关键工作，缩短其持续时间，同时考虑间接费随工期缩短而减少的数值，最后求得工程总成本最低时的最优工期安排或按要求工期求得最低成本的计划安排。因此，本题的正确答案为 D。

34.【试题答案】C

【试题解析】本题考查重点是"单代号网络计划时间参数的计算"。其他工作的总时差应等于本工作与其各紧后工作之间的时间间隔加该紧后工作的总时差所得之和的最小值，计算公式为：

$$TF_i = \min\{LAG_{i,j} + TF_j\}$$

式中　TF_i——工作 i 的总时差；

　　$LAG_{i,j}$——工作 i 与其紧后工作 j 之间的时间间隔；

　　TF_j——工作 i 的紧后工作 j 的总时差。

题中工作 B 有两项紧后工作 D、E。所以，根据公式，可得：$TF_B = \min\{(LAG_{B,D} + TF_D),(LAG_{B,E} + TF_E)\} = \min\{(3+6),(8+2)\} = 9$（天）。

因此，本题的正确答案为 C。

35.【试题答案】D

【试题解析】本题考查重点是"前锋线比较法"。前锋线比较法可通过实际进度与计划进度的比较确定进度偏差，还可根据工作的自由时差和总时差预测该进度偏差对后续工作及项目总工期的影响。由此可见，前锋线比较法既适用于工作实际进度与计划进度之间的局部比较，又可用来分析和预测工程项目整体进度状况。因此，本题的正确答案为 D。

36.【试题答案】B

【试题解析】本题考查重点是"分析进度偏差是否超过自由时差"。如果工作的进度偏差大于该工作的自由时差，则此进度偏差将对其后续工作产生影响，此时应根据后续工作的限制条件确定调整方法；如果工作的进度偏差未超过该工作的自由时差，则此进度偏差不影响后续工作，原进度计划可以不作调整。因此，本题的正确答案为 B。

37.【试题答案】D

【试题解析】本题考查重点是"建筑工程施工质量验收的划分"。安装工程一般按一个设计系统或组别划分为一个检验批。所以，选项 D 符合题意。选项 A 是分部工程划分的依据。选项 C 是子分部工程划分的依据。选项 B 是分项工程划分的依据。因此，本题的正确答案为 D。

38.【试题答案】A

【试题解析】本题考查重点是"建设工程项目投资的特点"。建设工程项目投资的特点是由建设工程项目的特点决定的。因此，本题的正确答案为 A。

39.【试题答案】C

【试题解析】本题考查重点是"实际利率和名义利率"。在复利法计算中，一般是采用年利率。若利率为年利率，实际计算周期也是以年计，这种年利率为实际利率；若利率为年利率，而实际计算周期小于1年，如每月、每季或每半年计息1次，这种年利率就称为名义利率。设名义利率为r，在1年中计算利息m次，则实际利率$i=(1+r/m)^m-1$。由上式可知，当$m=1$时，实际利率i等于名义利率r；当m大于1时，实际利率i将大于名义利率r；而且m越大，二者相差也越大。所以，选项A、B的叙述是正确的。名义利率不能完全反映资金的时间价值，实际利率才真实地反映了资金的时间价值。所以，选项D的叙述是正确的。在其他条件不变时，计息周期越短，实际利率与名义利率的差值就越大。所以，选项C的叙述是不正确的。因此，本题的正确答案为C。

40.【试题答案】C

【试题解析】本题考查重点是"静态投资回收期"。投资回收期系指以项目净收益回收项目投资所需要的时间，一般以年为单位。项目投资回收期宜从项目建设开始年算起，若从项目投产开始年计算，应予以特别注明。所以，选项D的叙述是正确的。投资回收期既能反映项目的盈利能力，又能反映项目的风险大小；投资回收期是舍弃了回收期以后的收入与支出数据，不能全面反映项目在寿命期内的真实效益，故使用该指标时应与其他指标相配合使用。所以，选项A、B的叙述均是正确的。静态投资回收期不能作为项目经济效果评价的主要指标。财务净现值全面考虑了项目计算期内所有的现金流量大小及分布，同时考虑了资金的时间价值，因而可作为项目经济效果评价的主要指标。所以，选项C的叙述是不正确的。因此，本题的正确答案为C。

41.【试题答案】C

【试题解析】本题考查重点是"工程质量管理主要制度"。施工图审查原则上不超过下列时限：①一级以上建筑工程，大型市政工程为15个工作日，二级及以下建筑工程，中型及以下市政工程为10个工作日；②工程勘察文件，甲级项目为7个工作日，乙级及以下项目为5个工作日。因此，本题的正确答案为C。

42.【试题答案】C

【试题解析】本题考查重点是"加快的成倍节拍流水施工"。加快的成倍节拍流水施工中：

(1) 计算流水步距。相邻专业工作队的流水步距相等，且等于流水节拍的最大公约数(K)，即：$K=\min [4, 6, 4, 2]=2$。所以，流水步距为2天。

(2) 确定专业工作队数目。每个施工过程成立的专业队数目可按下列公式计算：

$$b_j=t_j/K$$

式中　b_j——第j个施工过程的专业工作队数目；

t_j——第j个施工过程的流水节拍；

K——流水步距。

所以，$b_1=4/2=2$(个)，$b_2=6/2=3$(个)，$b_3=4/2=2$(个)，$b_4=2/2=1$(个)。因此，参与该工程流水施工的专业工作队总数为8个（2+3+2+1）。因此，本题的正确答案为C。

43.【试题答案】B

【试题解析】本题考查重点是"双代号网络计划时间参数的计算——标号法"。本题利用万能标号法计算最为快捷、准确。本题的计算如下图所示，关键线路为：$C—D—H—J$和$C—E—I—J$。因此，本题的正确答案为B。

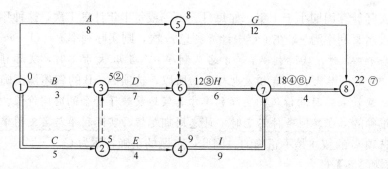

44.【试题答案】B

【试题解析】本题考查重点是"网络计划工期优化的前提"。所谓工期优化,是指网络计划的计算工期不满足要求工期时,通过压缩关键工作的持续时间以满足要求工期目标的过程。网络计划工期优化的基本方法是在不改变网络计划中各项工作之间逻辑关系的前提下,通过压缩关键工作的持续时间来达到优化目标。不改变各项工作之间的逻辑关系是三种优化(工期优化、费用优化、资源优化)的共同的前提。因此,本题的正确答案为B。

45.【试题答案】D

【试题解析】本题考查重点是"施工进度计划的技术措施"。通过缩短某些工作持续时间的方式调整施工进度计划时,可采取的技术措施有:①改进施工工艺和施工技术,缩短工艺技术间歇时间;②采用更先进的施工方法,以减少施工过程的数量(如将现浇框架方式改为预制装配方案);③采用更先进的施工机械。根据第③点可知,选项D符合题意。选项A、C属于组织措施。选项B属于其他配套措施。因此,本题的正确答案为D。

46.【试题答案】A

【试题解析】本题考查重点是"工程质量控制的原则"。项目监理机构在工程质量控制过程中,应遵循以下几条原则:①坚持质量第一的原则;②坚持以人为核心的原则;③坚持以预防为主的原则;④以合同为依据,坚持质量标准的原则;⑤坚持科学、公正、守法的职业道德规范。因此,本题的正确答案为A。

47.【试题答案】C

【试题解析】本题考查重点是"ISO质量管理体系的内涵和构成"。选项A属于核心标准,选项B属于技术报告,选项D属于宣传性小册子。因此,本题的正确答案为C。

48.【试题答案】A

【试题解析】本题考查重点是"质量数据波动的原因"。质量特性值的变化在质量标准允许范围内波动称为正常波动,是由偶然性原因引起的;若是超过了质量标准允许范围的波动则称之为异常波动,是由系统性原因引起的。因此,本题的正确答案为A。

49.【试题答案】D

【试题解析】本题考查重点是"ISO质量管理体系的质量管理原则及特征"。"领导者建立组织统一的宗旨和方向。他们应当创造并保持能使员工充分参与实现组织目标的内部环境"。该要点的基本内容包括:①确定质量方针、质量目标:质量方针是由组织的最高管理者正式发布的该组织总的质量宗旨和方向,质量目标是组织在质量方面的追求目的,组织应确立明确的质量方针和质量目标;②建立组织的发展前景:建立组织明确的发展前景主要包括确立组织未来的发展方向,明确组织质量方针和质量目标的方向;③形成内部环境：组织应形成一个良好的内部环境，内部环境有助于质量管理工作的顺利进行，是组织进行质量管理工作的重要影响环境；④确立组织结构、职责权限和相互关系：组织应选择适宜的组织结构模式来构建组织结构；组织应明确各部门、员工的权限责任和他们之间的相互联系；组织应赋予各部门、员工职责范围内的任务必须的权限；⑤提供所需资源：组织应为员工提供完成其工作活动所需的资源，包括工作环境、条件；完成工作所必需的设备和设施；相应的技能培训等；⑥培训教育，人才资源：一个组织应重视对员工基本素质和人才的培养，组织应提供合适的培训教育来提高员工技能等方面的素质；⑦管理评审：组织应建立一定的管理评审机制，一方面用来评估员工的能力和绩效，采取激励措施，使员工认识到自己在组织活动中的作用，积极地投入到工作中；另一方面，通过评审可以发现和改进不合格的活动过程，创新和改善合格的活动过程，从而提高过程质量。因此，本题的正确答案为D。

50.【试题答案】B

【试题解析】本题考查重点是"工程量清单的适用范围"。①工程量清单适用于建设工程发承包及实施阶段的计价活动，包括工程量清单的编制、招标控制价的编制、投标报价的编制、工程合同价款的约定、工程施工过程中计量与合同价款的支付、索赔与现场签证、竣工结算的办理和合同价款争议的解决以及工程造价鉴定等活动；②现行计价规范规定，使用国有资金投资的工程建设项目，必须采用工程量清单计价；③对于非国有资金投资的工程建设项目，是否采用工程量清单方式计价由项目业主自主确定。当确定采用工程量清单计价时，则按现行计价规范规定执行；对于不采用工程量清单计价的建设工程，除不执行工程量清单计价的专门性规定外，仍应执行现行计价规范规定的工程价款调整、工程计量和价款支付、索赔与现场签证、竣工结算以及工程造价争议处理等条文。因此，本题的正确答案为B。

51.【试题答案】B

【试题解析】本题考查重点是"工程勘察阶段的划分"。工程勘察工作一般分三个阶段，即可行性研究勘察、初步勘察、详细勘察。对工程地质条件复杂或有特殊施工要求的重要工程，应进行施工勘察。各勘察阶段的工作要求如下：①可行性研究勘察，又称选址勘察，其目的是通过搜集、分析已有资料，进行现场踏勘。必要时，进行工程地质测绘和少量勘探工作，对拟选场址的稳定性和适宜性作出岩土工程评价，进行技术经济论证和方案比较，满足确定场地方案的要求；②初步勘察是指在可行性研究勘察的基础上，对场地内建筑地段的稳定性作出岩土工程评价，并为确定建筑总平面布置、主要建筑物地基基础方案及对不良地质现象的防治工作方案进行论证，满足初步设计或扩大初步设计的要求；③详细勘察应对地基基础处理与加固、不良地质现象的防治工程进行岩土工程计算与评价，满足施工图设计的要求。因此，本题的正确答案为B。

52.【试题答案】D

【试题解析】本题考查重点是"工程勘察阶段的划分"。工程勘察工作一般分三个阶段，即可行性研究勘察、初步勘察、详细勘察。对工程地质条件复杂或有特殊施工要求的重要工程，应进行施工勘察。各勘察阶段的工作要求如下：①可行性研究勘察，又称选址勘察，其目的是通过搜集、分析已有资料，进行现场踏勘。必要时，进行工程地质测绘和少量勘探工作，对拟选场址的稳定性和适宜性作出岩土工程评价，进行技术经济论证和方案比较，满足确定场地方案的要求；②初步勘察是指在可行性研究勘察的基础上，对场地内建筑地段的稳定性作出岩土工程评价，并为确定建筑总平面布置、主要建筑物地基基础方案及对不良地质现象的防治工作方案进行论证，满足初步设计或扩大初步设计的要求；③详细勘察应对地基基础处理与加固、不良地质现象的防治工程进行岩土工程计算与评价，满足施工图设计的要求。因此，本题的正确答案为D。

53.【试题答案】B

【试题解析】本题考查重点是"工程监理单位勘察质量管理的主要工作"。勘察成果评估报告应包括下列内容：勘察工作概况；勘察报告编制深度，与勘察标准的符合情况；勘察任务书的完成情况；存在问题及建议；评估结论。因此，本题的正确答案为B。

54.【试题答案】C

【试题解析】本题考查重点是"前锋线比较法"。通过前锋线中实际进度与计划进度的比较确定进度偏差后，还可根据工作的自由时差和总时差预测该进度偏差对后续工作及项目总工期的影响。本题中，C工作实际进度拖后2周，但有1周总时差，影响工期1周；D工作实际进度拖后3周，但有1周总时差，影响工期2周；E工作实际进度拖后1周，影响工期1周。因此，本题的正确答案为C。

55.【试题答案】D

【试题解析】本题考查重点是"影响设计进度的因素"。建设工程设计工作属于多专业协作配合的智力劳动，在工程设计过程中，影响其进度的因素有很多，归纳起来，主要包括：①建设意见及要求改变的影响；②设计审批时间的影响；③设计各专业之间协调配合的影响；④工程变更的影响；⑤材料代用、设备选用失误的影响。因此，根据第③点可知，本题的正确答案为D。

56.【试题答案】C

【试题解析】本题考查重点是"物资供应计划的编制"。建设工程物资供应计划是对建设工程施工及安装所需物资的预测和安排，是指导和组织建设工程物资采购、加工、储备、供货和使用的依据。其根本作用是保障建设工程的物资需要，保证建设工程按施工进度计划组织施工。因此，本题的正确答案为C。

57.【试题答案】B

【试题解析】本题考查重点是"工程建设各阶段对质量形成的作用与影响"。项目决策阶段是通过项目可行性研究和项目评估，对项目的建设方案作出决策，使项目的建设充分反映业主的意愿。因此，项目决策阶段对工程质量的影响主要是确定工程项目应达到的质量目标和水平。因此，本题的正确答案为B。

58.【试题答案】D

【试题解析】本题考查重点是"质量管理体系的建立"。程序文件是质量手册的支持性文件，是实施质量管理体系要素的描述，它对所需要的各个职能部门的活动规定了所需要的方法，在质量手册和作业文件间起承上启下的作用。因此，本题的正确答案为D。

59.【试题答案】A

【试题解析】本题考查重点是"单位工程划分的基本原则"。单位工程的划分应按下列原则确定：①具备独立施工条件并能形成独立使用功能的建筑物及构筑物为一个单位工程；②规模较大的单位工程，可将其能形成独立使用功能的部分划分为一个子单位工程；

③室外工程可根据专业类别和工程规模划分单位（子单位）工程。因此，根据第①点可知，本题的正确答案为A。

60.【试题答案】D

【试题解析】本题考查重点是"外贸手续费的计算公式"。进口设备外贸手续费是指按外经贸部规定的外贸手续费率计取的费用，外贸手续费率一般取1.5%。计算公式为：外贸手续费＝到岸价×人民币外汇牌价×外贸手续费率。因此，本题的正确答案为D。

61.【试题答案】B

【试题解析】本题考查重点是"分部分项工程量清单的编制"。项目编码是分部分项工程量清单项目名称的数字标识。现行计量规范项目编码由十二位数字构成。一～九位应按现行计量规范的规定设置，十～十二位应根据拟建工程的工程量清单项目名称和项目特征设置，同一招标工程的项目编码不得有重码。在十二位数字中，一～二位为专业工程码，如建筑工程与装饰工程为01、仿古建筑工程为02、通用安装工程为03、市政工程为04、园林绿化工程为05、矿山工程为06、构筑物工程为07、城市轨道交通工程为08、爆破工程为09。三～四位为附录分类顺序码；五～六位为分部工程顺序码；七～九位为分项工程项目名称顺序码；十～十二位为清单项目名称顺序码。因此，本题的正确答案为B。

62.【试题答案】D

【试题解析】本题考查重点是"建设工程项目投资的特点"。凡是按照一个总体设计进行建设的各个单项工程汇集的总体即为一个建设工程项目。在建设工程项目中凡是具有独立的设计文件、竣工后可以独立发挥生产能力或工程效益的工程为单项工程，也可将它理解为具有独立存在意义的完整的工程项目。各单项工程又可分解为各个能独立施工的单位工程。考虑到组成单位工程的各部分是由不同工人用不同工具和材料完成的，又可以把单位工程进一步分解为分部工程。然后还可按照不同的施工方法、构造及规格，把分部工程更细致地分解为分项工程。此外，需分别计算分部分项工程投资、单位工程投资、单项工程投资，最后才能汇总形成建设工程项目投资。可见建设工程项目投资的确定层次繁多。因此，本题的正确答案为D。

63.【试题答案】B

【试题解析】本题考查重点是"投资控制的目标"。工程项目建设过程是一个周期长、投入大的生产过程，建设者在一定时间内占有的经验知识是有限的，不但常常受到科学条件和技术条件的限制，而且也受到客观过程的发展及其表现程度的限制，因而不可能在工程建设初始，就设置一个科学的、一成不变的投资控制目标，而只能设置一个大致的投资控制目标，这就是投资估算。随着工程建设实践、认识、再实践、再认识，投资控制目标一步步清晰、准确，这就是设计概算、施工图预算、承包合同价等。也就是说，投资控制目标的设置应是随着工程项目建设实践的不断深入而分阶段设置，具体来讲，投资估算应是建设工程设计方案选择和进行初步设计的投资控制目标；设计概算应是进行技术设计和施工图设计的投资控制目标；施工图预算或建安工程承包合同价则应是施工阶段投资控制的目标。有机联系的各个阶段目标相互制约，相互补充，前者控制后者，后者补充前者，共同组成建设工程投资控制的目标系统。因此，本题的正确答案为B。

64.【试题答案】B

【试题解析】本题考查重点是"建设工程进度控制合同措施"。进度控制的合同措施主要包括：①推行 CM 承发包模式，对建设工程实行分段设计、分段发包和分段施工；②加强合同管理，协调合同工期与进度计划之间的关系，保证合同中进度目标的实现；③严格控制合同变更，对各方提出的工程变更和设计变更，监理工程师应严格审查后再补入合同文件之中；④加强风险管理，在合同中应充分考虑风险因素及其对进度的影响，以及相应的处理方法；⑤加强索赔管理，公正地处理索赔。因此，根据第②点可知，本题的正确答案为 B。

65.【试题答案】D

【试题解析】本题考查重点是"设计阶段进度控制目标体系"。建设工程设计阶段进度控制的最终目标是按质、按量、按时间要求提供施工图设计文件。因此，本题的正确答案为 D。

66.【试题答案】C

【试题解析】本题考查重点是"民用建筑主体结构耐用年限"。民用建筑主体结构耐用年限分为四级（15～30 年，30～50 年，50～100 年，100 年以上）。因此，本题的正确答案为 C。

67.【试题答案】C

【试题解析】本题考查重点是"工程质量事故处理的基本要求"。工程质量事故处理基本要求是：安全可靠，不留隐患；满足建筑物的功能和使用要求；技术上可行，经济合理原则。工程质量事故处理的基本要求不包括选项 C 的"注重结果"。因此，本题的正确答案为 C。

68.【试题答案】D

【试题解析】本题考查重点是"投资控制的措施"。项目监理机构在施工阶段投资控制的具体措施如下：（1）组织措施：①在项目监理机构中落实从投资控制角度进行施工跟踪的人员、任务分工和职能分工；②编制本阶段投资控制工作计划和详细的工作流程图。（2）经济措施：①编制资金使用计划，确定、分解投资控制目标。对工程项目造价目标进行风险分析，并制定防范性对策；②进行工程计量；③复核工程付款账单，签发付款证书；④在施工过程中进行投资跟踪控制，定期进行投资实际支出值与计划目标值的比较；发现偏差，分析产生偏差的原因，采取纠偏措施；⑤协商确定工程变更的价款。审核竣工结算；⑥对工程施工过程中的投资支出做好分析与预测，经常或定期向建设单位提交项目投资控制及其存在问题的报告。（3）技术措施：①对设计变更进行技术经济比较，严格控制设计变更；②继续寻找通过设计挖潜节约投资的可能性；③审核承包人编制的施工组织设计，对主要施工方案进行技术经济分析。（4）合同措施：①做好工程施工记录，保存各种文件图纸，特别是注有实际施工变更情况的图纸，注意积累素材，为正确处理可能发生的索赔提供依据。参与处理索赔事宜；②参与合同修改、补充工作，着重考虑它对投资控制的影响。因此，本题的正确答案为 D。

69.【试题答案】A

【试题解析】本题考查重点是"国外项目咨询机构在建设工程投资控制中的主要任务"。项目管理咨询公司是在欧洲大陆和美国广泛实行的建设工程咨询机构，其国际性组织是国际咨询工程师联合会（FIDIC）。该组织 1980 年所制定的 IGRA-1980PM 文件，是用于咨询工程师与业主之间订立委托咨询的国际通用合同文本，该文本明确指出，咨询工程师的根本任务是：进行项目管理，在业主所要求的进度、质量和投资的限制之内完成项目。其可向业主提供的咨询服务范围包括以下八个方面：项目的经济可行性分析；项目的财务管理；与项目有关的技术转让；项目的资源管理；环境对项目影响的评估；项目建设的工程技术咨询；物资采购与工程发包；施工管理。其中涉及项目投资控制的具体任务是：项目的投资效益分析（多方案）；初步设计时的投资估算；项目实施时的预算控制；工程合同的签订和实施监控；物资采购；工程量的核实；工时与投资的预测；工时与投资的核实；有关控制措施的制定；发行企业债券；保险审议；其他财务管理等。因此，本题的正确答案为 A。

70.【试题答案】D

【试题解析】本题考查重点是"国外项目咨询机构在建设工程投资控制中的主要任务"。在初步设计阶段，根据建筑师、工程师草拟的图纸，制定建设投资分项初步概算。根据概算及建设程序，制定资金支出初步估算表，以保证投资得到最有效的运用，并可作为确定项目投资限额使用。因此，本题的正确答案为 D。

71.【试题答案】D

【试题解析】本题考查重点是"双代号网络计划最早完成时间的计算"。工作的最早完成时间的计算公式为：

$$EF_{i-j} = ES_{i-j} + D_{i-j}$$

式中　EF_{i-j}——工作 $i-j$ 的最早完成时间；

　　　ES_{i-j}——工作 $i-j$ 的最早开始时间；

　　　D_{i-j}——工作 $i-j$ 的持续时间。

根据计算公式可知，工作 D 的最早完成时间 $EF_D = ES_D + D_D = 3 + 2 + 4 = 9$（天）。因此，本题的正确答案为 D。

72.【试题答案】D

【试题解析】本题考查重点是"网络计划的优化——资源优化"。资源优化的目的是通过改变工作的开始时间和完成时间，使资源按照时间的分布符合优化目标。在通常情况下，网络计划的资源优化分为两种，即"资源有限，工期最短"的优化和"工期固定，资源均衡"的优化。前者是通过调整计划安排，在满足资源限制条件下，使工期延长最少的过程；而后者是通过调整计划安排，在工期保持不变的条件下，使资源需用量尽可能均衡的过程。因此，本题的正确答案为 D。

73.【试题答案】B

【试题解析】本题考查重点是"工程质量控制的原则"。在工程质量控制中，监理人员必须坚持科学、公正、守法的职业道德规范，要尊重科学，尊重事实，以数据资料为依据，客观、公正地处理质量问题。要坚持原则，遵纪守法，秉公监理。因此，本题的正确答案为 B。

74.【试题答案】C

【试题解析】本题考查重点是"极差的计算"。极差是数据中最大值与最小值之差，是用数据变动的幅度来反映其分散状况的特征值。本题中的极差 $= 38.5 - 30.2 = 8.3$（MPa）。因此，本题的正确答案为 C。

75.【试题答案】C

【试题解析】本题考查重点是"国际工程项目建筑安装工程费用的构成"。国际工程的间接费项目较多,但并无统一的规定,经常遇到的费用项目包括现场管理费。现场管理费是指除了直接用于各分部分项工程施工所需的人工、材料、设备和施工机械等开支之外的,为工程现场管理所需要的各项开支项目。一般包括管理人员和后勤服务人员工资、办公费、差旅交通费、医疗费、劳动保护费、固定资产折旧费、工具用具使用费、检验试验费、其他费用。检验试验费是指对建筑材料、构件和建筑安装物进行一般鉴定、检查所发生的费用,包括自设试验室进行试验所耗用的材料和化学药品等费用。因此,本题的正确答案为C。

76.【试题答案】D

【试题解析】本题考查重点是"工程勘察阶段的划分"。工程勘察工作一般分三个阶段,即可行性研究勘察、初步勘察、详细勘察。对工程地质条件复杂或有特殊施工要求的重要工程,应进行施工勘察。各勘察阶段的工作要求如下:①可行性研究勘察,又称选址勘察,其目的是通过搜集、分析已有资料,进行现场踏勘。必要时,进行工程地质测绘和少量勘探工作,对拟选场址的稳定性和适宜性作出岩土工程评价,进行技术经济论证和方案比较,满足确定场地方案的要求;②初步勘察是指在可行性研究勘察的基础上,对场地内建筑地段的稳定性作出岩土工程评价,并为确定建筑总平面布置、主要建筑物地基基础方案及对不良地质现象的防治工作方案进行论证,满足初步设计或扩大初步设计的要求;③详细勘察应对地基基础处理与加固、不良地质现象的防治工程进行岩土工程计算与评价,满足施工图设计的要求。因此,本题的正确答案为D。

77.【试题答案】D

【试题解析】本题考查重点是"工程勘察成果的审查要点"。监理工程师对勘察成果的审核与评定是勘察阶段质量控制最重要的工作。审核与评定包括程序性审查和技术性审查。程序性审查包括:工程勘察资料、图表、报告等文件要依据工程类别按有关规定执行各级审核、审批程序,并由负责人签字;工程勘察成果应齐全、可靠,满足国家有关法律法规及技术标准和合同规定的要求;工程勘察成果必须严格按照质量管理有关程序进行检查和验收,质量合格方能提供使用。对工程勘察成果的检查验收和质量评定应当执行国家、行业和地方有关工程勘察成果检查验收评定的规定。因此,本题的正确答案为D。

78.【试题答案】D

【试题解析】本题考查重点是"单代号网络计划时间参数的计算"。在单代号网络计划中,工作的自由时差等于本工作与其紧后工作之间时间间隔的最小值。因此,本题的正确答案为D。

79.【试题答案】B

【试题解析】本题考查重点是"双代号网络计划总时差和自由时差的计算"。总时差等于该工作最迟完成时间与最早完成时间之差,或该工作最迟开始时间与最早开始时间之差,即总时差=min{28,33}−7−15=6(天)。自由时差等于本工作的紧后工作最早开始时间减本工作最早完成时间所得之差的最小值,即自由时差=min{(27−15−7),(30−15−7)}=5(天)。因此,本题的正确答案为B。

80.【试题答案】B

【试题解析】本题考查重点是"施工进度控制目标体系目标分解方法"。施工进度目标体系的分解包括：①按项目组成分解，确定各单位工程开工及动用日期；②按承包单位分解，明确分工条件和承包责任；③按施工阶段分解，划定进度控制分界点；④按计划期分解，组织综合施工。因此，根据第②点可知，本题的正确答案为 B。

二、多项选择题

81.【试题答案】ABCD

【试题解析】本题考查重点是"监理工程师对施工图审核的主要内容"。监理工程师进行施工图审核的主要内容：①图纸的规范性；②建筑造型与立面设计；③平面设计；④空间设计；⑤装修设计；⑥结构设计；⑦工艺流程设计；⑧设备设计；⑨水、电、自控等设计；⑩城规、环境、消防、卫生等要求满足情况；⑪各专业设计的协调一致情况；⑫施工可行性。所以，选项 A、B、C、D 符合题意。选项 E 属于图纸会审的内容。因此，本题的正确答案为 ABCD。

82.【试题答案】ABD

【试题解析】本题考查重点是"工程质量控制的原则"。项目监理机构在工程质量控制过程中，应遵循以下几条原则：①坚持质量第一的原则。建设工程质量不仅关系工程的适用性和建设项目投资效果，而且关系到人民群众生命财产的安全。所以，项目监理机构在进行投资、进度、质量三大目标控制时，在处理三者关系时，应坚持"百年大计，质量第一"，在工程建设中自始至终把"质量第一"作为对工程质量控制的基本原则；②坚持以人为核心的原则。人是工程建设的决策者、组织者、管理者和操作者。工程建设中各单位、各部门、各岗位人员的工作质量水平和完善程度，都直接和间接地影响工程质量。所以在工程质量控制中，要以人为核心，重点控制人的素质和人的行为，充分发挥人的积极性和创造性，以人的工作质量保证工程质量；③坚持以预防为主的原则。工程质量控制应该是积极主动的，应事先对影响质量的各种因素加以控制，而不能是消极被动的，等出现质量问题再进行处理，已造成不必要的损失。所以，要重点做好质量的事先控制和事中控制，以预防为主，加强过程和中间产品的质量检查和控制；④以合同为依据，坚持质量标准的原则。质量标准是评价产品质量的尺度，工程质量是否符合合同规定的质量标准要求，应通过质量检验并与质量标准对照。符合质量标准要求的才是合格，不符合质量标准要求的就是不合格，必须返工处理；⑤坚持科学、公平、守法的职业道德规范。在工程质量控制中，项目监理机构必须坚持科学、公平、守法的职业道德规范，要尊重科学，尊重事实，以数据资料为依据，客观、公平地进行质量问题的处理。要坚持原则，遵纪守法，秉公监理。因此，本题的正确答案为 ABD。

83.【试题答案】ABCD

【试题解析】本题考查重点是"排列图法"。排列图法是利用排列图寻找影响质量主次因素的一种有效方法，它可以形象、直观地反映主次因素。排列图的主要应用有：①按不合格点的内容分类，可以分析出造成质量问题的薄弱环节；②按生产作业分类，可以找出生产不合格品最多的关键过程；③按生产班组或单位分类，可以分析比较各单位技术水平和质量管理水平；④将采取提高质量措施前后的排列图对比，可以分析措施是否有效；⑤此外还可以用于成本费用分析、安全问题分析等。因此，本题的正确答案为 ABCD。

84.【试题答案】ABCE

【试题解析】本题考查重点是"勘察、设计单位的质量责任"。①勘察、设计单位必须在其资质等级许可的范围内承揽相应的勘察设计任务，不许承揽超越其资质等级许可范围以外的任务，不得将承揽工程转包或违法分包，也不得以任何形式用其他单位的名义承揽业务或允许其他单位或个人以本单位的名义承揽业务；②勘察、设计单位必须按照国家现行的有关规定、工程建设强制性标准和合同要求进行勘察、设计工作，并对所编制的勘察、设计文件的质量负责。因此，本题的正确答案为 ABCE。

85. 【试题答案】BCE

【试题解析】本题考查重点是"设计作业进度计划"。为了控制各专业的设计进度，并作为设计人员承包设计任务的依据，应根据施工图设计工作进度计划，单位工程设计工日定额及所投入的设计人员数，编制设计作业进度计划。因此，本题的正确答案为 BCE。

86. 【试题答案】CDE

【试题解析】本题考查重点是"S 曲线比较法"。S 曲线比较法是以横坐标表示时间，纵坐标表示累计完成任务量，绘制一条按计划时间累计完成任务量的 S 曲线；然后将工程项目实施过程中各检查时间实际累计完成任务量的 S 曲线也绘制在同一坐标系中，进行实际进度与计划进度比较的一种方法。通过比较实际进度 S 曲线和计划进度 S 曲线，可以获得如下信息：①工程项目实际进展情况；如果工程实际进展点落在计划 S 曲线左侧，表明此时实际进度比计划进度超前；如果工程实际进展点落在计划 S 曲线右侧，表明此时实际进度比计划进度拖后；如果工程实际进展点正好落在计划 S 曲线上，则表示此时实际进度与计划进度一致；②工程项目实际进度超前或拖后的时间。在 S 曲线比较图中可以直接读出实际进度比计划进度超前或拖后的时间；③工程项目实际超额或拖欠的任务量；④后期工程进度预测。如果后期工程按原计划速度进行，则可做出后期工程计划 S 曲线，从而可以确定工期拖延预测值。从图中可以看到，第 1 天末该工程实际超前的工程量是 120t。因此，本题的正确答案为 CDE。

87. 【试题答案】ABCD

【试题解析】本题考查重点是"施工现场质量管理检查记录资料的内容"。施工现场质量管理检查记录资料主要包括：承包单位现场质量管理制度，质量责任制；主要专业工种操作上岗证书，分包单位资质及总包单位对分包单位的管理制度；施工图审查核对资料（记录），地质勘察资料；施工组织设计、施工方案及审批记录；施工技术标准；工程质量检验制度；混凝土搅拌站（级配填料拌和站）及计量设置；现场材料、设备存放与管理等。因此，本题的正确答案为 ABCD。

88. 【试题答案】ACDE

【试题解析】本题考查重点是"工程质量事故处理的依据"。进行工程质量事故处理的主要依据有：①质量事故的实况资料；②具有法律效力的，得到有关当事各方认可的工程承包合同、设计委托合同、材料或设备购销合同以及监理合同或分包合同等合同文件；③有关的技术文件、档案；④相关的建设法规。在这四方面依据中，前三种是与特定的工程项目密切相关的具有特定性质的依据。第四种法规性依据，是具有很高权威性、约束性、通用性和普遍性的依据。因此，本题的正确答案为 ACDE。

89. 【试题答案】AB

【试题解析】本题考查重点是"财务评价指标体系"。根据计算建设工程财务评价指标时是否考虑资金的时间价值，可将常用的财务评价指标分为静态指标（以非折现现金流量分析为基础）和动态指标（以折现现金流量分析为基础）两类。静态评价指标包括：总投资收益率；项目资本金净利润率；投资回收期；利息备付率；偿债备付率。动态评价指标包括：项目投资财务净现值；项目投资财务内部收益率；项目资本金财务内部收益率；投资各方财务内部收益率。所以，选项 A、B 符合题意。选项 C 的"总投资收益率"和选项 D 的"项目资本金净利润率"均属于静态评价指标。因此，本题的正确答案为 AB。

90.【试题答案】AD

【试题解析】本题考查重点是"建筑工程概算的编制方法"。当初步设计达到一定深度、建筑结构比较明确时，可采用扩大单价法编制建筑工程概算。所以，选项 A、D 符合题意。由于设计深度不够等原因，对一般附属、辅助和服务工程等项目，以及住宅和文化福利工程项目或投资比较小、比较简单的工程项目，可采用概算指标法编制概算。所以，选项 B、C、E 不符合题意。因此，本题的正确答案为 AD。

91.【试题答案】ABE

【试题解析】本题考查重点是"工程计量的方法"。所谓均摊法，就是对清单中某些项目的合同价款，按合同工期平均计量。如：为监理工程师提供宿舍，保养测量设备，保养气象记录设备，维护工地清洁和整洁等。这些项目都有一个共同的特点，即每月均有发生。所以可以采用均摊法进行计量支付。所以，选项 A、B、E 符合题意。选项 C、D 应采用凭据法支付。因此，本题的正确答案为 ABE。

92.【试题答案】BCDE

【试题解析】本题考查重点是"后续工作的概念"。从该工作之后开始，顺箭头方向经过一系列箭线与节点到网络图最后一个节点（终点节点）的各条通路上的所有工作，都称为该工作的后续工作。由图中可知工作 B 的后续工作有 E、G、H、I、J、K、L。因此，本题的正确答案为 BCDE。

93.【试题答案】BE

【试题解析】本题考查重点是"横道图比较法"。当工作在不同单位时间里的进展速度不相等时，累计完成的任务量与时间的关系就不可能是线性关系。此时，应采用非匀速进展横道图比较法进行工作实际进度与计划进度的比较。本题为非匀速进展横道图比较法的图。从图中可以看出第 3 周未涂黑粗线，表明第 3 周内中断施工。所以，选项 B 的叙述是正确的。第 5 周末计划完成 44%，实际完成 38%，拖后 6%。所以，选项 D 的叙述是不正确的。第 1 周实际进度提前 3%，第 4 周拖后 5%。所以，选项 A、C 的叙述均是不正确的。第 3 周内计划完成 8%。所以，选项 E 的叙述是正确的。因此，本题的正确答案为 BE。

94.【试题答案】ACD

【试题解析】本题考查重点是"ISO 质量管理体系的质量管理原则及特征"。质量管理的循环过程包括"管理职责"、"资源管理"、"产品实现"和"测量、分析和改进"。因此，本题的正确答案为 ACD。

95.【试题答案】BCD

【试题解析】本题考查重点是"单项工程综合概算的内容"。单项工程综合概算包括：
(1) 各单位建筑工程概算：①一般土建工程概算；②给水排水工程概算；③采暖工程概算；

④通风工程概算；⑤电气照明工程概算；⑥特殊构筑物工程概算。（2）设备及安装工程概算：①机械设备与安装工程概算；②电气设备及安装工程概算；③器具、工具及生产家具购置费概算。（3）工程建设其他费用概算（当不编制总概算时列此项）。选项A属于建设工程总概算的范畴。因此，本题的正确答案为BCD。

96.【试题答案】ABCD

【试题解析】本题考查重点是"建设工程项目投资的概念"。建设工程项目投资是指进行某项工程建设花费的全部费用。生产性建设工程项目总投资包括建设投资和铺底流动资金两部分；非生产性建设工程项目总投资则只包括建设投资。建设投资由设备及工器具购置费、建筑安装工程费、工程建设其他费用、预备费（包括基本预备费和涨价预备费）和建设期利息组成。因此，本题的正确答案为ABCD。

97.【试题答案】ACE

【试题解析】本题考查重点是"施工进度计划审核的内容"。监理工程师审核施工进度计划的内容有：①进度安排是否符合工程项目建设总进度计划中总目标和分目标的要求，是否符合施工合同中开工、竣工日期的规定；②施工总进度计划中的项目是否有遗漏，分期施工是否满足分批动用的需要和配套动用的要求；③施工顺序的安排是否符合施工工艺的要求；④劳动力、材料、构配件、设备及施工机具、水、电等生产要素的供应计划是否能保证施工进度计划的实现，供应是否均衡、需求高峰期是否有足够能力实现计划供应；⑤总包、分包单位分别编制的各项单位工程施工进度计划之间是否相协调，专业分工与计划衔接是否明确合理；⑥对于业主负责提供的施工条件（包括资金、施工图纸、施工场地、采供的物资等），在施工进度计划中安排的是否明确、合理，是否有造成因业主违约而导致工程延期和费用索赔的可能存在。因此，本题的正确答案为ACE。

98.【试题答案】BCE

【试题解析】本题考查重点是"工程质量控制的原则——坚持质量标准的原则"。质量标准是评价产品质量的尺度，工程质量是否符合合同规定的质量标准要求，应通过质量检验并和质量标准对照，符合质量标准要求的才是合格，不符合质量标准要求的就是不合格，必须返工处理。所以，选项B、C、E符合题意。选项A应为：工程质量标准是衡量工程质量好坏的尺度（因为工程质量和施工质量并不完全相同）。因此，本题的正确答案为BCE。

99.【试题答案】AE

【试题解析】本题考查重点是"工程施工质量控制的依据"。建设工程监理合同、建设单位与其他相关单位签订的合同，包括与施工单位签订的施工合同，与材料设备供应单位签订的材料设备采购合同等。项目监理机构既要履行建设工程监理合同条款，又要监督施工单位、材料设备供应单位履行有关工程质量合同条款。因此，项目监理机构监理人员应熟悉这些相应条款，据以进行质量控制。因此，本题的正确答案为AE。

100.【试题答案】ACDE

【试题解析】本题考查重点是"时标网络计划中时间参数的判定"。工作箭线左端节点中心所对应的时标值为该工作的最早开始时间。所以，选项A符合题意。当工作箭线中不存在波形线时，其右端节点中心所对应的时标值为该工作的最早完成时间；当工作箭线中存在波形线时，工作箭线实线部分右端点所对应的时标值为该工作的最早完成时间。所以，选项 B 不符合题意。网络计划的计算工期应等于终点节点所对应的时标值与起点节点所对应的时标值之差。所以，选项 C 符合题意。除以终点节点为完成节点的工作外，工作箭线中波形线的水平投影长度表示工作与其紧后工作之间的时间间隔。所以，选项 D 符合题意。各项工作按其最早开始时间绘制。所以，选项 E 符合题意。因此，本题的正确答案为 ACDE。

101.【试题答案】DE

【试题解析】本题考查重点是"前锋线比较法"。通过实际进度与计划进度的比较确定进度偏差后，还可根据工作的自由时差和总时差预测该进度偏差对后续工作及项目总工期的影响。本题中，第 6 周末检查时，工作 A 拖后 2 周，工作 E 提前 2 周，所以选项 A、B 不正确。第 6 周末检查时，工作 C 虽然提前 1 周，但是由于工作 C 不是关键工作，其提前并不导致工期的缩短，选项 C 也是不正确的。第 11 周末检查时，工作 G 拖后 1 周，但因为其有 1 周总时差，故不影响总工期，所以选项 D 是正确的。第 11 周末检查时，工作 H 为关键工作其提前 1 周，可导致总工期缩短 1 周，所以选项 E 正确。因此，本题的正确答案为 DE。

102.【试题答案】ABDE

【试题解析】本题考查重点是"工程质量缺陷的成因"。地质勘察数据失真。例如，未认真进行地质勘察或勘探时钻孔深度、间距、范围不符合规定要求，地质勘察报告不详细、不准确、不能全面反映实际的地基情况，从而使得地下情况不清，或对基岩起伏、土层分布误判，或未查清地下软土层、墓穴、孔洞等，均会导致采用不恰当或错误的基础方案，造成地基不均匀沉降、失稳，使上部结构或墙体开裂、破坏，或引发建筑物倾斜、倒塌等。因此，本题的正确答案为 ABDE。

103.【试题答案】BCD

【试题解析】本题考查重点是"建设工程竣工验收应具备的条件"。建设工程竣工验收应当具备下列条件：①完成建设工程设计和合同约定的各项内容；②有完整的技术档案和施工管理资料；③有工程使用的主要建筑材料、建筑构配件和设备的进场试验报告；④有勘察、设计、施工、工程监理等单位分别签署的质量合格文件；⑤有施工单位签署的工程保修书。因此，本题的正确答案为 BCD。

104.【试题答案】ABD

【试题解析】本题考查重点是"工程质量事故处理的程序"。工程质量事故发生后，总监理工程师应签发《工程暂停令》，并要求停止进行质量缺陷部位和与其有关联部位及下道工序施工，应要求施工单位采取必要的措施，防止事故扩大并保护好现场。同时，要求质量事故发生单位迅速按类别和等级向相应的主管部门上报，并于 24 小时内写出书面报告。因此，本题的正确答案为 ABD。

105.【试题答案】CD

【试题解析】本题考查重点是"项目措施费"。项目措施费是指为完成建设工程施工，发生于该工程施工前和施工过程中的技术、生活、安全、环境保护等方面的费用。内容包括：①安全文明施工费：环境保护费、文明施工费、安全施工费、临时设施费；②夜间施工增加费；③二次搬运费；④冬雨期施工增加费；⑤已完工程及设备保护费；⑥工程定位复测费；⑦特殊地区施工增加费；⑧大型机械设备进出场及安拆费；⑨脚手架工程费。其他项目费包括：①暂列金额；②计日工；③总承包服务费。所以，选项 C、D 符合题意。选项 A 属于材料费中的检验试验费。选项 B 属于施工机械使用费。选项 E 属于规费。因此，本题的正确答案为 CD。

106. 【试题答案】ABD

【试题解析】本题考查重点是"分部分项工程综合单价构成"。根据《建设工程工程量清单计价规范》GB 50500—2013 的规定，分部分项工程量清单应采用综合单价计价。综合单价是指完成一个规定计量单位的分部分项工程量清单项目或措施清单项目所需的人工费、材料费、施工机械使用费和企业管理费与利润，以及一定范围内的风险费用。直接工程费包括人工费、材料费和施工机械使用费。因此，本题的正确答案为 ABD。

107. 【试题答案】BD

【试题解析】本题考查重点是"双代号网络计划的关键工作"。在工程网络计划中，工作的总时差等于该工作最迟完成时间与最早完成时间之差，或该工作最迟开始时间与最早开始时间之差。在网络计划中，总时差最小的工作为关键工作。所以，工程网络计划中，关键工作是指最迟完成时间与最早完成时间的差值最小的工作或最迟开始时间与最早开始时间的差值最小的工作。所以，选项 B、D 符合题意。时标网络计划图中，凡自始至终不出现波形线的线路为关键线路。所以，选项 A 不符合题意。单代号搭接网络计划中，相邻两项工作之间时间间隔为零的线路就是关键线路。所以，选项 C 不符合题意。选项 E 与题意不符。因此，本题的正确答案为 BD。

108. 【试题答案】ABC

【试题解析】本题考查重点是"建设工程项目投资的概念"。工程建设其他费用，是指未纳入设备及工器具购置费和建筑安装工程费的费用。根据设计文件要求和国家有关规定应由项目投资支付的、为保证工程建设顺利完成和交付使用后能够正常发挥效用而发生的一些费用。工程建设其他费用可分为三类：第一类是土地使用费，包括土地征用及迁移补偿费和土地使用权出让金；第二类是与项目建设有关的费用，包括建设单位管理费、勘察设计费、研究试验费、建设工程监理费等；第三类是与未来企业生产经营有关的费用，包括联合试运转费、生产准备费、办公和生活家具购置费等。因此，本题的正确答案为 ABC。

109. 【试题答案】ABD

【试题解析】本题考查重点是"建设工程项目投资的概念"。工程建设其他费用，是指未纳入设备及工器具购置费和建筑安装工程费的费用。根据设计文件要求和国家有关规定应由项目投资支付的、为保证工程建设顺利完成和交付使用后能够正常发挥效用而发生的一些费用。工程建设其他费用可分为三类：第一类是土地使用费，包括土地征用及迁移补偿费和土地使用权出让金；第二类是与项目建设有关的费用，包括建设单位管理费、勘察设计费、研究试验费、建设工程监理费等；第三类是与未来企业生产经营有关的费用，包括联合试运转费、生产准备费、办公和生活家具购置费等。因此，本题的正确答案为 ABD。

110. 【试题答案】ACDE

【试题解析】本题考查重点是"建设工程项目投资的特点"。建设工程项目投资的特点包括：①建设工程项目投资数额巨大；②建设工程项目投资差异明显；③建设工程项目投资需单独计算；④建设工程项目投资确定依据复杂；⑤建设工程项目投资确定层次繁多；⑥建设工程项目投资需动态跟踪调整。因此，本题的正确答案为ACDE。

111.【试题答案】DE

【试题解析】本题考查重点是"双代号网络图的绘制"。在绘制双代号网络图时，网络图中应只有一个起点节点和一个终点节点。该网络图中，⑧和⑨均为终点节点。网络图必须按照已定的逻辑关系绘制。工作B和工作D与其紧后工作不符合给定的逻辑关系。因此，本题的正确答案为DE。

112.【试题答案】ABCD

【试题解析】本题考查重点是"投资控制的动态原理"。在这一动态控制过程中，应着重做好以下几项工作：①对计划目标值的论证和分析。实践证明，由于各种主观和客观因素的制约，项目规划中的计划目标值有可能是难以实现或不尽合理的，需要在项目实施的过程中，或合理调整，或细化和精确化。只有项目目标是正确合理的，项目控制方能有效；②及时对项目进展做出评估，即收集实际数据。没有实际数据的收集，就无法清楚项目的实际进展情况，更不可能判断是否存在偏差。因此，数据的及时、完整和正确是确定偏差的基础；③进行项目计划值与实际值的比较，以判断是否存在偏差。这种比较同样也要求在项目规划阶段就应对数据体系进行统一的设计，以保证比较工作的效率和有效性；④采取控制措施以确保投资控制目标的实现。因此，本题的正确答案为ABCD。

113.【试题答案】BCD

【试题解析】本题考查重点是"投资控制的措施"。为了有效地控制建设工程投资，应从组织、技术、经济、合同与信息管理等多方面采取措施。从组织上采取措施，包括明确项目组织结构，明确投资控制者及其任务，以使投资控制有专人负责，明确管理职能分工；从技术上采取措施，包括重视设计多方案选择，严格审查监督初步设计、技术设计、施工图设计、施工组织设计，深入技术领域研究节约投资的可能性；从经济上采取措施，包括动态地比较投资的实际值和计划值，严格审核各项费用支出，采取节约投资的奖励措施等。因此，本题的正确答案为BCD。

114.【试题答案】ABCD

【试题解析】本题考查重点是"ISO质量管理体系的质量管理原则及特征"。质量管理体系是由相互关联和相互作用的子系统所组成的复合系统，包括：①组织结构——合理的组织机构和明确的职责、权限及其协调的关系；②程序——规定到位的形成文件的程序和作业指导书，是过程运行和进行活动的依据；③过程——质量管理体系的有效实施，是通过其过程的有效运行来实现的；④资源——必需、充分且适宜的资源包括人员、材料、设备、设施、能源、资金、技术、方法等。因此，本题的正确答案为ABCD。

115.【试题答案】ACE

【试题解析】本题考查重点是"工程延期的审批原则"。监理工程师在审批工程延期时应遵循的原则包括：合同条件、影响工期、实际情况。因此，本题的正确答案为ACE。

116.【试题答案】ACE

【试题解析】本题考查重点是"工程延期的控制"。为了减少或避免工程延期事件的发生，监理工程师应做好：①选择合适的时机下达工程开工令；②提醒业主履行施工承包合

193

同中所规定的职责；③妥善处理工程延期事件。因此，本题的正确答案为ACE。

117.【试题答案】AB

【试题解析】本题考查重点是"价值工程方法"。价值工程（VE）是以提高产品或作业价值为目的，通过有组织的创造性工作，寻求用最低的寿命周期成本，可靠地实现使用者所需功能的一种管理技术。价值工程中所述的"价值"是指作为某种产品（或作业）所具有的功能与获得该功能的全部费用的比值。它不是对象的使用价值，也不是对象的经济价值和交换价值，而是对象的比较价值，是作为评价事物有效程度的一种尺度提出来的。这种关系可用一个数学公式表示：

$$V=F/C$$

式中　V——研究对象的价值；
　　　F——研究对象的功能；
　　　C——研究对象的成本，即寿命周期成本。

由此可见，价值工程涉及价值、功能和寿命周期成本三个基本要素。$V>1$则功能过剩或实际成本偏低。因此，本题的正确答案为AB。

118.【试题答案】BD

【试题解析】本题考查重点是"世界银行和国际咨询工程师联合会建设工程投资构成"。应急费用包括：①未明确项目的准备金：此项准备金用于在估算时不可能明确的潜在项目，包括那些在做成本估算时因为缺乏完整、准确和详细的资料而不能完全预见和不能注明的项目，并且这些项目是必须完成的，或它们的费用是必定要发生的，在每一个组成部分中均单独以一定的百分比确定，并作为估算的一个项目单独列出。此项准备金不是为了支付工作范围以外可能增加的项目，不是用以应付天灾、非正常经济情况及罢工等情况，也不是用来补偿估算的任何误差，而是用来支付那些几乎可以确定要发生的费用。因此，它是估算不可缺少的一个组成部分；②不可预见准备金：此项准备金（在未明确项目准备金之外）用于在估算达到了一定的完整性并符合技术标准的基础上，由于物质、社会和经济的变化，导致估算增加的情况。此种情况可能发生，也可能不发生。因此，不可预见准备金只是一种储备，可能不动用。因此，本题的正确答案为BD。

119.【试题答案】CD

【试题解析】本题考查重点是"流水施工参数——时间参数"。流水步距是指组织流水施工时，相邻两个施工过程（或专业工作队）相继开始施工的最小间隔时间。所以，选项A的叙述是不正确的。划分施工段的目的就是为了组织流水施工。由于建设工程体形庞大，可以将其划分成若干个施工段，从而为组织流水施工提供足够的空间，并不是施工段数越多越好。所以，选项B的叙述是不正确的。由于一项建设工程往往包含有许多流水组，故流水施工工期一般不是整个工程的总工期。所以，选项E的叙述是不正确的。流水节拍决定着单位时间的资源供应量，同时，流水节拍也是区别流水施工组织方式的特征参数。所以，选项C的叙述是正确的。流水步距的大小取决于相邻两个施工过程（或专业工作队）在各个施工段上的流水节拍及流水施工的组织方式。所以，选项D的叙述是正确的。因此，本题的正确答案为CD。

120.【试题答案】ABCD

【试题解析】本题考查重点是"双代号网络图的绘图方法"。双代号网络图的绘图方法有：①绘制没有紧前工作的工作箭线，使它们具有相同的开始节点，以保证网络图只有一个起点节点；②依次绘制其他工作箭线；③当各项工作箭线都绘制出来之后，应合并那些没有紧后工作之工作箭线的箭头节点，以保证网络图只有一个终点节点（多目标网络计划除外）；④当确认所绘制的网络图正确后，即可进行节点编号。因此，本题的正确答案为ABCD。

第六套模拟试卷

一、单项选择题（共 80 题，每题 1 分。每题的备选项中，只有 1 个最符合题意）

1. 质量管理体系文件中（　　）的内容与数量由监理单位根据管理要求自行决定。
   A. 作业指导书
   B. 记录表格
   C. 质量手册
   D. 程序文件

2. 可采用扩大单价法编制建筑工程概算的是（　　）的单位工程。
   A. 初步设计达到一定深度，建筑结构比较明确
   B. 初步设计深度不够，不能准确地计算扩大分部分项工程量
   C. 有详细的施工图设计资料，能准确地计算分部分项工程量
   D. 没有初步设计资料，无法计算出工程量

3. 质量管理体系文件中（　　）的内容应以有关监理服务的策划与控制内容为基础，再进行进一步的细化、补充和衔接。
   A. 质量手册
   B. 程序文件
   C. 记录表格
   D. 作业指导书

4. 质量管理体系文件中（　　）是产品满足质量要求的程度和监理单位质量管理体系中各项质量活动结果的客观反映。
   A. 质量记录
   B. 作业指导书
   C. 程序文件
   D. 质量手册

5. 某独立土方工程，招标文件中估计工程量 1 万 m^3，合同中约定土方单价 20 元$/m^3$，当实际工程量超过估计工程量 10% 以上时，需调整单价，单价为 18 元$/m^3$，该工程结算时实际完成工程量为 1.2 万 m^3，则土方工程款为（　　）万元。
   A. 21.6
   B. 23.6
   C. 23.8
   D. 24.0

6. 建设工程组织流水施工的特点是（　　）。
   A. 能够充分利用工作面进行施工
   B. 尽可能地利用工作面进行施工
   C. 单位时间内投入的资源量较少
   D. 施工现场的组织管理比较简单

7. 某分部工程划分为 2 个施工过程、3 个施工段组织流水施工，流水节拍分别为 2、4、3 天和 3、5、4 天，则流水施工工期为（　　）天。
   A. 12
   B. 13
   C. 14
   D. 15

8. 质量管理人员为了及时掌握生产过程质量的变化情况并采取有效的控制措施，可采用（　　）进行跟踪分析。
   A. 排列图
   B. 因果分析图
   C. 控制图法
   D. 直方图法

9. 建设项目竣工验收前，施工企业对已完工程进行保护发生的费用应计入（   ）。

    A. 措施费   B. 规费

    C. 直接工程费   D. 企业管理费

10. 质量管理体系评审的目的是使体系能够（   ）。

    A. 持续改进   B. 有效识别

    C. 制定方针   D. 质量经营

11. 某建设项目运用价值工程优化设计方案，分析计算结果见下表，则最佳方案为（   ）。

设计方案	甲	乙	丙	丁
成本系数	0.245	0.305	0.221	0.229
功能系数	0.251	0.277	0.263	0.209

    A. 甲方案   B. 乙方案

    C. 丙方案   D. 丁方案

12. 项目总监理工程师属于监理单位的（   ）。

    A. 执行层   B. 管理层

    C. 决策层   D. 操作层

13. 在固定总价合同的执行过程中，发包方应对合同总价做相应调整的情况是（   ）。

    A. 工程量减少 5%   B. 水泥价格上涨 3%

    C. 出现恶劣气候   D. 工程范围变更

14. 某基础工程包括开挖、支模、浇筑混凝土及回填四个施工过程，分 3 个施工段组织流水施工，流水节拍见下表，则该基础工程的流水施工工期为（   ）天。

流水节拍   （单位：天）

施工段 流水节拍 施工过程	Ⅰ	Ⅱ	Ⅲ
开 挖	4	5	3
支 模	3	3	4
浇筑混凝土	2	4	3
回 填	4	4	3

    A. 17   B. 20

    C. 23   D. 24

15. 工程网络计划的工期优化通过（   ）来达到优化。

    A. 改变关键工作之间的逻辑关系   B. 组织关键工作平行作业

    C. 组织关键工作搭接作业   D. 压缩关键工作的持续时间

16. 质量是指"一组固有特性满足要求的程度"，其中，"要求"是指（   ）的需要和期望。

    A. 供方和需方   B. 组织和个人

    C. 明示和隐含   D. 一般和特殊

17. 加强隐蔽工程质量验收和监督管理，是基于工程质量具有（   ）的特点而提出的要求。

    A. 影响因素多   B. 波动大

    C. 终检局限性   D. 评价方法特殊性

18. 选择合适的承包单位是工程质量管理的重要环节，工程承发包管理属于（　　）的管理职能。

    A. 业主   B. 政府

    C. 监理单位   D. 施工单位

19. 质量目标通常依据组织的（　　）制定。

    A. 质量意识   B. 质量方针

    C. 质量计划   D. 质量需求

20. 采用工程量清单方式招标时，由（　　）负责工程量清单准确性和完整性。

    A. 招标人   B. 投标人

    C. 评标委员会   D. 项目业主

21. 某企业从银行贷款 200 万元，年贷款复利利率为 4%，贷款期限为 6 年，6 年后一次性还本付息。该笔贷款还本付息总额为（　　）万元。

    A. 243.33   B. 245.00

    C. 252.50   D. 253.06

22. 采用强制确定法对某工程四个分项工程进行价值工程对象的选择，各分项工程的功能系数和成本系数见下表。

分项工程	甲	乙	丙	丁
功能系数	0.345	0.210	0.311	0.134
成本系数	0.270	0.240	0.270	0.220

    根据计算，应优先选择分部工程（　　）为价值工程对象。

    A. 甲   B. 乙

    C. 丙   D. 丁

23. 对工程范围明确，但工程量不能准确计算，却急需开工的紧迫工程，应采用（　　）合同形式。

    A. 估计工程量单价   B. 纯单价

    C. 可调总价   D. 可调单价

24. 关于工程网络计划工期优化的说法中，正确的是（　　）。

    A. 当出现多条关键线路时，应选择其中一条最优线路缩短其持续时间

    B. 应选择直接费率最小的非关键工作作为缩短持续时间的对象

    C. 工期优化的前提是不改变各项工作之间的逻辑关系

    D. 工期优化过程中须将关键工作压缩成非关键工作

25. 装修中未经校核验算就任意对建筑物加层导致工程质量缺陷的原因是（　　）。

    A. 设计差错   B. 盲目抢工

    C. 使用不当   D. 违背基本建设程序

26. 监理工程师审查施工组织设计时，应明确承包单位是否了解并掌握了本工程的特点及

难点，这是为了把握施工组织设计的（　　　）。

    A. 可操作性   B. 先进性

    C. 针对性   D. 经济性

27. 监理工程师收到承包单位隐蔽工程验收申请后，要在（　　　）的时间内到现场检查验收。

    A. 建设单位确认   B. 总监理工程师批准

    C. 质检部门规定   D. 合同条件约定

28. 由总包单位或安装单位采购的设备，其采购方案须事前提交给项目的（　　　），经其审查同意后方可实施。

    A. 监理工程师   B. 设备总工程师

    C. 总工程师   D. 设备安装工程师

29. 检验批抽样方案中合理分配生产方风险和使用方风险时，对应于一般项目合格质量水平的错判概率 α 不宜超过 5%，漏判概率 β 不宜超过（　　　）。

    A. 8%   B. 9%

    C. 10%   D. 12%

30. 为改善产品的特征及特性和（或）提高用于生产和交付产品的过程有效性和效率所开展的活动，称为（　　　）。

    A. 质量改进   B. 持续改进

    C. 质量策划   D. 组织行为

31. 不尊重质量、进度、造价的内在规律导致工程质量缺陷的原因是（　　　）。

    A. 设计差错   B. 盲目抢工

    C. 使用不当   D. 违背基本建设程序

32. 下列关于分部分项工程量清单编制的说法中，错误的是（　　　）。

    A. 清单应包括项目编码、项目名称

    B. 清单应包括项目特征、计量单位和工程量

    C. 清单为不可调整的闭口清单

    D. 清单项目出现遗漏，投标人可根据工程实际补充

33. 下列关于措施项目的说法中，符合《建设工程工程量清单计价规范》GB 50500—2013 规定的是（　　　）。

    A. 招标控制价应包括项目的全部风险费用

    B. 措施项目费以项为单位计价的，价格包括除利润、税金以外的全部费用

    C. 总承包服务费由发承包双方协商确定

    D. 税金应按国家或者省级、行业建设主管部门规定的标准计算

34. 建设工程质量保修书应由（　　　）出具。

    A. 建设单位向建设行政主管部门   B. 建设单位向用户

    C. 承包单位向建设单位   D. 承包单位向监理单位

35. 施工单位提出的见证取样送检的试验室，监理工程师应（　　　）。

    A. 提出担保要求   B. 进行实地考察

    C. 提供试验计划   D. 规定试验设备

36. 某工程发生质量事故，造成 45 人重伤，此次质量事故属于（   ）。

    A. 特别重大质量事故   B. 重大质量事故

    C. 较大质量事故   D. 一般质量事故

37. 某工程发生质量事故，造成 500 万元直接经济损失，此次质量事故属于（   ）。

    A. 特别重大质量事故   B. 重大质量事故

    C. 较大质量事故   D. 一般质量事故

38. 经返修或加固的分项、分部工程，虽然改变了外形尺寸但仍能满足安全使用的要求，可以按技术处理方案和（   ）进行验收。

    A. 设计单位意见   B. 协商文件

    C. 建设单位意见   D. 质量监督部门意见

39. 建立质量管理体系首先要明确企业的质量方针，质量方针是组织的最高管理者正式发布的该组织总的（   ）。

    A. 质量要求   B. 质量水平

    C. 质量宗旨和方向   D. 质量策划

40. 某混凝土结构工程，合同计划价为 1000 万元。5 月底拟完成合同计划价的 80%，实际完成合同计划价的 70%，5 月底实际结算工程款 750 万元，则 5 月底的投资偏差和进度偏差分别为（   ）。

    A. 超支 100 万元、超前 50 万元   B. 超支 50 万元、拖后 100 万元

    C. 节约 50 万元、拖后 100 万元   D. 节约 100 万元、超前 50 万元

41. 某工程双代号网络计划如下图所示，其关键线路有（   ）条。

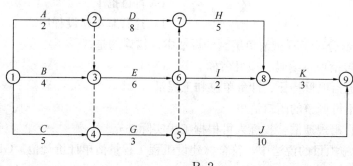

    A. 1   B. 2

    C. 3   D. 4

42. 某混凝土工程按计划 12 天完成，下图中标出了截至第 7 天末的实际施工时间，从图中可以看出（   ）。

    A. 该工作实际开始时间比计划开始时间晚 2 天

    B. 第 5 天末实际进度比计划进度拖后 3%

C. 第 4 天内计划完成的任务量为 12%

D. 第 7 天内实际进度比计划进度拖后 5%

43. 工程从规划、勘察、设计、施工到整个产品使用寿命周期内的成本和消耗的费用，指的是工程质量特性中的（　　　）。

    A. 安全性
    B. 可靠性
    C. 经济性
    D. 与环境的协调性

44. 在建设工程特性中，（　　）是指工程建成后在使用过程中保证结构安全、保证人身和环境免受危害的程度。

    A. 适用性
    B. 耐久性
    C. 可靠性
    D. 安全性

45. 根据质量管理体系标准的要求，工程监理单位的质量管理体系文件中的第二层次文件是（　　）。

    A. 工作规程
    B. 质量记录
    C. 程序文件
    D. 质量手册

46. 设备制造的质量监控方式不包括（　　）。

    A. 驻厂监造
    B. 巡回监控
    C. 随机监控
    D. 定点监控

47. 在工程质量统计分析方法中，寻找影响质量主次因素的方法一般采用（　　）。

    A. 排列图法
    B. 因果分析图法
    C. 直方图法
    D. 控制图法

48. 考虑到组成单位工程的各部分是由不同工人用不同工具和材料完成的，又可以把单位工程进一步分解为（　　）。

    A. 独立工程
    B. 单元工程
    C. 分项工程
    D. 分部工程

49. 按照不同的施工方法、构造及规格，把分部工程更细致地分解为（　　　）。

    A. 独立工程
    B. 单元工程
    C. 分项工程
    D. 分部工程

50. 用实物法编制施工图预算，针对以下步骤：①计算工程量；②套用预算定额单价；③套用消耗定额，计算人料机消耗量；④进行工料分析；⑤计算并汇总人工费、材料费、施工机械使用费；⑥计算其他费用及汇总造价，合理的顺序是（　　）。

    A. ①—②—③—⑤—⑥
    B. ①—③—⑤—⑥
    C. ①—②—④—⑤—⑥
    D. ①—②—⑤—⑥

51. 工程项目建设过程是一个周期长、投入大的生产过程，建设者在一定时间内占有的经验知识是有限的，不但常常受到科学条件和技术条件的限制，而且也受到客观过程的发展及其表现程度的限制，因而不可能在工程建设初始，就设置一个科学的、一成不变的投资控制目标，而只能设置一个大致的投资控制目标，这就是（　　）。

    A. 投资估算
    B. 投资控制
    C. 项目估算
    D. 项目控制

52. 已知单代号网络计划如下图所示，工作 F 的最迟开始时间为第（　　）天。

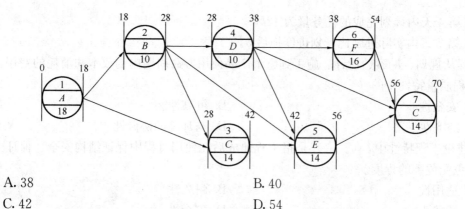

A. 38   B. 40

C. 42   D. 54

53. 工程总费用由直接费和间接费两部分组成，当工期被压缩时，会引起（   ）。

     A. 直接费增加，间接费减少   B. 直接费和间接费均增加

     C. 直接费减少，间接费增加   D. 直接费和间接费均减少

54. 在工程设计者如期编制完初步设计阶段、技术设计阶段、施工图设计阶段等各阶段计划工作后，若在比较定期计划进度与实际进度时发现存在偏差，作为监理工程师应该（   ）。

     A. 分析原因，采取进度加快措施；纠偏行动，落实进度加快措施

     B. 不予追究，直接进度报告

     C. 立即断定进度计划出现问题

     D. 直接转入技术设计阶段，施工图设计阶段，编制采购计划和招标计划，并控制执行

55. 某工作是由三个性质相同的分项工程合并而成的。各分项工程的工程量和时间定额分别是：$Q_1=2300m^3$，$Q_2=3400m^3$，$Q_3=2700m^3$；$H_1=0.15$ 工日/m^3，$H_2=0.20$ 工日/m^3，$H_3=0.40$ 工日/m^3，则该工作的综合时间定额是（   ）工日/m^3。

     A. 0.35   B. 0.33

     C. 0.25   D. 0.21

56. 在建设工程初步设计阶段，影响项目投资的可能性为（   ）。

     A. 75%～95%   B. 35%～75%

     C. 15%～35%   D. 5%～35%

57. 施工阶段质量控制是工程项目全过程质量控制的关键环节，其工作重点应是（   ）控制。

     A. 事先   B. 事中

     C. 事后   D. 事先和事中

58. 在建设工程施工图设计阶段，影响项目投资的可能性为（   ）。

     A. 75%～95%   B. 35%～75%

     C. 15%～35%   D. 5%～35%

59. 在对设备的制造过程进行监控时，发生质量失控或重大质量事故，总监理工程师应做出的处理是（   ）。

     A. 责令制造单位整改   B. 返修

C. 返工   D. 发出暂停制造指令

60. 复核工程付款账单，签发付款证书，体现了项目监理机构在施工阶段投资控制的
（　　）措施。

    A. 组织   B. 技术

    C. 经济   D. 合同

61. 2008 版 ISO 9000 族标准包括（　　）个支持性标准。

    A. 1   B. 2

    C. 3   D. 4

62. 审核承包人编制的施工组织设计，对主要施工方案进行技术经济分析，体现了项目监
理机构在施工阶段投资控制的（　　）措施。

    A. 组织   B. 技术

    C. 经济   D. 合同

63. 做好工程施工记录，保存各种文件图纸，特别是注有实际施工变更情况的图纸，体现
了项目监理机构在施工阶段投资控制的（　　）措施。

    A. 组织   B. 技术

    C. 经济   D. 合同

64. 工料测量师在工程建设的立约前阶段的任务中，其（　　）阶段，业主提出建设任务
和要求。

    A. 工程建设开始   B. 可行性研究

    C. 方案建议   D. 初步设计

65. 工程项目一览表在工程项目中的作用表现在（　　）。

    A. 以便各部门按统一口径确定工程项目的投资额和进行管理

    B. 以便预测各个年度的投资规模

    C. 规定分年度计划

    D. 明确各个项目的按期投产

66. 关于 S 形曲线叙述正确的是（　　）。

    A. 横坐标表示进度时间，纵坐标表示累计完成任务量

    B. 在编制的横道图进度计划上进行实际进度与计划进度的比较

    C. 工程实际进展点落在计划 S 曲线左侧，表明此时实际进度比计划进度拖后

    D. 以横坐标表示累计完成任务量，纵坐标表示进度时间

67. 建设工程施工阶段进度控制的最终目的是（　　）。

    A. 编制、审核施工进度计划并监督其执行

    B. 确定施工进度控制目标

    C. 保证工程质量优良、投资不超过预算

    D. 保证工程按期建成交付使用

68. "既能满足组织内部质量管理的要求，又能满足组织与顾客的合同要求，还能满足第
二方认定、第三方认证和注册的要求。"属于质量管理体系的（　　）特征。

    A. 符合性   B. 系统性

    C. 全面有效性   D. 动态性

69. 工料测量师在工程建设中的主要任务就是对（　　）进行全面系统的控制。

　　A. 项目投资　　　　　　　　　　　B. 项目设计

　　C. 项目决策　　　　　　　　　　　D. 项目施工

70. 按同一生产条件或按规定的方式汇总起来供检验用的，由一定数量样本组成的检验体，称之为（　　）。

　　A. 分项工程　　　　　　　　　　　B. 分部工程

　　C. 检验批　　　　　　　　　　　　D. 抽样检验方案

71. 单位（子单位）工程质量竣工验收记录表中，验收记录由（　　）填写，验收结论由监理（建设）单位填写。

　　A. 监理单位　　　　　　　　　　　B. 施工单位

　　C. 设计单位　　　　　　　　　　　D. 质监站

72. 对于灾后恢复工程，适合采用（　　）。

　　A. 可调总价合同　　　　　　　　　B. 纯单价合同

　　C. 可调单价合同　　　　　　　　　D. 成本加酬金合同

73. 直方图中出现了绝壁型直方图，说明（　　）。

　　A. 由于分组不当或组距确定不当而造成

　　B. 由于操作中对上限（下限）控制太严而造成

　　C. 由于用两种不同方法或两台设备进行生产而造成

　　D. 由于数据收集不正常，有意识地去掉了下限以下的数据而造成

74. 工程设计质量管理的主要工作内容不包括下列（　　）。

　　A. 设计单位选择　　　　　　　　　B. 起草设计任务书

　　C. 起草设计合同　　　　　　　　　D. 起草投资方案

75. 某进口设备，离岸价为 200 万元，到岸价为 210 万元，银行手续费为 1 万元，进口关税为 21 万元，增值税税率为 17%，不计消费税，则增值税税额为（　　）万元。

　　A. 35.77　　　　　　　　　　　　　B. 37.57

　　C. 39.27　　　　　　　　　　　　　D. 39.44

76. 某分部工程有两个施工过程，分为 4 个施工段组织流水施工，流水节拍分别为 2、4、3、5 天和 3、5、4、4 天，则流水步距和流水施工工期分别为（　　）天。

　　A. 2 和 17　　　　　　　　　　　　B. 3 和 17

　　C. 3 和 19　　　　　　　　　　　　D. 4 和 19

77. 在工程网络计划中，如果工作 M 和工作 N 之间的先后顺序关系属于组织关系，则说明它们的先后顺序并不是由（　　）决定的。

　　A. 劳动力调配需要　　　　　　　　B. 原材料调配需要

　　C. 工艺技术过程　　　　　　　　　D. 施工机具调配需要

78. 在双代号时标网络计划中，当某项工作有紧后工作时，则该工作箭线上的波形线表示（　　）。

　　A. 工作的总时差　　　　　　　　　B. 工作之间的时距

　　C. 工作间的时间间隔　　　　　　　D. 工作间的逻辑关系

79. 工程内容和技术经济指标规定很明确的项目，且工期在 1 年以上的工程项目较适于采

用（　　）合同。

　　A. 可调总价　　　　　　　　　　　　B. 固定总价

　　C. 可调单价　　　　　　　　　　　　D. 固定单价

80. 通过压缩关键工作的持续时间来缩短工期，从而调整施工进度计划通常采取（　　）来达到目的。

　　A. 组织措施、技术措施、协调措施

　　B. 组织措施、技术措施、经济措施、其他配套措施

　　C. 技术措施、经济措施

　　D. 组织措施、协调措施

二、多项选择题（共40题，每题2分。每题的备选项中，有2个或2个以上符合题意，至少有1个错项。错选，本题不得分；少选，所选的每个选项得0.5分）

81. 水泥进场时，生产厂家在水泥出厂时已提供标准规定的有关技术要求和试验结果，水泥进场复验通常只做（　　）的检验。

　　A. 安定性　　　　　　　　　　　　　B. 凝结时间

　　C. 抗压强度　　　　　　　　　　　　D. 坍落度

　　E. 胶砂强度

82. 某工程双代号网络计划如下图所示，图中已标明每项工作的最早开始时间和最迟开始时间，该计划表明（　　）。

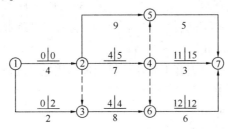

　　A. 工作1～3的自由时差为2　　　　　B. 工作2～5为关键工作

　　C. 工作2～4的自由时差为1　　　　　D. 工作3～6的总时差为零

　　E. 工作4～7为关键工作

83. 项目监理机构施工质量控制的依据，主要包括（　　）。

　　A. 工程合同文件

　　B. 工程勘察设计文件

　　C. 工程施工设计文件

　　D. 有关质量管理方面的法律法规、部门规章与规范性文件

　　E. 质量标准与技术规范（规程）

84. 工程质量事故调查组的职责包括（　　）。

　　A. 查明事故的原因及情况

　　B. 组织技术鉴定

　　C. 提出技术处理方案

　　D. 提出对事故责任单位和责任人的处理建议

E. 编写事故处理报告

85. 质量管理体系认证的特征主要表现在（   ）等方面。

    A. 由第三方实施确定客观公正　　　　　B. 依据统一的认证标准实施

    C. 认证标准属于强制性标准　　　　　　D. 认证合格标志，不能用于具体的产品上

    E. 认证结论证明产品质量符合相关技术标准

86. 某工程双代号网络计划如下图所示，图中已标出每个节点的最早时间和最迟时间，该计划表明（   ）。

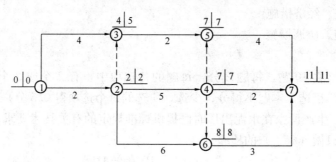

    A. 工作 1~2 为关键工作　　　　　　　　B. 工作 1~3 的总时差为 1

    C. 工作 3~5 为关键工作　　　　　　　　D. 工作 4~7 的总时差为 0

    E. 工作 5~7 的总时差为 0

87. 工程施工过程中，监理工程师获得工程实际进度情况的方式有（   ）。

    A. 收集有关进度报表资料　　　　　　　B. 查阅施工日志和记录

    C. 现场跟踪检查工程实际进展　　　　　D. 组织施工负责人参加现场会议

    E. 审核工程进度款支付凭证

88. 施工准备阶段监理工程师审查施工企业项目经理部质量管理体系的主要内容有（   ）。

    A. 项目管理目标责任书

    B. 项目经理部的组织机构

    C. 项目质量管理的规章制度

    D. 主要管理人员及特种作业人员的资格证、上岗证

    E. 试验室

89. 监理工程师要严把开工关，就必须对承包单位的（   ）等工作质量进行控制。

    A. 工程定位及标高基准控制　　　　　　B. 施工平面布置的控制

    C. 材料构配件采购订货的控制　　　　　D. 设计交底与施工图纸的现场核对

    E. 承包单位的责任目标确定

90. 为保证工程建设中各个环节相互衔接，工程项目进度平衡表中应明确的内容包括（   ）。

    A. 各种设计文件交付日期　　　　　　　B. 主要设备交货日期

    C. 施工单位进场日期　　　　　　　　　D. 工程材料进场日期

    E. 水、电及道路接通日期

91. 工程质量的特点有（   ）。

    A. 影响因素多　　　　　　　　　　　　B. 质量隐蔽性

C. 质量波动大
D. 检测次数多

E. 评价方法的特殊性

92. 工程质量监督机构对建设工程实体质量抽查的内容包括（　　）。

A. 楼地面
B. 地基基础、主体结构

C. 涉及安全的关键部位
D. 用于工程的主要材料

E. 用于工程的构配件

93. 某工程单代号搭接网络计划如下图所示，节点中下方数字为该工作的持续时间，其中的关键工作有（　　）。

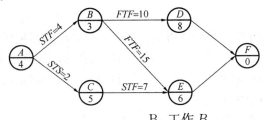

A. 工作 A
B. 工作 B

C. 工作 C
D. 工作 D

E. 工作 E

94. 工程质量缺陷的成因因素主要包括（　　）。

A. 违背基本建设程序
B. 违反法律法规

C. 地质勘察数据失真
D. 设计差错

E. 正规施工与管理

95. 对已发生的工程质量缺陷，项目监理机构应进行的处理程序包括（　　）。

A. 发生工程质量缺陷后，项目监理机构签发监理通知单，责成施工单位进行处理

B. 施工单位进行质量缺陷调查，分析质量缺陷产生的原因，并提出经设计等相关单位认可的处理方案

C. 围绕原点对现场各种现象和特征进行分析

D. 项目监理机构审查施工单位报送的质量缺陷处理方案，并签署意见

E. 处理记录整理归档

96. 当质量控制图同时满足（　　）时，可认为生产过程基本处于稳定状态。

A. 点子几乎全部落在控制界限之内
B. 点子分布出现链

C. 控制界限内的点子排列没有缺陷
D. 点子多次同侧

E. 点子有趋势或倾向

97. 利用横道图表示工程进度计划的特点有（　　）。

A. 形象、直观，但不能反映出关键工作和关键线路

B. 易于编制和理解，但调整繁琐和费时

C. 明确地反映出影响工期的关键工作和关键线路

D. 能反映工程费用与工期之间的关系

E. 可通过时间参数计算，求出各项工作的机动时间

98. 工程建设的不同阶段对工程项目质量的形成起着不同的作用和影响，下列说法中正确的有（　　）。

A. 工程竣工验收应考核项目质量是否达到要求

B. 工程施工直接关系到工程的安全可靠、使用功能的保证

C. 工程施工是决定工程质量的关键环节

D. 工程设计阶段应确定质量目标和水平

E. 工程竣工验收对质量的影响是保证最终产品的质量

99. 工程建设的不同阶段，对工程项目质量的形成起着不同的作用，主要包括（   ）。

A. 项目决策阶段　　　　　　　　　　B. 项目可行性研究阶段

C. 工程设计阶段　　　　　　　　　　D. 工程施工阶段

E. 项目评价阶段

100. 监理工程师对施工过程作业活动质量记录资料的监控内容包括（   ）。

A. 施工方案　　　　　　　　　　　　B. 设备进场维修记录

C. 设备进场运行检验记录　　　　　　D. 施工单位现场管理制度

E. 各工序作业的原始施工记录

101. 基本预备费的计算基数包括（   ）。

A. 设备工器具购置费　　　　　　　　B. 工程建设其他费用

C. 建筑安装工程费　　　　　　　　　D. 铺底流动资金

E. 与工程建设有关费用

102. 按投资构成分解的资金使用计划其投资主要分为（   ）。

A. 不可预见费　　　　　　　　　　　B. 暂付费用

C. 建筑安装工程投资　　　　　　　　D. 设备工器具购置投资

E. 工程建设其他投资

103. 下列计算搭接网络中相邻两项工作的时间间隔公式正确的有（   ）。

A. $LAG_{i,j}=ES_j-EF_i-FTS_{i,j}$　　　　B. $LAG_{i,j}=ES_j-EF_i-STF_{i,j}$

C. $LAG_{i,j}=EF_j-ES_i-FTS_{i,j}$　　　　D. $LAG_{i,j}=EF_j-ES_i-STF_{i,j}$

E. $LAG_{ij}=EF_j-ES_i-FTF_{ij}$

104. 当施工进度计划初始方案编制好后，需要对其进行检查与调整，以便使进度计划更加合理，进度计划检查的主要内容包括（   ）。

A. 各工作项目的施工顺序、平行搭接和技术间歇是否合理

B. 总工期是否满足合同规定

C. 主要工种的工人能否满足连续、均衡施工的要求

D. 主要机具、材料等的利用是否均衡和充分

E. 主要资源的供应能否得到保证

105. 投资控制的动态流程应（   ）循环进行。

A. 每一周　　　　　　　　　　　　　B. 每两周

C. 一个月　　　　　　　　　　　　　D. 两个月

E. 三个月

106. 投资控制目标的设置应是随着工程项目建设实践的不断深入而分阶段设置，具体来讲，投资估算应是建设工程（   ）的投资控制目标。

A. 设计方案选择　　　　　　　　　　B. 进行初步设计

C. 施工方案选择   D. 初步方案确定

E. 最终方案确定

107. 为了有效地控制建设工程投资，从技术上采取措施包括（   ）。

A. 重视设计多方案选择   B. 严格审查监督初步设计

C. 明确投资控制者及其任务   D. 深入技术领域研究节约投资的可能性

E. 明确管理职能分工

108. 质量管理体系的运行应是全面有效的，其能满足（   ）的要求。

A. 组织内部质量管理   B. 组织与顾客的合同

C. 第二方认定、第三方认证   D. 组织外部质量管理

E. 注册

109. 审查建筑地基基础工程土方开挖施工方案，要求土方开挖的顺序、方法必须与设计工况相一致，并遵循（   ）的原则。

A. 开槽支撑   B. 验槽合格

C. 先撑后挖   D. 分层开挖

E. 严禁超挖

110. 建设工程进度控制计划体系包括（   ）。

A. 建设单位的计划系统   B. 监理单位的计划系统

C. 设计单位的计划系统   D. 总进度计划系统

E. 子进度计划系统

111. 在工程建设设计阶段，监理工程师控制进度的主要任务包括（   ）。

A. 审核项目总进度计划   B. 审核设计总进度计划

C. 审核各专业工程的出图计划   D. 施工现场条件调研和分析

E. 监督设计工作进度计划的实施

112. 工程项目施工阶段进度控制工作细则的主要内容包括（   ）。

A. 施工进度控制目标分解图   B. 工程进度款支付时间与方式

C. 进度控制人员的职责分工   D. 施工机械进出场安排

E. 进度控制目标实现的风险分析

113. 物资供应计划按其内容和用途分类包括（   ）。

A. 物资需求计划   B. 物资供应计划

C. 物资储备计划   D. 申请与订货计划

E. 专门物资采购部门供应

114. 审查施工组织设计是施工准备阶段监理工程师进行质量控制的重要工作，这项工作的内容应包括（   ）。

A. 对承包单位编制的施工组织设计的审核签认由总监理工程师负责

B. 承包商应按审定的施工组织设计文件组织施工，不得对其进行调整

C. 经审定的施工组织设计应由项目监理机构报送工程质量监督机构

D. 经审定的施工组织设计应由项目监理机构报送监理单位技术负责人审查

E. 经建设单位批准，工艺复杂的工程可分阶段报审施工组织设计

115. 国际咨询工程师联合会规定，咨询工程师可向业主提供的咨询服务包括（   ）。

A. 项目的经济可行性分析   B. 项目的财务管理

C. 项目的资源管理   D. 环境对项目影响的评估

E. 项目实施时的预算控制

116. 我国项目监理机构建设工程勘察设计阶段的主要工作包括（   ）。

A. 协助建设单位编制工程勘察设计任务书和选择工程勘察设计单位，并应协助签订工程勘察设计合同

B. 审核勘察单位提交的勘察费用支付申请表，以及签发勘察费用支付证书

C. 审核设计单位提交的设计费用支付申请表，以及签认设计费用支付证书

D. 审查设计单位提交的设计成果，并应提出评估报告

E. 工程监理单位应对工程质量缺陷原因进行调查，并应与建设单位、施工单位协商确定责任归属

117. 控制图的异常情况有（   ）。

A. 周期性变动   B. 多次同侧

C. 趋势或倾向   D. 离散性强

E. 点子排列接近控制界限

118. 世界银行、国际咨询工程师联合会对项目的总建设成本的规定中，项目直接建设成本包括（   ）。

A. 土地征购费   B. 项目管理费

C. 场地费用   D. 开工试车费

E. 设备安装费

119. 监理工程师在进度监测的系统过程中定期收集反映实际工程进度的有关数据，其收集的方式有（   ）。

A. 报表的形式   B. 定期召开现场会议

C. 进行现场实地检查   D. 定时派专业人员检查

E. 向施工单位收集信息

120. 对工程网络计划进行优化，其目的是使该工程（   ）。

A. 资源强度最低   B. 总成本最低

C. 资源需用量尽可能均衡   D. 资源需用量最少

E. 计算工期满足要求工期

第六套模拟试卷参考答案、考点分析

一、单项选择题

1. 【试题答案】D

【试题解析】本题考查重点是"质量管理体系文件的编制内容"。程序文件的内容与数量由监理单位根据管理要求自行决定。根据标准的要求,监理单位必须编制的六个基本程序文件是:文件控制、质量记录控制、不合格品控制、内部审核控制、纠正措施控制和预防措施控制。基于监理产品的特殊性,从满足监理工作需要和提高质量管理水平的角度出发,监理单位还可编制人力资源控制、检验测量控制和业主满意度监视测量控制等程序文件。因此,本题的正确答案为D。

2. 【试题答案】A

【试题解析】本题考查重点是"建筑工程概算的编制方法"。当初步设计达到一定深度、建筑结构比较明确时,可采用扩大单价法编制建筑工程概算。所以,选项A符合题意。由于设计深度不够等原因,对一般附属、辅助和服务工程等项目,以及住宅和文化福利工程项目或投资比较小、比较简单的工程项目,可采用概算指标法编制概算。因此,本题的正确答案为A。

3. 【试题答案】D

【试题解析】本题考查重点是"质量管理体系文件的编制内容"。指导书是指导监理工作开展的技术性文件,应按照国家与行业有关工程监理的法律法规、规范标准和质量手册"产品实现"章节中有关监理服务的策划与控制内容进行编制。作业指导书的内容应以有关监理服务的策划与控制内容为基础,再进行进一步的细化、补充和衔接。因此,本题的正确答案为D。

4. 【试题答案】A

【试题解析】本题考查重点是"质量管理体系文件的编制内容"。质量记录是产品满足质量要求的程度和监理单位质量管理体系中各项质量活动结果的客观反映。监理单位在编写程序文件的过程中,应同时编制质量管理体系贯彻实施所需的各种质量记录表格。包括:一类是与质量管理体系有关的记录,如合同评审记录、内部审核记录、管理评审记录、培训记录、文件控制记录等;另一类是与监理服务"产品"有关的质量记录,如监理旁站记录、材料设备验收记录、纠正预防措施记录、不合格品处理记录等。因此,本题的正确答案为A。

5. 【试题答案】C

【试题解析】本题考查重点是"工程价款的结算"。招标文件中估计工程量为 $10000m^3$,工程结束时承包商实际完成工程量为 $12000m^3$。题中规定,实际工程量超过估计工程量10%以上时,单价调整为18元/ m^3。通过计算可以得出,实际工程量超过估计工程量20%[(12000-10000)/10000]。因此:该项工程结算款=20×(10000+10000×10%)+18×[12000-(10000+10000×10%)]=220000+18000=238000(元)=23.8(万元)。因此,本题的正确答案为C。

6. 【试题答案】B

【试题解析】本题考查重点是"流水施工方式的特点"。流水施工方式具有以下特点：①尽可能地利用工作面进行施工，工期比较短；②各工作队实现了专业化施工，有利于提高技术水平和劳动生产率，也有利于提高工程质量；③专业工作队能够连续施工，同时使相邻专业队的开工时间能够最大限度地搭接；④单位时间内投入的劳动力、施工机具、材料等资源量较为均衡，有利于资源供应的组织；⑤为施工现场的文明施工和科学管理创造了有利条件。根据第①点可知，选项 B 符合题意。选项 A 属于平行施工的特点。选项 C、D 均属于依次施工的特点。因此，本题的正确答案为 B。

7. 【试题答案】D

【试题解析】本题考查重点是"非节奏流水施工"。在非节奏流水施工中，通常采用累加数列错位相减取大差法计算流水步距。累加数列错位相减取大差法的基本步骤如下：

（1）对每一个施工过程在各施工段上的流水节拍依次累加，求得各施工过程流水节拍的累加数列。施工过程1：2，6，9，施工过程2：3，8，12。

（2）将相邻施工过程流水节拍累加数列中的后者错后一位，相减后求得一个差数列。

施工过程 1 与 2：　　　　2，6，9，

　　　　　　一）　　 3，8，12
　　　　　　────────────────
　　　　　　　2，3，1，－12

（3）在差数列中取最大值，即为这两个相邻施工过程的流水步距。max {2，3，1，－12} ＝3（天）。所以，本题中的流水步距为 3 天。

（4）计算流水施工工期。流水施工工期可按下式计算：

$$T=\sum K+\sum t_n+\sum G+\sum Z-\sum C$$

式中　T——流水施工工期；

　　　K——各施工过程（或专业工作队）之间流水步距之和；

　　　$\sum t_n$——最后一个施工过程（或专业工作队）在各施工段流水节拍之和；

　　　$\sum Z$——组织间歇时间之和；

　　　$\sum G$——工艺间歇时间之和；

　　　$\sum C$——提前插入时间之和。

可以计算出：流水施工工期 T＝3＋（3＋5＋4）＝15（天）。

所以，本题中流水施工工期为 15 天。因此，本题的正确答案为 D。

8. 【试题答案】C

【试题解析】本题考查重点是"控制图的用途"。控制图是用样本数据来分析判断生产过程是否处于稳定状态的有效工具。它的用途主要有两个：①过程分析，即分析生产过程是否稳定。为此，应随机连续收集数据，绘制控制图，观察数据点分布情况并判定生产过程状态；②过程控制，即控制生产过程质量状态。为此，要定时抽样取得数据，将其变为点子描在图上，发现并及时消除生产过程中的失调现象，预防不合格品的产生。因此，本题的正确答案为 C。

9. 【试题答案】A

【试题解析】本题考查重点是"措施费的构成"。措施费是指为完成工程项目施工，发生于该工程施工前和施工过程中非工程实体项目的费用。措施项目费包括：环境保护费；

文明施工费；安全施工费；临时设施费；夜间施工增加费；二次搬运费；冬雨季施工增加费；大型机械设备进出场及安拆费；施工排水费；施工降水费；地上地下设施、建筑物的临时保护设施费；已完工程及设备保护费；混凝土、钢筋混凝土模板及支架费；脚手架费。其中，已完工程及设备保护费是指竣工验收前，对已完工程及设备进行保护所需费用。因此，本题的正确答案为 A。

10.【试题答案】A

【试题解析】本题考查重点是"质量管理体系的实施"。进行质量管理体系评审的目的是使体系能够持续改进。持续改进是维持质量管理体系生命力的保证，对监理单位来说更是如此。一是体系建立并运行一段时间后可能会发现其中有不完善的地方，通过改进使之成为更加适合本监理单位的管理模式。二是监理行业出台新的要求和标准后，监理单位都要改进原有质量管理体系，适应监理行业新的要求。因此，本题的正确答案为 A。

11.【试题答案】C

【试题解析】本题考查重点是"价值工程原理"。价值系数＝功能系数/成本系数，价值系数最高的为最优方案。本题中，甲的价值系数＝0.251/0.245＝1.024；乙的价值系数＝0.277/0.305＝0.908；丙的价值系数＝0.263/0.221＝1.190；丁的价值系数＝0.209/0.229＝0.913。四个分部工程中，丙的价值系数最大，所以，丙为最佳方案。因此，本题的正确答案为 C。

12.【试题答案】B

【试题解析】本题考查重点是"质量管理体系的建立"。质量管理体系建立和完善的过程，是始于教育，终于教育的过程，也是提高认识和统一认识的过程。应按照 ISO 标准的要求，对监理单位的决策层、管理层和执行层分别进行培训。①决策层，包括监理单位的董事长、总经理、副总经理及总工程师等。结合本单位的实际情况，明确按照体系标准建立、完善质量管理体系的重要性和迫切性，提高监理单位领导层对按照标准建立质量管理体系的认识；②管理层，包括管理、技术等职能部门的负责人和项目总监理工程师，以及与建立质量管理体系有关的工作人员，应全面接受质量管理体系标准的相关内容；③执行层，即与监理单位监理服务质量形成全过程有关的作业人员。主要包括各专业监理工程师、监理员及各职能部门有关工程技术人员和管理人员。培训的主要内容为与本岗位质量活动有关的内容，包括在质量活动中应承担的任务，完成任务应赋予的权限，以及造成质量过失应承担的责任等。因此，本题的正确答案为 B。

13.【试题答案】D

【试题解析】本题考查重点是"固定总价"。固定总价合同的价格计算是以设计图纸、工程量及规范等为依据，发承包双方就承包工程协商一个固定的总价，即承包方按投标时发包方接受的合同价格实施工程，并一笔包死，无特定情况不作变化。采用这种合同，合同总价只有在设计和工程范围发生变更的情况下才能随之作相应的变更，除此之外，合同总价一般不能变动。因此，本题的正确答案为 D。

14.【试题答案】B

【试题解析】本题考查重点是"非节奏流水施工"。在非节奏流水施工中，通常采用累加数列错位相减取大差法计算流水步距。累加数列错位相减取大差法的基本步骤如下：

（1）对每一个施工过程在各施工段上的流水节拍依次累加，求得各施工过程流水节拍的累加数列。施工过程1：4，5，3，施工过程2：3，3，4，施工过程3：2，4，3，施工过程4：4，4，3。

（2）将相邻施工过程流水节拍累加数列中的后者错后一位，相减后求得一个差数列。

施工过程1与2：

$$
\begin{array}{r}
4,\ 5,\ 3,\ \\
-)\ \ 3,\ 3,\ 4 \\
\hline
4,\ 2,\ 0,\ -4
\end{array}
$$

施工过程2与3：

$$
\begin{array}{r}
3,\ 3,\ 4 \\
-)\ \ 2,\ 4,\ 3 \\
\hline
3,\ 1,\ 0,\ -3
\end{array}
$$

施工过程3与4：

$$
\begin{array}{r}
2,\ 4,\ \ 3 \\
-)\ \ 4,\ 4,\ \ 3 \\
\hline
2,\ 0,\ -1,\ -3
\end{array}
$$

（3）在差数列中取最大值，即为这两个相邻施工过程的流水步距。

施工过程1与2之间的流水步距：$K_{1,2}=\max\{4,2,0,-4\}=4$（天）；

施工过程2与3之间的流水步距：$K_{2,3}=\max\{3,1,0,-3\}=3$（天）；

施工过程3与4之间的流水步距：$K_{3,4}=\max\{2,0,-1,-3\}=2$（天）。

流水步距为9天（4+3+2）。

（4）计算流水施工工期。流水施工工期可按下式计算：

$$T=\sum K+\sum t_n+\sum G+\sum Z-\sum C$$

式中 　T——流水施工工期；

$\quad K$——各施工过程（或专业工作队）之间流水步距之和；

$\quad \sum t_n$——最后一个施工过程（或专业工作队）在各施工段流水节拍之和；

$\quad \sum Z$——组织间歇时间之和；

$\quad \sum G$——工艺间歇时间之和；

$\quad \sum C$——提前插入时间之和。

可以计算出：$T=9+(4+4+3)=20$（天）。

所以，本题中流水施工工期为20天。

因此，本题的正确答案为B。

15.【试题答案】D

【试题解析】本题考查重点是"网络计划的工期优化"。工程网络计划的工期优化是指网络计划的计算工期不满足要求工期时，通过压缩关键工作的持续时间以满足要求工期目标的过程。网络计划工期优化的基本方法是在不改变网络计划中各项工作之间逻辑关系的前提下，通过压缩关键工作的持续时间来达到优化目标。在工期优化过程中，按照经济合理的原则，不能将关键工作压缩成非关键工作。因此，本题的正确答案为D。

16.【试题答案】C

【试题解析】本题考查重点是"质量"。2000版 GB/T 19000—ISO 9000 族标准中质量的定义是：一组固有特性满足要求的程度。质量不仅是指产品质量，也可以是某项活动过程的工作质量，还可以是质量管理体系运行的质量。质量是由一组固有特性组成，这些固有特性是指满足顾客和其他相关方的要求的特性,并由其满足要求的程度加以表征。满足要求就是应满足明示的(如合同、规范、标准、技术、文件、图纸中明确规定的)、通常隐含的(如组织的惯例、一般习惯)或必须履行的(如法律、法规、行业规则)需要和期望。与要求相比较,满足要求的程度才反映为质量的好坏。因此,本题的正确答案为C。

17.【试题答案】C

【试题解析】本题考查重点是"工程质量终检的局限性"。工程项目建成后不可能像一般工业产品那样依靠终检来判断产品质量,或将产品拆卸、解体来检查其内在的质量,或对不合格零部件进行更换。而工程项目的终检(竣工验收)无法进行工程内在质量的检验,发现隐蔽的质量缺陷。因此,工程项目的终检存在一定的局限性。这就要求工程质量控制应以预防为主,防患于未然。因此,本题的正确答案为C。

18.【试题答案】B

【试题解析】本题考查重点是"工程质量政府监督管理的职能"。工程质量政府监督管理的职能包括:①建立和完善工程质量管理法规。包括行政性法规和工程技术规范标准,前者如《建筑法》、《招标投标法》、《建筑工程质量管理条例》等,后者如工程设计规范、建筑工程施工质量验收统一标准、工程施工质量验收规范等;②建立和落实工程质量责任制。包括工程质量行政领导的责任、项目法定代表人的责任、参建单位法定代表人的责任和工程质量终身负责制等;③建设活动主体资格的管理;④工程承发包管理。包括规定工程招投标承发包的范围、类型、条件,对招投标承发包活动的依法监督和工程合同管理;⑤控制工程建设程序。包括工程报建、施工图设计文件审查、工程施工许可、工程材料和设备准用、工程质量监督施工验收备案等管理。因此,根据第④点可知,本题的正确答案为B。

19.【试题答案】B

【试题解析】本题考查重点是"质量管理体系的建立"。质量方针是由组织的最高管理者正式发布的该组织总的质量宗旨和方向,质量目标是指组织在质量方面所追求的目的。质量方针的建立为组织确定了未来发展的蓝图,也为质量目标的建立和评审提供了框架。质量方针必须通过质量目标的执行和实现才能得到落实,质量目标的建立为组织的运作提供了具体的要求,质量目标应以质量方针为框架具体展开。目标的内容要在组织当前质量水平的基础上,按照组织自身对更高质量的合理期望来确定,并适时修订和提高,以便与质量管理体系持续改进的承诺相一致。质量目标的实现对产品质量的控制、改进和提高、具体过程运作的有效性以及经济效益都有积极的作用和影响,因此也对组织获得顾客以及相关方的满意和信任产生积极的影响。因此,本题的正确答案为B。

20.【试题答案】A

【试题解析】本题考查重点是"工程量清单的编制"。工程量清单应由具有编制能力的招标人或受其委托,具有相应资质的工程造价咨询人员编制。采用工程量清单方式招标,工程量清单必须作为招标文件的组成部分,其准确性和完整性由招标人负责。因此,本题的正确答案为A。

21.【试题答案】D

【试题解析】本题考查重点是"一次支付终值计算"。一次支付终值计算公式为:

$$F = P(1+i)^n$$

式中 F——终值；

P——本金；

i——利率；

n——期末能取出的复本利。

根据计算公式，还本付息总额 $F=200\times(1+4\%)^6=253.06$（万元）。

因此，本题的正确答案为 D。

22.【试题答案】D

【试题解析】本题考查重点是"强制确定法"。强制确定法在选择价值工程对象、功能评价和方案评价中都可以使用。在对象选择中，通过对每个部件与其他各部件的功能重要程度进行逐一对比打分，相对重要的得 1 分，不重要得 0 分，即 01 法。以各部件功能得分占总分的比例确定功能评价系数，根据功能评价系数和成本系数确定价值系数，用功能系数除以成本系数即可得出价值系数，将价值系数最低的确定为优先改进对象。本题中，甲分项工程的价值系数＝0.345/0.270＝1.278；乙分项工程的价值系数＝0.210/0.240＝0.875；丙分项工程的价值系数＝0.311/0.270＝1.152；丁分项工程的价值系数＝0.134/0.220＝0.609。所以，本题中应优先选择丁分项工程为价值工程对象。因此，本题的正确答案为 D。

23.【试题答案】B

【试题解析】本题考查重点是"纯单价合同"。纯单价合同形式主要适用于没有施工图、工程量不明，却急需开工的紧迫工程，如设计来不及提供正式施工图纸，或虽有施工图但由于某些原因不能比较准确地计算工程量等。当然，对于纯单价合同来说，发包方必须对工程范围的划分做出明确的规定，以使承包方能够合理地确定工程单价。因此，本题的正确答案为 B。

24.【试题答案】C

【试题解析】本题考查重点是"工期优化方法"。网络计划工期优化的基本方法是在不改变网络计划中各项工作之间逻辑关系的前提下，通过压缩关键工作的持续时间来达到优化目标。在工期优化过程中，按照经济合理的原则，不能将关键工作压缩成非关键工作。此外，当工期优化过程中出现多条关键路线时，必须将各条关键路线的总持续时间压缩相同数值；否则，不能有效地缩短工期。因此，本题的正确答案为 C。

25.【试题答案】C

【试题解析】本题考查重点是"工程质量缺陷的成因"。对建筑物或设施使用不当。例如，装修中未经校核验算就任意对建筑物加层；任意拆除承重结构部件；任意在结构物上开槽、打洞、削弱承重结构截面等。因此，本题的正确答案为 C。

26.【试题答案】C

【试题解析】本题考查重点是"审查施工组织设计时需要掌握的原则"。审查施工组织设计时应掌握的原则有：①施工组织设计的编制、审查和批准应符合规定的程序；②施工组织设计应符合国家的技术政策，充分考虑承包合同规定的条件、施工现场条件及法规条件的要求，突出"质量第一、安全第一"的原则；③施工组织设计的针对性：承包单位是否了解并掌握了本工程的特点及难点，施工条件是否分析充分；④施工组织设计的可操作性：承包单位是否有能力执行并保证工期和质量目标，该施工组织设计是否切实可行；⑤

技术方案的先进性；施工组织设计采用的技术方案和措施是否先进适用，技术是否成熟；⑥质量管理和技术管理体系，质量保证措施是否健全且切实可行；⑦安全、环保、消防和文明施工措施是否切实可行并符合有关规定；⑧在满足合同和法规要求的前提下，对施工组织设计的审查，应尊重承包单位的自主技术决策和管理决策。因此，根据第③点可知，本题的正确答案为C。

27.【试题答案】D

【试题解析】本题考查重点是"隐蔽工程验收的工作程序"。隐蔽工程验收的工作程序为：①隐蔽工程施工完毕，承包单位按有关技术规程、规范、施工图纸先进行自检，自检合格后，填写《报验申请表》，附上相应的工程检查证（或隐蔽工程检查记录）及有关材料证明，试验报告，重试报告等，报送项目监理机构；②监理工程师收到报验申请后首先对质量证明资料进行审查，并在合同规定的时间内到现场检查（检测或核查），承包单位的专职质检员及相关施工人员应随同一起到现场；③经现场检查，如符合质量要求，监理工程师在《报验申请表》及工程检查证（或隐蔽工程检查记录）上签字确认，准予承包单位隐蔽、覆盖，进入下一道工序施工。因此，根据第②点可知，本题的正确答案为D。

28.【试题答案】A

【试题解析】本题考查重点是"市场采购设备的质量控制要点"。为使采购的设备满足要求，负责设备采购质量控制的监理工程师应熟悉和掌握设计文件中设备的各项要求、技术说明和规范标准。总承包单位或设备安装单位负责设备采购的人员应有设备的专业知识，了解设备的技术要求，市场供货情况，熟悉合同条件及采购程序。由总包单位或安装单位采购的设备，采购前要向监理工程师提交设备采购方案，经审查同意后方可实施。因此，本题的正确答案为A。

29.【试题答案】C

【试题解析】本题考查重点是"抽样检验方案参数的确定"。《建筑工程施工质量验收统一标准》中的规定是：在抽样检验中，两类风险一般控制范围 $\alpha=1\%\sim5\%$；$\beta=5\%\sim10\%$。对于主控项目，其 α、β 均不宜超过 5%；对于一般项目，α 不宜超过 5%，β 不宜超过 10%。因此，本题的正确答案为C。

30.【试题答案】B

【试题解析】本题考查重点是"质量管理体系的基础——持续改进"。持续改进是指为改善产品的特征及特性和（或）提高用于生产和交付产品的过程有效性和效率所开展的活动，它包括：①确定、测量和分析现状；②建立改进目标；③寻找可能的解决办法；④评价这些解决办法；⑤实施选定的解决办法；⑥测量、验证和分析实施的结果；⑦将更改纳入文件。必要时，对结果进行评审，以确定进一步改进的机会。审核、顾客反馈和质量管理体系评审也可用于识别这些机会。改进是一种持续的活动。因此，本题的正确答案为B。

31.【试题答案】B

【试题解析】本题考查重点是"工程质量缺陷的成因"。盲目抢工是指盲目压缩工期，不尊重质量、进度、造价的内在规律。因此，本题的正确答案为B。

32.【试题答案】D

【试题解析】本题考查重点是"分部分项工程量清单的编制"。分部分项工程量清单为不可调整的闭口清单，在投标阶段，投标人对招标文件提供的分部分项工程量清单必须逐一计价，对清单所列内容不允许任何更改变动。投标人如果认为清单内容有不妥或遗漏，只能通过质疑的方式由清单编制人作统一的修改更正，并将修正后的工程量清单发往所有投标人。分部分项工程量清单的编制包括：项目编码、项目名称、项目特征、计量单位和工程量计算。所以，选项 D 的叙述是不正确的。因此，本题的正确答案为 D。

33. 【试题答案】D

【试题解析】本题考查重点是"措施项目费计算"。招标控制价由分部分项工程费、措施项目费、其他项目费、规费和税金组成，同时应包括招标文件中要求投标人承担的风险费用，所以，选项 A 的叙述是不正确的。措施项目费以项为单位计价的，价格包括除规费和税金以外的全部费用。所以，选项 B 的叙述是不正确的。总承包服务费应按国家或者省级、行业建设主管部门的规定计算。所以，选项 C 的叙述是不正确的。规费和税金应按国家或者省级、行业建设主管部门的规定计算，不得作为竞争性费用。所以，选项 D 的叙述是正确的。因此，本题的正确答案为 D。

34. 【试题答案】C

【试题解析】本题考查重点是"工程质量保修制度"。建设工程承包单位在向建设单位提交工程竣工验收报告时，应向建设单位出具工程质量保修书，质量保修书中应明确建设工程保修范围、保修期限和保修责任等。因此，本题的正确答案为 C。

35. 【试题答案】B

【试题解析】本题考查重点是"见证取样的工作程序"。工程项目施工前，由施工单位和项目监理机构共同对见证取样的检测机构进行考察确定。对于施工单位提出的试验室，专业监理工程师要进行实地考察。试验室一般是和施工单位没有行政隶属关系的第三方。试验室要具有相应的资质，经国家或地方计量、试验主管部门认证，试验项目满足工程需要，试验室出具的报告对外具有法定效果。因此，本题的正确答案为 B。

36. 【试题答案】C

【试题解析】本题考查重点是"工程质量事故等级划分"。《关于做好房屋建筑和市政基础设施工程质量事故报告和调查处理工作的通知》（建质［2010］111 号）中指出，工程质量事故是指由于建设、勘察、设计、施工、监理等单位违反工程质量有关法律法规和工程建设标准，使工程产生结构安全、重要使用功能等方面的质量缺陷，造成人身伤亡或者重大经济损失的事故。根据工程质量事故造成的人员伤亡或者直接经济损失，工程质量事故分为 4 个等级：①特别重大事故，是指造成 30 人以上死亡，或者 100 人以上重伤，或者 1 亿元以上直接经济损失的事故；②重大事故，是指造成 10 人以上 30 人以下死亡，或者 50 人以上 100 人以下重伤，或者 5000 万元以上 1 亿元以下直接经济损失的事故；③较大事故，是指造成 3 人以上 10 人以下死亡，或者 10 人以上 50 人以下重伤，或者 1000 万元以上 5000 万元以下直接经济损失的事故；④一般事故，是指造成 3 人以下死亡，或者 10 人以下重伤，或者 100 万元以上 1000 万元以下直接经济损失的事故。该等级划分所称的"以上"包括本数，所称的"以下"不包括本数。因此，本题的正确答案为 C。

37. 【试题答案】D

【试题解析】本题考查重点是"工程质量事故等级划分"。《关于做好房屋建筑和市政基础设施工程质量事故报告和调查处理工作的通知》（建质［2010］111 号）中指出，工程质量事故是指由于建设、勘察、设计、施工、监理等单位违反工程质量有关法律法规和工程建设标准，使工程产生结构安全、重要使用功能等方面的质量缺陷，造成人身伤亡或者重大经济损失的事故。根据工程质量事故造成的人员伤亡或者直接经济损失，工程质量事故分为4个等级：①特别重大事故，是指造成30人以上死亡，或者100人以上重伤，或者1亿元以上直接经济损失的事故；②重大事故，是指造成10人以上30人以下死亡，或者50人以上100人以下重伤，或者5000万元以上1亿元以下直接经济损失的事故；③较大事故，是指造成3人以上10人以下死亡，或者10人以上50人以下重伤，或者1000万元以上5000万元以下直接经济损失的事故；④一般事故，是指造成3人以下死亡，或者10人以下重伤，或者100万元以上1000万元以下直接经济损失的事故。该等级划分所称的"以上"包括本数，所称的"以下"不包括本数。因此，本题的正确答案为D。

38.【试题答案】B

【试题解析】本题考查重点是"工程施工质量不符合要求时的处理"。经返修或加固的分项、分部工程，虽然改变外形尺寸但仍能满足安全使用要求，可按技术处理方案和协商文件进行验收。因此，本题的正确答案为B。

39.【试题答案】C

【试题解析】本题考查重点是"质量管理体系的建立"。质量方针是由组织的最高管理者正式发布的该组织总的质量宗旨和方向，质量目标是指组织在质量方面所追求的目的。质量方针的建立为组织确定了未来发展的蓝图，也为质量目标的建立和评审提供了框架。质量方针必须通过质量目标的执行和实现才能得到落实，质量目标的建立为组织的运作提供了具体的要求，质量目标应以质量方针为框架具体展开。目标的内容要在组织当前质量水平的基础上，按照组织自身对更高质量的合理期望来确定，并适时修订和提高，以便与质量管理体系持续改进的承诺相一致。质量目标的实现对产品质量的控制、改进和提高、具体过程运作的有效性以及经济效益都有积极的作用和影响，因此也对组织获得顾客以及相关方的满意和信任产生积极的影响。因此，本题的正确答案为C。

40.【试题答案】B

【试题解析】本题考查重点是"投资偏差和进度偏差的计算"。①将BCWP，即已完成或进行中的工作的预算数与ACWP，即此工作的实际投资比较。投资偏差（CV）＝已完工作预算投资（BCWP）－已完工作实际投资（ACWP）。负值意味着完成工作的投资多于计划。即当投资偏差CV为负值时，表示项目运行超出预算投资；当投资偏差CV为正值时，表示项目运行节支，实际投资没有超出预算投资。本题中，投资偏差＝1000×70%－750＝－50（万元）。投资偏差CV为负值，表示项目运行超出预算投资。②将BCWP，即已完成或进行中的工作的预算数与BCWS，即计划应完成的工作的预算数比较。进度偏差（SV）＝已完工作预算投资（BCWP）－计划工作预算投资（BCWS）。负值意味着与计划对比，完成的工作少于计划的工作。即当进度偏差SV为负值时，表示进度延误，实际进度落后于计划进度；当进度偏差SV为正值时，表示进度提前，实际进度快于计划进度。本题中，进度偏差＝1000×70%－1000×80%＝－100（万元）。进度偏差SV为负值，表示进度延误。因此，本题的正确答案为B。

41.【试题答案】C

【试题解析】本题考查重点是"双代号网络计划关键线路的确定"。在工程双代号网络计划中，总持续时间最长的线路称为关键线路。用标号法确定关键线路，或用直接观察法确定关键线路。如下图所示。则关键线路有：$A-D-H-K$；$B-E-H-K$；$C-G-J$三条。此三条关键线路的总持续时间均为18。因此，本题的正确答案为C。

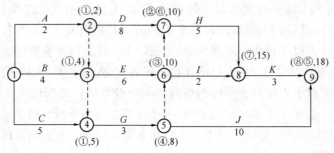

42.【试题答案】C

【试题解析】本题考查重点是"非匀速进展横道图比较法"。非匀速进展横道图比较法中，通过比较同一时刻实际完成任务量累计百分比和计划完成任务量累计百分比，判断工作实际进度与计划进度之间的关系：①如果同一时刻横道线上方累计百分比大于横道线下方累计百分比，表明实际进度拖后，拖欠的任务量为二者之差；②如果同一时刻横道线上方累计百分比小于横道线下方累计百分比，表明实际进度超前，超前的任务量为二者之差；③如果同一时刻横道线上下方两个累计百分比相等，表明实际进度与计划进度一致。该工作实际开始时间比计划开始时间晚1.5天不是2天。所以，选项A的叙述是错误的。第5天末实际进度比计划进度超前3%（58%－55%），而不是拖后3%。所以，选项B的叙述是错误的。第4天内计划完成的任务量为12%（42%－30%）。所以，选项C的叙述是正确的。第7天内实际进度比计划进度拖后3%[（70%－60%）－（65%－58%）]，不是5%。所以，选项D的叙述是错误的。因此，本题的正确答案为C。

43.【试题答案】C

【试题解析】本题考查重点是"建设工程质量的特性"。建设工程质量特性主要包括：①适用性；②耐久性；③安全性；④可靠性；⑤经济性；⑥节能性；⑦与环境的协调性。其中，经济性是指工程从规划、勘察、设计、施工到整个产品使用寿命周期内的成本和消耗的费用。所以，选项C符合题意。选项A的"安全性"是指工程建成后在使用过程中保证结构安全、保证人身和环境免受危害的程度。选项B的"可靠性"是指工程在规定的时间和规定的条件下完成规定功能的能力。选项D的"与环境的协调性"是指工程与其周围生态环境协调，与所在地区经济环境协调以及与周围已建工程相协调，以适应可持续发展的要求。因此，本题的正确答案为C。

44.【试题答案】D

【试题解析】本题考查重点是"建设工程质量的特性"。安全性，是指工程建成后在使用过程中保证结构安全、保证人身和环境免受危害的程度。建设工程产品的结构安全度、抗震、耐火及防火能力，人民防空的抗辐射、抗核污染、抗冲击波等能力是否能达到特定的要求，都是安全性的重要标志。工程交付使用之后，必须保证人身财产、工程整体都能免遭工程结构破坏及外来危害的伤害。工程组成部件，如阳台栏杆、楼梯扶手、电器产品漏电保护、电梯及各类设备等，也要保证使用者的安全。因此，本题的正确答案为D。

45.【试题答案】C

【试题解析】本题考查重点是"质量管理体系的建立"。质量管理体系是文件化的管理体系，应通过文件确定体系各方面的要求。将质量管理体系文件化是质量管理体系标准的基本要求，无论是出于认证需要还是出于管理需要，监理单位要贯彻实施质量管理体系标准，就必须编制质量管理体系文件。根据质量管理体系标准的要求，工程监理单位的质量管理体系文件由三个层次的文件构成。第一层次：质量手册；第二层次：程序文件；第三层次：各种作业指导书、工作规程、质量记录等。因此，本题的正确答案为C。

46.【试题答案】C

【试题解析】本题考查重点是"设备制造的质量监控方式"。设备制造的质量监控方式包括：①驻厂监造。采取这种方式实施设备监造，监理人员直接进入设备制造厂的制造现场，成立相应的监造小组，编制监造规划，实施设备制造全过程的质量监控；②巡回监控。对某些设备（如制造周期长的设备），则可采用巡回监控的方式；③定点监控。针对影响设备制造质量的诸多因素，设置质量控制点，做好预控及技术复核，实现制造质量的控制。所以，设备制造的质量监控方式不包括选项C的"随机监控"。因此，本题的正确答案为C。

47.【试题答案】A

【试题解析】本题考查重点是"排列图法概念"。排列图法是利用排列图寻找影响质量主次因素的一种有效方法。排列图又叫帕累托图或主次因素分析图，它是由两个纵坐标、一个横坐标、几个连起来的直方形和一条曲线所组成。因此，本题的正确答案为A。

48.【试题答案】D

【试题解析】本题考查重点是"建设工程项目投资的特点"。凡是按照一个总体设计进行建设的各个单项工程汇集的总体即为一个建设工程项目。在建设工程项目中凡是具有独立的设计文件、竣工后可以独立发挥生产能力或工程效益的工程为单项工程，也可将它理解为具有独立存在意义的完整的工程项目。各单项工程又可分解为各个能独立施工的单位工程。考虑到组成单位工程的各部分是由不同工人用不同工具和材料完成的，又可以把单位工程进一步分解为分部工程。然后还可按照不同的施工方法、构造及规格，把分部工程更细致地分解为分项工程。此外，需分别计算分部分项工程投资、单位工程投资、单项工程投资，最后才能汇总形成建设工程项目投资。可见建设工程项目投资的确定层次繁多。因此，本题的正确答案为D。

49.【试题答案】C

【试题解析】本题考查重点是"建设工程项目投资的特点"。凡是按照一个总体设计进行建设的各个单项工程汇集的总体即为一个建设工程项目。在建设工程项目中凡是具有独立的设计文件、竣工后可以独立发挥生产能力或工程效益的工程为单项工程，也可将它理解为具有独立存在意义的完整的工程项目。各单项工程又可分解为各个能独立施工的单位工程。考虑到组成单位工程的各部分是由不同工人用不同工具和材料完成的，又可以把单位工程进一步分解为分部工程。然后还可按照不同的施工方法、构造及规格，把分部工程更细致地分解为分项工程。此外，需分别计算分部分项工程投资、单位工程投资、单项工程投资，最后才能汇总形成建设工程项目投资。可见建设工程项目投资的确定层次繁多。因此，本题的正确答案为C。

50.【试题答案】B

【试题解析】本题考查重点是"施工图预算的编制方法——实物法"。用实物法编制施工图预算的完整步骤是：①准备资料、熟悉施工图纸；②计算工程量；③套用消耗定额，计算人料机消耗量；④计算并汇总人工费、材料费、机械使用费；⑤计算其他各项费用，汇总造价；⑥复核；⑦编制说明、填写封面。因此，本题的正确答案为B。

51.【试题答案】A

【试题解析】本题考查重点是"投资控制的目标"。工程项目建设过程是一个周期长、投入大的生产过程，建设者在一定时间内占有的经验知识是有限的，不但常常受到科学条件和技术条件的限制，而且也受到客观过程的发展及其表现程度的限制，因而不可能在工程建设初始，就设置一个科学的、一成不变的投资控制目标，而只能设置一个大致的投资控制目标，这就是投资估算。随着工程建设实践、认识、再实践、再认识，投资控制目标一步步清晰、准确，这就是设计概算、施工图预算、承包合同价等。也就是说，投资控制目标的设置应是随着工程项目建设实践的不断深入而分阶段设置，具体来讲，投资估算应是建设工程设计方案选择和进行初步设计的投资控制目标；设计概算应是进行技术设计和施工图设计的投资控制目标；施工图预算或建安工程承包合同价则应是施工阶段投资控制的目标。有机联系的各个阶段目标相互制约，相互补充，前者控制后者，后者补充前者，共同组成建设工程投资控制的目标系统。因此，本题的正确答案为A。

52.【试题答案】B

【试题解析】本题考查重点是"单代号网络计划时间参数的计算"。根据计划工期计算：①网络计划终点节点 n 所代表的工作的最迟完成时间等于该网络计划的计划工期；②工作的最迟开始时间等于本工作的最迟完成时间与其持续时间之差，即：$LS_i = LF_i - D_i$；③其他工作的最迟完成时间等于该工作各紧后工作最迟开始时间的最小值，即：$LF_i = \min\{LS_j\}$，式中 LF_i 为工作 i 的最迟完成时间；LS_j 为工作 i 的紧后工作 j 的最迟开始时间。计算结果如下图所示。

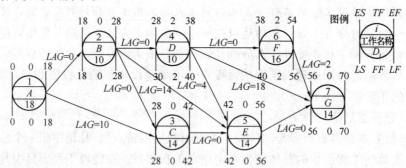

因此，本题的正确答案为B。

53.【试题答案】A

【试题解析】本题考查重点是"工程费用与工期的关系"。工程总费用由直接费和间接费组成。直接费由人工费、材料费、机械使用费、其他直接费及现场经费等组成。施工方案不同，直接费也就不同；如果施工方案一定，工期不同，直接费也不同。直接费会随着工期的缩短而增加。间接费包括企业经营管理的全部费用，它一般会随着工期的缩短而减少。在考虑工程总费用时，还应考虑工期变化带来的其他损益，包括效益增量和资金的时间价值等。因此，本题的正确答案为A。

54. 【试题答案】A

【试题解析】本题考查重点是"监理单位的进度监控"。监理工程师对于设计进度的监控应实施动态控制。在设计工作开始之前，首先应由监理工程师审查设计单位所编制的进度计划的合理性和可行性。在进度计划实施过程中，监理工程师应定期检查设计工作的实际完成情况，并与计划进度进行比较分析。一旦发现偏差，就应在分析原因的基础上提出纠偏措施，以加快设计工作进度。必要时，应对原进度计划进行调整或修订。因此，本题的正确答案为A。

55. 【试题答案】C

【试题解析】本题考查重点是"计算劳动量的机械台班数"。当某工作项目是由若干个分项工程合并而成时，则应分别根据各分项工程的时间定额（或产量定额）及工程量，按以下公式计算出合并后的综合时间定额（或综合产量定额）。综合时间定额的计算公式为：

$$H = \frac{Q_1 H_1 + Q_2 H_2 + \cdots + Q_i H_i + \cdots + Q_n H_n}{Q_1 + Q_2 + \cdots + Q_i + \cdots + Q_n}$$

式中 H——综合时间定额（工日$/m^3$，工日$/m^2$，工日$/t$……）；

Q_i——工作项目中第 i 个分项工程的工程量；

H_i——工作项目中第 i 个分项工程的时间定额。

根据公式可知，$H = \dfrac{2300 \times 0.15 + 3400 \times 0.20 + 2700 \times 0.40}{2300 + 3400 + 2700} = 0.25$（工日 $/m^3$）。

因此，本题的正确答案为C。

56. 【试题答案】A

【试题解析】本题考查重点是"投资控制的重点"。投资控制贯穿于项目建设的全过程，这一点是毫无疑义的，但是必须重点突出。影响项目投资最大的阶段，是约占工程项目建设周期四分之一的技术设计结束前的工作阶段。在初步设计阶段，影响项目投资的可能性为75%～95%；在技术设计阶段，影响项目投资的可能性为35%～75%；在施工图设计阶段，影响项目投资的可能性则为5%～35%。很显然，项目投资控制的重点在于施工以前的投资决策和设计阶段，而在项目做出投资决策后，控制项目投资的关键就在于设计。据西方一些国家分析，设计费一般只相当于建设工程全寿命费用的1%以下，但正是这少于1%的费用却基本决定了几乎全部随后的费用。由此可见，设计对整个建设工程的效益是何等重要。这里所说的建设工程全寿命费用包括建设投资和工程交付使用后的经常性开支费用（含经营费用、日常维护修理费用、使用期内大修理和局部更新费用）以及该项目使用期满后的报废拆除费用等。因此，本题的正确答案为A。

57. 【试题答案】D

【试题解析】本题考查重点是"工程质量控制的原则"。项目监理机构在工程质量控制过程中，应遵循以下几条原则：①坚持质量第一的原则；②坚持以人为核心的原则；③坚持以预防为主的原则。工程质量控制应该是积极主动的，应事先对影响质量的各种因素加以控制，而不能是消极被动的。所以，要重点做好质量的事先控制和事中控制，以预防为主，加强过程和中间产品的质量检查和控制；④以合同为依据，坚持质量标准的原则；⑤坚持科学、公正、守法的职业道德规范。因此，本题的正确答案为D。

58. 【试题答案】D

【试题解析】本题考查重点是"投资控制的重点"。投资控制贯穿于项目建设的全过程，这一点是毫无疑义的，但是必须重点突出。影响项目投资最大的阶段，是约占工程项目建设周期四分之一的技术设计结束前的工作阶段。在初步设计阶段，影响项目投资的可能性为75%~95%；在技术设计阶段，影响项目投资的可能性为35%~75%；在施工图设计阶段，影响项目投资的可能性则为5%~35%。很显然，项目投资控制的重点在于施工以前的投资决策和设计阶段，而在项目做出投资决策后，控制项目投资的关键就在于设计。据西方一些国家分析，设计费一般只相当于建设工程全寿命费用的1%以下，但正是这少于1%的费用却基本决定了几乎全部随后的费用。由此可见，设计对整个建设工程的效益是何等重要。这里所说的建设工程全寿命费用包括建设投资和工程交付使用后的经常性开支费用（含经营费用、日常维护修理费用、使用期内大修理和局部更新费用）以及该项目使用期满后的报废拆除费用等。因此，本题的正确答案为D。

59.【试题答案】D

【试题解析】本题考查重点是"制造过程的监督和检验"。当监理工程师认为设备制造单位的制造活动不符合质量要求时，应指令设备制造单位进行整改、返修或返工，当发生质量失控或重大质量事故时，由总监理工程师下达暂停制造指令，提出处理意见，并及时报建设单位。因此，本题的正确答案为D。

60.【试题答案】C

【试题解析】本题考查重点是"投资控制的措施"。项目监理机构在施工阶段投资控制的具体措施如下：（1）组织措施：①在项目监理机构中落实从投资控制角度进行施工跟踪的人员、任务分工和职能分工；②编制本阶段投资控制工作计划和详细的工作流程图。（2）经济措施：①编制资金使用计划，确定、分解投资控制目标。对工程项目造价目标进行风险分析，并制定防范性对策；②进行工程计量；③复核工程付款账单，签发付款证书；④在施工过程中进行投资跟踪控制，定期进行投资实际支出值与计划目标值的比较；发现偏差，分析产生偏差的原因，采取纠偏措施；⑤协商确定工程变更的价款。审核竣工结算；⑥对工程施工过程中的投资支出做好分析与预测，经常或定期向建设单位提交项目投资控制及其存在问题的报告。（3）技术措施：①对设计变更进行技术经济比较，严格控制设计变更；②继续寻找通过设计挖潜节约投资的可能性；③审核承包人编制的施工组织设计，对主要施工方案进行技术经济分析。（4）合同措施：①做好工程施工记录，保存各种文件图纸，特别是注有实际施工变更情况的图纸，注意积累素材，为正确处理可能发生的索赔提供依据。参与处理索赔事宜；②参与合同修改、补充工作，着重考虑它对投资控制的影响。因此，本题的正确答案为C。

61.【试题答案】A

【试题解析】本题考查重点是"2008版ISO 9000族标准的构成"。在1999年9月召开的ISO/TC 176第17届年会上，提出了2000版ISO 9000族标准的文件结构。2008版ISO 9000族标准包括：4个核心标准、1个支持性标准、若干个技术报告和宣传性小册子。因此，本题的正确答案为A。

62.【试题答案】B

【试题解析】本题考查重点是"投资控制的措施"。项目监理机构在施工阶段投资控制的具体措施如下：（1）组织措施：①在项目监理机构中落实从投资控制角度进行施工跟踪的人员、任务分工和职能分工；②编制本阶段投资控制工作计划和详细的工作流程图。（2）经济措施：①编制资金使用计划，确定、分解投资控制目标。对工程项目造价目标进行风险分析，并制定防范性对策；②进行工程计量；③复核工程付款账单，签发付款证书；④在施工过程中进行投资跟踪控制，定期进行投资实际支出值与计划目标值的比较；发现偏差，分析产生偏差的原因，采取纠偏措施；⑤协商确定工程变更的价款。审核竣工结算；⑥对工程施工过程中的投资支出做好分析与预测，经常或定期向建设单位提交项目投资控制及其存在问题的报告。（3）技术措施：①对设计变更进行技术经济比较，严格控制设计变更；②继续寻找通过设计挖潜节约投资的可能性；③审核承包人编制的施工组织设计，对主要施工方案进行技术经济分析。（4）合同措施：①做好工程施工记录，保存各种文件图纸，特别是注有实际施工变更情况的图纸，注意积累素材，为正确处理可能发生的索赔提供依据。参与处理索赔事宜；②参与合同修改、补充工作，着重考虑它对投资控制的影响。因此，本题的正确答案为 B。

63.【试题答案】D

【试题解析】本题考查重点是"投资控制的措施"。项目监理机构在施工阶段投资控制的具体措施如下：（1）组织措施：①在项目监理机构中落实从投资控制角度进行施工跟踪的人员、任务分工和职能分工；②编制本阶段投资控制工作计划和详细的工作流程图。（2）经济措施：①编制资金使用计划，确定、分解投资控制目标。对工程项目造价目标进行风险分析，并制定防范性对策；②进行工程计量；③复核工程付款账单，签发付款证书；④在施工过程中进行投资跟踪控制，定期进行投资实际支出值与计划目标值的比较；发现偏差，分析产生偏差的原因，采取纠偏措施；⑤协商确定工程变更的价款。审核竣工结算；⑥对工程施工过程中的投资支出做好分析与预测，经常或定期向建设单位提交项目投资控制及其存在问题的报告。（3）技术措施：①对设计变更进行技术经济比较，严格控制设计变更；②继续寻找通过设计挖潜节约投资的可能性；③审核承包人编制的施工组织设计，对主要施工方案进行技术经济分析。（4）合同措施：①做好工程施工记录，保存各种文件图纸，特别是注有实际施工变更情况的图纸，注意积累素材，为正确处理可能发生的索赔提供依据。参与处理索赔事宜；②参与合同修改、补充工作，着重考虑它对投资控制的影响。因此，本题的正确答案为 D。

64.【试题答案】A

【试题解析】本题考查重点是"国外项目咨询机构在建设工程投资控制中的主要任务"。在工程建设开始阶段，业主提出建设任务和要求，如建设规模、技术条件和可筹集到的资金等。这时工料测量师要和建筑师、工程师共同研究提出"初步投资建议"，对拟建项目做出初步的经济评价，并和业主讨论在工程建设过程中工料测量师行的服务内容、收费标准，同时着手一般准备工作和今后行动计划。因此，本题的正确答案为 A。

65.【试题答案】A

【试题解析】本题考查重点是"工程项目一览表的作用"。工程项目一览表将初步设计中确定的建设内容，按照单位工程归类并编号，明确其建设内容和投资额，以便各部门按统一的口径确定工程项目投资额，并以此为依据对其进行管理。因此，本题的正确答案为 A。

66.【试题答案】A

【试题解析】本题考查重点是"S曲线比较法"。S曲线比较法是以横坐标表示时间，纵坐标表示累计完成任务量，绘制一条按计划时间累计完成任务量的S曲线；然后将工程项目实施过程中各检查时间实际累计完成任务量的S曲线也绘制在同一坐标系中，进行实际进度与计划进度比较的一种方法。所以，选项A的叙述是正确的，选项D的叙述是不正确的。同横道图比较法一样，S曲线比较法也是在图上进行工程项目实际进度与计划进度的直观比较。所以，选项B的叙述是不正确的。通过比较实际进度S曲线和计划进度S曲线，可以得知工程项目实际进展情况。如果工程实际进展点落在计划S曲线左侧，表明此时实际进度比计划进度超前；如果工程实际进展点落在计划S曲线右侧，表明此时实际进度拖后。所以，选项C的叙述是不正确的。因此，本题的正确答案为A。

67.【试题答案】D

【试题解析】本题考查重点是"施工阶段进度控制的最终目的"。保证工程项目按期建成交付使用，是建设工程施工阶段进度控制的最终目的。为了有效地控制施工进度，首先要将施工进度总目标从不同角度进行层层分解，形成施工进度控制目标体系，从而作为实施进度控制的依据。因此，本题的正确答案为D。

68.【试题答案】C

【试题解析】本题考查重点是"ISO质量管理体系的质量管理原则及特征"。质量管理体系的运行应是全面有效的，既能满足组织内部质量管理的要求，又能满足组织与顾客的合同要求，还能满足第二方认定、第三方认证和注册的要求。因此，本题的正确答案为C。

69.【试题答案】A

【试题解析】本题考查重点是"国外项目咨询机构在建设工程投资控制中的主要任务"。工料测量师行受雇于业主，根据工程规模的大小、难易程度，按总投资0.5%～3%收费，同时对项目投资控制负有重大责任。如果项目建设成本最后在缺乏充足正当理由情况下超支较多，业主付不起，则将要求工料测量师行对建设成本超支额及应付银行贷款利息进行赔偿。所以工料测量师行在接受项目投资控制委托，特别是接受工期较长、难度较大的项目投资控制委托时，都要买专业保险，以防估价失误时因对业主进行赔偿而破产。由于工料测量师在工程建设中的主要任务就是对项目投资进行全面系统的控制，因而他们被誉为"工程建设的经济专家"和"工程建设中管理财务的经理"。因此，本题的正确答案为A。

70.【试题答案】C

【试题解析】本题考查重点是"检验批的划分"。检验批在《建筑工程施工质量验收统一标准》GB 50300—2013中是指按相同的生产条件或按规定的方式汇总起来供抽样检验用的，由一定数量样本组成的检验体。它是建筑工程质量验收划分中的最小验收单位。分项工程可由一个或若干个检验批组成，检验批可根据施工、质量控制和专业验收的需要，按工程量、楼层、施工段、变形缝进行划分。施工前，应由施工单位制定分项工程和检验批的划分方案，并由项目监理机构审核。对于《建筑工程施工质量验收统一标准》GB 50300—2013及相关专业验收规范未涵盖的分项工程和检验批，可由建设单位组织监理、施工等单位协商确定。因此，本题的正确答案为C。

71.【试题答案】B

【试题解析】本题考查重点是"单位工程质量竣工验收记录"。根据单位（子单位）工程质量竣工验收记录规定：单位（子单位）工程质量竣工验收记录由施工单位填写，验收结论由监理（建设）单位填写，综合验收结论由参加验收各方共同商定，建设单位填写，应对工程质量是否符合设计和规范要求及总体质量水平做出评价。因此，本题的正确答案为B。

72.【试题答案】D

【试题解析】本题考查重点是"合同价格分类"。在招标过程中，对一些紧急工程，如灾后恢复工程、要求尽快开工且工期较紧的工程等，可能仅有实施方案，还没有施工图纸，因此承包商不可能报出合理的价格。此时，采用成本加酬金合同比较合理。因此，本题的正确答案为D。

73.【试题答案】D

【试题解析】本题考查重点是"非正常型直方图的类型"。非正常型直方图一般有五种类型：①折齿型。是由于分组组数不当或者组距确定不当出现的直方图；②左（或右）缓坡型。是由于操作中对上限（或下限）控制太严造成的；③孤岛型。是由于原材料发生变化，或者临时他人顶班作业造成的；④双峰型。是由于用两种不同方法或两台设备或两组工人进行生产，然后把两方面数据混在一起整理产生的；⑤绝壁型。是由于数据收集不正常，可能有意识地去掉了下限以下的数据，或是在检测过程中存在某种人为因素所造成的。因此，根据第⑤点可知，本题的正确答案为D。

74.【试题答案】D

【试题解析】本题考查重点是"工程设计质量管理"。工程设计质量管理的主要工作内容：①设计单位选择；②起草设计任务书；③起草设计合同；④分阶段设计审查。因此，本题的正确答案为D。

75.【试题答案】C

【试题解析】本题考查重点是"进口设备增值税的计算"。增值税＝（210＋21）×17％＝39.27（万元）。因此，本题的正确答案为C。

76.【试题答案】C

【试题解析】本题考查重点是"非节奏流水施工的计算"。在非节奏流水施工中，通常采用累加数列错位相减取大差法计算流水步距。累加数列错位相减取大差法的基本步骤如下：

（1）对每一个施工过程在各施工段上的流水节拍依次累加，求得各施工过程流水节拍的累加数列。施工过程1：2，6，9，14，施工过程2：3，8，12，16。

（2）将相邻施工过程流水节拍累加数列中的后者错后一位，相减后求得一个差数列。

施工过程1与2：   2，6，9，14

－） 3，8，12，16

‾‾‾‾‾‾‾‾‾‾‾‾‾‾‾‾‾‾‾‾‾‾‾‾‾

2，3，1，2，－16

（3）在差数列中取最大值，即为这两个相邻施工过程的流水步距。

相邻两个施工过程之间的流水步距：$K_{1,2}＝\max \{2，3，1，2，－16\}＝3$（天）。

（4）计算流水施工工期。流水施工工期可按下式计算：

$$T = \sum K + \sum t_n + \sum G + \sum Z - \sum C$$

式中　T——流水施工工期；

　　　K——各施工过程（或专业工作队）之间流水步距之和；

　　$\sum t_n$——最后一个施工过程（或专业工作队）在各施工段流水节拍之和；

　　$\sum Z$——组织间歇时间之和；

　　$\sum G$——工艺间歇时间之和；

　　$\sum C$——提前插入时间之和。

可以计算出：$T = 3 + (3 + 5 + 4 + 4) = 19$（天）。

所以，本题中流水施工工期为 19 天。因此，本题的正确答案为 C。

77.【试题答案】C

【试题解析】本题考查重点是"组织关系"。工作之间由于组织安排需要或资源（劳动力、原材料、施工机具等）调配需要而规定的先后顺序关系称为组织关系。因此，本题的正确答案为 C。

78.【试题答案】C

【试题解析】本题考查重点是"双代号时标网络计划中时间参数的判定"。在时标网络计划中，以实箭线表示工作，实箭线的水平投影长度表示该工作的持续时间；以虚箭线表示虚工作，由于虚工作的持续时间为零，故虚箭线只能垂直画；以波形线表示工作与其紧后工作之间的时间间隔（以终点节点为完成节点的工作除外，当计划工期等于计算工期时，这些工作箭线中波形线的水平投影长度表示其自由时差）。因此，本题的正确答案为 C。

79.【试题答案】A

【试题解析】本题考查重点是"合同价格分类"。可调总价合同的总价一般也是以设计图纸及规定、现行规范为基础，在报价及签约时，按招标文件的要求和当时的物价计算得到的。但合同总价是一个相对固定的价格，在合同执行过程中，由于通货膨胀而使所用的工料成本增加，可对合同总价进行相应的调整。可调总价合同在合同条款中设有调价条款，如果出现通货膨胀这一不可预见的费用因素，合同总价就可按约定的调价条款作相应调整。可调总价合同列出的有关调价的特定条款，往往是在合同专用条款中列明。调价工作必须按照这些特定的调价条款进行。这种合同与固定总价合同的不同之处在于，它对合同实施中出现的风险做了分摊，发包方承担了通货膨胀的风险，而承包方承担合同实施中实物工程量、成本和工期因素等的其他风险。可调总价合同适用于工程内容和技术经济指标规定很明确的项目，由于合同中列有调值条款，所以工期在 1 年以上的工程项目较适于采用这种合同计价方式。因此，本题的正确答案为 A。

80.【试题答案】B

【试题解析】本题考查重点是"网络计划的优化——工期优化"。网络计划工期优化的基本方法是在不改变网络计划中各项工作之间逻辑关系的前提下，通过压缩关键工作的持续时间来达到优化目标。通常采用组织措施、技术措施、经济措施、其他配套措施压缩关键工作的持续时间来缩短工期，从而达到调整施工进度计划的目的。因此，本题的正确答案为 B。

二、多项选择题

81.【试题答案】ABE

【试题解析】本题考查重点是"混凝土结构材料的施工试验与检测"。根据水泥标准规定，水泥生产厂家在水泥出厂时已提供标准规定的有关技术要求的试验结果。水泥进场复验通常只做安定性、凝结时间和胶砂强度三项检验。因此，本题的正确答案为 ABE。

82.【试题答案】ABD

【试题解析】本题考查重点是"双代号网络计划时间参数的计算"。对于有紧后工作的工作，其自由时差等于本工作之紧后工作最早开始时间减本工作最早完成时间所得之差的最小值。所以：$EF_{1-3}=ES_{3-6}-ES_{1-3}-D_{1-3}=4-0-2=2$。因此，选项 A 的叙述是正确的。在网络计划中，总时差最小的工作为关键工作。工作的总时差等于该工作最迟完成时间与最早完成时间之差，或该工作最迟开始时间与最早开始时间之差。工作 2~5 的总时差为 0。所以，工作 2~5 为关键工作。因此，选项 B 的叙述是正确的。$EF_{2-4}=\min\{(ES_{4-7}-ES_{2-4}-D_{2-4}), (ES_{6-7}-ES_{2-4}-D_{2-4})\}=\min\{(11-4-7), (12-4-7)\}=0$。所以，工作 2~4 的自由时差为 0。故选项 C 的叙述是不正确的。$TF_{3-6}=LS_{3-6}-ES_{3-6}=4-4=0$。所以，工作 3~6 的总时差为零。故选项 D 的叙述是正确的。在网络计划中，总时差最小的工作为关键工作。本图中，关键线路为①—②—⑤—⑦。所以，工作①②⑤⑦为关键工作。工作 4~7 为非关键工作。因此，选项 E 的叙述是不正确的。因此，本题的正确答案为 ABD。

83.【试题答案】ABDE

【试题解析】本题考查重点是"工程施工质量控制的依据"。项目监理机构施工质量控制的依据，大体上有以下四类：①工程合同文件；②工程勘察设计文件；③有关质量管理方面的法律法规、部门规章与规范性文件；④质量标准与技术规范（规程）。因此，本题的正确答案为 ABDE。

84.【试题答案】ABCD

【试题解析】本题考查重点是"工程质量事故调查组的职责"。工程质量事故调查组的职责是：①查明事故发生的原因、过程、事故的严重程度和经济损失情况；②查明事故的性质、责任单位和主要责任人；③组织技术鉴定；④明确事故主要责任单位和次要责任单位，承担经济损失的划分原则；⑤提出技术处理意见及防止类似事故再次发生应采取的措施；⑥提出对事故责任单位和责任人的处理建议；⑦写出事故调查报告。根据第⑦点可知，选项 E 不符合题意。因此，本题的正确答案为 ABCD。

85.【试题答案】ABD

【试题解析】本题考查重点是"质量管理体系认证的特征"。质量管理体系认证具有以下特征：①由具有第三方公正地位的认证机构进行客观的评价，作出结论，若通过则颁发认证证书。审核人员要具有独立性和公正性，以确保认证工作客观公正地进行。所以，选项 A 符合题意；②认证的依据是质量管理体系的要求标准，即 GB/T 19001，而不能依据质量管理体系的业绩改进指南标准即 GB/T 19004 来进行，更不能依据具体的产品质量标准。所以，选项 B 符合题意；③认证过程中的审核是围绕企业的质量管理体系要求的符合性和满足质量要求和目标方面的有效性来进行；④认证的结论不是证明具体的产品是否符合相关的技术标准，而是质量管理体系是否符合 ISO 9001 即质量管理体系要求标准，是否具有按规范要求，保证产品质量的能力。所以，选项 E 不符合题意；⑤认证合格标志，只能用于宣传，不能将其用于具体的产品上。所以，选项 D 符合题意。因此，本题的正确答案为 ABD。

86.【试题答案】ABE

【试题解析】本题考查重点是"根据节点的最早时间和最迟时间判定工作的时间参数"。工作的总时差（TF_{i-j}）可用以下公式计算：

$$TF_{i-j} = LT_j - ET_i - D_{i-j}$$

式中　LT_j——工作 $i-j$ 的完成节点（关键节点）j 的最迟时间；

　　　ET_i——工作 $i-j$ 的开始节点 i 的最早时间；

　　　D_{i-j}——工作 $i-j$ 的持续时间。

根据总时差的计算公式可知，$TF_{1\sim3} = LT_3 - ET_1 - D_{1\sim3} = 5 - 0 - 4 = 1$。所以，选项 B 的叙述是正确的。$TF_{4\sim7} = LT_7 - ET_4 - D_{4\sim7} = 11 - 7 - 2 = 2$。所以，选项 D 的叙述是不正确的。$TF_{5\sim7} = LT_7 - ET_5 - D_{5\sim7} = 11 - 7 - 4 = 0$。所以，选项 E 的叙述是正确的。由图中可知，①—②—⑥—⑦为关键线路。所以，工作 1~2 为关键工作。工作 3~5 不是关键工作。所以，选项 A 的叙述是正确的，选项 C 的叙述是不正确的。因此，本题的正确答案为 ABE。

87.【试题答案】ACD

【试题解析】本题考查重点是"施工进度的检查方式"。在建设工程施工过程中，监理工程师可以通过以下方式获得工程实际进展情况：①定期地、经常地收集由承包单位提交的有关进度报表资料；②由驻地监理人员现场跟踪检查建设工程的实际进展情况。除了上述两种方式外，由监理工程师定期组织现场施工负责人召开现场会议，也是获得建设工程实际进展情况的一种方式。因此，本题的正确答案为 ACD。

88.【试题答案】BCDE

【试题解析】本题考查重点是"审查承包单位现场项目经理部的质量管理体系"。承包单位健全的质量管理体系，对于取得良好的施工效果具有重要作用，因此，监理工程师做好承包单位质量管理体系的审查，是搞好监理工作的重要环节，也是取得好的工程质量的重要条件。①承包单位向监理工程师报送项目经理部的质量管理体系的有关资料，包括组织机构、各项制度、管理人员、专职质检员、特种作业人员的资格证、上岗证、试验室。②监理工程师对报送的相关资料进行审核，并进行实地检查。③经审核，承包单位的质量管理体系满足工程质量管理的需要，总监理工程师予以确认；对于不合格人员，总监理工程师有权要求承包单位予以撤换，不健全、不完善之处要求承包单位尽快整改。因此，根据第①点可知，本题的正确答案为 BCDE。

89.【试题答案】ABCD

【试题解析】本题考查重点是"现场施工准备的质量控制"。现场施工准备的质量控制包括：①工程定位及标高基准控制；②施工平面布置的控制；③材料构配件采购订货的控制；④施工机械配置的控制；⑤分包单位资质的审核确认；⑥设计交底与施工图纸的现场核对；⑦严把开工关；⑧监理组织内部的监控准备工作。因此，本题的正确答案为 ABCD。

90.【试题答案】ABCE

【试题解析】本题考查重点是"工程项目进度平衡表"。工程项目进度平衡表用来明确各种设计文件交付日期、主要设备交货日期、施工单位进场日期、水电及道路接通日期等，以保证工程建设中各个环节相互衔接，确保工程项目按期投产或交付使用。因此，本题的正确答案为ABCE。

91.【试题答案】ABCE

【试题解析】本题考查重点是"工程质量的特点"。建设工程质量的特点是由建设工程本身和建设生产的特点决定的。建设工程（产品）及其生产的特点：一是产品的固定性，生产的流动性；二是产品多样性，生产的单件性；三是产品形体庞大、高投入、生产周期长、具有风险性；四是产品的社会性，生产的外部约束性。正是由于上述建设工程的特点而形成了工程质量本身的以下特点：①影响因素多；②质量波动大；③质量隐蔽性；④终检的局限性；⑤评价方法的特殊性。因此，本题的正确答案为ABCE。

92.【试题答案】BCDE

【试题解析】本题考查重点是"工程质量监督制度"。检查建设工程实体质量属于工程质量监督机构的主要任务之一。按照质量监督工作方案，对建设工程地基基础、主体结构和其他涉及安全的关键部位进行现场实地抽查，对用于工程的主要建筑材料、构配件的质量进行抽查。对地基基础分部、主体结构分部和其他涉及安全的分部工程的质量验收进行监督。因此，本题的正确答案为BCDE。

93.【试题答案】ABE

【试题解析】本题考查重点是"单代号搭接网络计划中关键路线的确定"。可以利用相邻两项工作之间的时间间隔来判定关键路线。即从搭接网络计划的终点节点开始，逆着箭线方向依次找出相邻两项工作之间时间间隔为零的线路就是关键路线。①$ES_A=0$，$EF_A=0+4=4$；②$EF_B=ES_A+STF_{A,B}=0+4=4$，$ES_B=4-3=1$；③$ES_C=ES_A+STS_{A,C}=0+2=2$；④$C \rightarrow E$：$EF_E=ES_C+STF_{C,E}=2+7=9$。$B \rightarrow E$：$EF_E=EF_B+FTF_{B,E}=4+15=19$。从左到右，取两者较大值，所以$EF_E=19$，$ES_E=19-6=13$；⑤$EF_D=EF_B+FTF_{B,D}=4+10=14$。$ES_D=14-8=6$；⑥$D \rightarrow F$：$ES_F=EF_D=14$。$E \rightarrow F$：$ES_F=EF_E=19$。从左到右，取两者较大值，$ES_F=19$，$EF_F=19+0=19$；⑦$LAG_{A,C}=ES_C-(ES_A+STS_{A,C})=2-(0+2)=0$；⑧$LAG_{A,B}=EF_B-(ES_A+STF_{A,B})=4-(0+4)=0$；⑨$LAG_{C,E}=EF_E-(ES_C+STF_{C,E})=19-(2+7)=10$；⑩$LAG_{B,E}=EF_E-(EF_B+FTF_{B,E})=19-(4+15)=0$；⑪$LAG_{B,D}=EF_D-(EF_B+FTF_{B,D})=14-(4+10)=0$；⑫$LAG_{D,F}=ES_F-EF_D=19-14=5$；⑬$LAG_{E,F}=ES_F-EF_E=19-19=0$；⑭$LAG_{A,B}=LAG_{B,E}=LAG_{E,F}=0$；所以$A$、$B$、$E$、$F$为关键线路。因此，本题的正确答案为ABE。

94.【试题答案】ABCD

【试题解析】本题考查重点是"工程质量缺陷的成因"。由于建设工程施工周期较长，所用材料品种繁杂，在施工过程中，受社会环境和自然条件等方面因素的影响，产生的工程质量问题表现形式千差万别，类型多种多样。这使得引起工程质量缺陷的成因也错综复杂，往往一项质量缺陷是由多种原因引起的。虽然每次发生质量缺陷的类型各不相同，但通过对大量质量缺陷调查与分析发现，其发生的原因有不少相同或相似之处，归纳其最基本的因素主要有以下几方面：①违背基本建设程序；②违反法律法规；③地质勘察数据失真；④设计差错；⑤施工与管理不到位；⑥操作工人素质差；⑦使用不合格的原材料、构配件和设备；⑧自然环境因素；⑨盲目抢工；⑩使用不当。因此，本题的正确答案为ABCD。

95.【试题答案】ABDE

【试题解析】本题考查重点是"工程质量缺陷的处理"。工程施工过程中，由于种种主观和客观原因，出现质量缺陷往往难以避免。对已发生的质量缺陷，项目监理机构应按下列程序进行处理：①发生工程质量缺陷后，项目监理机构签发监理通知单，责成施工单位进行处理；②施工单位进行质量缺陷调查，分析质量缺陷产生的原因，并提出经设计等相关单位认可的处理方案；③项目监理机构审查施工单位报送的质量缺陷处理方案，并签署意见；④施工单位按审查合格的处理方案实施处理，项目监理机构对处理过程进行跟踪检查，对处理结果进行验收；⑤质量缺陷处理完毕后，项目监理机构应根据施工单位报送的监理通知回复单对质量缺陷处理情况进行复查，并提出复查意见；⑥处理记录整理归档。因此，本题的正确答案为ABDE。

96.【试题答案】AC

【试题解析】本题考查重点是"控制图的观察与分析"。当控制图同时满足以下两个条件：①点子几乎全部落在控制界限之内；②控制界限内的点子排列没有缺陷。我们就可以认为生产过程基本上处于稳定状态。如果点子的分布不满足其中任何一条，都应判断生产过程为异常。因此，本题的正确答案为AC。

97.【试题答案】AB

【试题解析】本题考查重点是"横道图"。横道图的优点：形象直观地表达每一个工作的开始、结束和持续时间，并且易于编制和便于理解。横道图的缺点：不能明确地反映出各项工作之间错综复杂的相互关系；不能明确地反映出影响工期的关键工作和关键线路；不能反映出工作所具有的机动时间；不能反映工程费用与工期之间的关系。当工程项目规模大、工艺关系复杂时，横道图就很难充分暴露矛盾。而且在横道计划的执行过程中，对其进行调整也是十分繁琐和费时的。因此，本题的正确答案为AB。

98.【试题答案】ABE

【试题解析】本题考查重点是"工程建设各阶段对质量形成的作用与影响"。工程建设的不同阶段，对工程项目质量的形成起着不同的作用和影响。工程竣工验收就是对项目施工阶段的质量通过检查评定、试车运转，考核项目质量是否达到设计要求；是否符合决策阶段确定的质量目标和水平，并通过验收确保工程项目的质量。所以，选项A的叙述是正确的。工程施工活动决定了设计意图能否体现，它直接关系到工程的安全可靠、使用功能的保证，以及外表观感能否体现建筑设计的艺术水平。所以，选项B的叙述是正确的。在一定程度上，工程施工是形成实体质量的决定性环节。工程设计质量是决定工程质量的关键环节。所以，选项C的叙述是不正确的。项目决策阶段对工程质量的影响主要是确定工程项目应达到的质量目标和水平。所以，选项D的叙述是不正确的。工程竣工验收对质量的影响是保证最终产品的质量。所以，选项E的叙述是正确的。因此，本题的正确答案为ABE。

99.【试题答案】ABCD

【试题解析】本题考查重点是"工程建设各阶段对质量形成的作用与影响"。工程建设的不同阶段，对工程项目质量的形成起着不同的作用和影响。主要包括：①项目可行性研究；②项目决策；③工程勘察、设计；④工程施工；⑤工程竣工验收。因此，本题的正确答案为 ABCD。

100.【试题答案】BCE

【试题解析】本题考查重点是"质量记录资料的监控"。质量记录资料包括以下三方面内容：①施工现场质量管理检查记录资料。主要包括承包单位现场质量管理制度，质量责任制；主要专业工种操作上岗证书，分包单位资质及总包单位对分包单位的管理制度；施工图审查核对资料（记录），地质勘察资料；施工组织设计、施工方案及审批记录；施工技术标准；工程质量检验制度；混凝土搅拌站（级配填料拌和站）及计量设置；现场材料、设备存放与管理等；②工程材料质量记录。主要包括进场工程材料、半成品、构配件、设备的质量证明资料；各种试验检验报告（如力学性能试验、化学成分试验、材料级配试验等），各种合格证；设备进场维修记录或设备进场运行检验记录；③施工过程作业活动质量记录资料。施工或安装过程可按分项、分部、单位工程建立相应的质量记录资料。在相应质量记录资料中应包含有关图纸的图号、设计要求，质量自检资料；监理工程师的验收资料，各工序作业的原始施工记录；检测及试验报告，材料、设备质量资料的编号、存放档案卷号；此外，质量记录资料还应包括不合格项的报告、通知以及处理及检查验收资料等。因此，本题的正确答案为 BCE。

101.【试题答案】ABC

【试题解析】本题考查重点是"基本预备费的计算基数"。基本预备费是指在项目实施中可能发生难以预料的支出，需要预先预留的费用，又称不可预见费。主要指设计变更及施工过程中可能增加工程量的费用。计算公式为：基本预备费＝（设备及工器具购置费＋建筑安装工程费＋工程建设其他费）×基本预备费率。所以，基本预备费的计算基数包括建筑安装工程费、设备工器具购置费和工程建设其他费用。因此，本题的正确答案为 ABC。

102.【试题答案】CDE

【试题解析】本题考查重点是"按投资构成分解的资金使用计划"。按投资构成分解的资金使用计划中，工程项目的投资主要分为建筑安装工程投资、设备工器具购置投资及工程建设其他投资。因此，本题的正确答案为 CDE。

103.【试题答案】AD

【试题解析】本题考查重点是"搭接网络中相邻两项工作的时间间隔公式"。由于相邻两项工作之间的搭接关系不同，其时间间隔的计算方法也有所不同。

①搭接关系为结束到开始（FTS）时的时间间隔：如果在搭接网络计划中出现 $ES_j > (EF_i + FTS_{i,j})$ 的情况时，就说明在工作 i 和工作 j 之间存在时间间隔 $LAG_{i,j}$。

$$LAG_{i,j} = ES_j - (EF_i + FTS_{i,j}) = ES_j - EF_i - FTS_{i,j};$$

②搭接关系为开始到开始（STS）时的时间间隔：如果在搭接网络计划中出现 $ES_j > (ES_i + STS_{i,j})$ 的情况时，就说明在工作 i 和工作 j 之间存在时间间隔 $LAG_{i,j}$。

$$LAG_{i,j} = ES_j - (ES_i + STS_{i,j}) = ES_j - ES_i - STS_{i,j};$$

③搭接关系为结束到结束（FTF）时的时间间隔：如果在搭接网络计划中出现 $EF_j > (EF_i + FTF_{i,j})$ 的情况时，就说明在工作 i 和工作 j 之间存在时间间隔 $LAG_{i,j}$。

$$LAG_{i,j} = EF_j - (EF_i + FTF_{i,j}) = EF_j - EF_i - FTF_{i,j};$$

④搭接关系为开始到结束（STF）时的时间间隔：如果在搭接网络计划中出现 $EF_j>(ES_i+STF_{i,j})$ 的情况时，就说明在工作 i 和工作 j 之间存在时间间隔 $LAG_{i,j}$。

$$LAG_{i,j}=EF_j-(ES_i+STF_{i,j})=EF_j-ES_i-STF_{i,j}。$$

因此，本题的正确答案为 AD。

104.【试题答案】ABCD

【试题解析】本题考查重点是"进度计划检查的主要内容"。当施工进度计划初始方案编制好后，需要对其进行检查与调整，以便使进度计划更加合理，进度计划检查的主要内容包括：①各工作项目的施工顺序、平行搭接和技术间歇是否合理；②总工期是否满足合同规定；③主要工种的工人是否能满足连续、均衡施工的要求；④主要机具、材料等的利用是否均衡和充分。因此，本题的正确答案为 ABCD。

105.【试题答案】BC

【试题解析】本题考查重点是"投资控制的动态原理"。投资控制是项目控制的主要内容之一。这种控制是动态的，并贯穿于项目建设的始终。这个流程应每两周或一个月循环进行。因此，本题的正确答案为 BC。

106.【试题答案】AB

【试题解析】本题考查重点是"投资控制的目标"。工程项目建设过程是一个周期长、投入大的生产过程，建设者在一定时间内占有的经验知识是有限的，不但常常受到科学条件和技术条件的限制，而且也受到客观过程的发展及其表现程度的限制，因而不可能在工程建设初始，就设置一个科学的、一成不变的投资控制目标，而只能设置一个大致的投资控制目标，这就是投资估算。随着工程建设实践、认识、再实践、再认识，投资控制目标一步步清晰、准确，这就是设计概算、施工图预算、承包合同价等。也就是说，投资控制目标的设置应是随着工程项目建设实践的不断深入而分阶段设置，具体来讲，投资估算应是建设工程设计方案选择和进行初步设计的投资控制目标；设计概算应是进行技术设计和施工图设计的投资控制目标；施工图预算或建安工程承包合同价则应是施工阶段投资控制的目标。有机联系的各个阶段目标相互制约，相互补充，前者控制后者，后者补充前者，共同组成建设工程投资控制的目标系统。因此，本题的正确答案为 AB。

107.【试题答案】ABD

【试题解析】本题考查重点是"投资控制的措施"。为了有效地控制建设工程投资，应从组织、技术、经济、合同与信息管理等多方面采取措施。从组织上采取措施，包括明确项目组织结构，明确投资控制者及其任务，以使投资控制有专人负责，明确管理职能分工；从技术上采取措施，包括重视设计多方案选择，严格审查监督初步设计、技术设计、施工图设计、施工组织设计，深入技术领域研究节约投资的可能性；从经济上采取措施，包括动态地比较投资的实际值和计划值，严格审核各项费用支出，采取节约投资的奖励措施等。因此，本题的正确答案为 ABD。

108.【试题答案】ABCE

【试题解析】本题考查重点是"ISO 质量管理体系的质量管理原则及特征"。质量管理体系的运行应是全面有效的，既能满足组织内部质量管理的要求，又能满足组织与顾客的合同要求，还能满足第二方认定、第三方认证和注册的要求。因此，本题的正确答案为 ABCE。

109. 【试题答案】ACDE

【试题解析】本题考查重点是"施工方案审查"。审查建筑地基基础工程土方开挖施工方案，要求土方开挖的顺序、方法必须与设计工况相一致，并遵循"开槽支撑，先撑后挖，分层开挖，严禁超挖"的原则。在质量安全方面的要点是：①基坑边坡土不应超过设计荷载以防边坡塌方；②挖方时不应碰撞或损伤支护结构、降水设施；③开挖到设计标高后，应对坑底进行保护，验槽合格后，尽快施工垫层；④严禁超挖；⑤开挖过程中，应对支护结构、周围环境进行观察、监测，发现异常及时处理等。因此，本题的正确答案为ACDE。

110. 【试题答案】ABC

【试题解析】本题考查重点是"建设工程进度控制计划体系"。为了确保建设工程进度控制目标的实现，参与工程项目建设的各有关单位都要编制进度计划，并且控制这些进度计划的实施。建设工程进度控制计划体系主要包括建设单位的计划系统、监理单位的计划系统、设计单位的计划系统和施工单位的计划系统。因此，本题的正确答案为ABC。

111. 【试题答案】BCE

【试题解析】本题考查重点是"设计阶段进度控制工作任务"。在工程建设设计阶段，监理工程师要审核设计单位的进度计划和各专业的出图计划，并在设计实施过程中，跟踪检查这些计划的执行情况，定期将实际进度与计划进度进行比较，进而纠正或修订进度计划。若发现进度拖后，监理工程师应督促设计单位采取有效措施加快进度。因此，本题的正确答案为BCE。

112. 【试题答案】ACE

【试题解析】本题考查重点是"施工进度控制工作细则的主要内容"。施工进度控制工作细则是在建设工程监理规划的指导下，由项目监理班子中进度控制部门的监理工程师负责编制的更具有实施性和操作性的监理业务文件。其主要内容包括：①施工进度控制目标分解图；②施工进度控制的主要工作内容和深度；③进度控制人员的职责分工；④与进度控制有关各项工作的时间安排及工作流程；⑤进度控制的方法（包括进度检查周期、数据采集方式、进度报表格式、统计分析方法）；⑥进度控制的具体措施（包括组织措施、技术措施、经济措施及合同措施等）；⑦施工进度控制目标实现的风险分析；⑧尚待解决的有关问题。因此，本题的正确答案为ACE。

113. 【试题答案】ABCD

【试题解析】本题考查重点是"物资供应计划的分类"。物资供应计划按其内容和用途分类，主要包括：物资需求计划、物资供应计划、物资储备计划、申请与订货计划、采购与加工计划和国外进口物资计划。选项E的"专门物资采购部门供应"是按供应单位划分的。因此，本题的正确答案为ABCD。

114. 【试题答案】ADE

【试题解析】本题考查重点是"施工组织设计（质量计划）的审查"。施工组织设计的审查程序如下：①承包单位填写《施工组织设计（方案）报审表》报送项目监理机构；②总监理工程师在约定的时间内，组织专业监理工程师审查，提出意见后，由总监理工程师审核签认；③已审定的施工组织设计由项目监理机构报送建设单位；④承包单位应按审定的施工组织设计文件组织施工。如需对其内容做较大的变更，应在实施前将变更内容书面报送项目监理机构审核；⑤规模大、结构复杂或属新结构、特种结构的工程，项目监理机构对施工组织设计审查后，还应报送监理单位技术负责人审查，提出审查意见后由总监理工程师签发，必要时与建设单位协商，组织有关专业部门和有关专家会审；⑥规模大，工艺复杂的工程、群体工程或分期出图的工程，经建设单位批准可分阶段报审施工组织设计；技术复杂或采用新技术的分项、分部工程，承包单位还应编制该分项、分部工程的施工方案，报项目监理机构审查。因此，本题的正确答案为ADE。

115. 【试题答案】ABCD

【试题解析】本题考查重点是"国外项目咨询机构在建设工程投资控制中的主要任务"。项目管理咨询公司是在欧洲大陆和美国广泛实行的建设工程咨询机构，其国际性组织是国际咨询工程师联合会（FIDIC）。该组织1980年所制定的IGRA－1980PM文件，是用于咨询工程师与业主之间订立委托咨询的国际通用合同文本，该文本明确指出，咨询工程师的根本任务是：进行项目管理，在业主所要求的进度、质量和投资的限制之内完成项目。其可向业主提供的咨询服务范围包括以下八个方面：项目的经济可行性分析；项目的财务管理；与项目有关的技术转让；项目的资源管理；环境对项目影响的评估；项目建设的工程技术咨询；物资采购与工程发包；施工管理。其中涉及项目投资控制的具体任务是：项目的投资效益分析（多方案）；初步设计时的投资估算；项目实施时的预算控制；工程合同的签订和实施监控；物资采购；工程量的核实；工时与投资的预测；工时与投资的核实；有关控制措施的制定；发行企业债券；保险审议；其他财务管理等。因此，本题的正确答案为ABCD。

116. 【试题答案】ABCD

【试题解析】本题考查重点是"我国项目监理机构在建设工程投资控制中的主要工作"。工程勘察设计阶段的主要工作包括：①协助建设单位编制工程勘察设计任务书和选择工程勘察设计单位，并应协助签订工程勘察设计合同；②审核勘察单位提交的勘察费用支付申请表，以及签发勘察费用支付证书；③审核设计单位提交的设计费用支付申请表，以及签认设计费用支付证书；④审查设计单位提交的设计成果，并应提出评估报告；⑤审查设计单位提出的新材料、新工艺、新技术、新设备在相关部门的备案情况。必要时应协助建设单位组织专家评审；⑥审查设计单位提出的设计概算、施工图预算，提出审查意见；⑦分析可能发生索赔的原因，制定防范对策；⑧协助建设单位组织专家对设计成果进行评审；⑨根据勘察设计合同，协调处理勘察设计延期、费用索赔等事宜。因此，本题的正确答案为ABCD。

117. 【试题答案】ABCE

【试题解析】本题考查重点是"控制图的异常情况"。控制图的异常现象是指点子排列出现了"链"、"多次同侧"、"趋势或倾向"、"周期性变动"、"接近控制界限"等情况。其中，链是指点子连续出现在中心线一侧的现象。因此，本题的正确答案为ABCE。

118. 【试题答案】ACE

【试题解析】本题考查重点是"世界银行和国际咨询工程师联合会建设工程投资构成"。项目直接建设成本包括以下内容：①土地征购费；②场外设施费用，如道路、码头、桥梁、机场、输电线路等设施费用；③场地费用，指用于场地准备、厂区道路、铁路、围栏、场内设施等的建设费用；④工艺设备费，指主要设备、辅助设备及零配件的购置费用，包括海运包装费用、交货港离岸价，但不包括税金；⑤设备安装费，指设备供应商的技术服务费用，本国劳务及工资费用、辅助材料、施工设备、消耗品和工具等费用，以及安装承包商的管理费和利润等；⑥管理系统费用，指与系统的材料及劳务相关的全部费用；⑦电气设备费，其内容与第④项相似；⑧电气安装费，指设备供应商的监理费用，本国劳务与工资费用、辅助材料、电缆、管道和工具费用，以及承包商的管理费和利润；⑨仪器仪表费，指所有自动仪表、控制板、配线和辅助材料的费用以及供应商的监理费用、外国或本国劳务及工资费用、承包商的管理费和利润；⑩机械的绝缘和油漆费，指与机械及管道的绝缘和油漆相关的全部费用；⑪工艺建筑费，指原材料、劳务费以及与基础、建筑结构、屋顶、内外装修、公共设施有关的全部费用；⑫服务性建筑费用，其内容与第①项相似；⑬工厂普通公共设施费，包括材料和劳务费以及与供水、燃料供应、通风、蒸汽、下水道、污物处理等公共设施有关的费用；⑭其他当地费用，指那些不能归类于以上任何一个项目，不能计入项目间接成本，但在建设期间又是必不可少的当地费用。如临时设备、临时公共设施及场地的维持费，营地设施及其管理，建筑保险和债券，杂项开支等费用。因此，本题的正确答案为ACE。

119.【试题答案】ABC

【试题解析】本题考查重点是"进度监测的系统过程"。跟踪检查的主要工作是定期收集反映工程实际进度的有关数据，收集的数据应当全面、真实、可靠，不完整或不正确的进度数据将导致判断不准确或决策失误。为了全面、准确地掌握进度计划的执行情况，监理工程师应认真做好以下三方面的工作：①定期收集进度报表资料；②现场实地检查工程进展情况；③定期召开现场会议。因此，本题的正确答案为ABC。

120.【试题答案】BCE

【试题解析】本题考查重点是"网络计划的优化"。网络计划的优化目标应按计划任务的需要和条件选定，包括工期目标、费用目标和资源目标。根据优化目标的不同，网络计划的优化可分为工期优化、费用优化和资源优化三种。①工期优化。是指网络计划的计算工期不满足要求工期时，通过压缩关键工作的持续时间以满足要求工期目标的过程。②费用优化。又称工期成本优化，是指寻求工程总成本最低时的工期安排，或按要求工期寻求最低成本的计划安排的过程。③资源优化。目的是通过改变工作的开始时间和完成时间，使资源按照时间的分布符合优化目标。在通常情况下，网络计划的资源优化分为两种，即"资源有限，工期最短"的优化和"工期固定，资源均衡"的优化。前者是通过调整计划安排，在满足资源限制条件下，使工期延长最少的过程；而后者是通过调整计划安排，在工期保持不变的条件下，使资源需用量尽可能均衡的过程。因此，本题的正确答案为BCE。

第七套模拟试卷

一、单项选择题（共 80 题，每题 1 分。每题的备选项中，只有 1 个最符合题意）

1. 项目监理机构在工程质量控制过程中，自始至终把（ ）作为对工程质量控制的基本原则。

    A. 质量第一   B. 以人为核心

    C. 以预防为主   D. 质量标准

2. 根据建设项目总体计划和相关设计文件的要求编制的设备采购方案，最终须获得（ ）的批准。

    A. 监理工程师   B. 设计负责人

    C. 安装单位   D. 建设单位

3. 通过质量控制的动态分析能随时了解生产过程中的质量变化情况，预防出现废品。下列方法中，属于动态分析方法的是（ ）。

    A. 排列图法   B. 直方图法

    C. 控制图法   D. 解析图法

4. 地基基础工程施工试验与检测包括地基土的质量检验，下列（ ）不属于地基土的检验。

    A. 换填垫层法的质量检验   B. 地基土的物理性质试验

    C. 混凝土结构实体检测   D. 桩基承载力试验

5. 由于业主原因，监理工程师下令工程暂停，导致承包商工期延误和费用增加，则停工期间承包商可索赔（ ）。

    A. 工期，成本和利润   B. 工期和成本，不能索赔利润

    C. 工期，不能索赔成本和利润   D. 成本，不能索赔工期和利润

6. 下列流水施工参数中，用来表达流水施工在施工工艺方面进展状态的是（ ）。

    A. 流水步距   B. 施工段

    C. 流水强度   D. 流水节拍

7. 某工程网络计划中，工作 E 的持续时间为 6 天，最迟完成时间为第 28 天。该工作有三项紧前工作，其最早完成时间分别为第 16 天、第 19 天和第 20 天，则工作 E 的总时差是（ ）天。

    A. 1   B. 2

    C. 3   D. 6

8. 某工程双代号网络计划中，工作 M 的持续时间为 5 天，相关节点的最早时间和最迟时间如下图所示，则工作 M 的总时差是（ ）天。

A. 1   B. 2
C. 3   D. 4

9. 网络计划工期优化的目的是为了缩短（   ）。
    A. 计划工期   B. 计算工期
    C. 要求工期   D. 合同工期

10. 经项目监理机构对竣工资料及工程实体预验收合格后，由总监理工程师签署工程竣工报验单并向建设单位提交（   ）。
    A. 监理总结报告   B. 质量评估报告
    C. 监理验收报告   D. 质量检验报告

11. 将两种不同方法或两台设备或两组工人进行生产的质量特性统计原理，将形成（   ）直方图。
    A. 折齿型   B. 缓坡型
    C. 孤岛型   D. 双峰型

12. 将相互关联的过程作为系统加以识别、理解和管理是质量管理原则中的（   ）。
    A. 过程方法   B. 持续改进
    C. 质量管理的系统方法   D. 质量体系过程评价

13. 进口设备增值税额应以（   ）乘以增值税率计算。
    A. 到岸价格   B. 离岸价格
    C. 关税和消费税之和   D. 组成计税价格

14. 下列费用中，属于建安工程措施费的是（   ）。
    A. 工程排污费   B. 构成工程实体的材料费
    C. 二次搬运费   D. 施工现场管理人员的工资

15. 分部分项工程量清单项目设置五级编码，其中第五级编码为（   ）顺序码。
    A. 专业工程   B. 分部工程
    C. 分项工程   D. 工程量清单项目

16. （   ）是维持质量管理体系生命力的保证，对监理单位来说更是如此。
    A. 持续改进   B. 有效识别
    C. 制定方针   D. 质量经营

17. 质量管理体系的实施中，下列说法正确的是（   ）。
    A. 认证由授权机构进行
    B. 认可由第三方进行
    C. 认可是书面保证
    D. 认可是证明认可对象具备从事特定任务的能力

18. 下列建设工程进度控制措施中，属于合同措施的是（   ）。
    A. 建立进度协调会议制度   B. 编制进度控制工作细则
    C. 对应急赶工给予优厚的赶工费 D. 推行 CM 承发包模式

19. 监理工程师在设计准备阶段控制进度的任务是（   ）。
    A. 进行设计进度目标决策   B. 建立图纸审查、工程变更管理制度
    C. 向建设单位提供有关工期的信息 D. 编制详细的出图计划

20. 建设工程采用流水施工方式的特点是（　　）。

    A. 施工现场的组织管理比较简单   B. 各工程队实现了专业化施工

    C. 单位时间内投入的资源量较少   D. 能够以最短工期完成施工任务

21. 关于工程网络计划的说法，正确的是（　　）。

    A. 关键线路上的工作均为关键工作

    B. 关键线路上工作的总时差均为零

    C. 一个网络计划中只有一条关键线路

    D. 关键线路在网络计划执行过程中不会发生转移

22. 某工程双代号网络计划如下图所示，关键线路有（　　）条。

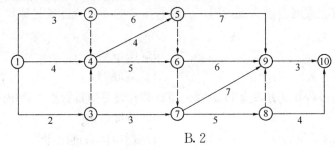

    A. 1   B. 2

    C. 3   D. 4

23. 下列有关"领导作用"描述错误的是（　　）。

    A. 领导者建立组织统一的宗旨和方向

    B. 领导者要制定适宜的质量方针和质量目标

    C. 领导者要激励员工积极工作

    D. 领导者指定的质量方针是组织在质量方面的追求目的

24. 施工过程中，材料的检验需要见证取样的，见证由（　　）负责。

    A. 业主代表   B. 政府质量监督员

    C. 监理工程师   D. 施工项目经理

25. 下列属于内部审核主要目的的是（　　）。

    A. 确定受审核方质量管理体系或其一部分与审核准则的符合程度

    B. 为受审核方提供质量改进的机会

    C. 选择合适的合作伙伴

    D. 证实合作方持续满足规定的要求

26. 估算工程量单价合同结算工程价款采用的数据是合同中确定的分部分项工程单价和（　　）。

    A. 工程量清单中确定的工程量   B. 施工前的估算工程量

    C. 合同双方商定的工程量   D. 承包人实际完成的工程量

27. 根据 FIDIC《施工合同条件》，建筑工程保险费、履约保证金等项目的工程计量适合采用（　　）。

    A. 凭据法   B. 估价法

    C. 均摊法   D. 分解计量法

28. 加强风险管理，在合同中应充分考虑风险因素及其对进度的影响以及相应的处理方法，是监理工程师控制工程建设进度的（　　　）。

    A. 技术措施   B. 合同措施

    C. 经济措施   D. 组织措施

29. 某工程由 5 个施工过程组成，分为 3 个施工段组织固定节拍流水施工。在不考虑提前插入时间的情况下，要求流水施工工期不超过 42 天，则流水节拍的最大值为（　　　）。

    A. 4   B. 5

    C. 6   D. 8

30. 下列关于工程费用与工期关系的说法中，正确的是（　　　）。

    A. 直接费会随着工期的缩短而增加   B. 直接费率会随着工期的增加而减少

    C. 间接费会随着工期的缩短而增加   D. 间接费率会随着工期的增加而减少

31. 在工程建设中，（　　　）对其自行选择设计、施工单位发生的质量问题承担相应责任。

    A. 建设单位   B. 监理单位

    C. 分包单位   D. 咨询单位

32. 下列质量管理应用的统计方法中，具有动态分析功能的是（　　　）。

    A. 排列图法   B. 因果分析图法

    C. 直方图法   D. 控制图法

33. 《建设工程工程量清单计价规范》附录表中的"项目名称"是指（　　　）的项目名称。

    A. 建设工程   B. 单项工程

    C. 分部工程   D. 分项工程

34. 下列关于项目盈利能力分析的说法中，不正确的是（　　　）。

    A. 若财务内部收益率大于等于基准收益率，方案可行

    B. 若投资回收期大于等于行业标准投资回收期，方案可行

    C. 若财务净现值大于等于零，方案可行

    D. 若财务内部收益率小于基准收益率，方案不可行

35. 在收集质量数据中，当总体很大时，很难一次抽样完成预定的目标，此时，质量数据的收集方法宜采用（　　　）。

    A. 分层抽样   B. 等距抽样

    C. 整群抽样   D. 多阶段抽样

36. 抽样检验中出现的合格品错判将给（　　　）带来损失。

    A. 监理方   B. 检验者

    C. 业主   D. 生产者

37. 严格控制合同变更，对各方提出的工程变更和设计变更，监理工程师应严格审查后再补入合同文件之中属于控制建设工程进度的（　　　）。

    A. 合同措施   B. 技术措施

    C. 经济措施   D. 组织措施

38. 用来表达流水施工在施工工艺方面进展状态的参数是（　　　）。

    A. 施工过程   B. 施工段

    C. 流水步距   D. 流水节拍

39. 在工程网络计划中，某项工作的最迟开始时间与最早开始时间的差值为该工作的

（　　　）。

  A. 时间间隔　 B. 搭接时距

  C. 自由时差　 D. 总时差

40. 下列工作中，属于建设工程进度调整过程中实施内容的是（　　　）。

  A. 确定后续工作和总工期的限制条件　 B. 加工处理实际进度数据

  C. 现场实地检查工程进展情况　 D. 定期召开现场会议

41. 在利用 S 曲线比较建设工程实际进度与计划进度时，如果检查日期实际进展点落在计划 S 曲线的右侧，则该实际进展点与计划 S 曲线在纵坐标方向的距离表示该工程（　　　）。

  A. 实际进度超前的时间　 B. 实际超额完成的任务量

  C. 实际进度拖后的时间　 D. 实际拖欠的任务量

42. 按照建筑工程施工质量验收层次的划分，具备独立施工条件并能形成独立使用功能的建筑物及构筑物为一个（　　　）。

  A. 单位工程　 B. 分部工程

  C. 分项工程　 D. 检验批

43. 质量控制图的用途是（　　　）。

  A. 分析并控制生产过程质量状态　 B. 分析判断产品质量分布状况

  C. 系统整理分析质量问题产生的原因　D. 寻找影响质量的主次因素

44. 工程质量控制的统计分析方法中，控制图是用样本数据来分析判断（　　　）的工具。

  A. 生产过程是否处于稳定状态　 B. 质量风险发生的可能性

  C. 质量控制措施的有效性　 D. 样本数据分布均匀性

45. 某进口设备装运港船上交货价为 200 万美元，国外运费为 10 万美元，国外运输保险费为 6.5 万美元，外贸手续费率为 1.5%。美元兑人民币的汇率为 6.85。则该进口设备的到岸价为（　　　）万元人民币。

  A. 143　 B. 50

  C. 1483.03　 D. 1505.27

46. 某工程以人工费为基础计算建筑安装工程费。该工程直接工程费为 400 万元，其中人工费为 100 万元；措施费为直接工程费的 5%，其中人工费占 50%；间接费费率为 30%，利润率为 50%，综合计税系数为 3.41%。则该工程的建筑安装工程含税造价为（　　　）万元。

  A. 504.64　 B. 511.75

  C. 517.05　 D. 525.32

47. 国际工程项目建筑安装工程费用构成中，分包费的数额等于（　　　）。

  A. 分包商的报价　 B. 承包商对分包商的管理费

  C. 业主对分包商的管理费　 D. 分包商报价及相应总包管理费

48. 按照价值工程原理，"价值"是指（　　　）。

  A. 产品消耗的必要劳动时间　 B. 功能的实现程度

  C. 成本与功能的比值　 D. 功能与实现此功能所耗费用的比值

49. 下列关于建设工程固定总价合同的说法中，错误的是（　　　）。

  A. 合同执行中承包方承担主要风险

B. 适合于工期在 1 年内的工程

C. 要求初步设计已完成并可以估算出工程量

D. 合同总价在合同约定的风险范围内不可调整

50. 为了解决一些包干项目或较大工程项目的支付时间过长、影响承包商的资金流动等问题，在工程计量时可以采用（   ）。

A. 估价法
B. 分解计量法

C. 均摊法
D. 图纸法

51. 某分部工程有两个施工过程，分为 4 个施工段组织流水施工，流水节拍分别为 3、4、4、5 天和 4、3、4、5 天，则流水步距为（   ）天。

A. 3
B. 4

C. 5
D. 6

52. 在某工程网络计划中，工作 M 的最早开始时间为第 7 天，其持续时间为 5 天。工作 M 共有三项紧后工作，它们的最早开始时间分别为第 15 天，第 16 天和第 18 天，则工作 M 的自由时差为（   ）天。

A. 10
B. 8

C. 6
D. 3

53. 为了确保进度控制目标的实现，通过缩短某些工作持续时间的方法调整施工进度计划时，可采用的组织措施是（   ）。

A. 改善劳动条件
B. 实行包干奖励

C. 采用更先进的施工机械
D. 增加工作面和施工队伍

54. 质量管理体系文件必须符合监理单位的客观实际，具有（   ），这是体系文件得以有效贯彻实施的重要前提。

A. 符合性
B. 确定性

C. 相容性
D. 可操作性

55. 监理工程师对施工现场监督检查的方式不包括（   ）。

A. 旁站
B. 专检

C. 平行检验
D. 巡视

56. 因果分析图法是利用因果分析图来系（   ）的有效工具。

A. 找出影响质量的主次因素

B. 寻找某一质量问题与其产生原因之间关系

C. 整理有关质量数据

D. 统计分析质量数据

57. GB/T 19000—2008 idt ISO 9000：2005《质量管理体系 基础和术语》标准中提出的（   ）是在总结质量管理经验的基础上提出的一个组织在实施质量管理时必须遵循的准则。

A. 持续改进
B. 八项质量管理原则

C. 强调管理作用
D. 资源管理

58. （   ）是价值工程的核心。

A. 系统分析
B. 方法分析

C. 技术分析   D. 对产品进行功能分析

59. 某工程项目计划工程量 100m³，计划单价 20 元/m³，实际完成工程是 150m³，实际单价 18 元/m³，该工程的进度偏差为（　　）元。
    A. 1000   B. −1000
    C. 300   D. −300

60. 搭接网络计划中，时距就是（　　）。
    A. 相邻两项工作之间的时间差值   B. 相邻两项工作之间的搭接关系
    C. 相邻两项工作之间的逻辑顺序   D. 相邻两项工作的工艺间歇时间

61. 监理工程师受业主委托对物资供应进度进行控制时，其工作内容包括（　　）。
    A. 监督检查订货情况，协助办理有关事宜
    B. 确定物资供应分包方式及分包合同清单
    C. 拟定并签署物资供应合同
    D. 确定物资供应要求，并编制物资供应投标文件

62. 设计单位向施工单位和承担施工阶段监理任务的监理单位等进行设计交底，交底会议纪要应由（　　）整理，与会各方会签。
    A. 施工单位   B. 监理单位
    C. 设计单位   D. 建设单位

63. 由于建设工程的投资主要发生在（　　），在这一阶段需要投入大量的人力、物力、财力等，是工程项目建设费用消耗最多的时期，浪费投资的可能性比较大。
    A. 投资阶段   B. 施工阶段
    C. 设计阶段   D. 竣工阶段

64. 编制资金使用计划，确定、分解投资控制目标，体现了项目监理机构在施工阶段投资控制的（　　）措施。
    A. 组织   B. 技术
    C. 经济   D. 合同

65. 质量数据的收集方法中，抽样的具体方法中没有（　　）随机抽样。
    A. 分层   B. 系统
    C. 成组   D. 分级

66. 次品、废品的产生说明在生产中可能存在（　　）原因。
    A. 偶然性   B. 系统性
    C. 偶然性和系统性   D. 不明

67. （　　）提供质量管理体系——业绩改进指南。
    A. GB/T 19000—2008   B. GB/T 19001—2008
    C. GB/T 19004—2009   D. GB/T 19011—2003

68. 采用装运港船上交货价（FOB）进口设备时，卖方的责任是（　　）。
    A. 承担货物装船后的一切费用和风险   B. 支付运费
    C. 负责提供有关装运单据   D. 负责办理保险及支付保险费

69. 在（　　），负责项目投资控制的通常是工料测量师行。
    A. 英国   B. 英联邦国家

C. 美国

D. 美联邦国家

70. 在按成本加酬金确定合同价时，最不利于降低成本的是（　　）。

A. 成本加固定百分比酬金

B. 成本加固定金额酬金

C. 成本加奖罚金

D. 成本加固定利润

71. 工料测量师在工程建设的立约前阶段的任务中，其（　　）阶段，工料测量师按照不同的设计方案编制估算书。

A. 工程建设开始

B. 可行性研究

C. 方案建议

D. 初步设计

72. 某工程设备采购合同签订时，设备有关材料的物价指数为125，人工成本指数为80，设备合同价为8.2万美元，双方合同明确，合同价中固定费用占20%，材料费用占56%，人工成本占24%，三个月后交货，采用动态结算。结算时，材料物价指数为150，人工成本指数为88，则设备的结算款是（　　）万美元。

A. 8.3152

B. 8.5232

C. 9.3152

D. 9.5232

73. 建设工程组织非节奏流水施工时，其特点之一是（　　）。

A. 各专业队能够在施工段上连续作业，但施工段之间可能有空闲时间

B. 相邻施工过程的流水步距等于前一施工过程中第一个施工段的流水节拍

C. 各专业队能够在施工段上连续作业，施工段之间不可能有空闲时间

D. 相邻施工过程的流水步距等于后一施工过程中最后一个施工段的流水节拍

74. 发生延期事件的工程部位，无论其是否处在进度计划的关键线路上，只能当所延长的时间超过其相应的（　　）时，才能批准工程延期。

A. 总工期

B. 自由时差

C. 总时差

D. 持续时间

75. ISO质量管理体系的质量管理八项原则中，首要的原则是（　　）。

A. 以顾客为关注焦点

B. 领导作用

C. 全员参与

D. 过程方法

76. 工程索赔计算时最常用的一种方法是（　　）。

A. 总费用法

B. 修正的总费用法

C. 实际费用法

D. 协商法

77. 按照费用构成要素划分的建筑安装工程费用项目组成中，人工费不包括（　　）。

A. 计时工资

B. 奖金

C. 加班工资

D. 管理人员工资

78. 下面所表示流水施工参数正确的一组是（　　）。

A. 施工过程数、施工段数、流水节拍、流水步距

B. 施工队数、流水步距、流水节拍、施工段数

C. 搭接时间、工作面、流水节拍、施工工期

D. 搭接时间、间歇时间、施工队数、流水节拍

79. 流水施工组织方式是施工中常采用的方式，因为（　　）。

A. 它的工期最短

B. 现场组织、管理简单

C. 能够实现专业工作连续施工　　　　D. 单位时间内投入劳动力、资源量最少

80. 在建设工程施工阶段，监理工程师进度控制的工作内容包括（　　　）。

A. 确定各专业工程施工方案及工作面交接条件

B. 划分施工段并确定流水施工方式

C. 确定施工顺序及各项资源配置

D. 确定进度报表格式及统计分析方法

二、多项选择题（共 40 题，每题 2 分。每题的备选项中，有 2 个或 2 个以上符合题意，至少有 1 个错项。错选，本题不得分；少选，所选的每个选项得 0.5 分）

81. 工程材料是工程建设的物质条件，是工程质量的基础。工程材料包括（　　　）。

A. 建筑材料　　　　　　　　　　　B. 构配件

C. 施工机具设备　　　　　　　　　D. 半成品

E. 各类测量仪器

82. 监理工程师在工程质量控制过程中应遵循的原则有（　　　）。

A. 坚持以人为核心　　　　　　　　B. 坚持质量第一

C. 坚持旁站监理　　　　　　　　　D. 坚持质量标准

E. 坚持科学公正

83. 卓越绩效模式的实质包括（　　　）。

A. 强调"大质量"观　　　　　　　B. 聚焦于经营结果

C. 是一个成熟度标准　　　　　　　D. 合作共赢

E. 战略导向

84. 采用横道图表示工程进度计划的缺点有（　　　）。

A. 不能反映工程费用与工期之间的关系

B. 不能计算各项工作的持续时间

C. 不能反映影响工期的关键工作和关键线路

D. 不能明确反映各项工作之间的逻辑关系

E. 不能进行进度计划的优化和调整

85. 施工图审查机构的主要职责有（　　　）。

A. 制定审查程序、范围和内容

B. 对涉及安全和强制性标准执行情况进行技术审查

C. 提交施工图审查报告

D. 承担施工图审查失职责任

E. 颁发施工图审查批准书

86. 为保证订购设备的质量，采购方首先要通过评审选择一个合格的供货厂商，审查的内容包括（　　　）。

A. 供货厂商资质　　　　　　　　　B. 设备供货能力

C. 设备营销方式　　　　　　　　　D. 近年类似设备的生产和质量

E. 各种检验检测手段

87. 建设工程进度监测系统过程中的工作内容有（　　　）。

A. 分析进度偏差产生的原因　　　　　B. 收集实际进度数据

C. 实际进度与计划进度的比较　　　　D. 分析进度偏差对后续工作的影响

E. 实际进度数据的加工处理

88. 某分部工程设置为施工质量控制点，用解析图表示质量预控与措施时，对策图部分反映的内容有（　　）。

A. 该分部工程的施工阶段划分　　　　B. 质量控制有关的技术工作

C. 影响施工质量的各种因素　　　　　D. 各阶段质量控制的管理要求

E. 所采取的对策或措施

89. 监理工程师应对施工单位施工过程中的（　　）等工作质量进行监控。

A. 技术复核　　　　　　　　　　　　B. 材料取样送检

C. 级配、计量　　　　　　　　　　　D. 控制点设置

E. 质量记录资料

90. 工程质量缺陷成因分析的步骤包括（　　）。

A. 进行细致的现场调查研究

B. 收集调查与质量缺陷有关的全部设计和施工资料

C. 找出可能产生质量缺陷的所有因素

D. 进行必要的计算分析或模拟试验予以论证确认

E. 确定质量缺陷的初始点

91. 当项目实际工程量与估计工程量没有实质性差别时，由承包人承担工程量变化风险的合同形式有（　　）。

A. 固定总价合同　　　　　　　　　　B. 纯单价合同

C. 成本加奖励合同　　　　　　　　　D. 可调总价合同

E. 成本加固定百分率酬金合同

92. 根据 FIDIC《施工合同条件》，出现（　　）情况且对承包商造成影响时，承包商也不能索赔利润。

A. 不可抗力　　　　　　　　　　　　B. 法规改变

C. 业主未能提供现场　　　　　　　　D. 文件有技术错误

E. 暂停施工

93. 下列建设工程进度控制措施中，属于监理工程师采取的技术措施有（　　）。

A. 审查施工单位提交的进度计划　　　B. 建立工程进度报告制度

C. 建立进度协调会议制度　　　　　　D. 应用网络计划技术控制工程进度

E. 指导监理人员实施进度控制

94. 在工程质量控制中，直方图可用于（　　）。

A. 分析产生质量问题的原因　　　　　B. 分析判断质量状况

C. 估算生产过程总体的不合格品率　　D. 分析生产过程是否稳定

E. 评价过程能力

95. 组织的质量管理体系文件包括（　　）。

A. 质量手册　　　　　　　　　　　　B. 质量管理体系程序文件

C. 质量策划　　　　　　　　　　　　D. 质量计划

E. 质量记录

96. 下列建设项目财务评价指标中，属于静态评价指标的有（　　）。

A. 净现值指数　　　　　　　　　　B. 总投资收益率

C. 利息备付率　　　　　　　　　　D. 项目投资财务净现值

E. 项目资本金净利润率

97. 施工图预算审查的具体内容包括（　　）。

A. 审查施工图预算的编制是否符合现行国家、行业、地方政府有关法律、法规和规定要求

B. 审查工程量计算的准确性、工程量计算规则与计价规范规则或定额规则的一致性

C. 审查在施工图预算的编制过程中，各种计价依据使用是否恰当，各项费率计取是否正确

D. 审查施工图设计资料、施工组织设计是否合理

E. 审查各种要素市场价格选用、应计取的费用是否合理

98. 投标报价工作的主要内容包括（　　）。

A. 投标报价编制的有关表格　　　　B. 复核或计算工程量

C. 确定单价，计算合价　　　　　　D. 确定分包工程费

E. 确定利润、风险费

99. 监理工程师审核施工进度计划的内容有（　　）。

A. 是否按工程量清单对分部分项工程进行分解

B. 施工顺序的安排是否符合施工工艺的要求

C. 生产要素的供应计划是否能保证施工进度计划的实现

D. 业主负责提供的施工条件安排得是否合理

E. 是否明确进度控制人员的职责分工

100. 建设工程质量特性表现为适用性、经济性、可靠性及（　　）等。

A. 耐久性　　　　　　　　　　　　B. 安全性

C. 与环境的协调性　　　　　　　　D. 系统性

E. 持续性

101. 施工过程中的质量缺陷可分为（　　）。

A. 可整改质量缺陷　　　　　　　　B. 不可整改质量缺陷

C. 一般质量缺陷　　　　　　　　　D. 特殊质量缺陷

E. 永久质量缺陷

102. 监理工程师审查承包单位施工组织设计时，应着重审查其是否（　　）。

A. 按规定程序编审　　　　　　　　B. 充分分析了施工条件

C. 有利于施工成本降低　　　　　　D. 采用了先进适用的技术方案

E. 有健全的质量保证措施

103. 建设投资组成中的设备及工器具购置费由（　　）组成。

A. 设备原价　　　　　　　　　　　B. 工器具原价

C. 运杂费　　　　　　　　　　　　D. 基本预备费

E. 涨价预备费

104. 建筑安装工程费是由（   ）组成。

    A. 工程建设其他费用   B. 建筑工程费

    C. 安装工程费   D. 基本预备费

    E. 涨价预备费

105. 下列对工程进度造成影响的因素中，属于业主因素的有（   ）。

    A. 不能及时向施工承包单位付款   B. 不明的水文气象条件

    C. 施工安全措施不当   D. 不能及时提供施工场地条件

    E. 临时停水、停电、断路

106. 工程建设其他费用，是指未纳入（   ）的费用。

    A. 设备及工器具购置费   B. 建筑安装工程费

    C. 基本预备费   D. 涨价预备费

    E. 建设期利息

107. 在建设工程项目中凡是具有（   ）的工程为单项工程。

    A. 独立的监理文件   B. 独立的施工文件

    C. 独立的设计文件   D. 竣工后可以独立发挥生产能力

    E. 工程效益

108. 在编制建设资金使用计划时，分解投资控制目标的方式有（   ）。

    A. 按投资构成分解   B. 按归口部门分解

    C. 按子项目分解   D. 按时间进度分解

    E. 按人员分解

109. 划分施工段一般应遵循的原则有（   ）。

    A. 同一专业工作队在各个施工段上的劳动量应大致相等

    B. 每个施工段内要有足够的工作面，满足合理劳动组织的要求

    C. 施工段的界限应尽可能与结构界限（如沉降缝、伸缩缝等）相吻合

    D. 施工段的时间参数要满足合理组织流水施工的要求

    E. 对于多层建筑物、构筑物或需要分层施工的工程，要确保相应专业队在施工段与
       施工层之间，组织连续、均衡、有节奏的流水施工

110. 某工程双代号网络计划如下图所示，图中已标出每项工作的最早开始时间和最迟开
始时间，该计划表明（   ）。

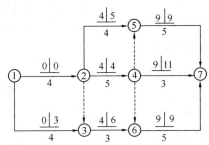

    A. 工作 2～4 的总时差为 0   B. 工作 6～7 为关键工作

    C. 工作 3～6 的自由时差为 3   D. 工作 2～5 的自由时差为 2

    E. 工作 1～3 的自由时差为 0

111. 下列关于双代号时标网络计划的表述中，正确的有（   ）。

A. 虚箭线只能垂直画

B. 工作箭线中以波形线表示工作与其紧后工作之间的时间间隔

C. 工作箭线中实线部分的水平投影长度表示该工作的持续时间

D. 工作箭线中不存在波形线时，表明该工作的总时差为零

E. 当计划工期等于计算工期时，这些工作箭线中波形线的水平投影长度表示其自由时差

112. FOB 交货方式的进口设备抵岸价包括（   ）。

A. 货价   B. 国外运输费

C. 国外运输保险费   D. 商检、卫生检疫费

E. 关税与增值税

113. ISO 质量管理体系的特征包括（   ）。

A. 符合性   B. 持续受控

C. 静态性   D. 全面有效性

E. 预防性

114. 参建各方对施工阶段的投资控制应给予足够的重视，仅仅靠控制工程款的支付是不够的，应从（   ）等多方面采取措施，控制投资。

A. 施工   B. 组织

C. 技术   D. 经济

E. 合同

115. 在组织流水施工时，划分施工段一般应遵循的原则有（   ）。

A. 同一专业工作队在各个施工段上的劳动量可以不相等

B. 要有足够的工作面，以保证相应数量的工人，机械的生产效率

C. 有利于结构整体性

D. 施工段的数目要满足合理组织流水施工的要求

E. 不管什么类型的工程，应尽量减少分段

116. 在网络计划的工期优化过程中，为了有效地缩短工期，应选择（   ）的关键工作作为压缩对象。

A. 持续时间最长   B. 缩短持续时间对质量影响不大

C. 直接费用最小   D. 缩短持续时间所需增加费用最少

E. 有充足备用资源

117. 不属于建设工程质量监督机构的主要任务有（   ）。

A. 检查参与各方的质量责任落实情况   B. 监督工程质量验收

C. 按规定收取工程质量监督费   D. 对隐蔽工程进行隐蔽前验收

E. 落实质量管理体系

118. 审查设计概算的编制依据主要有（   ）等。

A. 合法性审查   B. 时效性审查

C. 合理性审查   D. 适用范围审查

E. 经济对比审查

119. 在建设工程施工阶段，当通过压缩网络计划中关键工作的持续时间来缩短工期时，通常采取的经济措施有（　　）。

    A. 实行包干奖励   B. 增加劳动力和施工机械的数量

    C. 提高资金数额   D. 改善劳动条件

    E. 对所采取的技术措施给予相应的经济补偿

120. 以下属于编制物资需求计划的依据的有（　　）。

    A. 图纸、预算文件   B. 工程合同

    C. 项目总进度计划   D. 各分包工程提交的材料需求计划

    E. 物资价格

第七套模拟试卷参考答案、考点分析

一、单项选择题

1. 【试题答案】A

【试题解析】本题考查重点是"工程质量控制的原则"。建设工程质量不仅关系工程的适用性和建设项目投资效果，而且关系到人民群众生命财产的安全。所以，项目监理机构在进行投资、进度、质量三大目标控制时，在处理三者关系时，应坚持"百年大计，质量第一"，在工程建设中自始至终把"质量第一"作为对工程质量控制的基本原则。因此，本题的正确答案为A。

2. 【试题答案】D

【试题解析】本题考查重点是"设备采购方案的编制"。编制设备采购方案，要根据建设项目的总体计划和相关设计文件的要求，采购的设备必须符合设计要求。方案要明确设备采购的原则、范围和内容、程序、方式和方法，采购方案中要包括采购设备的类型、数量、质量要求、周期要求、市场供货情况、价格控制要求等因素。从而使整个设备采购过程符合项目建设的总体计划，设备满足质量要求，设备采购方案最终需获得建设单位的批准。因此，本题的正确答案为D。

3. 【试题答案】C

【试题解析】本题考查重点是"控制图法"。控制图是在直角坐标系内画有控制界限，描述生产过程中质量波动状态的图形。利用控制图区分质量波动原因，判明生产过程是否处于稳定状态的方法称为控制图法。选项A的"排列图法"、选项B的"直方图法"是质量控制的静态分析法，反映的是质量在某一段时间里的静止状态。然而产品都是在动态的生产过程中形成的，因此，在质量控制中单用静态分析法显然是不够的，还必须有动态分析法。只有动态分析法，才能随时了解生产过程中质量的变化情况，及时采取措施，使生产处于稳定状态，起到预防出现废品的作用。控制图法就是典型的动态分析法。因此，本题的正确答案为C。

4. 【试题答案】C

【试题解析】本题考查重点是"地基基础工程施工试验与检测"。地基基础工程施工试验与检测包括：①地基土的物理性质试验和检测；②地基土承载力试验；③桩基承载力试验。混凝土结构工程施工试验与检测包括：①普通混凝土拌合物性能试验；②普通混凝土物理力学性能试验；③钢筋连接施工试验与检测；④混凝土结构实体检测。因此，本题的正确答案为C。

5. 【试题答案】B

【试题解析】本题考查重点是"常见的索赔内容"。根据FIDIC《施工合同文件》1999年第一版中承包商可引用的索赔条款的规定，业主原因引起的延误、妨碍、暂停施工，承包商可以要求索赔工期和费用，不能索赔利润。因此，本题的正确答案为B。

6. 【试题答案】C

【试题解析】本题考查重点是"流水施工参数——工艺参数"。为了说明组织流水施工时，各施工过程在时间和空间上的开展情况及相互依存关系，这里引入一些描述工艺流程、空间布置和时间安排等方面的状态参数——流水施工参数，包括工艺参数、空间参数和时间参数。工艺参数主要是指在组织流水施工时，用以表达流水施工在施工工艺方面进展状态的参数，通常包括施工过程和流水强度两个参数。所以，选项C符合题意。选项A的"流水步距"和选项D的"流水节拍"均属于时间参数。选项B的"施工段"属于空间参数。因此，本题的正确答案为C。

7.【试题答案】B

【试题解析】本题考查重点是"双代号网络计划总时差的计算"。工作的总时差等于该工作最迟完成时间与最早完成时间之差。工作的最早开始时间应等于其紧前工作最早完成时间的最大值。工作的最早完成时间等于其最早开始时间与其持续时间之和。所以：工作 E 的最早开始时间＝max｛16，19，20｝＝20，工作 E 的最早完成时间＝20＋6＝26，则工作 E 的总时差＝28－26＝2（天）。因此，本题的正确答案为B。

8.【试题答案】C

【试题解析】本题考查重点是"双代号网络计划时间参数的计算——按节点计算法"。工作的总时差可用以下公式计算：$TF_{i-j}=LT_j-ET_i-D_{i-j}$（式中：$TF_{i-j}$ 为工作 $i-j$ 的总时差；LT_j 为工作 $i-j$ 的完成节点（关键节点）j 的最迟时间；ET_i 为工作 $i-j$ 的开始节点 i 的最早时间；D_{i-j} 为工作 $i-j$ 的持续时间）。根据公式可知：工作 M 的总时差 $TF_{3\sim4}=LT_4-ET_3-D_{3\sim4}=10-2-5=3$（天）。因此，本题的正确答案为C。

9.【试题答案】B

【试题解析】本题考查重点是"网络计划的优化——工期优化"。所谓工期优化，是指网络计划的计算工期不满足要求工期时，通过压缩关键工作的持续时间以满足要求工期目标的过程。网络计划工期优化的目的是为了缩短计算工期。因此，本题的正确答案为B。

10.【试题答案】B

【试题解析】本题考查重点是"竣工初验收的程序"。当单位工程达到竣工验收条件后，施工单位应在自查、自评工作完成后，填写工程竣工报验单，并将全部竣工资料报送项目监理机构，申请竣工验收。总监理工程师应组织各专业监理工程师对竣工资料及各专业工程的质量情况进行全面检查，对检查出的问题，应督促施工单位及时整改。对需要进行功能试验的项目（包括单机试车和无负荷试车），监理工程师应督促施工单位及时进行试验，并对重要项目进行监督、检查，必要时请建设单位和设计单位参加；监理工程师应认真审查试验报告单并督促施工单位搞好成品保护和现场清理。经项目监理机构对竣工资料及实物全面检查、验收合格后，由总监理工程师签署工程竣工报验单，并向建设单位提出质量评估报告。因此，本题的正确答案为B。

11.【试题答案】D

【试题解析】本题考查重点是"非正常型直方图的类型"。非正常型直方图一般有五种类型：①折齿型。是由于分组组数不当或者组距确定不当出现的直方图；②左（或右）缓坡型。是由于操作中对上限（或下限）控制太严造成的；③孤岛型。是由于原材料发生变化，或者临时他人顶班作业造成的；④双峰型。是由于用两种不同方法或两台设备或两组工人进行生产，然后把两方面数据混在一起整理产生的；⑤绝壁型。是由于数据收集不正

253

常,可能有意识地去掉了下限以下的数据,或是在检测过程中存在某种人为因素所造成的。因此,根据第④点可知,本题的正确答案为D。

12.【试题答案】C

【试题解析】本题考查重点是"ISO质量管理体系的质量管理原则及特征"。管理的系统方法。"将互相关联的过程作为系统加以识别、理解和管理,有助于组织提高实现目标的有效性和效率。"任何一个组织,要想提高组织的效率和有效性,就必须采用系统管理的方法。在质量管理活动中,就要求用系统方法建立、运行和保持质量管理体系。针对设定的目标,识别、理解并管理一个由相互关联的过程所组成的体系,有助于提高组织的有效性和效率。这种建立和实施质量管理体系的方法,既可用于新建体系,也可用于现有体系的改进。此方法的实施可在三方面受益:一是提供对过程能力及产品可靠性的信任;二是为持续改进打好基础;三是使顾客满意,最终使组织获得成功。因此,本题的正确答案为C。

13.【试题答案】D

【试题解析】本题考查重点是"进口设备增值税额的计算公式"。我国增值税条例规定,进口应税产品均按组成计税价格,依税率直接计算应纳税额,不扣除任何项目的金额或已纳税额。即:进口产品增值税额=组成计税价格×增值税率。组成计税价格=到岸价×人民币外汇牌价+进口关税+消费税,增值税基本税率为17%。因此,本题的正确答案为D。

14.【试题答案】C

【试题解析】本题考查重点是"措施费的构成"。措施费是指为完成工程项目施工,发生于该工程施工前和施工过程中非工程实体项目的费用。措施项目费包括:环境保护费;文明施工费;安全施工费;临时设施费;夜间施工增加费;二次搬运费;冬雨季施工增加费;大型机械设备进出场及安拆费;施工排水费;施工降水费;地上地下设施、建筑物的临时保护设施费;已完工程及设备保护费;混凝土、钢筋混凝土模板及支架费;脚手架费。所以,选项C符合题意。选项A的"工程排污费"属于规费。选项B的"构成工程实体的材料费"属于直接工程费。选项D的"施工现场管理人员的工资"属于企业管理费。因此,本题的正确答案为C。

15.【试题答案】D

【试题解析】本题考查重点是"分部分项工程量清单的编制"。项目编码是分部分项工程量清单项目名称的数字标识。一~九位应按附录的规定设置,十~十二位应根据拟建工程的工程量清单项目名称设置。分部分项工程量清单项目设置五级编码,第一级编码即一~二位为工程分类顺序码,如建筑工程为01、装饰装修工程为02、安装工程为03、市政工程为04、园林绿化工程为05、矿山工程为06;第二级编码即三~四位为专业工程顺序码,如附录A的建筑工程的01表示土(石)方工程;第三级编码即五~六位为分部工程顺序码,如附录A的土(石)方工程中01表示土方工程;第四级编码即七~九位为分项工程顺序码,如附录A的土方工程中01表示平整场地;第五级编码即十~十二位为工程量清单项目顺序码,应根据拟建工程的工程量清单项目名称设置,同一招标工程的项目编码不得有重码。因此,本题的正确答案为D。

16.【试题答案】A

【试题解析】本题考查重点是"质量管理体系的实施"。进行质量管理体系评审的目的是使体系能够持续改进。持续改进是维持质量管理体系生命力的保证，对监理单位来说更是如此。一是体系建立并运行一段时间后可能会发现其中有不完善的地方，通过改进使之成为更加适合本监理单位的管理模式。二是监理行业出台新的要求和标准后，监理单位都要改进原有质量管理体系，适应监理行业新的要求。因此，本题的正确答案为 A。

17.【试题答案】D

【试题解析】本题考查重点是"质量管理体系的实施"。认证与认可的区别如下：①认证是由第三方进行，认可是由授权的机构进行；②认证是书面保证，认可是正式承认；③认证是证明认证对象与认证所依据的标准符合性，认可是证明认可对象具备从事特定任务的能力。因此，本题的正确答案为 D。

18.【试题答案】D

【试题解析】本题考查重点是"建设工程进度控制合同措施"。进度控制的合同措施主要包括：①推行 CM 承发包模式，对建设工程实行分段设计、分段发包和分段施工；②加强合同管理，协调合同工期与进度计划之间的关系，保证合同中进度目标的实现；③严格控制合同变更，对各方提出的工程变更和设计变更，监理工程师应严格审查后再补入合同文件之中；④加强风险管理，在合同中应充分考虑风险因素及其对进度的影响，以及相应的处理方法；⑤加强索赔管理，公正地处理索赔。根据第①点可知，选项 D 符合题意。选项 A 属于组织措施。选项 B 属于技术措施。选项 C 属于经济措施。因此，本题的正确答案为 D。

19.【试题答案】C

【试题解析】本题考查重点是"建设工程实施阶段进度控制的主要任务"。为了有效地控制建设工程进度，监理工程师要在设计准备阶段向建设单位提供有关工期的信息，协助建设单位确定工期总目标，并进行环境及施工现场条件的调查和分析。在设计阶段和施工阶段，监理工程师不仅要审查设计单位和施工单位提交的进度计划，更要编制监理进度计划，以确保进度控制目标的实现。因此，本题的正确答案为 C。

20.【试题答案】B

【试题解析】本题考查重点是"流水施工方式的特点"。流水施工方式具有以下特点：①尽可能地利用工作面进行施工，工期比较短；②各工作队实现了专业化施工，有利于提高技术水平和劳动生产率，也有利于提高工程质量；③专业工作队能够连续施工，同时使相邻专业队的开工时间能够最大限度地搭接；④单位时间内投入的劳动力、施工机具、材料等资源量较为均衡，有利于资源供应的组织；⑤为施工现场的文明施工和科学管理创造了有利条件。因此，根据第②点可知，本题的正确答案为 B。

21.【试题答案】A

【试题解析】本题考查重点是"网络计划技术的基本概念"。当网络计划的计划工期等于计算工期时，关键线路的总时差为零，此时所有总时差为零的工作（关键工作）组成的线路即为关键线路。当网络计划的计算工期小于计划工期时，关键线路的总时差不为零，此时总时差最小的工作为关键工作，关键工作组成的线路即为关键线路。所以，选项 A 的叙述是正确的，选项 B 的叙述是不正确的。一个网络计划中可能同时出现多条关键线路。关键线路在网络计划执行过程中会发生转移。所以，选项 C、D 的叙述均是不正确的。因此，本题的正确答案为A。

22.【试题答案】C

【试题解析】本题考查重点是"关键线路的确定"。在关键线路法中，线路上所有工作的持续时间总和称为该线路的总持续时间。总持续时间最长的线路称为关键线路，关键线路的长度就是网络计划的总工期。本题中的关键线路有：①—②—⑤—⑨—⑩；①—②—⑤—⑥—⑦—⑨—⑩；①—④—⑥—⑦—⑨—⑩三条。此三条关键线路的总持续时间均为19。因此，本题的正确答案为C。

23.【试题答案】D

【试题解析】本题考查重点是"质量管理体系的建立"。质量方针是由组织的最高管理者正式发布的该组织总的质量宗旨和方向，质量目标是指组织在质量方面所追求的目的。质量方针的建立为组织确定了未来发展的蓝图，也为质量目标的建立和评审提供了框架。质量方针必须通过质量目标的执行和实现才能得到落实，质量目标的建立为组织的运作提供了具体的要求，质量目标应以质量方针为框架具体展开。目标的内容要在组织当前质量水平的基础上，按照组织自身对更高质量的合理期望来确定，并适时修订和提高，以便与质量管理体系持续改进的承诺相一致。质量目标的实现对产品质量的控制、改进和提高、具体过程运作的有效性以及经济效益都有积极的作用和影响，因此也对组织获得顾客以及相关方的满意和信任产生积极的影响。因此，本题的正确答案为D。

24.【试题答案】C

【试题解析】本题考查重点是"见证取样送检工作的监控"。见证是指由监理工程师现场监督承包单位某工序全过程完成情况的活动。见证取样是指对工程项目使用的材料、半成品、构配件的现场取样、工序活动效果的检查实施见证。为确保工程质量，建设部规定，在市政工程及房屋建筑工程项目中，对工程材料、承重结构的混凝土试块、承重墙体的砂浆试块、结构工程的受力钢筋（包括接头）实行见证取样。因此，本题的正确答案为C。

25.【试题答案】A

【试题解析】本题考查重点是"质量管理体系审核的分类与目的"。审核的目的包括：(1) 内部审核的目的。内部审核的主要目的有：①确定受审核方质量管理体系或其一部分与审核准则的符合程度；②验证质量管理体系是否持续满足规定目标的要求且保持有效运行；③评价对国家有关法律法规及行业标准要求的符合性；④作为一种重要的管理手段和自我改进机制，及时发现问题，采取纠正措施或预防措施，使体系不断改进；⑤在外部审核前做好准备。(2) 外部审核的目的。外部审核的主要目的有：①确定受审核方质量管理体系或其一部分与审核准则的符合程度；②为受审核方提供质量改进的机会；③选择合适的合作伙伴，确保提供的服务符合规定要求（针对顾客审核）；④证实合作方持续满足规定的要求（针对顾客审核）；⑤促进合作方改进质量管理体系（针对顾客审核）；⑥确定现行的质量管理体系的有效性（针对第三方组织的审核）；⑦确定受审核方的质量管理体系能否被认证（针对第三方组织的审核）；⑧提高组织声誉，增强竞争能力（针对第三方组织的审核）。因此，本题的正确答案为A。

26.【试题答案】D

【试题解析】本题考查重点是"估算工程量单价"。估算工程量单价合同通常是由发包方提出工程量清单，列出分部分项工程量，由承包方以此为基础填报相应单价，累计计算后得出合同价格。但最后的工程结算价应按照实际完成的工程量来计算，即按合同中的分部分项工程单价和实际工程量，计算得出工程结算和支付的工程总价格。采用这种合同时，要求实际完成的工程量与原估计的工程量不能有实质性的变更。因此，本题的正确答案为D。

27.【试题答案】A

【试题解析】本题考查重点是"工程计量的方法"。所谓凭证法，就是按照承包商提供的凭证进行计量支付。如建筑工程险保险费、第三方责任险保险费、履约保证金等项目，一般按凭证法进行计量支付。因此，本题的正确答案为A。

28.【试题答案】B

【试题解析】本题考查重点是"建设工程进度控制合同措施"。进度控制的合同措施主要包括：①推行CM承发包模式，对建设工程实行分段设计、分段发包和分段施工；②加强合同管理，协调合同工期与进度计划之间的关系，保证合同中进度目标的实现；③严格控制合同变更，对各方提出的工程变更和设计变更，监理工程师应严格审查后再补入合同文件之中；④加强风险管理，在合同中应充分考虑风险因素及其对进度的影响，以及相应的处理方法；⑤加强索赔管理，公正地处理索赔。因此，根据第④点可知，本题的正确答案为B。

29.【试题答案】C

【试题解析】本题考查重点是"固定节拍流水施工"。固定节拍流水施工工期 T 的计算公式为：

$$T = (m + n - 1)t + \Sigma G + \Sigma Z$$

式中　m——施工段数目；

　　　n——施工过程数；

　　　t——流水节拍；

　　　G——工艺间歇时间；

　　　Z——组织间歇时间。

题中已知 $G=0$，$Z=0$，流水施工工期 T 不超过42天，则利用计算公式 $T=(m+n-1)t$，则可导出：$t = T \div (m+n-1) = 42 \div (3+5-1) = 6$（天）。所以，本题中流水节拍的最大值为6天。因此，本题的正确答案为C。

30.【试题答案】A

【试题解析】本题考查重点是"工程费用与工期的关系"。施工方案不同，直接费也就不同；如果施工方案一定，工期不同，直接费也不同。直接费会随着工期的缩短而增加。间接费包括企业经营管理的全部费用，它一般会随着工期的缩短而减少。因此，本题的正确答案为A。

31.【试题答案】A

【试题解析】本题考查重点是"建设单位的质量责任"。建设单位要根据工程特点和技术要求，按有关规定选择相应资质等级的勘察、设计单位和施工单位，在合同中必须有质量条款，明确质量责任，并真实、准确、齐全地提供与建设工程有关的原始资料。凡法律法规规定建设工程勘察、设计、施工、监理以及工程建设有关重要设备材料采购实行招标的、必须实行招标，依法确定程序和方法，择优选定中标者。不得将应由一个承包单位完成的建设工程项目肢解成若干部分发包给几个承包单位；不得迫使承包方以低于成本的价格竞标；不得任意压缩合理工期；不得明示或暗示设计单位或施工单位违反建设强制性标准，降低建设工程质量。建设单位对其自行选择的设计、施工单位发生的质量问题承担相应责任。因此，本题的正确答案为A。

32.【试题答案】D

【试题解析】本题考查重点是"控制图法"。控制图法是典型的动态分析法。描述生产过程中产品质量波动状态，分析判断生产过程是否处于稳定状态并进行过程控制。控制图的横轴是时间，因此能随着时间的变化分析样品的质量情况。而排列图和直方图则不同，它们都是同一时刻抽样检测所绘制出的图，因此不具备动态分析的功能。因此，本题的正确答案为D。

33.【试题答案】D

【试题解析】本题考查重点是"《建设工程工程量清单计价规范》附录表"。《建设工程工程量清单计价规范》附录表中的"项目名称"为分项工程项目名称，是形成分部分项工程量清单项目名称的基础，在此基础上增填相应项目特征，即为清单项目名称。分项工程项目名称一般以工程实体而命名，项目名称如有缺项，招标人可按相应的原则进行补充，并报当地工程造价管理部门备案。因此，本题的正确答案为D。

34.【试题答案】B

【试题解析】本题考查重点是"动态评价指标的计算分析"。盈利能力分析的判别准则：设财务内部收益率为 $FIRR$，财务净现值为 $FNPV$，基准收益率为 i_c，若 $FIRR \geqslant i_c$，则 $FNPV \geqslant 0$，方案财务效果可行；若 $FIRR < i_c$，则 $FNPV < 0$，方案财务效果不可行。项目的投资回收期是指项目收回投资所需要的时间，投资回收期是越短越好。所以，选项B的叙述是不正确的。因此，本题的正确答案为B。

35.【试题答案】D

【试题解析】本题考查重点是"工程质量统计及抽样检验的基本原理和方法"。多阶段抽样又称多级抽样。当总体很大时，很难一次抽样完成预定的目标，此时应采用多阶段抽样。因此，本题的正确答案为D。

36.【试题答案】D

【试题解析】本题考查重点是"抽样检验风险"。抽样检验是建立在数理统计基础上的，从数理统计的观点看，抽样检验必然存在着两类风险。①第一类风险：弃真错误。即：合格批被判定为不合格批，其概率记为α。此类错误对生产方或供货方不利，故称为生产方风险或供货方风险；②第二类风险：存伪错误。即：不合格批被判定为合格批，其概率记为β。此类错误对用户不利，故称为用户风险。因此，本题的正确答案为D。

37.【试题答案】A

【试题解析】本题考查重点是"进度控制的措施"。进度控制的合同措施主要包括：①推行CM承发包模式，对建设工程实行分段设计、分段发包和分段施工；②加强合同管理，协调合同工期与进度计划之间的关系，保证合同中进度目标的实现；③严格控制合同变更，对各方提出的工程变更和设计变更，监理工程师应严格审查后再补入合同文件之中；④加强风险管理，在合同中应充分考虑风险因素及其对进度的影响，以及相应的处理方法；⑤加强索赔管理，公正地处理索赔。因此，根据第③点可知，本题的正确答案为A。

38.【试题答案】A

【试题解析】本题考查重点是"流水施工参数——工艺参数"。工艺参数主要是指在组织流水施工时，用以表达流水施工在施工工艺方面进展状态的参数，通常包括施工过程和流水强度两个参数。因此，本题的正确答案为A。

39.【试题答案】D

【试题解析】本题考查重点是"计算工作的总时差"。工作的总时差等于该工作最迟完成时间与最早完成时间之差，或该工作最迟开始时间与最早开始时间之差。因此，本题的正确答案为D。

40.【试题答案】A

【试题解析】本题考查重点是"进度调整的系统过程"。在建设工程实施进度监测过程中，一旦发现实际进度偏离计划进度，即出现进度偏差时，必须认真分析产生偏差的原因及其对后续工作和总工期的影响，必要时采取合理、有效的进度计划调整措施，确保进度总目标的实现。建设工程进度调整过程中实施内容包括：①分析进度偏差的原因；②分析进度偏差对后续工作和总工期的影响；③确定后续工作和总工期的限制条件。当出现的进度偏差影响到后续工作或总工期而需要采取进度调整措施时，应当首先确定可调整进度的范围，主要指关键节点、后续工作的限制条件以及总工期允许变化的范围；④采取措施调整进度计划；⑤实施调整后的进度计划。根据第③点可知，选项A符合题意。选项B、C、D都是进度监测系统过程的内容，而非进度调整过程的内容。因此，本题的正确答案为A。

41.【试题答案】D

【试题解析】本题考查重点是"S曲线实际进度与计划进度的比较"。S曲线比较法也是在图上进行工程项目实际进度与计划进度的直观比较。在工程项目实施过程中，按照规定时间将检查收集到的实际累计完成任务量绘制在原计划S曲线图上，即可得到实际进度S曲线。通过比较实际进度S曲线和计划进度S曲线，可以知道工程项目实际进展状况：如果工程实际进展点落在计划S曲线左侧，表明此时实际进度比计划进度超前。实际进展点与计划S曲线在纵坐标方向的距离表示该工程超额完成的任务量；如果工程实际进展点落在计划S曲线右侧，表明此时实际进度拖后。实际进展点与计划S曲线在纵坐标方向的距离表示该工程实际拖欠的任务量。如果工程实际进展点正好落在计划S曲线上，则表示此时实际进度与计划进度一致。因此，本题的正确答案为D。

42.【试题答案】A

【试题解析】本题考查重点是"建筑工程施工质量验收的划分"。具备独立施工条件并能形成独立使用功能的建筑物及构筑物为一个单位工程。因此，本题的正确答案为A。

43.【试题答案】A

【试题解析】本题考查重点是"控制图的用途"。控制图是用样本数据来分析判断生产过程是否处于稳定状态的有效工具。它的用途主要有两个：①过程分析，即分析生产过程是否稳定。为此，应随机连续收集数据，绘制控制图，观察数据点分布情况并判定生产过程状态；②过程控制，即控制生产过程质量状态。为此，要定时抽样取得数据，将其变为点子描在图上，发现并及时消除生产过程中的失调现象，预防不合格品的产生。因此，本题的正确答案为 A。

44.【试题答案】A

【试题解析】本题考查重点是"控制图的用途"。控制图是用样本数据来分析判断生产过程是否处于稳定状态的有效工具。它的用途主要有两个：①过程分析，即分析生产过程是否稳定。为此，应随机连续收集数据，绘制控制图，观察数据点分布情况并判定生产过程状态；②过程控制，即控制生产过程质量状态。为此，要定时抽样取得数据，将其变为点子描在图上，发现并及时消除生产过程中的失调现象，预防不合格品的产生。因此，本题的正确答案为 A。

45.【试题答案】C

【试题解析】本题考查重点是"进口设备到岸价的构成"。进口设备到岸价（CIF）＝离岸价（FOB）＋国外运费＋国外运输保险费；货价＝离岸价（FOB 价）×人民币外汇牌价。所以，本题中，进口设备到岸价＝（200＋10＋6.5）×6.85＝1483.03（万元）。因此，本题的正确答案为 C。

46.【试题答案】D

【试题解析】本题考查重点是"以人工费为计算基础的工料单价法计价程序"。直接费＝直接工程费＋措施费＝400＋400×5％＝420（万元）；人工费＝直接工程费中的人工费＋措施费中的人工费＝100＋400×5％×50％＝110（万元）；间接费＝人工费×间接费费率＝110×30％＝33（万元）；利润＝人工费×利润率＝110×50％＝55（万元）；合计＝420＋33＋55＝508（万元）；含税造价＝508×（1＋3.41％）＝525.32（万元）。因此，本题的正确答案为 D。

47.【试题答案】D

【试题解析】本题考查重点是"国际工程项目建筑安装工程费用的构成"。国际工程项目建筑安装工程费用主要构成：工程总成本（包括直接费、间接费、分包费、公司总部管理费）、暂列金额、盈余（包括利润与风险费）三大部分。国际工程项目建筑安装工程费用构成中分包费是指分包商的报价加总包管理费。因此，本题的正确答案为 D。

48.【试题答案】D

【试题解析】本题考查重点是"价值工程方法"。价值工程（VE）是以提高产品或作业价值为目的，通过有组织的创造性工作，寻求用最低的寿命周期成本，可靠地实现使用者所需功能的一种管理技术。价值工程中所述的"价值"是指作为某种产品（或作业）所具有的功能与获得该功能的全部费用的比值。它不是对象的使用价值，也不是对象的经济价值和交换价值，而是对象的比较价值，是作为评价事物有效程度的一种尺度提出来的。这种关系可用一个数学公式表示：

$$V = F/C$$

式中　V——研究对象的价值；

　　　F——研究对象的功能；

　　　C——研究对象的成本，即寿命周期成本。

由此可见，价值工程涉及价值、功能和寿命周期成本三个基本要素。因此，本题的正确答案为 D。

49. 【试题答案】C

【试题解析】本题考查重点是"固定总价合同"。采用这种合同，合同总价只有在设计和工程范围发生变更的情况下才能随之作相应的变更，除此之外，合同总价一般不能变动。因此，采用固定总价合同，承包方要承担合同履行过程中的主要风险，要承担实物工程量、工程单价等变化而可能造成损失的风险。所以，选项A、D的叙述均是正确的。固定总价合同的适用条件一般为：①招标时的设计深度已达到施工图设计要求，工程设计图纸完整齐全，项目范围及工程量计算依据确切，合同履行过程中不会出现较大的设计变更，承包方依据的报价工程量与实际完成的工程量不会有较大的差异。②规模较小，技术不太复杂的中小型工程，承包方一般在报价时可以合理地预见到实施过程中可能遇到的各种风险。③合同工期较短，一般为工期在一年之内的工程。根据第③点可知，选项B的叙述是正确的。因此，本题的正确答案为C。

50. 【试题答案】B

【试题解析】本题考查重点是"工程计量的方法"。根据FIDIC合同条件的规定，工程计量的方法有：均摊法、凭据法、估价法、断面法、图纸法和分解计量法。其中，分解计量法就是将一个项目，根据工序或部位分解为若干子项，对完成的各子项进行计量支付。这种计量方法主要是为了解决一些包干项目或较大的工程项目的支付时间过长，影响承包商的资金流动等问题。所以，选项B符合题意。选项A的"估价法"就是按合同文件的规定，根据工程师估算的已完成的工程价值支付。选项C的"均摊法"就是对清单中某些项目的合同价款，按合同工期平均计量。选项D的"图纸法"是指在工程量清单中，采取按照设计图纸所示的尺寸进行计量的方法。因此，本题的正确答案为B。

51. 【试题答案】C

【试题解析】本题考查重点是"非节奏流水施工的计算"。在非节奏流水施工中，通常采用累加数列错位相减取大差法计算流水步距。累加数列错位相减取大差法的基本步骤如下：

(1) 对每一个施工过程在各施工段上的流水节拍依次累加，求得各施工过程流水节拍的累加数列。第1个施工过程：3，7，11，16，第2个施工过程：4，7，11，16。

(2) 将相邻施工过程流水节拍累加数列中的后者错后一位，相减后求得一个差数列。

$$
\begin{array}{r}
3,\ 7,\ 11,\ 16 \\
-)\quad 4,7,\ 11,\quad 16 \\
\hline
3,\ 3,\ 4,\ \ 5,\ -16
\end{array}
$$

(3) 在差数列中取最大值，即为这两个相邻施工过程的流水步距。流水步距＝max$\{3，3，4，5，-16\}$＝5（天）。

因此，本题的正确答案为C。

52. 【试题答案】D

【试题解析】本题考查重点是"双代号网络计划自由时差的计算"。对于有紧后工作的工作，其自由时差等于本工作之紧后工作最早开始时间减本工作最早完成时间所得之差的最小值，即：

$$FF_{i-j} = \min\{ES_{j-k} - EF_{i-j}\} = \min\{ES_{j-k} - ES_{i-j} - D_{i-j}\}$$

式中　FF_{i-j}——工作$i-j$的自由时差；

ES_{j-k}——工作 $i-j$ 的紧后工作 $j-k$（非虚工作）的最早开始时间；

EF_{i-j}——工作 $i-j$ 的最早完成时间；

ES_{i-j}——工作 $i-j$ 的最早开始时间；

D_{i-j}——工作 $i-j$ 的持续时间。

通过公式可以计算出，工作 M 的自由时差 $= \min\{(15-7-5)，(16-7-5)，(18-7-5)\} = \min\{3,4,6\} = 3$（天）。因此，本题的正确答案为 D。

53. 【试题答案】D

【试题解析】本题考查重点是"施工进度计划的组织措施"。为了确保进度控制目标的实现，通过缩短某些工作持续时间的方法调整施工进度计划时，可采用的组织措施包括：①增加工作面，组织更多的施工队伍；②增加每天的施工时间（如采用三班制等）；③增加劳动力和施工机械的数量。根据第①点可知，选项 D 符合题意。选项 A 属于其他配套措施。选项 B 属于经济措施。选项 C 属于技术措施。因此，本题的正确答案为 D。

54. 【试题答案】D

【试题解析】本题考查重点是"质量管理体系的建立"。监理单位组织编制质量管理体系文件时应遵循以下原则：①符合性。质量管理体系文件应符合监理单位的质量方针和目标，符合所选质量保证模式标准的要求。这两个符合性，也是质量管理体系认证的基本要求；②确定性。在描述任何质量活动过程时，必须使其具有确定性。即何时、何地、由谁、依据什么文件、怎么做以及应保留什么记录等必须加以明确规定，排除人为的随意性。只有这样才能保证过程的一致性，才能保障产品质量的稳定性；③相容性。各种与质量管理体系有关的文件之间应保持良好的相容性，即不仅要协调一致不产生矛盾，而且要各自为实现总目标承担好相应的任务，从质量策划开始就应当考虑保持文件的相容性；④可操作性。质量管理体系文件必须符合监理单位的客观实际，具有可操作性，这是体系文件得以有效贯彻实施的重要前提。因此，应该做到编写人员深入实际进行调查研究，使用人员及时反馈使用中存在的问题，力求尽快改进和完善，确保体系文件可以操作且行之有效；⑤系统性。质量管理体系应是一个由组织结构、程序、过程和资源构成的有机的整体。而在体系文件编写的过程中，由于要素及部门人员的分工不同，侧重点不同及其局限性，保持全局的系统性较为困难。因此，监理单位应该站在系统高度，着重搞清每个程序在体系中的作用，其输入、输出与其他程序之间的界面和接口，并施以有效的反馈控制。此外，体系文件之间的支撑关系必须清晰，质量管理体系程序要支撑质量手册，即对质量手册提出的各种管理要求都有交代、有控制的安排。作业文件也应如此支撑质量管理体系程序；⑥独立性。在关于质量管理体系评价方面，应贯彻独立性原则，使体系评价人员独立于被评价的活动（即只能评价与自己无责任和利益关联的活动，只有这样才能保证评价的客观性、真实性和公正性。同理，监理单位在设计验证、确认、质量审核、检验等活动中贯彻独立性原则也是必要的）。因此，本题的正确答案为 D。

55. 【试题答案】B

【试题解析】本题考查重点是"现场监督检查的方式"。监理工程师对施工现场监督检查的方式主要包括旁站、巡视和平行检验。不包括选项 B 的"专检"。因此，本题的正确答案为 B。

56. 【试题答案】B

【试题解析】本题考查重点是"因果分析图法概念"。因果分析图法是利用因果分析图来系统整理分析某个质量问题（结果）与其产生原因之间关系的有效工具。因果分析图也称特性要因图，又因其形状常被称为树枝图或鱼刺图。因此，本题的正确答案为B。

57.【试题答案】B

【试题解析】本题考查重点是"2008版ISO 9000族标准的特点"。GB/T 19000－2008 idt ISO 9000：2005《质量管理体系基础和术语》，起着奠定理论基础、统一术语概念和明确指导思想的作用，具有很重要的地位。标准的"引言"部分提出了八项质量管理原则，标准提供了12项质量管理体系基础和83个与质量管理体系有关的术语及其定义。标准中提出的八项质量管理原则是在总结质量管理经验的基础上提出的一个组织在实施质量管理时必须遵循的准则，是组织的领导者进行质量管理的基本原则，也是制定2008版ISO 9000族标准的理论基础。标准中表述了建立和运行质量管理体系应遵循的12个方面的质量管理体系基础知识，这12项质量管理基础既体现了八项质量管理原则，又对质量管理体系的某些方面作出了指导性说明，起着"承上启下"的重要作用。因此，本题的正确答案为B。

58.【试题答案】D

【试题解析】本题考查重点是"价值工程的核心"。价值工程的核心是对产品进行功能分析。价值工程中的功能是指对象能够满足某种要求的一种属性，具体讲，功能就是效用。如住宅的功能是提供居住空间，建筑物基础的功能是承受荷载，施工机具的功能是有效地完成施工生产任务，等等。用户向生产企业购买产品，是要求生产企业提供这种产品的功能，而不是产品的具体结构（或零部）。企业生产的目的，也是通过生产获得用户所期望的功能，而建筑结构等是实现功能的手段。目的是主要的，手段可以广泛地选择。因此，本题的正确答案为D。

59.【试题答案】A

【试题解析】本题考查重点是"投资偏差分析——赢得值法"。已完工作预算投资为BCWP，是指在某一时间已经完成的工作（或部分工作），以批准认可的预算为标准所需要的资金总额，由于发包人正是根据这个值为承包人完成的工作量支付相应的投资，也就是承包人获得（挣得）的金额，故称赢得值或挣值。已完工作预算投资（BCWP）＝已完成工作量×预算单价。

计划工作预算投资，简称BCWS，即根据进度计划，在某一时刻应当完成的工作（或部分工作），以预算为标准所需要的资金总额。一般来说，除非合同有变更，BCWS在工程实施过程中应保持不变。计划工作预算投资（BCWS）＝计划工作量×预算单价。

将BCWP，即已完成或进行中的工作的预算数与BCWS，即计划应完成的工作的预算数比较。进度偏差（SV）＝已完工作预算投资（BCWP）－计划工作预算投资（BCWS）。负值意味着与计划对比，完成的工作少于计划的工作。即当进度偏差SV为负值时，表示进度延误，实际进度落后于计划进度；当进度偏差SV为正值时，表示进度提前，实际进度快于计划进度。

根据题意，已完工作预算投资＝150×20＝3000（元）；计划工作预算投资＝100×20＝2000（元）。则：进度偏差＝3000－2000＝1000（元）。因此，本题的正确答案为A。

60.【试题答案】A

【试题解析】本题考查重点是"搭接网络计划中的时距"。在搭接网络计划中,工作之间的搭接关系是由相邻两项工作之间的不同时距决定的。所谓时距,就是在搭接网络计划中相邻两项工作之间的时间差值。因此,本题的正确答案为A。

61.【试题答案】A

【试题解析】本题考查重点是"监理工程师控制物资供应进度的工作内容"。监理工程师受业主的委托,对建设工程投资、进度和质量三大目标进行控制的同时,需要对物资供应进行控制和管理。根据物资供应的方式不同,监理工程师的主要工作内容也有所不同,其基本内容包括:协助业主进行物资供应的决策;组织物资供应招标工作;编制、审核和控制物资供应计划(编制或审核物资供应计划;监督检查订货情况,协助办理有关事宜;控制物资供应计划的实施)。因此,本题的正确答案为A。

62.【试题答案】C

【试题解析】本题考查重点是"设计交底与图纸会审的组织"。设计交底一般以会议形式进行,先进行设计交底,后转入图纸会审问题解释,通过设计、监理、施工三方或参建多方研究协商,确定存在的图纸和各种技术问题的解决方案。设计交底应在施工开始前完成。设计交底应由设计单位整理会议纪要,图纸会审应由施工单位整理会议纪要,与会各方会签。设计交底与图纸会审中涉及设计变更的尚应按监理程序办理设计变更手续。设计交底会议纪要、图纸会审会议纪要一经各方签认,即成为施工和监理的依据。因此,本题的正确答案为C。

63.【试题答案】B

【试题解析】本题考查重点是"投资控制的措施"。由于建设工程的投资主要发生在施工阶段,在这一阶段需要投入大量的人力、物力、财力等,是工程项目建设费用消耗最多的时期,浪费投资的可能性比较大。因此,监理单位应督促承包单位精心地组织施工,挖掘各方面潜力,节约资源消耗,仍可以收到节约投资的明显效果。参建各方对施工阶段的投资控制应给予足够的重视,仅仅靠控制工程款的支付是不够的,应从组织、经济、技术、合同等多方面采取措施,控制投资。因此,本题的正确答案为B。

64.【试题答案】C

【试题解析】本题考查重点是"投资控制的措施"。项目监理机构在施工阶段投资控制的具体措施如下:(1)组织措施:①在项目监理机构中落实从投资控制角度进行施工跟踪的人员、任务分工和职能分工;②编制本阶段投资控制工作计划和详细的工作流程图。(2)经济措施:①编制资金使用计划,确定、分解投资控制目标。对工程项目造价目标进行风险分析,并制定防范性对策;②进行工程计量;③复核工程付款账单,签发付款证书;④在施工过程中进行投资跟踪控制,定期进行投资实际支出值与计划目标值的比较;发现偏差,分析产生偏差的原因,采取纠偏措施;⑤协商确定工程变更的价款。审核竣工结算;⑥对工程施工过程中的投资支出做好分析与预测,经常或定期向建设单位提交项目投资控制及其存在问题的报告。(3)技术措施:①对设计变更进行技术经济比较,严格控制设计变更;②继续寻找通过设计挖潜节约投资的可能性;③审核承包人编制的施工组织设计,对主要施工方案进行技术经济分析。(4)合同措施:①做好工程施工记录,保存各种文件图纸,特别是注有实际施工变更情况的图纸,注意积累素材,为正确处理可能发生的索赔提供依据。参与处理索赔事宜;②参与合同修改、补充工作,着重考虑它对投资控

264

制的影响。因此，本题的正确答案为C。

65.【试题答案】C

【试题解析】本题考查重点是"抽样检验方法"。要使样本的数据能够反映总体的全貌，样本必须能够代表总体的质量特性，因此，样本数据的收集应建立在随机抽样的基础上。随机抽样可分为简单随机抽样、系统随机抽样、分层随机抽样和分级随机抽样等。不包括选项C的"成组随机抽样"。因此，本题的正确答案为C。

66.【试题答案】B

【试题解析】本题考查重点是"质量数据波动的原因"。质量特性值的变化在质量标准允许范围内波动称为正常波动，是由偶然性原因引起的；若是超过了质量标准允许范围的波动则称之为异常波动，是由系统性原因引起的。当影响质量的4M1E因素发生了较大变化，没有及时排除，生产过程则不正常，产品质量数据就会离散过大或与质量标准有较大偏离，表现为异常波动，次品、废品产生。这就是产生质量问题的系统性原因或异常原因。因此，本题的正确答案为B。

67.【试题答案】C

【试题解析】本题考查重点是"2008版ISO 9000族标准的构成"。在1999年9月召开的ISO/TC 176第17届年会上，提出了2000版ISO 9000族标准的文件结构。2008版ISO 9000族标准包括：4个核心标准、1个支持性标准、若干个技术报告和宣传性小册子。其中4个核心标准包括：①GB/T 19000－2008 idt ISO 9000：2005《质量管理体系基础和术语》；②GB/T 19001－2008 idt ISO 9001：2000《质量管理体系要求》；③GB/T 19004－2009 idt ISO 9004：2009《质量管理体系业绩改进指南》；④GB/T 19011－2003 idt ISO 19011：2002《质量和（或）环境管理体系审核指南》。根据第③点可知，GB/T 19004－2000提供质量管理体系指南。它包括持续改进的过程，有助于组织的顾客和其他相关方满意。因此，本题的正确答案为C。

68.【试题答案】C

【试题解析】本题考查重点是"采用装运港船上交货价（FOB）时卖方的责任"。采用装运港船上交货价（FOB）时卖方的责任是：负责在合同规定的装运港口和规定的期限内，将货物装上买方指定的船只，并及时通知买方负责货物装船前的一切费用和风险；负责办理出口手续；提供出口国政府或有关方面签发的证件；负责提供有关装运单据。所以，选项C符合题意。买方的责任是：负责租船或订舱，支付运费，并将船期、船名通知卖方；承担货物装船后的一切费用和风险；负责办理保险及支付保险费，办理在目的港的进口和收货手续；接受卖方提供的有关装运单据，并按合同规定支付货款。所以，选项A、B、D均属于买方的责任。因此，本题的正确答案为C。

69.【试题答案】B

【试题解析】本题考查重点是"国外项目咨询机构在建设工程投资控制中的主要任务"。在英联邦国家，负责项目投资控制的通常是工料测量师行。公司开办人称为合伙人，他们是公司的所有者，在法律上代表公司，在经济上自负盈亏，并亲自进行管理。合伙人本身必须是经过英国皇家测量师协会授予称号的工料测量师，如果一个人只拥有资金，而不是工料测量师，则不能当工料测量师行合伙人。英联邦国家的基本建设程序一般分为两大阶段，即合同签订前、后两阶段。因此，本题的正确答案为B。

70.【试题答案】A

【试题解析】本题考查重点是"成本加固定百分比酬金"。采用成本加固定百分比酬金合同计价方式，承包方的实际成本实报实销，同时按照实际成本的固定百分比付给承包方一笔酬金。这种合同计价方式，工程总价及付给承包方的酬金随工程成本增加而增加，这不利于鼓励承包方降低成本，故这种合同计价方式很少被采用。因此，本题的正确答案为A。

71.【试题答案】C

【试题解析】本题考查重点是"国外项目咨询机构在建设工程投资控制中的主要任务"。在方案建议（有的称为总体建议）阶段，工料测量师按照不同的设计方案编制估算书，除反映总投资额外，还要提供分部工程的投资额，以便业主能确定拟建项目的布局、设计和施工方案。工料测量师还应为拟建项目获得当局批准而向业主提供必要的报告。因此，本题的正确答案为C。

72.【试题答案】C

【试题解析】本题考查重点是"采用价格指数调整价格差额法"。价格调整公式为：

$$\Delta P = P_0 \left[A + \left(B_1 \times \frac{F_{t1}}{F_{01}} + B_2 \times \frac{F_{t2}}{F_{02}} + B_3 \times \frac{F_{t3}}{F_{03}} + \cdots + B_n \times \frac{F_{tn}}{F_{0n}} \right) - 1 \right]$$

式中　　　　ΔP——需调整的价格差额；

P_0——约定的付款证书中承包人应得到的已完成工程量的金额。此项金额应不包括价格调整、不计质量保证金扣留和支付、预付款的支付和扣回。约定的变更及其他金额已按现行价格计价的，也不计在内；

A——定值权重（即不调部分的权重）；

B_1，B_2，B_3……B_n——各可调因子的变值权重（即可调部分的权重），为各可调因子在投标函投标总价中所占的比例；

F_{t1}，F_{t2}，F_{t3}……F_{tn}——各可调因子的现行价格指数，指约定的付款证书相关周期最后一天的前42天的各可调因子的价格指数；

F_{01}，F_{02}，F_{03}……F_{0n}——各可调因子的基本价格指数，指基准日期的各可调因子的价格指数。

根据公式可以算出：$\Delta P = 8.2 \left[0.2 + \left(0.56 \times \frac{150}{125} + 0.24 \times \frac{88}{80} \right) - 1 \right] = 1.1152$（万美元）。则，三个月后该设备的结算款=8.2+1.1152=9.3152（万美元）。

因此，本题的正确答案为C。

73.【试题答案】A

【试题解析】本题考查重点是"非节奏流水施工的特点"。非节奏流水施工具有以下特点：①各施工过程在各施工段的流水节拍不全相等；②相邻施工过程的流水步距不尽相等；③专业工作队数等于施工过程数；④各专业工作队能够在施工段上连续作业，但有的施工段之间可能有空闲时间。根据第④点可知，选项A符合题意。因此，本题的正确答案为A。

74.【试题答案】C

【试题解析】本题考查重点是"工程延期的审批原则"。发生延期事件的工程部位，无论其是否处在施工进度计划的关键线路上，只有当所延长的时间超过其相应的总时差而影响到工期时，才能批准工程延期。如果延期事件发生在非关键线路上，且延长的时间并未超过总时差时，即使符合批准为工程延期的合同条件，也不能批准工程延期。因此，本题的正确答案为C。

75. 【试题答案】A

【试题解析】本题考查重点是"ISO质量管理体系的质量管理原则"。为了确保质量目标的实现，ISO质量管理体系明确了以下八项质量管理原则：①以顾客为关注焦点；②领导作用；③全员参与；④过程方法；⑤管理的系统方法；⑥持续改进；⑦基于事实的决策方法；⑧与供方互利的关系。其中，以顾客为关注焦点是首要原则。因此，本题的正确答案为A。

76. 【试题答案】C

【试题解析】本题考查重点是"索赔费用的计算方法"。索赔费用的计算方法包括：实际费用法、总费用法、修正的总费用法。其中，实际费用法是工程索赔计算时最常用的一种方法。用实际费用法计算时，在直接费的额外费用部分的基础上，再加上应得的间接费和利润，即是承包商应得的索赔金额。因此，本题的正确答案为C。

77. 【试题答案】D

【试题解析】本题考查重点是"按费用构成要素划分的建筑安装工程费用项目组成"。按照费用构成要素划分，建筑安装工程费由人工费、材料（包含工程设备，下同）费、施工机具使用费、企业管理费、利润、规费和税金组成。其中人工费、材料费、施工机具使用费、企业管理费和利润包含在分部分项工程费、措施项目费、其他项目费中。人工费是指按工资总额构成规定，支付给从事建筑安装工程施工的生产工人和附属生产单位工人的各项费用。内容包括：①计时工资或计件工资：是指按计时工资标准和工作时间或对已做工作按计件单价支付给个人的劳动报酬；②奖金：是指对超额劳动和增收节支支付给个人的劳动报酬。如节约奖、劳动竞赛奖等；③津贴补贴：是指为了补偿职工特殊或额外的劳动消耗和因其他特殊原因支付给个人的津贴，以及为了保证职工工资水平不受物价影响支付给个人的物价补贴。如流动施工津贴、特殊地区施工津贴、高温（寒）作业临时津贴、高空津贴等；④加班加点工资：是指按规定支付的在法定节假日工作的加班工资和在法定日工作时间外延时工作的加点工资；⑤特殊情况下支付的工资：是指根据国家法律、法规和政策规定，因病、工伤、产假、计划生育假、婚丧假、事假、探亲假、定期休假、停工学习、执行国家或社会义务等原因按计时工资标准或计时工资标准的一定比例支付的工资。因此，本题的正确答案为D。

78. 【试题答案】A

【试题解析】本题考查重点是"流水施工参数"。流水施工参数包括：①工艺参数，通常包括施工过程和流水强度两个参数；②空间参数，通常包括工作面和施工段；③时间参数，主要包括流水节拍、流水步距和流水施工工期等。因此，本题的正确答案为A。

79. 【试题答案】C

【试题解析】本题考查重点是"流水施工组织方式"。流水施工方式是将拟建工程项目中的每一个施工对象分解为若干个施工过程，并按照施工过程成立相应的专业工作队，各专业队按照施工顺序依次完成各个施工对象的施工过程，同时保证施工在时间和空间上连续、均衡和有节奏地进行，使相邻两个专业队能最大限度地搭接作业。所以，流水施工组织方式是施工中常采用的方式。因此，本题的正确答案为 C。

80. 【试题答案】D

【试题解析】本题考查重点是"建设工程施工进度控制工作内容"。建设工程施工进度控制工作从审核承包单位提交的施工进度计划开始，直至建设工程保修期满为止，其工作内容主要有：编制施工进度控制工作细则；编制或审核施工进度计划；按年、季、月编制工程综合计划；下达工程开工令；协助承包单位实施进度计划；监督施工进度计划的实施；组织现场协调会；签发工程进度款支付凭证；审批工程延期；向业主提供进度报告；督促承包单位整理技术资料；签署工程竣工报验单、提交质量评估报告；整理工程进度资料；工程移交。选项 D 属于编制施工进度控制工作细则的内容。其中，编制施工进度控制工作细则中包括进度控制的方法，包括进度检查周期、数据采集方式、进度报表格式、统计分析方法等。因此，本题的正确答案为 D。

二、多项选择题

81. 【试题答案】ABD

【试题解析】本题考查重点是"影响工程质量的因素"。工程材料泛指构成工程实体的各类建筑材料、构配件、半成品等，它是工程建设的物质条件，是工程质量的基础。因此，本题的正确答案为 ABD。

82. 【试题答案】ABDE

【试题解析】本题考查重点是"工程质量控制的原则"。项目监理机构在工程质量控制过程中，应遵循以下几条原则：①坚持质量第一的原则；②坚持以人为核心的原则；③坚持以预防为主的原则；④以合同为依据，坚持质量标准的原则；⑤坚持科学、公正、守法的职业道德规范。因此，本题的正确答案为 ABDE。

83. 【试题答案】ABC

【试题解析】本题考查重点是"卓越绩效管理模式的实质和理念"。卓越绩效管理模式的实质可以归纳为：①强调"大质量"观；②关注竞争力提升；③提供了先进的管理方法；④聚焦于经营结果；⑤是一个成熟度标准。因此，本题的正确答案为 ABC。

84. 【试题答案】ACD

【试题解析】本题考查重点是"横道图法的缺点"。利用横道图表示工程进度计划，存在下列缺点：①不能明确地反映出各项工作之间错综复杂的相互关系，因而在计划执行过程中，当某些工作的进度由于某种原因提前或拖延时，不便于分析其对其他工作及总工期的影响程度，不利于建设工程进度的动态控制；②不能明确地反映出影响工期的关键工作和关键线路，也就无法反映出整个工程项目的关键所在，因而不便于进度控制人员抓住主要矛盾；③不能反映出工作所具有的机动时间，看不到计划的潜力所在，无法进行最合理的组织和指挥；④不能反映工程费用与工期之间的关系，因而不便于缩短工期和降低工程成本。所以，选项 A、C、D 符合题意。用横道图表示的建设工程进度计划明确地表示出各项工作的划分、工作的开始时间和完成时间、工作的持续时间、工作之间的相互搭接关系，以及整个工程项目的开工时间、完工时间和总工期。可以进行进度计划的优化和调整。所以，选项 B、E 的叙述均是不正确的。因此，本题的正确答案为 ACD。

85. 【试题答案】BCD

【试题解析】本题考查重点是"施工图审查有关各方的职责"。施工图审查有关各方的职责有：①国务院建设行政主管部门负责全国施工图审查管理工作。省、自治区、直辖市人民政府建设行政主管部门负责组织本行政区域内的施工图审查工作的具体实施和监督管理工作。建设行政主管部门在施工图审查工作中主要负责制定审查程序、审查范围、审查内容、审查标准并颁发审查批准书，负责制定审查机构和审查人员条件，批准审查机构，认定审查人员；对审查机构和审查工作进行监督并对违规行为进行查处；对施工图设计审查负依法监督管理的行政责任。所以，选项 A、E 均属于建设行政主管部门的职责；②勘察、设计单位必须按照工程建设强制性标准进行勘察、设计，并对勘察、设计质量负责。审查机构按照有关规定对勘察成果、施工图设计文件进行审查，但并不改变勘察、设计单位的质量责任；③审查机构接受建设行政主管部门的委托对施工图设计文件涉及安全和强制性标准执行情况进行技术审查。建设工程经施工图设计文件审查后因勘察设计原因发生工程质量问题，审查机构承担审查失职的责任。审查机构应当在收到审查材料后 20 个工作日内完成审查工作，并提出审查报告，特级和一级项目应当在 30 个工作日内完成审查工作，并提出审查报告，其中重大及技术复杂项目的审查时间可适当延长。审查合格的项目，审查机构向建设行政主管部门提交项目施工图审查报告，由建设行政主管部门向建设单位通报审查结果，并颁发施工图审查批准书。对审查不合格的项目，提出书面意见后，由审查机构将施工图退回建设单位，并由原设计单位修改，重新送审。因此，本题的正确答案为 BCD。

86. 【试题答案】ABDE

【试题解析】本题考查重点是"对供货厂商进行评审的内容"。为保证订购设备的质量，采购方首先要通过评审选择一个合格的供货厂商，对供货厂商进行评审的内容包括：①供货厂商的资质；②设备供货能力；③近几年供应、生产、制造类似设备的情况，目前正在生产的设备情况、生产制造设备情况、产品质量状况；④过去若干年的资金平衡表和负债表；下一年度财务预测报告；⑤要另行分包采购的原材料、配套零部件及元器件的情况；⑥各种检验检测手段及试验室资质；企业的各项生产、质量、技术、管理制度的执行情况。因此，本题的正确答案为 ABDE。

87. 【试题答案】BCE

【试题解析】本题考查重点是"进度监测的系统过程"。在建设工程实施过程中，监理工程师应经常地、定期地对进度计划的执行情况进行跟踪检查，发现问题后，及时采取措施加以解决。进度监测系统过程为：①进度计划执行中的跟踪检查。对进度计划的执行情况进行跟踪检查是计划执行信息的主要来源，是进度分析和调整的依据，也是进度控制的关键步骤。跟踪检查的主要工作是定期收集反映工程实际进度的有关数据；②实际进度数据的加工处理；③实际进度与计划进度的对比分析。因此，本题的正确答案为 BCE。

88. 【试题答案】CE

【试题解析】本题考查重点是"质量预控对策的检查"。用解析图的形式表示质量预控及措施对策是用两份图表表达的。①工程质量预控图。在该图中间按该分部工程的施工各阶段划分，即从准备工作至完工后质量验收与中间检查以及最后的资料整理，右侧列出各阶段所需进行的与质量控制有关的技术工作，用框图的方式分别与工作阶段相连接；左侧列出各阶段所需进行的质量控制有关管理工作要求。②质量控制对策图。该图分为两部分，一部分是列出某一分部分项工程中各种影响质量的因素；另一部分是列出对应于各种质量问题影响因素所采取的对策或措施。因此，本题的正确答案为CE。

89. 【试题答案】ABCE

【试题解析】本题考查重点是"作业技术活动运行过程的控制"。作业技术活动运行过程的控制主要包括：①承包单位自检与专检工作的监控；②技术复核工作监控；③见证取样送检工作的监控；④工程变更的监控；⑤见证点的实施控制；⑥级配管理质量监控；⑦计量工作质量监控；⑧质量记录资料的监控；⑨工地例会的管理；⑩停、复工令的实施。D项属于作业技术准备状态的控制，应在施工作业开始前完成。因此，本题的正确答案为ABCE。

90. 【试题答案】ABCD

【试题解析】本题考查重点是"工程质量缺陷成因分析方法"。工程质量缺陷的发生，既可能因设计计算和施工图纸中存在错误，也可能因施工中出现不合格或质量缺陷，也可能因使用不当。要分析究竟是哪种原因所引起，必须对质量缺陷的特征表现，以及其在施工中和使用中所处的实际情况和条件进行具体分析。分析的基本步骤如下：①进行细致的现场调查研究，观察记录全部实况，充分了解与掌握引发质量缺陷的现象和特征；②收集调查与质量缺陷有关的全部设计和施工资料，分析摸清工程在施工或使用过程中所处的环境及面临的各种条件和情况；③找出可能产生质量缺陷的所有因素；④分析、比较和判断，找出最可能造成质量缺陷的原因；⑤进行必要的计算分析或模拟试验予以论证确认。因此，本题的正确答案为ABCD。

91. 【试题答案】AD

【试题解析】本题考查重点是"固定总价合同和可调总价合同"。固定总价合同中，合同总价只有在设计和工程范围发生变更的情况下才能随之作相应的变更，除此之外，合同总价一般不能变动。因此，采用固定总价合同，承包方要承担合同履行过程中的主要风险，要承担实物工程量、工程单价等变化而可能造成损失的风险。可调总价合同中，合同总价是一个相对固定的价格，在合同执行过程中，由于通货膨胀而使所用的工料成本增加，可对合同总价进行相应的调整。可调总价合同的合同总价不变，只是在合同条款中增加调价条款，若出现通货膨胀这一不可预见的费用因素，合同总价就可按约定的调价条款作相应调整。可调总价合同与固定总价合同的不同之处在于：它对合同实施中出现的风险做了分摊，发包方承担了通货膨胀的风险，而承包方承担合同实施中实物工程量、成本和工期因素等的其他风险。所以，固定总价合同和可调总价合同均属于当项目实际工程量与估计工程量没有实质性差别时，由承包人承担工程量变化风险的合同形式。因此，本题的正确答案为AD。

92. 【试题答案】ABE

【试题解析】本题考查重点是"索赔费用的组成"。一般来说，由于工程范围的变更、文件有缺陷或技术性错误，发包人未能提供现场等引起的索赔，承包人可以列入利润，所以，出现选项C、D的情况，承包商可以索赔利润。但对于工程暂停的索赔，由于利润通常是包括在每项实施的工程内容的价格之内的，而延长工期并未影响削减某些项目的实施，也未导致利润减少。综合上述只有选项 A、B、E 符合题意。因此，本题的正确答案为 ABE。

93.【试题答案】ADE

【试题解析】本题考查重点是"进度控制的技术措施"。进度控制的技术措施主要包括：①审查承包商提交的进度计划，使承包商能在合理的状态下施工；②编制进度控制工作细则，指导监理人员实施进度控制；③采用网络计划技术及其他科学适用的计划方法，并结合电子计算机的应用，对建设工程进度实施动态控制。所以，选项 A、D、E 符合题意。选项 B、C 均属于组织措施。因此，本题的正确答案为 ADE。

94.【试题答案】BCE

【试题解析】本题考查重点是"直方图法的用途"。通过直方图的观察与分析，可了解产品质量的波动情况，掌握质量特性的分布规律，以便对质量状况进行分析判断。同时可通过质量数据特征值的计算，估算施工生产过程总体的不合格品率，评价过程能力等。所以，选项 B、C、E 符合题意。选项 A 是因果分析图的作用。选项 D 是控制图的作用。因此，本题的正确答案为 BCE。

95.【试题答案】ABDE

【试题解析】本题考查重点是"组织的质量管理体系文件"。文件是指"信息及其承载媒体"。质量管理体系中使用的文件类型主要有质量手册、质量计划、规范、指南、程序、记录等。"质量策划"这样的表述并不意味着它就是一种文件，因此 C 项不符合题意。因此，本题的正确答案为 ABDE。

96.【试题答案】BCE

【试题解析】本题考查重点是"财务评价指标体系"。根据计算建设工程财务评价指标时是否考虑资金的时间价值，可将常用的财务评价指标分为静态指标（以非折现现金流量分析为基础）和动态指标（以折现现金流量分析为基础）两类。静态评价指标包括：总投资收益率；项目资本金净利润率；投资回收期；利息备付率；偿债备付率。动态评价指标包括：项目投资财务净现值；净现值指数；项目投资财务内部收益率；项目资本金财务内部收益率；投资各方财务内部收益率。所以，选项 B、C、E 符合题意。选项 A 的"净现值指数"、选项 D 的"项目投资财务净现值"均属于动态评价指标。因此，本题的正确答案为 BCE。

97.【试题答案】ABCE

【试题解析】本题考查重点是"施工图预算审查的具体内容"。施工图预算审查的内容包括：①审查施工图预算的编制是否符合现行国家、行业、地方政府有关法律、法规和规定要求；②审查工程量计算的准确性、工程量计算规则与计价规范规则或定额规则的一致性；③审查在施工图预算的编制过程中，各种计价依据使用是否恰当，各项费率计取是否正确；审查依据主要有施工图设计资料、有关定额、施工组织设计、有关造价文件规定和技术规范、规程等；④审查各种要素市场价格选用、应计取的费用是否合理；⑤审查施工图预算是否超过概算以及进行偏差分析。因此，本题的正确答案为 ABCE。

98.【试题答案】BCDE

【试题解析】本题考查重点是"投标报价工作的主要内容"。传统招标方法的投标报价工作的主要内容包括：①复核或计算工程量；②确定单价，计算合价；③确定分包工程费；④确定利润；⑤确定风险费；⑥确定投标价格。因此，本题的正确答案为BCDE。

99. 【试题答案】BCD

【试题解析】本题考查重点是"施工进度计划审核的内容"。监理工程师审核施工进度计划的内容有：①进度安排是否符合工程项目建设总进度计划中总目标和分目标的要求，是否符合施工合同中开工、竣工日期的规定；②施工总进度计划中的项目是否有遗漏，分期施工是否满足分批动用的需要和配套动用的要求；③施工顺序的安排是否符合施工工艺的要求；④劳动力、材料、构配件、设备及施工机具、水、电等生产要素的供应计划是否能保证施工进度计划的实现，供应是否均衡、需求高峰期是否有足够能力实现计划供应；⑤总包、分包单位分别编制的各项单位工程施工进度计划之间是否相协调，专业分工与计划衔接是否明确合理；⑥对于业主负责提供的施工条件（包括资金、施工图纸、施工场地、采供的物资等），在施工进度计划中安排得是否明确、合理，是否有造成因业主违约而导致工程延期和费用索赔的可能存在。因此，本题的正确答案为BCD。

100. 【试题答案】ABC

【试题解析】本题考查重点是"建设工程质量的特性"。建设工程质量的特性主要表现在以下七个方面：适用性、耐久性、安全性、可靠性、经济性、节能性、与环境的协调性。因此，本题的正确答案为ABC。

101. 【试题答案】AB

【试题解析】本题考查重点是"工程质量缺陷的涵义"。工程质量缺陷是指工程不符合国家或行业的有关技术标准、设计文件及合同中对质量的要求。工程质量缺陷可分为施工过程中的质量缺陷和永久质量缺陷，施工过程中的质量缺陷又可分为可整改质量缺陷和不可整改质量缺陷。因此，本题的正确答案为AB。

102. 【试题答案】ABDE

【试题解析】本题考查重点是"审查施工组织设计时需要掌握的原则"。审查施工组织设计时应掌握的原则有：①施工组织设计的编制、审查和批准应符合规定的程序；②施工组织设计应符合国家的技术政策，充分考虑承包合同规定的条件、施工现场条件及法规条件的要求，突出"质量第一、安全第一"的原则；③施工组织设计的针对性：承包单位是否了解并掌握了本工程的特点及难点，施工条件是否分析充分；④施工组织设计的可操作性：承包单位是否有能力执行并保证工期和质量目标，该施工组织设计是否切实可行；⑤技术方案的先进性：施工组织设计采用的技术方案和措施是否先进适用，技术是否成熟；⑥质量管理和技术管理体系，质量保证措施是否健全且切实可行；⑦安全、环保、消防和文明施工措施是否切实可行并符合有关规定；⑧在满足合同和法规要求的前提下，对施工组织设计的审查，应尊重承包单位的自主技术决策和管理决策。因此，本题的正确答案为ABDE。

103. 【试题答案】ABC

【试题解析】本题考查重点是"建设工程项目投资的概念"。建设投资由设备及工器具购置费、建筑安装工程费、工程建设其他费用、预备费（包括基本预备费和涨价预备费）和建设期利息组成。设备及工器具购置费，是指按照建设工程设计文件要求，建设单位（或其委托单位）购置或自制达到固定资产标准的设备和新、扩建项目配置的首套工器具及生产家具所需的费用。设备及工器具购置费由设备原价、工器具原价和运杂费（包括设备成套公司服务费）组成。在生产性建设工程中，设备及工器具投资主要表现为其他部门创造的价值向建设工程中的转移，但这部分投资是建设工程项目投资中的积极部分，它占项目投资比重的提高，意味着生产技术的进步和资本有机构成的提高。因此，本题的正确答案为ABC。

104.【试题答案】BC

【试题解析】本题考查重点是"建设工程项目投资的概念"。建设投资由设备及工器具购置费、建筑安装工程费、工程建设其他费用、预备费（包括基本预备费和涨价预备费）和建设期利息组成。建筑安装工程费，是指建设单位用于建筑和安装工程方面的投资，它由建筑工程费和安装工程费两部分组成。建筑工程费是指建设工程涉及范围内的建筑物、构筑物、场地平整、道路、室外管道铺设、大型土石方工程费用等。安装工程费是指主要生产、辅助生产、公用工程等单项工程中需要安装的机械设备、电器设备、专用设备、仪器仪表等设备的安装及配件工程费，以及工艺、供热、供水等各种管道、配件、闸门和供电外线安装工程费用等。因此，本题的正确答案为BC。

105.【试题答案】AD

【试题解析】本题考查重点是"影响工程进度的业主因素"。影响工程进度的业主因素，如业主使用要求改变而进行设计变更；应提供的施工场地条件不能及时提供或所提供的场地不能满足工程正常需要；不能及时向施工承包单位或材料供应商付款等。因此，本题的正确答案为AD。

106.【试题答案】AB

【试题解析】本题考查重点是"建设工程项目投资的概念"。工程建设其他费用，是指未纳入设备及工器具购置费和建筑安装工程费的费用。根据设计文件要求和国家有关规定应由项目投资支付的、为保证工程建设顺利完成和交付使用后能够正常发挥效用而发生的一些费用。工程建设其他费用可分为三类：第一类是土地使用费，包括土地征用及迁移补偿费和土地使用权出让金；第二类是与项目建设有关的费用，包括建设单位管理费、勘察设计费、研究试验费、建设工程监理费等；第三类是与未来企业生产经营有关的费用，包括联合试运转费、生产准备费、办公和生活家具购置费等。因此，本题的正确答案为AB。

107.【试题答案】CDE

【试题解析】本题考查重点是"建设工程项目投资的特点"。凡是按照一个总体设计进行建设的各个单项工程汇集的总体即为一个建设工程项目。在建设工程项目中凡是具有独立的设计文件、竣工后可以独立发挥生产能力或工程效益的工程为单项工程，也可将它理解为具有独立存在意义的完整的工程项目。各单项工程又可分解为各个能独立施工的单位工程。考虑到组成单位工程的各部分是由不同工人用不同工具和材料完成的，又可以把单位工程进一步分解为分部工程。然后还可按照不同的施工方法、构造及规格，把分部工程更细致地分解为分项工程。此外，需分别计算分部分项工程投资、单位工程投资、单项工程投资，最后才能汇总形成建设工程项目投资。可见建设工程项目投资的确定层次繁多。因此，本题的正确答案为CDE。

108.【试题答案】ACD

【试题解析】本题考查重点是"分解投资控制目标的方式"。根据投资控制目标和要求的不同，投资目标的分解可以分为按投资构成、按子项目、按时间分解三种类型。因此，本题的正确答案为ACD。

109.【试题答案】ABCE

【试题解析】本题考查重点是"划分施工段遵循的原则"。为使施工段划分得合理，一般应遵循下列原则：①同一专业工作队在各个施工段上的劳动量应大致相等，相差幅度不宜超过10%～15%；②每个施工段内要有足够的工作面，以保证相应数量的工人、主导施工机械的生产效率，满足合理劳动组织的要求；③施工段的界限应尽可能与结构界限（如沉降缝、伸缩缝等）相吻合，设在对建筑结构整体性影响小的部位，以保证建筑结构的整体性；④施工段的数目要满足合理组织流水施工的要求。施工段数目过多，会降低施工速度，延长工期，施工段过少，不利于充分利用工作面，可能造成窝工；⑤对于多层建筑物、构筑物或需要分层施工的工程，应既分施工段，又分施工层，各专业工作队依次完成第一施工层中各施工段任务后，再转入第二施工层的施工段上作业，依此类推。以确保相应专业队在施工段与施工层之间，组织连续、均衡、有节奏地流水施工。根据第④点可知，选项D不符合题意。因此，本题的正确答案为ABCE。

110.【试题答案】ABE

【试题解析】本题考查重点是"双代号网络计划总时差和自由时差的计算"。工作 $2\sim4$ 的总时差 $TF_{2\sim4}$ ＝最迟开始时间－最早开始时间＝4－4＝0。所以，选项A正确。①—②—④—⑥—⑦为关键线路，其上的工作均为关键工作。所以，工作 $6\sim7$ 为关键工作。因此，选项B正确。对于有紧后工作的工作，其自由时差等于本工作之紧后工作最早开始时间减本工作最早完成时间所得之差的最小值，则：工作 $3\sim6$ 的自由时差 $FF_{3\sim6}$ ＝min $\{ES_{j-k}-ES_{i-j}-D_{i-j}\}$。式中，$FF_{i-j}$ 为工作 $i-j$ 的自由时差；ES_{j-k} 为工作 $i-j$ 的紧后工作 $j-k$（非虚工作）的最早开始时间；ES_{i-j} 为工作 $i-j$ 的最早开始时间。根据计算公式可知：$FF_{3\sim6}$ ＝9－4－3＝2。所以，自由时差为2天。所以，选项C错误。工作 $2\sim5$ 的自由时差 $FF_{2\sim5}$ ＝min$\{9-4-5$，$9-4-5\}$＝0。所以，选项D错误。工作 $1\sim3$ 的自由时差 $FF_{1\sim3}$ ＝4－0－4＝0。所以，选项E正确。因此，本题的正确答案为ABE。

111.【试题答案】ABCE

【试题解析】本题考查重点是"时标网络计划的编制方法"。在时标网络计划中，以实箭线表示工作，实箭线的水平投影长度表示该工作的持续时间。所以，选项C的叙述是正确的。以虚箭线表示虚工作，由于虚工作的持续时间为零，故虚箭线只能垂直画。所以，选项A的叙述是正确的。以波形线表示工作与其紧后工作之间的时间间隔（以终点节点为完成节点的工作除外，当计划工期等于计算工期时，这些工作箭线中波形线的水平投影长度表示其自由时差）。所以，选项B、E的叙述均是正确的。工作箭线中不存在波形线时，表明该工作的自由时差为零，总时差不一定为零。所以，选项D的叙述是不正确的。因此，本题的正确答案为ABCE。

112.【试题答案】ABCE

【试题解析】本题考查重点是"进口设备抵岸价的构成"。进口设备如果采用装运港船上交货价（FOB），其抵岸价构成可概括为：进口设备抵岸价＝货价＋国外运费＋国外运输保险费＋银行财务费＋外贸手续费＋进口关税＋增值税＋消费税。因此，本题的正确答案为ABCE。

113. 【试题答案】ABDE

【试题解析】本题考查重点是"ISO 质量管理体系的质量管理原则及特征"。ISO 质量管理体系的特征包括：①符合性：要有效开展质量管理，必须设计、建立、实施和保持质量管理体系。组织的最高管理者依据相关标准对质量管理体系的设计、建立应符合行业特点、组织规模、人员素质和能力，同时还要考虑到产品和过程的复杂性、过程的相互作用情况、顾客的特点等；②系统性：质量管理体系是相互关联和相互作用的子系统所组成的复合系统；③全面有效性：质量管理体系的运行应是全面有效的，既能满足组织内部质量管理的要求，又能满足组织与顾客的合同要求，还能满足第二方认定、第三方认证和注册的要求；④预防性：质量管理体系应能采用适当的预防措施，有一定的防止重要质量问题发生的能力；⑤动态性：组织应综合考虑利益、成本和风险，通过质量管理体系持续有效运行和动态管理使其最佳化。最高管理者定期批准进行内部质量管理体系审核，定期进行管理评审，以改进质量管理体系；还要支持质量职能部门（含现场）采用纠正措施和预防措施改进过程，从而完善体系；⑥持续受控：质量管理体系应保持过程及其活动持续受控。因此，本题的正确答案为 ABDE。

114. 【试题答案】BCDE

【试题解析】本题考查重点是"投资控制的措施"。由于建设工程的投资主要发生在施工阶段，在这一阶段需要投入大量的人力、物力、财力等，是工程项目建设费用消耗最多的时期，浪费投资的可能性比较大。因此，监理单位应督促承包单位精心地组织施工，挖掘各方面潜力，节约资源消耗，仍可以收到节约投资的明显效果。参建各方对施工阶段的投资控制应给予足够的重视，仅仅靠控制工程款的支付是不够的，应从组织、经济、技术、合同等多方面采取措施，控制投资。因此，本题的正确答案为 BCDE。

115. 【试题答案】ABCD

【试题解析】本题考查重点是"划分施工段遵循的原则"。为使施工段划分得合理，一般应遵循下列原则：①同一专业工作队在各个施工段上的劳动量应大致相等，相差幅度不宜超过 10%～15%；②每个施工段内要有足够的工作面，以保证相应数量的工人、主导施工机械的生产效率，满足合理劳动组织的要求；③施工段的界限应尽可能与结构界限（如沉降缝、伸缩缝等）相吻合，设在对建筑结构整体性影响小的部位，以保证建筑结构的整体性；④施工段的数目要满足合理组织流水施工的要求。施工段数目过多，会降低施工速度，延长工期，施工段过少，不利于充分利用工作面，可能造成窝工；⑤对于多层建筑物、构筑物或需要分层施工的工程，应既分施工段，又分施工层，各专业工作队依次完成第一施工层中各施工段任务后，再转入第二施工层的施工段上作业，依此类推。以确保相应专业队在施工段与施工层之间，组织连续、均衡、有节奏地流水施工。因此，本题的正确答案为 ABCD。

116. 【试题答案】BDE

【试题解析】本题考查重点是"工期优化中选择压缩对象时应考虑的因素"。在网络计划的工期优化过程中，为了有效地缩短工期，选择压缩对象时宜在关键工作中考虑下列因素：①缩短持续时间对质量和安全影响不大的工作；②有充足备用资源的工作；③缩短持续时间所需增加的费用最少的工作。因此，本题的正确答案为 BDE。

117. 【试题答案】DE

【试题解析】本题考查重点是"工程质量监督机构的主要任务"。工程质量监督机构的主要任务包括：①根据政府主管部门的委托，受理建设工程项目的质量监督；②制定质量监督工作方案；③检查施工现场工程建设各方主体的质量行为；④检查建设工程实体质量；⑤监督工程质量验收；⑥向委托部门报送工程质量监督报告；⑦对预制建筑构件和商品混凝土的质量进行监督；⑧受委托部门委托按规定收取工程质量监督费；⑨政府主管部门委托的工程质量监督管理的其他工作。因此，本题的正确答案为DE。

118. 【试题答案】ABD

【试题解析】本题考查重点是"审查设计概算的编制依据"。审查设计概算的编制依据包括：①合法性审查。采用的各种编制依据必须经过国家或授权机关的批准，符合国家的编制规定。②时效性审查。对定额、指标、价格、取费标准等各种依据，都应根据国家有关部门的现行规定执行。③适用范围审查。各主管部门、各地区规定的各种定额及其取费标准均有其各自的适用范围，特别是各地区的材料预算价格区域性差别较大，在审查时应给予高度重视。因此，本题的正确答案为ABD。

119. 【试题答案】ACE

【试题解析】本题考查重点是"施工进度计划的经济措施"。在建设工程施工阶段，当通过压缩网络计划中关键工作的持续时间来缩短工期时，通常采取的经济措施有：①实行包干奖励；②提高资金数额；③对所采取的技术措施给予相应的经济补偿。所以，选项A、C、E符合题意。选项B属于组织措施。选项D属于其他配套措施。因此，本题的正确答案为ACE。

120. 【试题答案】ABCD

【试题解析】本题考查重点是"物资需求计划的编制"。物资需求计划是指反映完成建设工程所需物资情况的计划。它的编制依据主要有：施工图纸、预算文件、工程合同、项目总进度计划和各分包工程提交的材料需求计划等。物资需求计划的主要作用是确认需求，施工过程中所涉及的大量建筑材料、制品、机具和设备，确定其需求的品种、型号、规格、数量和时间。它为组织备料、确定仓库与堆场面积和组织运输等提供依据。因此，本题的正确答案为ABCD。

第八套模拟试卷

一、单项选择题（共 80 题，每题 1 分。每题的备选项中，只有 1 个最符合题意）

1. 工程上的防洪与抗震能力、防水隔热属于（   ）的质量范畴。
   A. 适用性　　　　　　　　　　　　B. 耐久性
   C. 安全性　　　　　　　　　　　　D. 可靠性

2. 在钢筋混凝土工程的施工质量验收中，规定"钢筋应平直、无损伤、表面不得有裂纹、油污、颗粒状或片状老锈"，这属于检验批质量的（   ）项目。
   A. 主控　　　　　　　　　　　　　B. 一般
   C. 观感　　　　　　　　　　　　　D. 基本

3. 在分部工程质量验收时，对于观感质量评价结论为"差"的（   ），应通过返修处理进行补救。
   A. 检验批　　　　　　　　　　　　B. 分项工程
   C. 检查点　　　　　　　　　　　　D. 控制点

4. 单位工程质量竣工验收记录中，综合验收结论由参加验收单位共同商定后，由（   ）填写，并对总体质量水平做出评价。
   A. 监理单位　　　　　　　　　　　B. 建设单位
   C. 设计单位　　　　　　　　　　　D. 施工单位

5. 工程质量事故发生后，事故调查组已展开工作的，监理工程师应（   ）。
   A. 积极参与事故调查　　　　　　　B. 要求施工单位提供相应证据
   C. 回避参与事故调查　　　　　　　D. 积极协助，客观提供相应证据

6. 施工质量验收时，抽样样本经实验室检测达不到规范及设计要求，但经检测单位的现场检测鉴定能够达到要求的，可（   ）处理。
   A. 返工　　　　　　　　　　　　　B. 补强
   C. 不做　　　　　　　　　　　　　D. 延后

7. 工程项目质量的特点之一是质量波动大，造成质量波动大的主要原因是由于工程项目的（   ）。
   A. 复杂性　　　　　　　　　　　　B. 单件性
   C. 影响因素多　　　　　　　　　　D. 中间产品多

8. 建设工程项目投资是指进行某项工程建设花费的（   ）。
   A. 材料费用　　　　　　　　　　　B. 人工费用
   C. 部分费用　　　　　　　　　　　D. 全部费用

9. 某工程双代号时标网络计划执行到第 5 周末时，实际进度前锋线如下图所示。从图中可以看出（   ）。

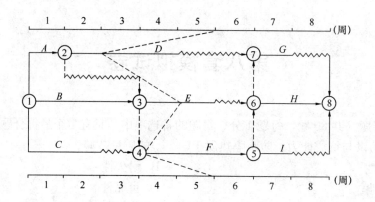

A. 工作 D 拖延 2 周，不影响工期　　　　　　B. 工作 E 拖延 1 周，影响工期 1 周

C. 工作 F 拖延 2 周，影响工期 2 周　　　　　D. 工作 D 拖延 3 周，不影响后续工作

10.《建设工程质量管理条例》规定，施工单位必须按照设计图纸，技术规范和标准组织施工，同时应负责(　　)。

　　A. 提供施工场地　　　　　　　　　　　　B. 组织设计图纸交底

　　C. 审核设计变更方案　　　　　　　　　　D. 检验建筑材料、构配件

11. 大型、复杂、关键设备和成套设备一般采用(　　)订货方式。

　　A. 市场采购　　　　　　　　　　　　　　B. 指定厂家

　　C. 招标采购　　　　　　　　　　　　　　D. 委托采购

12. 当发生工程质量问题时，监理工程师首先应做的工作是(　　)。

　　A. 判断其严重程度　　　　　　　　　　　B. 签发监理通知

　　C. 签发工程暂停令　　　　　　　　　　　D. 要求保护现场

13. GB/T 19001—2008 idt ISO 9001：2000《质量管理体系　要求》标准应用了以"过程为基础的质量管理体系模式"，鼓励组织在建立、实施和改进质量管理体系及提高其(　　)时，采用"过程方法"，通过满足顾客要求提高顾客满意度。

　　A. 科学性　　　　　　　　　　　　　　　B. 完整性

　　C. 有效性　　　　　　　　　　　　　　　D. 决定性

14. (　　)应当是组织的一个永恒目标。

　　A. 持续改进总体业绩　　　　　　　　　　B. 管理的系统方法

　　C. 领导作用　　　　　　　　　　　　　　D. 以顾客为关注焦点

15. 持续改进中的"改进"是指产品质量、过程及体系(　　)和效率的提高。

　　A. 科学性　　　　　　　　　　　　　　　B. 适用性

　　C. 合理性　　　　　　　　　　　　　　　D. 有效性

16. (　　)是指主要生产、辅助生产、公用工程等单项工程中需要安装的机械设备、电器设备、专用设备、仪器仪表等设备的安装及配件工程费，以及工艺、供热、供水等各种管道、配件、闸门和供电外线安装工程费用等。

　　A. 建筑安装工程费　　　　　　　　　　　B. 建筑工程费

　　C. 安装工程费　　　　　　　　　　　　　D. 基本预备费

17. ( )是根据设计文件要求和国家有关规定应由项目投资支付的、为保证工程建设顺利完成和交付使用后能够正常发挥效用而发生的一些费用。

    A. 设备及工器具购置费   B. 建筑安装工程费

    C. 基本预备费   D. 工程建设其他费用

18. 监理工程师对施工质量的检查验收，必须在承包单位自检合格的基础上进行，自检是指( )。

    A. 工序作业者的自检验   B. 前后工序交接检验

    C. 专职质检员的检验   D. 作业者自检、交接检和专检

19. 工程建设其他费用划分的第一类是( )。

    A. 土地使用费   B. 与项目建设有关的费用

    C. 与未来企业生产经营有关的费用   D. 设备及工器具购置费

20. 在进行质量问题成因分析中，首先要做的工作是( )。

    A. 收集有关资料   B. 现场调查研究

    C. 进行必要的计算   D. 分析、比较可能的因素

21. 下列各项中，属于违背基本建设程序导致工程质量缺陷的有( )。

    A. 无证设计   B. 越级设计

    C. 擅自修改设计   D. 不经竣工验收就交付使用

22. 投资偏差分析中的拟完工程计划投资是指( )之积。

    A. 拟完工程量和实际单价   B. 拟完工程量和计划单价

    C. 已完工程量和实际单价   D. 已完工程量和计划单价

23. 某建筑物基础工程的施工过程、施工段划分和流水节拍（天）见下表。如果组织非节奏流水施工，则基础工程的施工工期应为( )天。

施工过程	施工段			
	基础一	基础二	基础三	基础四
开挖	3	4	2	6
浇筑	4	2	6	8
回填	2	3	7	9

    A. 28   B. 29

    C. 32   D. 35

24. 下列关于建设工程质量特性的表述中，正确的是( )。

    A. 评价方法的特殊性   B. 终检的局限性

    C. 与环境的协调性   D. 隐蔽性

25. 进口钢材，海关商检结果经( )认可后，可作为有效材料的复检结果。

    A. 监理工程师   B. 建设单位

    C. 质量监督机构   D. 质量检测机构

26. 涉及主体结构及安全的工程变更，要按有关规定报送（　　）审批，否则变更不能实施。

  A. 当地建设行政主管部门   B. 质量监督机构

  C. 施工图原审查单位   D. 建设单位主管部门

27. 在建筑工程施工质量验收时，对涉及结构安全和使用功能的分部工程应进行（　　）检测。

  A. 抽样   B. 全数

  C. 无损   D. 见证取样

28. 建筑工程施工质量不符合要求，经返工重做或更换器具、设备的检验批应进行（　　）验收。

  A. 协商   B. 有条件

  C. 专门   D. 重新

29. 质量检验时，将总体按某一特性分为若干组，从每组中随机抽取样品组成样本的抽样方法称为（　　）。

  A. 简单随机抽样   B. 分层抽样

  C. 等距抽样   D. 多阶段抽样

30. 在质量管理排列图中，对应于累计频率曲线 $80\%\sim90\%$ 部分的因素，属于（　　）影响因素。

  A. 一般   B. 主要

  C. 次要   D. 其他

31. 国际工程项目建筑安装工程费用构成中，暂列金额属于（　　）。

  A. 业主方的备用金   B. 承包商的风险准备金

  C. 建筑安装工程的暂定单价 D. 工程师风险控制基金

32. 抽样检验中，将不合格产品判为合格而误收时所发生的风险称为（　　）风险。

  A. 供应方   B. 用户

  C. 生产方   D. 系统

33. 某项目的直接工程费为 98000 万元，措施费为 2950 万元，规费为 9600 万元，企业管理费为 13750 万元。已知利润率为 5.4%，综合税率为 3.41%，则该项目应缴纳的税金为（　　）万元。

  A. 4016.45   B. 4122.48

  C. 4361.49   D. 4467.52

34. 某新建项目，建设期为 2 年，共从银行贷款 960 万元，每年贷款额相等。贷款年利率为 6%，则该项目建设期利息为（　　）万元。

  A. 44.06   B. 58.46

  C. 88.13   D. 116.93

35. 某项目采用试差法计算财务内部收益率，求得 $i_1=15\%$、$i_2=18\%$、$i_3=20\%$ 时所对应的净现值分别为 150 万元、30 万元和 -10 万元，则该项目的财务内部收益率为（　　）。

  A. 17.50% B. 19.50%

  C. 19.69% D. 20.16%

36. 当一个招标工程总报价基本确定后，通过调整内部各个项目的报价，以期既不提高报价，也不影响中标，又能得到较高利润，这种报价技巧叫作（　　）。

　　A. 先亏后盈法　　　　　　　　　　B. 多方案报价法

　　C. 不平衡报价法　　　　　　　　　D. 突然降价法

37. 与横道图表示的进度计划相比，网络计划的主要特征是能够明确表达（　　）。

　　A. 单位时间内的资源需求量　　　　B. 各项工作之间的逻辑关系

　　C. 各项工作的持续时间　　　　　　D. 各项工作之间的搭接时间

38. 当工程延期事件具有持续性时，根据工程延期的审批程序，监理工程师应在调查核实阶段性报告的基础上完成的工作是（　　）。

　　A. 尽快做出延长工期的临时决定　　B. 及时向政府有关部门报告

　　C. 要求承包单位提出工程延期意向申请　　D. 重新审核施工合同条件

39. 某工程发生质量事故，造成5000万元以上1亿元以下直接经济损失，此次质量事故属于（　　）。

　　A. 特别重大质量事故　　　　　　　B. 重大质量事故

　　C. 较大质量事故　　　　　　　　　D. 一般质量事故

40. 工程质量事故处理方案中，监理工程师应牢记，不论哪种情况，特别是（　　）的质量缺陷，均要备好必要的书面文件，对技术处理方案等有关档案资料认真组织签认。

　　A. 修补处理　　　　　　　　　　　B. 返工处理

　　C. 不做处理　　　　　　　　　　　D. 加固处理

41. 向生产厂家订购设备，其质量控制工作的首要环节是对（　　）进行评审。

　　A. 质量合格标准　　　　　　　　　B. 合格供货厂商

　　C. 适宜运输方式　　　　　　　　　D. 工艺方案的合理性

42. 在工程质量事故处理过程中，可能要进行必要的检测鉴定，可进行检测鉴定的单位是（　　）。

　　A. 总监理工程师指定的检测单位　　B. 建设单位指定的检测单位

　　C. 具有资质的法定检测单位　　　　D. 监理工程师审查批准的施工单位实验室

43. （　　）的目的是要通过搜集、分析已有资料，进行现场踏勘。必要时，进行工程地质测绘和少量勘探工作，对拟选场址的稳定性和适宜性作出岩土工程评价，进行技术经济论证和方案比较，满足确定场地方案的要求。

　　A. 可行性研究勘察　　　　　　　　B. 初步勘察

　　C. 初略勘察　　　　　　　　　　　D. 详细勘察

44. 审查勘察单位提交的勘察成果报告，必要时对于各阶段的勘察成果报告组织专家论证或专家审查，并向（　　）提交勘察成果评估报告，同时应参与勘察成果验收。

　　A. 建设单位　　　　　　　　　　　B. 监理单位

　　C. 设计单位　　　　　　　　　　　D. 施工单位

45. 在非节奏流水施工中，通常采用（　　）计算流水步距。

　　A. 累加数列错位相减取大差法　　　B. 累加数列错位相加取大差法

　　C. 累加数列相减取大差法　　　　　D. 累加数列错位相减取小差法

46. 某工程双代号时标网络计划如下图所示，其中工作 B 的总时差为（　　）周。

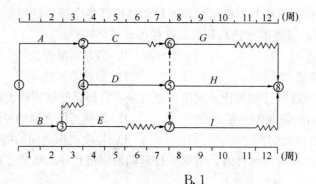

A. 0   B. 1

C. 2   D. 3

47. 为了有效地控制施工进度，要将施工进度总目标从不同角度进行层层分解，其中按项目组成分解总目标的是（　　）。

    A. 单位工程动用时间   B. 土建工程完工日期

    C. 一季度进度目标   D. 二期（年）工程进度目标

48. 施工进度检查的主要方法是将经过整理的实际进度数据与计划进度数据进行比较，其目的是（　　）。

    A. 分析影响施工进度的原因   B. 掌握各项工作时差的利用情况

    C. 提供计划调整和优化的依据   D. 发现进度偏差及其大小

49. （　　）是程序文件的支持性文件，是对具体的作业活动给出的指示性文件。

    A. 质量手册   B. 质量计划

    C. 质量记录   D. 作业文件

50. 在常用的工程质量控制的统计方法中，可以用来系统整理分析某个质量问题及其产生原因之间关系的方法是（　　）。

    A. 相关图法   B. 树枝图法

    C. 排列图法   D. 直方图法

51. "保证各种与质量管理体系有关的文件之间的协调，不产生矛盾，保证各自为实现总目标承担好相应的任务。"体现监理单位组织编制质量管理体系文件时（　　）的原则。

    A. 符合性   B. 确定性

    C. 相容性   D. 可操作性

52. 工程质量事故发生后，由（　　）签发《工程暂停令》。

    A. 工程质量监督机构   B. 总监理工程师

    C. 建设单位技术负责人   D. 设计单位技术负责人

53. 排列图法是利用排列图寻找影响质量主次因素的一种有效方法。实际应用中，通常按累计频率划分为三部分，与其对应的影响因素分别为 A、B、C 三类，其中 A 类是指（　　）。

    A. 0%～60%   B. 0%～80%

    C. 80%～90%   D. 90%～100%

54. 某建设工程固定资产投资为 3176.39 万元，流动资金为 436.55 万元，项目投产期年利润总额为 845.84 万元，达到设计能力的正常年份（生产期）的年利润总额为 1171.89

万元，则该项目的投资利润率为( )。

    A. 26.63%   B. 32.44%

    C. 31.68%   D. 36.89%

55. 概算定额（指标）控制( )的水平。

    A. 预算定额   B. 估算指标

    C. 计划定额   D. 计算定额

56. 所谓( )，就是在投资决策阶段、设计阶段、发包阶段、施工阶段以及竣工阶段，把建设工程投资控制在批准的投资限额以内，随时纠正发生的偏差，以保证项目投资管理目标的实现，以求在建设工程中能合理使用人力、物力、财力，取得较好的投资效益和社会效益。

    A. 建设工程投资   B. 建设工程项目

    C. 建设工程项目控制   D. 建设工程投资控制

57. 纠偏的主要对象是( )造成的投资偏差。

    A. 监理单位和建设单位   B. 监理单位和设计单位

    C. 发包人和设计单位   D. 发包人与施工单位

58. 为了有效地控制建设工程进度，监理工程师要在设计准备阶段( )。

    A. 审查工程项目建设总进度计划，并编制工程年、季、月实施计划

    B. 编制监理进度计划，确保进度控制目标的实现

    C. 编制设计总进度计划及详细的出图计划，并控制其执行

    D. 向建设单位提供有关工期的信息，协助建设单位确定工期总目标

59. 已知某工程双代号网络计划的计算工期为130天。如果计划工期为135天，则关键线路上( )。

    A. 相邻工作之间时间间隔为零   B. 工作的自由时差为零

    C. 工作的总时差为零   D. 节点最早时间等于最迟时间

60. 在建设工程技术设计阶段，影响项目投资的可能性为( )。

    A. 75%～95%   B. 35%～75%

    C. 15%～35%   D. 5%～35%

61. 据西方一些国家分析，设计费一般只相当于建设工程全寿命费用的( )以下。

    A. 1%   B. 2%

    C. 3%   D. 4%

62. ( )应督促承包单位精心地组织施工，挖掘各方面潜力，节约资源消耗，仍可以收到节约投资的明显效果。

    A. 监理单位   B. 施工单位

    C. 设计单位   D. 发包单位

63. 继续寻找通过设计挖潜节约投资的可能性，体现了项目监理机构在施工阶段投资控制的( )措施。

    A. 组织   B. 技术

    C. 经济   D. 合同

64. ( )是将总体中的抽样单元按某种次序排列，在规定的范围内随机抽取一个或一组

初始单元，然后按一套规则确定其他样本单元的抽样方法。

    A. 分层随机抽样   B. 简单随机抽样

    C. 系统随机抽样   D. 分级随机抽样

65. 国际咨询工程师联合会规定咨询工程师可向业主提供的咨询服务范围包括（　　）个方面。

    A. 五   B. 六

    C. 七   D. 八

66. 下列（　　）不属于审查施工图预算方法。

    A. "筛选"审查法   B. 对比审查法

    C. 扩大单价法   D. 逐项审查法

67. 工料测量师在工程建设的立约前阶段的任务中，其（　　）阶段，根据近似的工料数量及当时的价格，制定更详细的分项概算，并将它们与项目投资限额相比较。

    A. 工程建设开始   B. 可行性研究

    C. 方案建议   D. 详细设计

68. 监理工程师按委托监理合同要求对设计工作进度进行监控时，其主要内容有（　　）。

    A. 编制阶段性设计进度计划   B. 定期检查设计工作实际进展情况

    C. 协调设计各专业之间的配合   D. 建立健全设计技术经济定额

69. 当实际施工进度发生拖延时，为加快施工进度而采取的组织措施是（　　）。

    A. 改善劳动条件及外部配合条件   B. 更换设备，采用更先进的施工机械

    C. 增加劳动力和施工机械的数量   D. 改进施工工艺和施工技术

70. 对工程项目质量形成的过程而言，工程建设不同阶段对工程项目质量的形成起着不同的作用和影响，（　　）阶段是形成项目质量的决定性环节。

    A. 项目可行性研究和决策   B. 工程设计

    C. 工程施工   D. 工程竣工验收

71. 在工程质量控制中，监理机构应以（　　）为依据，客观、公平地处理质量问题。

    A. 推断   B. 理论

    C. 经验   D. 数据资料

72. 工料测量师行在接受项目投资控制委托，特别是接受工期较长、难度较大的项目投资控制委托时，都要买（　　），以防估价失误时因对业主进行赔偿而破产。

    A. 人身保险   B. 意外保险

    C. 事故保险   D. 专业保险

73. 总监理工程师根据建设单位的审批意见，向施工单位签发工程款支付证书，体现了施工阶段投资控制中（　　）的主要工作。

    A. 进行工程计量和付款签证   B. 对完成工程量进行偏差分析

    C. 审核竣工结算款   D. 处理施工单位提出的工程变更费用

74. 项目监理机构可在工程变更实施前与建设单位、施工单位等协商确定工程变更的计价原则、计价方法或价款，体现了施工阶段投资控制中（　　）的主要工作。

    A. 进行工程计量和付款签证   B. 对完成工程量进行偏差分析

    C. 审核竣工结算款   D. 处理施工单位提出的工程变更费用

75. 在( )年，世界银行、国际咨询工程师联合会对项目的总建设成本（相当于我国的建设工程总投资）作了统一规定。

    A. 1977   B. 1978

    C. 1979   D. 1980

76. 建设工程投资在整个建设期内需随时进行动态跟踪、调整，直至( )后才能真正形成建设工程投资。

    A. 编制估算   B. 概算

    C. 预算   D. 竣工决算

77. 某建设项目投资构成中，设备及工器具购置费为 3000 万元，设备运杂费为 360 万元，建筑安装工程费为 1000 万元，工程建设其他费为 500 万元，预备费为 200 万元，建设期贷款 2100 万元，应计利息 90 万元，流动资金贷款 400 万元，则该建设项目的工程造价为( )万元。

    A. 6290   B. 5890

    C. 4790   D. 6250

78. 根据《招标投标法》规定，下列选项中，不属于中标人的投标应符合的条件的是( )。

    A. 能够最大限度地满足招标文件中规定的各项综合评价标准

    B. 能够满足招标文件中的实质性要求

    C. 经评审的投标价格最低

    D. 投标价格低于成本

79. 双代号网络图中的节点表示( )。

    A. 工作

    B. 工作的开始或结束，以及工作之间的连接状态

    C. 工作的开始

    D. 工作的结果

80. 工期优化应优先选择( )。

    A. 压缩关键工作且优选系数最小的

    B. 压缩关键工作且优选系数最大的

    C. 压缩非关键工作且优选系数最小的

    D. 压缩非关键工作且优选系数最大的

二、**多项选择题**（共 40 题，每题 2 分。每题的备选项中，有 2 个或 2 个以上符合题意，至少有 1 个错项。错选，本题不得分；少选，所选的每个选项得 0.5 分）

81. 设备调平找正步骤正确的有( )。

    A. 设备的找正   B. 设备的初平

    C. 设备安装基准线的确定   D. 设备润滑

    E. 设备的精平

82. 工程质量问题处理完毕，监理工程师应组织相关人员写出质量处理报告，其主要内容包括( )。

A. 基本处理过程描述　　　　　B. 施工方提供的有关数据及资料
C. 质量问题处理依据　　　　　D. 施工方质量问题处理方案
E. 对处理结果的检查、鉴定和验收结论

83. 工程质量事故处理依据应包括(　　　)。
    A. 质量事故的实况资料　　　　B. 有关的合同文件
    C. 建设单位和监理单位的意见　D. 相关的建设法规
    E. 相关的技术文件

84. 采用工程量清单计价模式时，不得作为竞争性费用的有(　　　)。
    A. 安全文明施工费　　　　　　B. 其他项目费
    C. 规费　　　　　　　　　　　D. 税金
    E. 风险费用

85. 工程网络计划的优化目标有(　　　)。
    A. 降低资源强度
    B. 使计算工期满足要求工期
    C. 寻求工程总成本最低时的工期安排
    D. 工期不变条件下资源需用量均衡
    E. 资源限制条件下工期最短

86. 建设工程施工期间，监理工程师要对承包单位的各种质量记录资料进行监控，施工质量记录资料包括(　　　)。
    A. 施工现场质量管理检查记录资料　　B. 各种工程合同文件
    C. 工程材料质量证明资料　　　　　　D. 施工单位质量自检资料
    E. 各种设计文件

87. 在质量数据统计分析中，反映数据离散趋势的特征值包括(　　　)。
    A. 算术平均数　　　　　　　　B. 标准偏差
    C. 极差　　　　　　　　　　　D. 样本中位数
    E. 变异系数

88. 施工图预算是建设单位(　　　)的依据。
    A. 确定项目造价　　　　　　　B. 进行施工准备
    C. 控制施工成本　　　　　　　D. 监督检查定额执行标准
    E. 施工期间安排建设资金

89. 以下属于建设单位计划系统中工程项目年度计划的有(　　　)。
    A. 年度建设资金平衡表　　　　B. 年度设备平衡表
    C. 投资计划年度分配表　　　　D. 年度计划项目表
    E. 年度竣工投产交付使用计划表

90. 下列施工过程中，由于占用施工对象的空间而直接影响工期，必须要编制施工进度计划的有(　　　)。
    A. 砂浆制备过程　　　　　　　B. 墙体砌筑过程
    C. 商品混凝土制备过程　　　　D. 设备安装过程
    E. 外墙面装修过程

91. 政府监督管理工程质量的职能主要体现在(　　)。

  A. 建立和完善工程质量法规体系　　B. 建立和落实工程质量责任制度

  C. 建设活动主体资格及承发包管理　　D. 建筑企业质量体系认证

  E. 控制工程建设程序

92. 图纸会审的内容包括(　　)。

  A. 是否无证设计或越级设计；图纸是否经设计单位正式签署

  B. 设计地震烈度是否符合当地要求

  C. 施工图中所列各种标准图册施工单位是否具备

  D. 地基处理方法是否合理、建筑与结构构造是否存在不能施工、不便于施工的技术问题，或容易导致质量、安全、工程费用增加等方面问题

  E. 装饰质量是否符合要求；施工进度是否合理

93. 某工程双代号时标网络计划执行到第 6 周末和第 10 周末时，检查其实际进度如下图前锋线所示。检查结果表明(　　)。

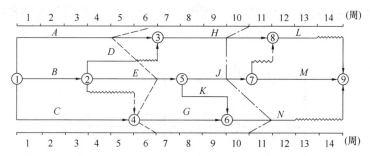

  A. 第 6 周末检查时，工作 A 拖后 2 周，不影响总工期

  B. 第 6 周末检查时，工作 E 进展正常，不影响总工期

  C. 第 6 周末检查时，工作 G 尚未开始，不影响总工期

  D. 第 10 周末检查时，工作 H 拖后 1 周，不影响总工期

  E. 第 10 周末检查时，工作 J 拖后 1 周，不影响总工期

94. 建筑材料或产品质量检验方式中，与全数检验相比较，抽样检验的优点有(　　)。

  A. 检验数量少，比较经济

  B. 适合于需要进行破坏性试验的检验项目

  C. 不需要复杂设备

  D. 检验结果准确性高

  E. 检验所需时间较少

95. 建设投资组成中的预备费包括(　　)。

  A. 基本预备费　　　　　　　　　　B. 建筑安装工程费

  C. 工程建设其他费用　　　　　　　D. 设备及工器具购置费

  E. 涨价预备费

96. 下列关于流水施工参数的说法中，正确的有(　　)。

  A. 流水步距的数目取决于参加流水的施工过程数

  B. 流水强度表示工作队在一个施工段上的施工时间

  C. 划分施工段的目的是为组织流水施工提供足够的空间

D. 流水节拍可以表明流水施工的速度和节奏性

E. 流水步距的大小取决于流水节拍

97. 某分部工程双代号网络计划如下图所示，图中的错误有（　　）。

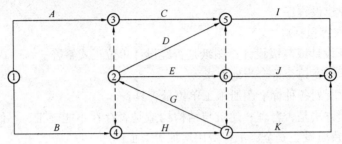

A. 多个起点节点　　　　　　　　　　　B. 存在循环回路

C. 多个终点节点　　　　　　　　　　　D. 节点编号有误

E. 工作代号重复

98. 某工程双代号网络计划如下图所示，图中已标出每个节点的最早时间和最迟时间，该计划表明（　　）。

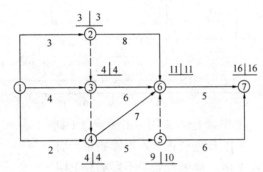

A. 工作 1~2 和工作 1~3 均为关键工作　　B. 工作 1~4 的自由时差为 2

C. 工作 2~6 和工作 3~6 均为关键工作　　D. 工作 4~5 的总时差和自由时差相等

E. 工作 5~7 的总时差为 1

99. 下列各项中，属于施工与管理不到位导致工程质量缺陷的有（　　）。

A. 将铰接做成刚接　　　　　　　　　B. 计算简图与实际受力情况不符

C. 挡土墙不按图设滤水层、排水孔　　D. 砖砌体砌筑上下通缝

E. 不熟悉图纸

100. 地基基础、主体结构分部工程的验收，应由总监理工程师组织（　　）进行。

A. 勘察、设计单位工程项目负责人　　B. 相关金融机构负责人

C. 施工单位技术、质量负责人　　　　D. 质量监督部门负责人

E. 材料供应单位负责人

101. 质量控制的因果分析图又称（　　）。

A. 特性要因图　　　　　　　　　　　B. 鱼刺图

C. 树枝图　　　　　　　　　　　　　D. 相关图

E. 管理图

102. 下列费用中，属于工程建设其他费用的有（　　）。

A. 建设单位管理费   B. 建设单位财务费

C. 生产准备费   D. 工程监理费

E. 工程保险费

103. 某工程双代号网络计划如下图所示，图中已标出每项工作的最早开始时间和最迟开始时间，该计划表明(　　)。

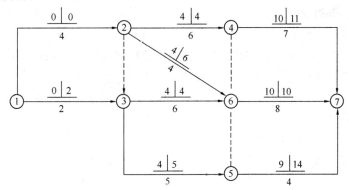

A. 工作 1～3 的总时差与自由时差相等

B. 工作 2～4 和工作 3～6 均为关键工作

C. 工作 2～6 的总时差与自由时差相等

D. 工作 3～5 的总时差与自由时差相等

E. 工作 4～7 与工作 5～7 的自由时差相等

104. 某工程单代号搭接网络计划如下图所示，节点中下方数字为该工作的持续时间，其中的关键工作有(　　)。

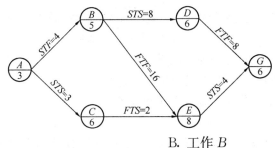

A. 工作 A   B. 工作 B

C. 工作 C   D. 工作 D

E. 工作 E

105. 对建设工程进度计划执行情况进行跟踪检查发现问题后，进度调整系统过程中应开展的工作有(　　)。

A. 分析产生进度偏差的原因

B. 实际进度数据的整理、统计和分析

C. 采取措施调整进度计划

D. 分析进度偏差对后续工作及总工期的影响

E. 进行实际进度与计划进度的比较

106. 当工程延期事件发生后，承包单位应在合同规定的有效期内向监理工程师提交(　　)。

A. 临时延期申请
B. 延期意向通知
C. 原始进度计划
D. 详细申述报告
E. 工程变更指令

107. 近年来，我国建设行政主管部门颁发了多项建设工程质量管理制度，主要有（　　）。

A. 工程质量监督制度
B. 工程质量保修制度
C. 工程质量检测制度
D. 施工图设计文件审查制度
E. 工程质量设计制度

108. 为了确保质量目标的实现，ISO 质量管理体系明确规定的原则有（　　）。

A. 以顾客为关注焦点
B. 领导作用
C. 全员参与
D. 管理的系统方法
E. 稳定发展

109. 施工图预算的编制依据有（　　）。

A. 类似工程预算
B. 施工组织设计
C. 相关标准图集
D. 造价工作手册
E. 批准的概算

110. 所谓建设工程投资控制，就是在（　　）以及竣工阶段，把建设工程投资控制在批准的投资限额以内，随时纠正发生的偏差，以保证项目投资管理目标的实现，以求在建设工程中能合理使用人力、物力、财力，取得较好的投资效益和社会效益。

A. 投资决策阶段
B. 设计阶段
C. 发包阶段
D. 分包阶段
E. 施工阶段

111. 当需要缩短关键工作的持续时间时，其缩短值的确定必须符合（　　）。

A. 缩短后工作的持续时间不能小于其最短持续时间
B. 缩短持续时间的工作可变为非关键工作
C. 缩短后持续时间应等于最短持续时间
D. 缩短持续时间的工作不可变为非关键工作
E. 可随意确定

112. 在建设工程施工阶段，当通过压缩网络计划中关键工作的持续时间来缩短工期时，通常采取的技术措施有（　　）。

A. 采用更先进的施工方法
B. 增加劳动力和施工机械的数量
C. 改进施工工艺和施工技术
D. 改善劳动条件
E. 采用更先进的施工机械

113. 为了有效地控制建设工程投资，从组织上采取措施包括（　　）。

A. 明确项目组织结构
B. 严格审查监督初步设计
C. 明确投资控制者及其任务
D. 使投资控制有专人负责
E. 明确管理职能分工

114. 项目监理机构在施工阶段投资控制的具体措施包括（　　）。

A. 组织措施
B. 技术措施
C. 经济措施
D. 合同措施

E. 设计措施

115. 下列有关网络计划时间参数说法正确的有(   )。

A. 计划工期是根据网络计划时间参数计算而得到的工期

B. 最早开始时间是其所有紧前工作全完成后，本工作开始的最早时刻

C. 总时差指不影响总工期前提下，本工作可利用的机动时间

D. 对同一项工作而言，自由时差不会超过总时差

E. 总时差为 0 时，自由时差不一定为 0

116. 在施工阶段监理工程师编制资金使用计划的主要形式有(   )。

A. 按子项目分解编制的资金使用计划

B. 按业主要求编制的资金使用计划

C. 按时间进度分解编制的资金使用计划

D. 按资金到位情况编制的资金使用计划

E. 按投资构成分解编制的资金使用计划

117. 我国项目监理机构建设工程保修阶段的主要工作包括(   )。

A. 对建设单位或使用单位提出的工程质量缺陷，工程监理单位应安排监理人员进行检查和记录，并应要求施工单位予以修复，同时应监督实施，合格后应予以签认

B. 审核勘察单位提交的勘察费用支付申请表，以及签发勘察费用支付证书

C. 工程监理单位应对工程质量缺陷原因进行调查，并应与建设单位、施工单位协商确定责任归属

D. 对非施工单位原因造成的工程质量缺陷，应核实施工单位申报的修复工程费用，并应签认工程款支付证书

E. 审核设计单位提交的设计费用支付申请表，以及签认设计费用支付证书

118. 世界银行、国际咨询工程师联合会对项目的总建设成本的规定中，其项目间接建设成本包括(   )。

A. 项目管理费   B. 管理系统费用

C. 开工试车费   D. 业主的行政性费用

E. 电气安装费

119. 监理工程师对环境因素的控制中，属于工程技术环境因素的有(   )。

A. 气象   B. 防护设施

C. 工作面   D. 通风照明和通信条件

E. 工程地质

120. 属于工程建设进度比较法的有(   )。

A. 横道图比较法   B. S 曲线比较法

C. 香蕉形曲线比较法   D. 函数比较法

E. 列表比较法

第八套　模拟试卷参考答案、考点分析

一、单项选择题

1. 【试题答案】D

【试题解析】本题考查重点是"建设工程质量"。可靠性，是指工程在规定的时间和规定的条件下完成规定功能的能力。工程不仅要求在交工验收时要达到规定的指标，而且在一定的使用时期内要保持应有的正常功能。如工程上的防洪与抗震能力、防水隔热、恒温恒湿措施、工业生产用的管道防"跑、冒、滴、漏"等，都属于可靠性的质量范畴。因此，本题的正确答案为D。

2. 【试题答案】B

【试题解析】本题考查重点是"施工质量验收的一般项目"。施工质量验收中，除主控项目以外的项目都是一般项目。例如混凝土结构工程中，除了主控项目外，"钢筋的接头宜设置在受力较小处。同一纵向受力钢筋不宜设置两个或两个以上接头。接头末端至钢筋弯起点的距离不应小于钢筋直径的10倍"，"钢筋应平直、无损伤，表面不得有裂纹、油污、颗粒状或片状老锈"，"施工缝的位置应在混凝土浇筑前按设计要求和施工技术方案确定。施工缝的处理应按施工技术方案执行。"等都是一般项目。因此，本题的正确答案为B。

3. 【试题答案】C

【试题解析】本题考查重点是"分部（子分部）工程质量验收"。观感质量验收的检查结果是综合给出质量评价。评价的结论为"好"、"一般"和"差"三种。对于"差"的检查点应通过返修处理等进行补救。因此，本题的正确答案为C。

4. 【试题答案】B

【试题解析】本题考查重点是"单位工程质量竣工验收记录"。单位（子单位）工程质量竣工验收记录由施工单位填写，验收结论由监理（建设）单位填写。综合验收结论由参加验收各方共同商定，建设单位填写，应对工程质量是否符合设计和规范要求及总体质量水平做出评价。因此，本题的正确答案为B。

5. 【试题答案】D

【试题解析】本题考查重点是"工程质量事故处理的程序"。监理工程师在事故调查组展开工作后，应积极协助，客观地提供相应证据，若监理方无责任，监理工程师可应邀参加调查组，参与事故调查；若监理方有责任，则应予以回避，但应配合调查组工作。因此，本题的正确答案为D。

6. 【试题答案】C

【试题解析】本题考查重点是"工程质量事故处理方案类型"。经法定检测单位鉴定合格：例如，某检验批混凝土试块强度值不满足规范要求，强度不足，在法定检测单位，对混凝土实体采用非破损检验等方法测定其实际强度已达到规范允许和设计要求值时，可不做处理。因此，本题的正确答案为C。

7. 【试题答案】B

292

【试题解析】本题考查重点是"工程质量的特点"。由于建筑生产的单件性、流动性，不像一般工业产品的生产那样，有固定的生产流水线、有规范化的生产工艺和完善的检测技术、有成套的生产设备和稳定的生产环境，所以工程质量容易产生波动且波动大。同时由于影响工程质量的偶然性因素和系统性因素比较多，其中任一因素发生变动，都会使工程质量产生波动。如材料规格品种使用错误、施工方法不当、操作未按规程进行、机械设备过度磨损或出现故障、设计计算失误等，都会发生质量波动，产生系统因素的质量变异，造成工程质量事故。为此，要严防出现系统性因素的质量变异，要把质量波动控制在偶然性因素范围内。因此，本题的正确答案为 B。

8. 【试题答案】D

【试题解析】本题考查重点是"建设工程项目投资的概念"。建设工程项目投资是指进行某项工程建设花费的全部费用。生产性建设工程项目总投资包括建设投资和铺底流动资金两部分；非生产性建设工程项目总投资则只包括建设投资。因此，本题的正确答案为 D。

9. 【试题答案】C

【试题解析】本题考查重点是"前锋线比较法"。前锋线比较法是通过绘制某检查时刻工程项目实际进度前锋线，进行工程实际进度与计划进度比较的方法，它主要适用于时标网络计划。所谓前锋线，是指在原时标网络计划上，从检查时刻的时标点出发，用点划线依次将各项工作实际进展位置点连接而成的折线。本题中工作 F 是关键工作，拖延 2 周，影响总工期 2 周。因此，本题的正确答案为 C。

10. 【试题答案】D

【试题解析】本题考查重点是"施工单位的质量责任"。施工单位必须按照工程设计图纸和施工技术规范标准组织施工。未经设计单位同意，不得擅自修改工程设计。在施工中，必须按照工程设计要求、施工技术规范标准和合同约定，对建筑材料、构配件、设备和商品混凝土进行检验，不得偷工减料，不得使用不符合设计和强制性技术标准要求的产品，不得使用未经检验和试验或检验和试验不合格的产品。因此，本题的正确答案为 D。

11. 【试题答案】C

【试题解析】本题考查重点是"招标采购设备的质量控制"。设备招标采购一般用于大型、复杂、关键设备和成套设备及生产线设备的订货。选择合适的设备供应单位是控制设备质量的重要环节。在设备招标采购阶段，监理单位应该当好建设单位的参谋和帮手，把好设备订货合同中技术标准、质量标准的审查关。因此，本题的正确答案为 C。

12. 【试题答案】A

【试题解析】本题考查重点是"工程质量问题的处理程序"。当发生工程质量问题时，监理工程师首先应判断其严重程度。对可以通过返修或返工弥补的质量问题可签发《监理通知》，责成施工单位写出质量问题调查报告，提出处理方案，填写《监理通知回复单》报监理工程师审核后，批复承包单位处理，必要时应经建设单位和设计单位认可，处理结果应重新进行验收。因此，本题的正确答案为 A。

13. 【试题答案】C

【试题解析】本题考查重点是"ISO 质量管理体系的内涵和构成"。GB/T 19001—

2008 idt ISO 9001：2000《质量管理体系要求》标准应用了以"过程为基础的质量管理体系模式"，鼓励组织在建立、实施和改进质量管理体系及提高其有效性时，采用"过程方法"，通过满足顾客要求提高顾客满意度。因此，本题的正确答案为 C。

14.【试题答案】A

【试题解析】本题考查重点是"ISO 质量管理体系的质量管理原则及特征"。"持续改进总体业绩应当是组织的一个永恒目标。"任何事物都是不断发展变化的，都有一个逐步完善和不断适应更新的过程，质量管理也是一样，持续改进是组织的一个永恒目标。在质量管理体系中，改进是指产品质量、过程及体系有效性和效率的提高。持续改进包括：了解现状；建立目标；寻找、评价和实施解决办法；测量、验证和分析结果，把更改纳入文件等活动，最终形成一个 PDCA 循环，并使这个循环不断地运行，使得组织能够持续改进。因此，本题的正确答案为 A。

15.【试题答案】D

【试题解析】本题考查重点是"ISO 质量管理体系的质量管理原则及特征"。"持续改进总体业绩应当是组织的一个永恒目标。"任何事物都是不断发展变化的，都有一个逐步完善和不断适应更新的过程，质量管理也是一样，持续改进是组织的一个永恒目标。在质量管理体系中，改进是指产品质量、过程及体系有效性和效率的提高。持续改进包括：了解现状；建立目标；寻找、评价和实施解决办法；测量、验证和分析结果，把更改纳入文件等活动，最终形成一个 PDCA 循环，并使这个循环不断地运行，使得组织能够持续改进。因此，本题的正确答案为 D。

16.【试题答案】C

【试题解析】本题考查重点是"建设工程项目投资的概念"。建设投资由设备及工器具购置费、建筑安装工程费、工程建设其他费用、预备费（包括基本预备费和涨价预备费）和建设期利息组成。建筑安装工程费，是指建设单位用于建筑和安装工程方面的投资，它由建筑工程费和安装工程费两部分组成。建筑工程费是指建设工程涉及范围内的建筑物、构筑物、场地平整、道路、室外管道铺设、大型土石方工程费用等。安装工程费是指主要生产、辅助生产、公用工程等单项工程中需要安装的机械设备、电器设备、专用设备、仪器仪表等设备的安装及配件工程费，以及工艺、供热、供水等各种管道、配件、闸门和供电外线安装工程费用等。因此，本题的正确答案为 C。

17.【试题答案】D

【试题解析】本题考查重点是"建设工程项目投资的概念"。工程建设其他费用，是指未纳入设备及工器具购置费和建筑安装工程费的费用。根据设计文件要求和国家有关规定应由项目投资支付的、为保证工程建设顺利完成和交付使用后能够正常发挥效用而发生的一些费用。工程建设其他费用可分为三类：第一类是土地使用费，包括土地征用及迁移补偿费和土地使用权出让金；第二类是与项目建设有关的费用，包括建设单位管理费、勘察设计费、研究试验费、建设工程监理费等；第三类是与未来企业生产经营有关的费用，包括联合试运转费、生产准备费、办公和生活家具购置费等。因此，本题的正确答案为 D。

18.【试题答案】D

【试题解析】本题考查重点是"检验程序"。作业活动结束，应先由承包单位的作业人员按规定进行自检，自检合格后与下一工序的作业人员交接检查，如满足要求则由承包单位专职质检员进行检查，以上自检、交检、专检均符合要求后则由承包单位向监理工程师提交"报验申请表"，监理工程师收到通知后，应在合同规定的时间内及时对其质量进行检查，确认其质量合格后予以签认验收。因此，本题的正确答案为D。

19.【试题答案】A

【试题解析】本题考查重点是"建设工程项目投资的概念"。工程建设其他费用，是指未纳入设备及工器具购置费和建筑安装工程费的费用。根据设计文件要求和国家有关规定应由项目投资支付的、为保证工程建设顺利完成和交付使用后能够正常发挥效用而发生的一些费用。工程建设其他费用可分为三类：第一类是土地使用费，包括土地征用及迁移补偿费和土地使用权出让金；第二类是与项目建设有关的费用，包括建设单位管理费、勘察设计费、研究试验费、建设工程监理费等；第三类是与未来企业生产经营有关的费用，包括联合试运转费、生产准备费、办公和生活家具购置费等。因此，本题的正确答案为A。

20.【试题答案】B

【试题解析】本题考查重点是"工程质量缺陷成因分析方法"。工程质量缺陷的发生，既可能因设计计算和施工图纸中存在错误，也可能因施工中出现不合格或质量缺陷，也可能因使用不当。要分析究竟是哪种原因所引起，必须对质量缺陷的特征表现，以及其在施工中和使用中所处的实际情况和条件进行具体分析。分析的基本步骤如下：①进行细致的现场调查研究，观察记录全部实况，充分了解与掌握引发质量缺陷的现象和特征；②收集调查与质量缺陷有关的全部设计和施工资料，分析摸清工程在施工或使用过程中所处的环境及面临的各种条件和情况；③找出可能产生质量缺陷的所有因素；④分析、比较和判断，找出最可能造成质量缺陷的原因；⑤进行必要的计算分析或模拟试验予以论证确认。因此，本题的正确答案为B。

21.【试题答案】D

【试题解析】本题考查重点是"工程质量缺陷的成因"。违背基本建设程序。基本建设程序是工程项目建设过程及其客观规律的反映，不按建设程序办事，例如，未搞清地质情况就仓促开工；边设计、边施工；无图施工；不经竣工验收就交付使用等。因此，本题的正确答案为D。

22.【试题答案】B

【试题解析】本题考查重点是"拟完工程计划投资"。投资偏差分析中的拟完工程计划投资，是指根据进度计划安排在某一确定时间内所应完成的工程内容的计划投资。即：拟完工程计划投资＝拟完工程量（计划工程量）×计划单价。因此，本题的正确答案为B。

23.【试题答案】C

【试题解析】本题考查重点是"非节奏流水施工"。在非节奏流水施工中，通常采用累加数列错位相减取大差法计算流水步距。累加数列错位相减取大差法的基本步骤如下：

（1）对每一个施工过程在各施工段上的流水节拍依次累加，求得各施工过程流水节拍的累加数列。施工开挖过程：3，7，9，15，施工浇筑过程：4，6，12，20，施工回填过程：2，5，12，21。

（2）将相邻施工过程流水节拍累加数列中的后者错后一位，相减后求得一个差数列。

施工开挖与浇筑过程：　　　3，7，9，15

$$\begin{array}{c} -) \quad 4, \quad 6, \quad 12, \quad 20 \\ \underline{\quad 3, \quad 3, \quad 3, \quad 3, \quad -20} \end{array}$$

施工浇筑与回填过程：$\quad 4, \ 6, \ 12, 20$

$$\begin{array}{c} -) \quad 2, \quad 5, \quad 12, \quad 21 \\ \underline{\quad 4, \quad 4, \quad 7, \quad 8, \quad -21} \end{array}$$

（3）在差数列中取最大值，即为这两个相邻施工过程的流水步距。

施工开挖与浇筑过程之间的流水步距：$K_{1,2} = \max \{3, 3, 3, 3, -20\} = 3$（天）；

施工浇筑与回填过程之间的流水步距：$K_{2,3} = \max \{4, 4, 7, 8, -21\} = 8$（天）；

流水步距为 11 天（3+8）。

（4）计算流水施工工期。流水施工工期可按下式计算：

$$T = \Sigma K + \Sigma t_n + \Sigma G + \Sigma Z - \Sigma C$$

式中　T——流水施工工期；

　　　K——各施工过程（或专业工作队）之间流水步距之和；

　　　Σt_n——最后一个施工过程（或专业工作队）在各施工段流水节拍之和；

　　　ΣZ——组织间歇时间之和；

　　　ΣG——工艺间歇时间之和；

　　　ΣC——提前插入时间之和。

可以计算出：$T = 11 + (2 + 3 + 7 + 9) = 32$（天）。

所以，本题中流水施工工期为 32 天。

因此，本题的正确答案为 C。

24.【试题答案】C

【试题解析】本题考查重点是"建设工程质量的特性"。建设工程质量的特性主要表现在六个方面：适用性、耐久性、安全性、可靠性、经济性、与环境的协调性。所以，选项 C 符合题意。选项 A、B、D 三项均是工程质量的特点。建设工程质量的特性和工程质量的特点是两个不同的概念。因此，本题的正确答案为 C。

25.【试题答案】A

【试题解析】本题考查重点是"钢结构工程试验与检测"。海关商检结果经监理工程师认可后，可作为有效材料的复检结果。因此，本题的正确答案为 A。

26.【试题答案】C

【试题解析】本题考查重点是"工程变更的监控"。①工程变更涉及结构主体及安全的，该工程变更要按有关规定报送施工图原审查单位进行审批，否则变更不能实施；②涉及建筑主体和承重结构变动的装修工程，建设单位应在施工前委托原设计单位或者具有相应资质等级的设计单位提出设计方案，经原审查机构审批后方可施工；③不论谁提出都必须征得建设单位同意并且办理书面变更手续，凡涉及施工图审查内容的设计变更还必须报请原审查机构审查后再批准实施；④工程质量保修期内，涉及结构安全的质量问题，应委托原设计单位或者具有相应资质等级的设计单位提出保修方案，由承包人实施保修。因此，根据第①点可知，本题的正确答案为 C。

27.【试题答案】A

【试题解析】本题考查重点是"质量检验程度的种类"。对于主要的建筑材料、半成品或工程产品等，由于数量大，通常采取抽样检验。涉及安全和使用功能的安装部分工程，应进行有关见证取样送去试验或抽样检测。因此，本题的正确答案为A。

28.【试题答案】D

【试题解析】本题考查重点是"工程施工质量不符合要求时的处理"。建筑工程施工质量不符合要求，经返工重做或更换器具、设备的检验批，应重新进行验收。因此，本题的正确答案为D。

29.【试题答案】B

【试题解析】本题考查重点是"分层抽样"。分层抽样又称分类或分组抽样，是将总体按与研究目的有关的某一特性分为若干组，然后在每组内随机抽取样品组成样本的方法。由于对每组都有抽取，样品在总体中分布均匀，更具代表性，特别适用于单体比较复杂的情况。如研究混凝土浇筑质量时，可以按生产班组分组，或按浇筑时间（白天、黑夜；或季节）分组，或按原材料供应商分组后，再在每组内随机抽取个体。因此，本题的正确答案为B。

30.【试题答案】C

【试题解析】本题考查重点是"排列图法"。排列图法在实际应用中，通常按累计频率划分为（0%～80%）、（80%～90%）、（90%～100%）三部分，与其对应的影响因素分别为A、B、C三类。A类为主要因素，B类为次要因素，C类为一般因素。因此，本题的正确答案为C。

31.【试题答案】A

【试题解析】本题考查重点是"国际工程项目建筑安装工程费用的构成"。国际工程项目建安费用构成中的暂列金额，是指包括在合同中，供工程任何部分的施工，或提供货物、材料、设备、服务，或提供不可预料事件使用的一项金额。暂列金额是业主方的备用金。它是咨询工程师事先确定，并填入招标文件、投标报价中的金额。因此，本题的正确答案为A。

32.【试题答案】B

【试题解析】本题考查重点是"抽样检验风险"。抽样检验是建立在数理统计基础上的，从数理统计的观点看，抽样检验必然存在着两类风险。①第一类风险：弃真错误。即：合格批被判定为不合格批，其概率记为α。此类错误对生产方或供货方不利，故称为生产方风险或供货方风险；②第二类风险：存伪错误。即：不合格批被判定为合格批，其概率记为β。此类错误对用户不利，故称为用户风险。因此，本题的正确答案为B。

33.【试题答案】D

【试题解析】本题考查重点是"建设工程投资构成——税金"。建筑安装工程税金是指国家税法规定的应计入建筑安装工程造价的营业税、城市维护建设税及教育费附加。为了计算上的方便，可将营业税、城市维护建设税和教育费附加合并在一起计算，以工程成本加利润为基数计算税金。即：税金＝（直接费＋间接费＋利润）×税率。根据公式可知，直接费＝98000＋2950＝100950（万元）；间接费＝9600＋13750＝23350（万元）；利润＝（100950＋23350）×5.4%＝6712.2（万元）；税金＝（100950＋23350＋6712.2）×3.41%＝4467.52（万元）。因此，本题的正确答案为D。

34.【试题答案】B

【试题解析】本题考查重点是"建设期利息"。建设期利息是指项目借款在建设期内发生并计入固定资产的利息。为了简化计算，在编制投资估算时通常假定借款均在每年的年中支用，借款第一年按半年计息，其余各年份按全年计息。计算公式为：**各年应计利息＝(年初借款本息累计＋本年借款额/2) ×年利率**。根据公式本题的计算如下：第 1 年应计利息＝(0＋480/2)×6％＝14.4(万元)；第 2 年应计利息＝[(480＋14.4)＋480/2]×6％＝44.06(万元)；建设期利息总和＝14.4＋44.06＝58.46(万元)。因此，本题的正确答案为 B。

35.【试题答案】B

【试题解析】本题考查重点是"财务内部收益率的计算"。用线性插入法计算财务内部收益率（FIRR）的近似值，其公式为：

$$FIRR = i_1 + \frac{FNPV_1}{FNPV_1 + |FNPV_2|}(i_2 - i_1)$$

式中　$FNPV$——财务净现值；

i_1、i_2——基准收益率或投资主体设定的折现率。

由于为了控制误差，i_2 与 i_1 之差最好不超过 2％，所以应使用 18％、20％和对应的 30 万元、−10 万元这一组数值计算。通过公式可得出：

$$FIRR = 18\% + \frac{30}{30 + |-10|} \times (20\% - 18\%) = 19.5\%$$。因此，本题的正确答案为 B。

36.【试题答案】C

【试题解析】本题考查重点是"投标报价的策略"。不平衡报价就是在不影响投标总报价的前提下，将某些分部分项工程的单价定得比正常水平高一些，某些分部分项工程的单价定得比正常水平低一些。不平衡报价法是单价合同投标报价中常见的一种方法。所以，选项 C 符合题意。选项 A 中，为占有某一市场或在某一地区打开局面，可采用先亏后盈法。选项 B 的"多方案报价法"是指承包人如果发现招标文件、工程说明书或合同条款不够明确，或条款不很公正，技术规范要求过于苛刻时，为争取达到修改工程说明书或合同的目的而采用的一种报价方法。选项 D 的"突然降价法"是指在快到投标截止时，再突然降价，使竞争对手措手不及。因此，本题的正确答案为 C。

37.【试题答案】B

【试题解析】本题考查重点是"网络计划的特点"。与横道计划相比，网络计划具有以下主要特点：①网络计划能够明确表达各项工作之间的逻辑关系；②通过网络计划时间参数的计算，可以找出关键线路和关键工作；③通过网络计划时间参数的计算，可以明确各项工作的机动时间；④网络计划可以利用电子计算机进行计算、优化和调整。因此，根据第①点可知，本题的正确答案为 B。

38.【试题答案】A

【试题解析】本题考查重点是"工程延期的审批程序"。当延期事件具有持续性，承包单位在合同规定的有效期内不能提交最终详细的申述报告时，应先向监理工程师提交阶段性的详情报告。监理工程师应在调查核实阶段性报告的基础上，尽快作出延长工期的临时决定。临时决定的延期时间不宜太长，一般不超过最终批准的延期时间。因此，本题的正确答案为 A。

39. 【试题答案】B

【试题解析】本题考查重点是"工程质量事故等级划分"。《关于做好房屋建筑和市政基础设施工程质量事故报告和调查处理工作的通知》（建质〔2010〕111号）中指出，工程质量事故是指由于建设、勘察、设计、施工、监理等单位违反工程质量有关法律法规和工程建设标准，使工程产生结构安全、重要使用功能等方面的质量缺陷，造成人身伤亡或者重大经济损失的事故。根据工程质量事故造成的人员伤亡或者直接经济损失，工程质量事故分为4个等级：①特别重大事故，是指造成30人以上死亡，或者100人以上重伤，或者1亿元以上直接经济损失的事故；②重大事故，是指造成10人以上30人以下死亡，或者50人以上100人以下重伤，或者5000万元以上1亿元以下直接经济损失的事故；③较大事故，是指造成3人以上10人以下死亡，或者10人以上50人以下重伤，或者1000万元以上5000万元以下直接经济损失的事故；④一般事故，是指造成3人以下死亡，或者10人以下重伤，或者100万元以上1000万元以下直接经济损失的事故。该等级划分所称的"以上"包括本数，所称的"以下"不包括本数。因此，本题的正确答案为B。

40. 【试题答案】C

【试题解析】本题考查重点是"工程质量事故处理的基本方法"。不论哪种情况，特别是不做处理的质量缺陷，均要备好必要的书面文件，对技术处理方案、不做处理结论和各方协商文件等有关档案资料认真组织签认。对责任方应承担的经济责任和合同中约定的罚则应正确判定。因此，本题的正确答案为C。

41. 【试题答案】B

【试题解析】本题考查重点是"设备采购的质量控制"。选择一个合格的供货厂商，是向厂家订购设备质量控制工作的首要环节。为此，设备订购前要做好厂商的评审与实地考察。因此，本题的正确答案为B。

42. 【试题答案】C

【试题解析】本题考查重点是"工程质量事故处理的鉴定验收"。为确保工程质量事故的处理效果，凡涉及结构承载力等使用安全和其他重要性能的处理工作，常需做必要的试验和检验鉴定工作。如果质量事故处理施工过程中建筑材料及构配件保证资料严重缺乏，或对检查验收结果各参与单位有争议时，常见的检验工作有：混凝土钻芯取样，用于检查密实性和裂缝修补效果，或检测实际强度；结构荷载试验，确定其实际承载力；超声波检测焊接或结构内部质量；池、罐、箱柜工程的渗漏检验等。检测鉴定必须委托具有资质的法定检测单位进行。因此，本题的正确答案为C。

43. 【试题答案】A

【试题解析】本题考查重点是"工程勘察阶段的划分"。工程勘察工作一般分三个阶段，即可行性研究勘察、初步勘察、详细勘察。对工程地质条件复杂或有特殊施工要求的重要工程，应进行施工勘察。各勘察阶段的工作要求如下：①可行性研究勘察，又称选址勘察，其目的是要通过搜集、分析已有资料，进行现场踏勘。必要时，进行工程地质测绘和少量勘探工作，对拟选场址的稳定性和适宜性作出岩土工程评价，进行技术经济论证和方案比较，满足确定场地方案的要求；②初步勘察是指在可行性研究勘察的基础上，对场地内建筑地段的稳定性作出岩土工程评价，并为确定建筑总平面布置、主要建筑物地基基础方案及对不良地质现象的防治工作方案进行论证，满足初步设计或扩大初步设计的要求；③详细勘察应对地基基础处理与加固、不良地质现象的防治工程进行岩土工程计算与评价，满足施工图设计的要求。因此，本题的正确答案为A。

44.【试题答案】A

【试题解析】本题考查重点是"工程监理单位勘察质量管理的主要工作"。工程监理单位勘察质量管理的主要工作包括：①协助建设单位编制工程勘察任务书和选择工程勘察单位，并协助签订工程勘察合同；②审查勘察单位提交的勘察方案，提出审查意见，并报建设单位。变更勘察方案时，应按原程序重新审查；③检查勘察现场及室内试验主要岗位操作人员的资格、所使用设备、仪器计量的检定情况；④检查勘察单位执行勘察方案的情况，对重要点位的勘探与测试应进行现场检查；⑤审查勘察单位提交的勘察成果报告，必要时对于各阶段的勘察成果报告组织专家论证或专家审查，并向建设单位提交勘察成果评估报告，同时应参与勘察成果验收。经验收合格后勘察成果报告才能正式使用。因此，本题的正确答案为A。

45.【试题答案】A

【试题解析】本题考查重点是"非节奏流水施工的计算"。在非节奏流水施工中，通常采用累加数列错位相减取大差法计算流水步距。累加数列错位相减取大差法的基本步骤如下：①对每一个施工过程在各施工段上的流水节拍依次累加，求得各施工过程流水节拍的累加数列；②将相邻施工过程流水节拍累加数列中的后者错后一位，相减后求得一个差数列；③在差数列中取最大值，即为这两个相邻施工过程的流水步距。因此，本题的正确答案为A。

46.【试题答案】B

【试题解析】本题考查重点是"双代号时标网络计划中总时差的判定"。工作总时差的判定应从网络计划的终点节点开始，逆着箭线方向依次进行。①以终点节点为完成节点的工作，其总时差应等于计划工期与本工作最早完成时间之差；②其他工作的总时差等于其紧后工作的总时差加本工作与该紧后工作之间的时间间隔所得之和的最小值。据此计算，工作 I 的总时差为1周，工作 H 的总时差为0，工作 G 的总时差为2周，工作 D 的总时差为 $\min\{1, 0, 2\}=0$，工作 E 的总时差为 $2+1=3$（周），则工作 B 的总时差为 $\min\{1+0, 0+3\}=1$（周）。因此，本题的正确答案为B。

47.【试题答案】A

【试题解析】本题考查重点是"施工进度控制目标体系目标分解方法"。为了有效地控制施工进度，首先要将施工进度总目标从不同角度进行层层分解，形成施工进度控制目标体系，从而作为实施进度控制的依据。建设工程不但要有项目建成交付使用的确切日期这个总目标，还要有各单位工程交工动用的分目标以及按承包单位、施工阶段和不同计划期划分的分目标。①按项目组成分解，确定各单位工程开工及动用日期。②按承包单位分解，明确分工条件和承包责任。③按施工阶段分解，划定进度控制分界点。④按计划期分解，组织综合施工。将工程项目的施工进度控制目标按年度、季度、月（或旬）进行分解，并用实物工程量、货币工程量及形象进度表示。根据第①点可知，选项 A 符合题意。选项 B 为按承包单位分解目标。选项 C、D 为按计划期分解目标。因此，本题的正确答案为A。

48.【试题答案】D

【试题解析】本题考查重点是"施工进度的检查方法"。施工进度检查的主要方法是对比法。将经过整理的实际进度数据与计划进度数据进行比较，从中发现是否出现进度偏差以及进度偏差的大小。因此，本题的正确答案为D。

49.【试题答案】D

【试题解析】本题考查重点是"质量管理体系的建立"。作业文件是程序文件的支持性文件，是对具体的作业活动给出的指示性文件。因此，本题的正确答案为D。

50.【试题答案】B

【试题解析】本题考查重点是"因果分析图法概念"。因果分析图法是利用因果分析图来系统整理分析某个质量问题（结果）与其产生原因之间关系的有效工具。因果分析图也称特性要因图，又因其形状常被称为树枝图或鱼刺图。因此，本题的正确答案为B。

51.【试题答案】C

【试题解析】本题考查重点是"质量管理体系文件的编制原则"。各种与质量管理体系有关的文件之间应保持良好的相容性，即不仅要协调一致不产生矛盾，而且要各自为实现总目标承担好相应的任务，从质量策划开始就应当考虑保持文件的相容性。因此，本题的正确答案为C。

52.【试题答案】B

【试题解析】本题考查重点是"工程质量事故处理的程序"。工程质量事故发生后，总监理工程师应签发《工程暂停令》，并要求停止进行质量缺陷部位和与其有关联部位及下道工序施工，应要求施工单位采取必要的措施，防止事故扩大并保护好现场。因此，本题的正确答案为B。

53.【试题答案】B

【试题解析】本题考查重点是"排列图法"。排列图法在实际应用中，通常按累计频率划分为（0%～80%）、（80%～90%）、（90%～100%）三部分，与其对应的影响因素分别为A、B、C三类。A类为主要因素，B类为次要因素，C类为一般因素。因此，本题的正确答案为B。

54.【试题答案】B

【试题解析】本题考查重点是"总投资收益率的计算"。总投资收益率系指项目达到设计能力后正常年份的年息税前利润或运营期内年平均息税前利润（EBIT）与项目总投资（TI）的比率，它考察项目总投资的盈利水平。总投资收益率的计算公式为：

$$ROI = \frac{EBIT}{TI} \times 100\%$$

式中　EBIT——项目正常年份的年息税前利润或运营期内年平均息税前利润；

　　　　TI——项目总投资（建设投资＋流动资金）。

根据计算公式可知，总投资收益率（ROI）＝1171.89/（3176.39＋436.55）＝32.44%。因此，本题的正确答案为B。

55.【试题答案】A

【试题解析】本题考查重点是"建设工程项目投资的特点"。建设工程项目投资的确定依据繁多，关系复杂。在不同的建设阶段有不同的确定依据，且互为基础和指导，互相影响。如预算定额是概算定额（指标）编制的基础，概算定额（指标）又是估算指标编制的基础；反过来，估算指标又控制概算定额（指标）的水平，概算定额（指标）又控制预算定额的水平。这些都说明了建设工程项目投资的确定依据复杂的特点。因此，本题的正确答案为A。

56.【试题答案】D

【试题解析】本题考查重点是"建设工程投资控制的原理"。所谓建设工程投资控制，就是在投资决策阶段、设计阶段、发包阶段、施工阶段以及竣工阶段，把建设工程投资控制在批准的投资限额以内，随时纠正发生的偏差，以保证项目投资管理目标的实现，以求在建设工程中能合理使用人力、物力、财力，取得较好的投资效益和社会效益。因此，本题的正确答案为D。

57.【试题答案】C

【试题解析】本题考查重点是"纠偏措施"。纠偏的主要对象是发包人原因和设计原因造成的投资偏差。因此，本题的正确答案为C。

58.【试题答案】D

【试题解析】本题考查重点是"建设工程实施阶段进度控制的主要任务"。为了有效地控制建设工程进度，监理工程师要在设计准备阶段向建设单位提供有关工期的信息，协助建设单位确定工期总目标，并进行环境及施工现场条件的调查和分析。在设计阶段和施工阶段，监理工程师不仅要审查设计单位和施工单位提交的进度计划，更要编制监理进度计划，以确保进度控制目标的实际。因此，本题的正确答案为D。

59.【试题答案】A

【试题解析】本题考查重点是"双代号网络计划的关键线路"。在关键线路上，某工作的最早完成时间即为其紧后工作的最早开始时间，即相邻两项工作之间的时间间隔为零。所以，选项A的叙述是正确的，选项D的叙述是不正确的。终点节点所代表的工作的自由时差等于计划工期与本工作的最早完成时间之差。只有计划工期等于计算工期时，关键线路上工作的自由时差、工作的总时差才为零。所以，选项B、C的叙述均是不正确的。因此，本题的正确答案为A。

60.【试题答案】B

【试题解析】本题考查重点是"投资控制的重点"。投资控制贯穿于项目建设的全过程，这一点是毫无疑义的，但是必须重点突出。影响项目投资最大的阶段，是约占工程项目建设周期四分之一的技术设计结束前的工作阶段。在初步设计阶段，影响项目投资的可能性为75%～95%；在技术设计阶段，影响项目投资的可能性为35%～75%；在施工图设计阶段，影响项目投资的可能性则为5%～35%。很显然，项目投资控制的重点在于施工以前的投资决策和设计阶段，而在项目做出投资决策后，控制项目投资的关键就在于设计。据西方一些国家分析，设计费一般只相当于建设工程全寿命费用的1%以下，但正是这少于1%的费用却基本决定了几乎全部随后的费用。由此可见，设计对整个建设工程的效益是何等重要。这里所说的建设工程全寿命费用包括建设投资和工程交付使用后的经常性开支费用（含经营费用、日常维护修理费用、使用期内大修理和局部更新费用）以及该项目使用期满后的报废拆除费用等。因此，本题的正确答案为B。

61.【试题答案】A

【试题解析】本题考查重点是"投资控制的重点"。投资控制贯穿于项目建设的全过程，这一点是毫无疑义的，但是必须重点突出。影响项目投资最大的阶段，是约占工程项目建设周期四分之一的技术设计结束前的工作阶段。在初步设计阶段，影响项目投资的可能性为 75%～95%；在技术设计阶段，影响项目投资的可能性为 35%～75%；在施工图设计阶段，影响项目投资的可能性则为 5%～35%。很显然，项目投资控制的重点在于施工以前的投资决策和设计阶段，而在项目做出投资决策后，控制项目投资的关键就在于设计。据西方一些国家分析，设计费一般只相当于建设工程全寿命费用的 1% 以下，但正是这少于 1% 的费用却基本决定了几乎全部随后的费用。由此可见，设计对整个建设工程的效益是何等重要。这里所说的建设工程全寿命费用包括建设投资和工程交付使用后的经常性开支费用（含经营费用、日常维护修理费用、使用期内大修理和局部更新费用）以及该项目使用期满后的报废拆除费用等。因此，本题的正确答案为 A。

62.【试题答案】A

【试题解析】本题考查重点是"投资控制的措施"。由于建设工程的投资主要发生在施工阶段，在这一阶段需要投入大量的人力、物力、财力等，是工程项目建设费用消耗最多的时期，浪费投资的可能性比较大。因此，监理单位应督促承包单位精心地组织施工，挖掘各方面潜力，节约资源消耗，仍可以收到节约投资的明显效果。参建各方对施工阶段的投资控制应给予足够的重视，仅仅靠控制工程款的支付是不够的，应从组织、经济、技术、合同等多方面采取措施，控制投资。因此，本题的正确答案为 A。

63.【试题答案】B

【试题解析】本题考查重点是"投资控制的措施"。项目监理机构在施工阶段投资控制的具体措施如下：（1）组织措施：①在项目监理机构中落实从投资控制角度进行施工跟踪的人员、任务分工和职能分工；②编制本阶段投资控制工作计划和详细的工作流程图。（2）经济措施：①编制资金使用计划，确定、分解投资控制目标。对工程项目造价目标进行风险分析，并制定防范性对策；②进行工程计量；③复核工程付款账单，签发付款证书；④在施工过程中进行投资跟踪控制，定期进行投资实际支出值与计划目标值的比较；发现偏差，分析产生偏差的原因，采取纠偏措施；⑤协商确定工程变更的价款。审核竣工结算；⑥对工程施工过程中的投资支出做好分析与预测，经常或定期向建设单位提交项目投资控制及其存在问题的报告。（3）技术措施：①对设计变更进行技术经济比较，严格控制设计变更；②继续寻找通过设计挖潜节约投资的可能性；③审核承包人编制的施工组织设计，对主要施工方案进行技术经济分析。（4）合同措施：①做好工程施工记录，保存各种文件图纸，特别是注有实际施工变更情况的图纸，注意积累素材，为正确处理可能发生的索赔提供依据。参与处理索赔事宜；②参与合同修改、补充工作，着重考虑它对投资控制的影响。因此，本题的正确答案为 B。

64.【试题答案】C

【试题解析】本题考查重点是"抽样检验方法"。系统随机抽样是将总体中的抽样单元按某种次序排列，在规定的范围内随机抽取一个或一组初始单元，然后按一套规则确定其他样本单元的抽样方法。如第一个样本随机抽取，然后每隔一定时间或空间抽取一个样本。因此，系统随机抽样又称为机械随机抽样。因此，本题的正确答案为 C。

65.【试题答案】D

【试题解析】本题考查重点是"国外项目咨询机构在建设工程投资控制中的主要任

务"。项目管理咨询公司是在欧洲大陆和美国广泛实行的建设工程咨询机构，其国际性组织是国际咨询工程师联合会（FIDIC）。该组织1980年所制定的IGRA－1980PM文件，是用于咨询工程师与业主之间订立委托咨询的国际通用合同文本，该文本明确指出，咨询工程师的根本任务是：进行项目管理，在业主所要求的进度、质量和投资的限制之内完成项目。其可向业主提供的咨询服务范围包括以下八个方面：项目的经济可行性分析；项目的财务管理；与项目有关的技术转让；项目的资源管理；环境对项目影响的评估；项目建设的工程技术咨询；物资采购与工程发包；施工管理。其中涉及项目投资控制的具体任务是：项目的投资效益分析（多方案）；初步设计时的投资估算；项目实施时的预算控制；工程合同的签订和实施监控；物资采购；工程量的核实；工时与投资的预测；工时与投资的核实；有关控制措施的制定；发行企业债券；保险审议；其他财务管理等。因此，本题的正确答案为D。

66.【试题答案】C

【试题解析】本题考查重点是"施工图预算审查的方法"。施工图预算审查的方法包括：①逐项审查法；②标准预算审查法；③分组计算审查法；④对比审查法；⑤"筛选"审查法；⑥重点审查法。选项C的"扩大单价法"属于单位工程概算的主要编制方法。因此，本题的正确答案为C。

67.【试题答案】D

【试题解析】本题考查重点是"国外项目咨询机构在建设工程投资控制中的主要任务"。在详细设计阶段，根据近似的工料数量及当时的价格，制定更详细的分项概算，并将它们与项目投资限额相比较。因此，本题的正确答案为D。

68.【试题答案】B

【试题解析】本题考查重点是"监理单位的进度监控"。监理单位受业主的委托进行工程设计监理时，应落实项目监理班子中专门负责设计进度控制的人员，按合同要求对设计工作进度进行严格监控。对于设计进度的监控应实施动态控制。在设计工作开始之前，首先应由监理工程师审查设计单位所编制的进度计划的合理性和可行性。在进度计划实施过程中，监理工程师应定期检查设计工作的实际完成情况，并与计划进度进行比较分析。一旦发现偏差，就应在分析原因的基础上提出纠偏措施，以加快设计工作进度。必要时，应对原进度计划进行调整或修订。在设计进度控制中，监理工程师要对设计单位填写的设计图纸进度表进行核查分析，并提出自己的见解。从而将各设计阶段的每一张图纸（包括其相应的设计文件）的进度都纳入监控之中。因此，本题的正确答案为B。

69.【试题答案】C

【试题解析】本题考查重点是"施工进度计划的组织措施"。当实际施工进度发生拖延时，为加快施工进度而采取的组织措施包括：①增加工作面，组织更多的施工队伍；②增加每天的施工时间（如采用三班制等）；③增加劳动力和施工机械的数量。根据第③点可知，选项C符合题意。选项A属于其他配套措施。选项B和选项D均属于技术措施。因此，本题的正确答案为C。

70.【试题答案】C

【试题解析】本题考查重点是"工程建设各阶段对质量形成的作用与影响"。工程施工是指按照设计图纸和相关文件的要求，在建设场地上将设计意图付诸实现的测量、作业、检验，形成工程实体建成最终产品的活动。在一定程度上，工程施工是形成实体质量的决定性环节。因此，本题的正确答案为C。

71.【试题答案】D

【试题解析】本题考查重点是"工程质量控制的原则"。在工程质量控制中，项目监理机构必须坚持科学、公平、守法的职业道德规范，要尊重科学，尊重事实，以数据资料为依据，客观、公平地进行质量问题的处理。要坚持原则，遵纪守法，秉公监理。因此，本题的正确答案为D。

72.【试题答案】D

【试题解析】本题考查重点是"国外项目咨询机构在建设工程投资控制中的主要任务"。工料测量师行受雇于业主，根据工程规模的大小、难易程度，按总投资0.5%～3%收费，同时对项目投资控制负有重大责任。如果项目建设成本最后在缺乏充足正当理由情况下超支较多，业主付不起，则将要求工料测量师行对建设成本超支额及应付银行贷款利息进行赔偿。所以工料测量师行在接受项目投资控制委托，特别是接受工期较长、难度较大的项目投资控制委托时，都要买专业保险，以防估价失误时因对业主进行赔偿而破产。由于工料测量师在工程建设中的主要任务就是对项目投资进行全面系统的控制，因而他们被誉为"工程建设的经济专家"和"工程建设中管理财务的经理"。因此，本题的正确答案为D。

73.【试题答案】A

【试题解析】本题考查重点是"我国项目监理机构在建设工程投资控制中的主要工作"。进行工程计量和付款签证包括：①专业监理工程师对施工单位在工程款支付报审表中提交的工程量和支付金额进行复核，确定实际完成的工程量，提出到期应支付给施工单位的金额，并提出相应的支持性材料；②总监理工程师对专业监理工程师的审查意见进行审核，签认后报建设单位审批；③总监理工程师根据建设单位的审批意见，向施工单位签发工程款支付证书。因此，本题的正确答案为A。

74.【试题答案】D

【试题解析】本题考查重点是"我国项目监理机构在建设工程投资控制中的主要工作"。处理施工单位提出的工程变更费用包括：①总监理工程师组织专业监理工程师对工程变更费用及工期影响做出评估；②总监理工程师组织建设单位、施工单位等共同协商确定工程变更费用及工期变化，会签工程变更单；③项目监理机构可在工程变更实施前与建设单位、施工单位等协商确定工程变更的计价原则、计价方法或价款；④建设单位与施工单位未能就工程变更费用达成协议时，项目监理机构可提出一个暂定价格并经建设单位同意，作为临时支付工程款的依据。工程变更款项最终结算时，应以建设单位与施工单位达成的协议为依据。因此，本题的正确答案为D。

75.【试题答案】B

【试题解析】本题考查重点是"世界银行和国际咨询工程师联合会建设工程投资构成"。1978年，世界银行、国际咨询工程师联合会对项目的总建设成本（相当于我国的建设工程总投资）作了统一规定。因此，本题的正确答案为B。

76.【试题答案】D

【试题解析】本题考查重点是"建设工程项目投资需动态跟踪调整"。每个建设工程项目从立项到竣工都有一个较长的建设期，在此期间都会出现一些不可预料的变化因素，对建设工程项目投资产生影响。如工程设计变更，设备、材料、人工价格变化，国家利率、汇率调整，因不可抗力出现或因承包方、发包方原因造成的索赔事件出现等，必然要引起建设工程项目投资的变动。所以，建设工程项目投资在整个建设期内都属于不确定的，需随时进行动态跟踪、调整，直至竣工决算后才能真正确定建设工程项目投资。因此，本题的正确答案为D。

77.【试题答案】C

【试题解析】本题考查重点是"我国现行建设工程投资构成"。工程造价＝3000＋1000＋500＋200＋90＝4790（万元）。因此，本题的正确答案为C。

78.【试题答案】D

【试题解析】本题考查重点是"中标人的投标应符合的条件"。《招标投标法》第四十一条规定，中标人的投标应符合下列两个条件之一：一是"最大限度地满足招标文件中规定的各项综合评价标准"，该评价标准中当然包含投标报价；二是"能够满足招标文件的实质性要求，并且经评审的投标价格最低，但是投标价低于成本的除外"。第二项条件主要说的是投标报价。因此，本题的正确答案为D。

79.【试题答案】B

【试题解析】本题考查重点是"网络计划技术的基本概念"。双代号网络图又称箭线式网络图，它是以箭线及其两端节点的编号表示工作；同时，节点表示工作的开始或结束以及工作之间的连接状态。因此，本题的正确答案为B。

80.【试题答案】A

【试题解析】本题考查重点是"网络计划的优化——工期优化"。网络计划工期优化的基本方法是在不改变网络计划中各项工作之间逻辑关系的前提下，通过压缩关键工作的持续时间来达到优化目标。选择关键工作压缩其持续时间时，应优选系数最小的关键工作。若需要同时压缩多个关键工作的持续时间时，则它们的优选系数之和（组合优选系数）最小者应优先作为压缩对象。因此，本题的正确答案为A。

二、多项选择题

81.【试题答案】ABE

【试题解析】本题考查重点是"设备调平找正的质量控制"。设备调平找正分为设备找正、设备初平及设备精平三个步骤。对安装单位进行设备初平、精平的方法进行审核或复验（如安装水平度的检测；垂直度的检测；直线度的检测；平面度的检测；平行度的检测；同轴度的检测；跳动检测；对称度的检测等），以保证设备调平找正达到规范的要求。因此，本题的正确答案为ABE。

82.【试题答案】ACE

【试题解析】本题考查重点是"工程质量问题的处理"。质量问题处理完毕，监理工程师应组织有关人员对处理的结果进行严格的检查、鉴定和验收，写出质量问题处理报告，报建设单位和监理单位存档。质量问题处理报告的主要内容包括：①基本处理过程描述；②调查与核查情况，包括调查的有关数据、资料；③原因分析结果；④处理的依据；⑤审核认可的质量问题处理方案；⑥实施处理中的有关原始数据、验收记录、资料；⑦对处理结果的检查、鉴定和验收结论；⑧质量问题处理结论。根据第①、④、⑦可知，选项 A、C、E 符合题意。根据第②点可知，选项 B 不符合题意。根据第⑤点可知，选项 D 不符合题意。因此，本题的正确答案为 ACE。

83.【试题答案】ABDE

【试题解析】本题考查重点是"工程质量事故处理的依据"。进行工程质量事故处理的主要依据有四个方面：质量事故的实况资料；具有法律效力的，得到有关当事各方认可的工程承包合同、设计委托合同、材料或设备购销合同以及监理合同或分包合同等合同文件；有关的技术文件、档案和相关的建设法规。因此，本题的正确答案为 ABDE。

84.【试题答案】ACD

【试题解析】本题考查重点是"工程量清单计价的方法"。措施项目清单中的安全文明施工费应按照国家或省级、行业建设主管部门的规定计价，不得作为竞争性费用。规费和税金应按国家或省级、行业建设主管部门的规定计算，不得作为竞争性费用。因此，本题的正确答案为 ACD。

85.【试题答案】BCDE

【试题解析】本题考查重点是"网络计划的优化"。网络计划的优化目标应按计划任务的需要和条件选定，包括工期目标、费用目标和资源目标。根据优化目标的不同，网络计划的优化可分为工期优化、费用优化和资源优化三种。①工期优化。是指网络计划的计算工期不满足要求工期时，通过压缩关键工作的持续时间以满足要求工期目标的过程；②费用优化。又称工期成本优化，是指寻求工程总成本最低时的工期安排，或按要求工期寻求最低成本的计划安排的过程；③资源优化。目的是通过改变工作的开始时间和完成时间，使资源按照时间的分布符合优化目标。在通常情况下，网络计划的资源优化分为两种，即"资源有限，工期最短"的优化和"工期固定，资源均衡"的优化。前者是通过调整计划安排，在满足资源限制条件下，使工期延长最少的过程；而后者是通过调整计划安排，在工期保持不变的条件下，使资源需用量尽可能均衡的过程。因此，本题的正确答案为 BCDE。

86.【试题答案】ACD

【试题解析】本题考查重点是"质量记录资料的监控"。质量记录资料包括以下三方面内容：①施工现场质量管理检查记录资料。主要包括承包单位现场质量管理制度，质量责任制；主要专业工种操作上岗证书，分包单位资质及总包单位对分包单位的管理制度；施工图审查核对资料（记录），地质勘察资料；施工组织设计、施工方案及审批记录；施工技术标准；工程质量检验制度；混凝土搅拌站（级配填料拌合站）及计量设置；现场材料、设备存放与管理等；②主要包括进场工程材料、半成品、构配件、设备的质量证明资料；各种试验检验报告（如力学性能试验、化学成分试验、材料级配试验等），各种合格证；设备进场维修记录或设备进场运行检验记录；③施工过程作业活动质量记录资料。施工或安装过程可按分项、分部、单位工程建立相应的质量记录资料。在相应质量记录资料中应包含有关图纸的图号、设计要求，质量自检资料；监理工程师的验收资料，各工序作业的原始施工记录；检测及试验报告，材料、设备质量资料的编号、存放档案卷号；此外，质量记录资料还应包括不合格项的报告、通知以及处理及检查验收资料等。因此，本题的正确答案为 ACD。

87. 【试题答案】BCE

【试题解析】本题考查重点是"描述数据离散趋势的特征值"。描述数据离散趋势的特征值有：极差 R；标准偏差；变异系数 CV。所以，选项 B、C、E 符合题意。选项 A、D 均属于描述数据集中趋势的特征值。因此，本题的正确答案为 BCE。

88. 【试题答案】AE

【试题解析】本题考查重点是"施工图预算对建设单位的作用"。施工图预算对建设单位的作用表现为：①施工图预算是施工图设计阶段确定建设工程项目造价的依据，是设计文件的组成部分；②施工图预算是建设单位在施工期间安排建设资金计划和使用建设资金的依据；③施工图预算是招投标的重要基础，目前在一些非国有投资项目的招标中，施工图预算仍然是标底编制的依据；④施工图预算是拨付进度款及办理结算的依据。所以，根据第①点和第②点可知，选项 A、E 符合题意。选项 B、C 均属于施工图预算对施工单位的作用。选项 D 属于施工图预算对其他方面的作用。因此，本题的正确答案为 AE。

89. 【试题答案】ABDE

【试题解析】本题考查重点是"工程项目年度计划"。工程项目年度计划主要包括文字和表格两部分内容。(1) 文字部分。说明编制年度计划的依据和原则，建设进度、本年计划投资额及计划建造的建筑面积，施工图、设备、材料、施工力量等建设条件的落实情况，动力资源情况，对外部协作配合项目建设进度的安排或要求，需要上级主管部门协助解决的问题，计划中存在的其他问题，以及为完成计划而采取的各项措施等。(2) 表格部分。包括：①年度计划项目表。年度计划项目表将确定年度施工项目的投资额和年末形象进度，并阐明建设条件（图纸、设备、材料、施工力量）的落实情况；②年度竣工投产交付使用计划表。年度竣工投产交付使用计划表将阐明各单位工程的建筑面积、投资额、新增固定资产、新增生产能力等建筑总规模及本年计划完成情况，并阐明其竣工日期；③年度建设资金平衡表；④年度设备平衡表。选项 C 的"投资计划年度分配表"属于工程项目建设总进度计划。因此，本题的正确答案为 ABDE。

90. 【试题答案】BDE

【试题解析】本题考查重点是"施工过程"。根据其性质和特点不同，施工过程一般分为三类，即建造类施工过程、运输类施工过程和制备类施工过程。①建造类施工过程。是指在施工对象的空间上直接进行砌筑、安装与加工，最终形成建筑产品的施工过程。它是建设工程施工中占有主导地位的施工过程，如建筑物或构筑物的地下工程、主体结构工程、装饰工程等。由于建造类施工过程占有施工对象的空间，直接影响工期的长短，因此必须列入施工进度计划，并在其中大多作为主导施工过程或关键工作；②运输类施工过程。是指将建筑材料、各类构配件、成品、制品和设备等运到工地仓库或施工现场使用地点的施工过程；③制备类施工过程。是指为了提高建筑产品生产的工厂化、机械化程度和生产能力而形成的施工过程。如砂浆、混凝土、各类制品、门窗等的制备过程和混凝土构件的预制过程。运输类与制备类施工过程一般不占有施工对象的工作面，不影响工期，故不需要列入流水施工进度计划之中。只有当其占有施工对象的工作面，影响工期时，才列入施工进度计划之中。例如，对于采用装配式钢筋混凝土结构的建设工程，钢筋混凝土构件的现场制作过程就需要列入施工进度计划之中；同样，结构安装中的构件吊运施工过程也需要列入施工进度计划之中。因此，本题的正确答案为 BDE。

91. 【试题答案】ABCE

【试题解析】本题考查重点是"工程质量政府监督管理的职能"。工程质量政府监督管理的职能包括：①建立和完善工程质量管理法规。包括行政性法规和工程技术规范标准，前者如《建筑法》、《招标投标法》、《建筑工程质量管理条例》等，后者如工程设计规范、建筑工程施工质量验收统一标准、工程施工质量验收规范等；②建立和落实工程质量责任制。包括工程质量行政领导的责任、项目法定代表人的责任、参建单位法定代表人的责任和工程质量终身负责制等；③建设活动主体资格的管理；④工程承发包管理。包括规定工程招投标承发包的范围、类型、条件，对招投标承发包活动的依法监督和工程合同管理；⑤控制工程建设程序。包括工程报建、施工图设计文件审查、工程施工许可、工程材料和设备准用、工程质量监督施工验收备案等管理。因此，本题的正确答案为 ABCE。

92. 【试题答案】ABCD

【试题解析】本题考查重点是"图纸会审的内容"。图纸会审的内容一般包括：①是否无证设计或越级设计；图纸是否经设计单位正式签署；②地质勘探资料是否齐全；③设计图纸与说明是否齐全，有无分期供图的时间表；④设计地震烈度是否符合当地要求；⑤几个设计单位共同设计的图纸相互间有无矛盾，专业图纸之间、平立剖面图之间有无矛盾；标注有无遗漏；⑥总平面与施工图的几何尺寸、平面位置、标高等是否一致；⑦防火、消防是否满足要求；⑧建筑结构与各专业图纸本身是否有差错及矛盾；结构图与建筑图的平面尺寸及标高是否一致；建筑图与结构图的表示方法是否清楚；是否符合制图标准；预埋件是否表示清楚，有无钢筋明细表；钢筋的构造要求在图中是否表示清楚；⑨施工图中所列各种标准图册，施工单位是否具备；⑩材料来源有无保证，能否代换；图中所要求的条件能否满足，新材料、新技术的应用有无问题；⑪地基处理方法是否合理，建筑与结构构造是否存在不能施工、不便于施工的技术问题，或容易导致质量、安全、工程费用增加等方面的问题；⑫工艺管道、电气线路、设备装置、运输道路与建筑物之间或相互间有无矛盾，布置是否合理；⑬施工安全、环境卫生有无保证；⑭图纸是否符合监理大纲所提出的要求。因此，本题的正确答案为 ABCD。

93. 【试题答案】BCD

【试题解析】本题考查重点是"前锋线比较法"。前锋线比较法中，通过实际进度与计划进度的比较确定进度偏差后，还可根据工作的自由时差和总时差预测该进度偏差对后续工作及项目总工期的影响。本题中，由于工作 A 的总时差为 1 周，在第 6 周末检测时，工作 A 拖后 2 周，会使总工期拖后 1 周。所以，选项 A 的叙述是不正确的。工作 E 在第 6 周末检查时，实际进度位置点与检查日期重复，因此，工作 E 的进度正常，不影响总工期。所以，选项 B 的叙述是正确的。在第 6 周末检查时，工作 G 的实际进展位置点落在该工作的开始节点上，说明尚未开工，由于工作 G 的总时差为 2 周，因此拖后 1 周不会影响总工期。所以，选项 C 的叙述是正确的。由于工作 H 的总时差为 1 周，在第 10 周末检查时，工作 H 拖后 1 周，不会影响总工期。所以，选项 D 的叙述是正确的。工作 J 为关键工作，工作 J 拖后 1 周会使总工期拖后 1 周。所以，选项 E 的叙述是不正确的。因此，本题的正确答案为 BCD。

94. 【试题答案】ABE

【试题解析】本题考查重点是"抽样检验的优点"。与全数检验相比较，抽样检验具有如下优点：①检验数量少，比较经济；②适合于需要进行破坏性试验（如混凝土抗压强度的检验）的检验项目；③检验所需时间较少。所以，选项 A、B、E 符合题意。抽样检验与全数检验的区别只是检验数量上的区别，对设备复杂程度上的要求是一样的。所以，选项 C 的叙述是不正确的。单就被抽检的样品来说，其检验结果准确度与全数检验相比，应该是一样的，但从整体上来说，用所抽检样品的检验结果来代表整体的质量，其准确度当然不如全数检验高。所以，选项 D 的叙述是不正确的。因此，本题的正确答案为 ABE。

95.【试题答案】AE

【试题解析】本题考查重点是"建设工程项目投资的概念"。建设工程项目投资是指进行某项工程建设花费的全部费用。生产性建设工程项目总投资包括建设投资和铺底流动资金两部分；非生产性建设工程项目总投资则只包括建设投资。建设投资由设备及工器具购置费、建筑安装工程费、工程建设其他费用、预备费（包括基本预备费和涨价预备费）和建设期利息组成。因此，本题的正确答案为 AE。

96.【试题答案】ACD

【试题解析】本题考查重点是"流水施工参数"。流水步距的数目取决于参加流水的施工过程数。流水步距的大小取决于相邻两个施工过程（或专业工作队）在各个施工段上的流水节拍及流水施工的组织方式。所以，选项 A 的叙述是正确的，选项 E 的叙述是不正确的。流水强度是指流水施工的某施工过程（或专业工作队）在单位时间内所完成的工程量。所以，选项 B 的叙述是不正确的。划分施工段的目的是为了组织流水施工。由于建设工程体形庞大，可以将其划分成若干个施工段，从而为组织流水施工提供足够的空间。所以，选项 C 的叙述是正确的。流水节拍是流水施工的主要参数之一，它表明流水施工的速度和节奏性。流水节拍小，其流水速度快，节奏感强；反之则相反。所以，选项 D 的叙述是正确的。因此，本题的正确答案为 ACD。

97.【试题答案】ABD

【试题解析】本题考查重点是"双代号网络图的绘制"。网络图中应只有一个起点节点和一个终点节点（任务中部分工作需要分期完成的网络计划除外）。如果将存在循环回路的问题更正，从节点⑦不应有箭线指向节点②，那么节点②就成为起点节点，因此可以说，存在多个起点节点也是图中的一个错误。所以，选项 A 符合题意。网络图中严禁出现从一个节点出发，顺箭头方向又回到原出发点的循环回路。节点②、④、⑦构成了循环回路。所以，选项 B 符合题意。节点⑤和节点⑥的编号错误，箭头节点的编号不应小于箭尾节点的编号，节点⑤和节点⑥的编号应对调。所以，选项 D 符合题意。因此，本题的正确答案为 ABD。

98.【试题答案】ABE

【试题解析】本题考查重点是"双代号网络计划时间参数的计算——按节点计算法"。关键节点的最早时间与最迟时间必然相等。关键工作包括工作 1～2、工作 1～3、工作 2～6、工作 4～6 和工作 6～7。所以选项 A 正确，选项 C 错误。工作 1～4 的自由时差＝4－2＝2。所以选项 B 正确。工作 4～5 的总时差＝10－5－4＝1，工作 4～5 的自由时差＝9－4－5＝0。所以，工作 4～5 的总时差和自由时差不相等。因此，选项 D 错误。工作 5～7 的总时差＝16－6－9＝1。所以选项 E 正确。因此，本题的正确答案为 ABE。

99.【试题答案】ACDE

【试题解析】本题考查重点是"工程质量缺陷的成因"。施工与管理不到位包括：①不按图施工或未经设计单位同意擅自修改设计。例如，将铰接做成刚接，将简支梁做成连续梁，导致结构破坏；挡土墙不按图设滤水层、排水孔，导致压力增大，墙体破坏或倾覆；不按有关的施工规范和操作规程施工，浇筑混凝土时振捣不良，造成薄弱部位；砖砌体砌筑上下通缝，灰浆不饱满等均能导致砖墙破坏；②施工组织管理紊乱，不熟悉图纸，盲目施工；施工方案考虑不周，施工顺序颠倒；图纸未经会审，仓促施工；技术交底不清，违章作业；疏于检查、验收等。因此，本题的正确答案为 ACDE。

100.【试题答案】AC

【试题解析】本题考查重点是"建筑工程施工质量验收的程序和组织"。检验批由专业监理工程师组织项目专业质量检验员等进行验收；分项工程由专业监理工程师组织项目专业技术负责人等进行验收。分部工程应由总监理工程师（建设单位项目负责人）组织施工单位项目负责人和项目技术、质量负责人等进行验收；由于地基基础、主体结构技术性能要求严格，技术性强，关系到整个工程的安全，因此规定与地基基础、主体结构分部工程相关的勘察、设计单位工程项目负责人和施工单位技术、质量部门负责人也应参加相关分部工程验收。因此，本题的正确答案为 AC。

101.【试题答案】ABC

【试题解析】本题考查重点是"因果分析图"。因果分析图法是利用因果分析图来系统整理分析某个质量问题（结果）与其产生原因之间关系的有效工具。因果分析图也称特性要因图，又因其形状常被称为树枝图或鱼刺图。因此，本题的正确答案为 ABC。

102.【试题答案】ACDE

【试题解析】本题考查重点是"工程建设其他费用"。工程建设其他费用包括：（1）土地使用费：①农用土地征用费；②取得国有土地使用费。（2）与项目建设有关的其他费用：①建设单位管理费；②可行性研究费；③研究试验费；④勘察设计费；⑤环境影响评价费；⑥劳动安全卫生评价费；⑦临时设施费；⑧建设工程监理费；⑨工程保险费；⑩引进技术和进口设备其他费；⑪特殊设备安全监督检验费；⑫市政公用设施费。（3）与未来企业生产经营有关的其他费用：①联合试运转费；②生产准备费；③办公和生活家具购置费。选项 B 的"建设单位财务费"不属于与项目建设有关的费用。因此，本题的正确答案为 ACDE。

103.【试题答案】ABC

【试题解析】本题考查重点是"双代号网络计划总时差与自由时差的计算"。工作的总时差等于该工作最迟完成时间与最早完成时间之差，或该工作最迟开始时间与最早开始时间之差。工作 1~3 的总时差为 2−0＝2，工作 2~6 的总时差为 6−4＝2，工作 3~5 的总时差为 5−4＝1。对于有紧后工作的工作，其自由时差等于本工作之紧后工作最早开始时间减本工作最早完成时间所得之差的最小值。所以工作 1~3 的自由时差为 4−2＝2，工作 2~6 的自由时差为 10−8＝2，工作 3~5 的自由时差为 min｛9−9，10−9｝＝0，工作 4~7 的自由时差为 18−17＝1，工作 5~7 的自由时差为 18−13＝5。由以上分析可知，选项 A、C 的叙述均是正确的。关键线路为④—②—③—⑥—⑦、①—②—④—⑥—⑦，工作 2~4 和工作 3~6 均为关键工作。所以，选项 B 的叙述是正确的。因此，本题的正确答案为 ABC。

104.【试题答案】BE

【试题解析】本题考查重点是"单代号搭接网络计划的关键工作"。从搭接网络计划的终点节点开始，逆着箭线方向依次找出相邻两项工作之间时间间隔为零的线路就是关键线路。关键线路上的工作即为关键工作，关键工作的总时差最小。如下图所示，工作B、E为关键工作。因此，本题的正确答案为BE。

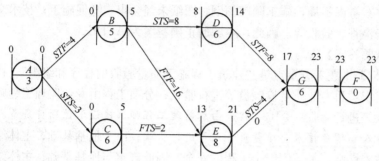

105.【试题答案】ACD

【试题解析】本题考查重点是"进度调整的系统过程"。在建设工程实施进度监测过程中，一旦发现实际进度偏离计划进度，即出现进度偏差时，必须认真分析产生偏差的原因及其对后续工作和总工期的影响，必要时采取合理、有效的进度计划调整措施，确保进度总目标的实现。建设工程进度调整过程中实施内容包括：①分析进度偏差的原因；②分析进度偏差对后续工作和总工期的影响；③确定后续工作和总工期的限制条件。当出现的进度偏差影响到后续工作或总工期而需要采取进度调整措施时，应当首先确定可调整进度的范围，主要指关键节点、后续工作的限制条件以及总工期允许变化的范围；④采取措施调整进度计划；⑤实施调整后的进度计划。所以，选项A、C、D符合题意。选项B、E都是进度监测系统过程的内容，而非进度调整过程的内容。因此，本题的正确答案为ACD。

106.【试题答案】BD

【试题解析】本题考查重点是"工程延期的审批程序"。当工程延期事件发生后，承包单位应在合同规定的有效期内以书面形式通知监理工程师（即工程延期意向通知），以便于监理工程师尽早了解所发生的事件，及时做出一些减少延期损失的决定。随后，承包单位应在合同规定的有效期内向监理工程师提交详细的申述报告。因此，本题的正确答案为BD。

107.【试题答案】ABCD

【试题解析】本题考查重点是"建设工程质量管理制度"。近年来，我国建设行政主管部门先后颁发了多项建设工程质量管理制度，主要有：①工程质量监督；②施工图设计文件审查；③建设工程施工许可；④工程质量检测；⑤工程竣工验收与备案；⑥工程质量保修。因此，本题的正确答案为ABCD。

108.【试题答案】ABCD

【试题解析】本题考查重点是"ISO质量管理体系的质量管理原则"。为了确保质量目标的实现，ISO质量管理体系明确了以下八项质量管理原则：①以顾客为关注焦点；②领导作用；③全员参与；④过程方法；⑤管理的系统方法；⑥持续改进；⑦基于事实的决策方法；⑧与供方互利的关系。因此，本题的正确答案为ABCD。

109.【试题答案】BCDE

【试题解析】本题考查重点是"施工图预算的编制依据"。施工图预算的编制依据包括：①国家、行业和地方政府发布的计价依据，有关法律、法规和规定；②建设项目有关文件、合同、协议等；③批准的概算；④批准的施工图设计图纸及相关标准图集和规范；⑤相应预算定额和地区单位估价表；⑥合理的施工组织设计和施工方案等文件；⑦项目有关的设备、材料供应合同、价格及相关说明书；⑧项目所在地区有关的气候、水文、地质地貌等的自然条件；⑨项目的技术复杂程度，以及新技术、专利使用情况等；⑩项目所在地区有关的经济、人文等社会条件；⑪建筑工程费用定额和各类成本与费用价差调整的有关规定；⑫造价工作手册及有关工具书。因此，本题的正确答案为BCDE。

110.【试题答案】ABCE

【试题解析】本题考查重点是"建设工程投资控制的原理"。所谓建设工程投资控制，就是在投资决策阶段、设计阶段、发包阶段、施工阶段以及竣工阶段，把建设工程投资控制在批准的投资限额以内，随时纠正发生的偏差，以保证项目投资管理目标的实现，以求在建设工程中能合理使用人力、物力、财力，取得较好的投资效益和社会效益。因此，本题的正确答案为ABCE。

111.【试题答案】AD

【试题解析】本题考查重点是"费用的优化方法"。当需要缩短关键工作的持续时间时，其缩短值的确定必须符合下列两条原则：①缩短后工作的持续时间不能小于其最短持续时间；②缩短持续时间的工作不能变成非关键工作。因此，本题的正确答案为AD。

112.【试题答案】ACE

【试题解析】本题考查重点是"施工进度计划的技术措施"。在建设工程施工阶段，当通过压缩网络计划中关键工作的持续时间来缩短工期时，通常采取的技术措施有：①改进施工工艺和施工技术，缩短工艺技术间歇时间；②采用更先进的施工方法，以减少施工过程的数量（如将现浇框架方案改为预制装配方案）；③采用更先进的施工机械。所以，选项A、C、E符合题意。选项B属于组织措施。选项D属于其他配套措施。因此，本题的正确答案为ACE。

113.【试题答案】ACDE

【试题解析】本题考查重点是"投资控制的措施"。为了有效地控制建设工程投资，应从组织、技术、经济、合同与信息管理等多方面采取措施。从组织上采取措施，包括明确项目组织结构，明确投资控制者及其任务，以使投资控制有专人负责，明确管理职能分工；从技术上采取措施，包括重视设计多方案选择，严格审查监督初步设计、技术设计、施工图设计、施工组织设计，深入技术领域研究节约投资的可能性；从经济上采取措施，包括动态地比较投资的实际值和计划值，严格审核各项费用支出，采取节约投资的奖励措施等。因此，本题的正确答案为ACDE。

114.【试题答案】ABCD

【试题解析】本题考查重点是"投资控制的措施"。项目监理机构在施工阶段投资控制的具体措施如下：（1）组织措施：①在项目监理机构中落实从投资控制角度进行施工跟踪的人员、任务分工和职能分工；②编制本阶段投资控制工作计划和详细的工作流程图。（2）经济措施：①编制资金使用计划，确定、分解投资控制目标。对工程项目造价目标进行风险分析，并制定防范性对策；②进行工程计量；③复核工程付款账单，签发付款证书；④在施工过程中进行投资跟踪控制，定期进行投资实际支出值与计划目标值的比较；发现偏差，分析产生偏差的原因，采取纠偏措施；⑤协商确定工程变更的价款。审核竣工结算；⑥对工程施工过程中的投资支出做好分析与预测，经常或定期向建设单位提交项目投资控制及其存在问题的报告。(3) 技术措施：①对设计变更进行技术经济比较，严格控制设计变更；②继续寻找通过设计挖潜节约投资的可能性；③审核承包人编制的施工组织设计，对主要施工方案进行技术经济分析。(4) 合同措施：①做好工程施工记录，保存各种文件图纸，特别是注有实际施工变更情况的图纸，注意积累素材，为正确处理可能发生的索赔提供依据。参与处理索赔事宜；②参与合同修改、补充工作，着重考虑它对投资控制的影响。因此，本题的正确答案为 ABCD。

115.【试题答案】BCD

【试题解析】本题考查重点是"网络计划时间参数"。计划工期是指根据要求工期所确定的作为实施目标的工期。所以，选项 A 的叙述是不正确的。工作的最早开始时间是指在其所有紧前工作全部完成后，本工作有可能开始的最早时刻。所以，选项 B 的叙述是正确的。工作的自由时差是指在不影响其紧后工作最早开始时间的前提下，本工作可以利用的机动时间。所以，选项 C 的叙述是正确的。对同一项工作而言，自由时差不会超过总时差。所以，选项 D 的叙述是正确的。当工作的总时差为零时，其自由时差必然为零。所以，选项 E 的叙述是不正确的。因此，本题的正确答案为 BCD。

116.【试题答案】ACE

【试题解析】本题考查重点是"施工阶段资金使用计划的主要形式"。投资目标的分解包括：①按投资构成分解的资金使用计划；②按子项目分解的资金使用计划；③按时间进度分解的资金使用计划。因此，本题的正确答案为 ACE。

117.【试题答案】ACD

【试题解析】本题考查重点是"我国项目监理机构在建设工程投资控制中的主要工作"。工程保修阶段的主要工作包括：①对建设单位或使用单位提出的工程质量缺陷，工程监理单位应安排监理人员进行检查和记录，并应要求施工单位予以修复，同时应监督实施，合格后应予以签认；②工程监理单位应对工程质量缺陷原因进行调查，并应与建设单位、施工单位协商确定责任归属。对非施工单位原因造成的工程质量缺陷，应核实施工单位申报的修复工程费用，并应签认工程款支付证书。因此，本题的正确答案为 ACD。

118.【试题答案】ACD

【试题解析】本题考查重点是"世界银行和国际咨询工程师联合会建设工程投资构成"。项目间接建设成本包括：(1) 项目管理费，包括：①总部人员的薪金和福利费，以及用于初步和详细工程设计、采购、时间和成本控制、行政和其他一般管理的费用；②施工管理现场人员的薪金、福利费和用于施工现场监督、质量保证、现场采购、时间及成本控制、行政及其他施工管理机构的费用；③零星杂项费用，如返工、差旅、生活津贴、业务支出等；④各种酬金。(2) 开工试车费，指工厂投料试车必需的劳务和材料费用（项目直接成本包括项目完工后的试车和空运转费用）。(3) 业主的行政性费用，指业主的项目管理人员费用及支出。(4) 生产前费用，指前期研究、勘测、建矿、采矿等费用。(5) 运费和保险费，指海运、国内运输、许可证及佣金、海洋保险、综合保险等费用。(6) 地方税，指地方关税、地方税及对特殊项目征收的税金。因此，本题的正确答案为 ACD。

119.【试题答案】ADE

【试题解析】本题考查重点是"工程质量形成过程与影响因素"。环境条件是指对工程质量特性起重要作用的环境因素，包括工程技术环境，如工程地质、水文、气象等；工程作业环境，如施工环境作业面大小、防护设施、通风照明和通信条件等；工程管理环境，主要指工程实施的合同环境与管理关系的确定、组织体制及管理制度等；周边环境，如工程邻近的地下管线、建（构）筑物等。环境条件往往对工程质量产生特定的影响。加强环境管理，改进作业条件，把握好技术环境，辅以必要的措施，是控制环境对质量影响的重要保证。因此，本题的正确答案为 ADE。

120.【试题答案】ABCE

【试题解析】本题考查重点是"工程建设进度比较法"。工程建设进度比较法包括横道图比较法、S 曲线比较法、香蕉形曲线比较法、前锋线比较法、列表比较法。因此，本题的正确答案为 ABCE。